汽车内饰纺织品的设计与开发

DESIGN AND DEVELOPMENT OF AUTOMOTIVE INTERIOR TEXTILES

吴双全 编著

化学工业出版社
·北京·

内容简介

本书系统论述了汽车内饰纺织品在汽车设计中的重要地位、发展现状、设计开发、生产制造以及未来发展趋势。具体包括:汽车内饰纺织品的原材料选用、内饰纺织品的制造工艺、染色与整理技术、产品实际应用、技术标准与性能检测、产品设计开发流程、CMF(色彩、材质和工艺)设计方法、多重感官设计、CMF流行趋势研究以及未来发展趋势等内容。

本书适合纺织、汽车、CMF设计、材料以及其他相关行业从业人员阅读参考,也可作为大专院校相关专业学生的教学参考书。

图书在版编目(CIP)数据

汽车内饰纺织品的设计与开发/吴双全编著. 一北京:化学工业出版社,2023.11 (2024.6重印)

ISBN 978-7-122-44106-5

Ⅰ.①汽… Ⅱ.①吴… Ⅲ.①汽车-内部装饰-纺织品-设计②汽车-内部装饰-纺织品-产品开发 Ⅳ.① TS105.1

中国国家版本馆 CIP 数据核字(2023)第 167373 号

责任编辑:李彦玲
文字编辑:范伟鑫 王云霞
责任校对:杜杏然
装帧设计:王晓宇

出版发行:化学工业出版社
　　　　　(北京市东城区青年湖南街 13 号　邮政编码 100011)
印　　装:涿州市般润文化传播有限公司
787mm×1092mm 1/16 印张 17¼ 字数 428 千字
2024 年 6 月北京第 1 版第 2 次印刷

购书咨询:010-64518888　　　　售后服务:010-64518899
网　　址:http://www.cip.com.cn
凡购买本书,如有缺损质量问题,本社销售中心负责调换。

定　　价:69.80 元

序 PREFACE

产业用纺织品是全球纺织科技创新的主要方向，是大多国家竞相发展并力求保持战略竞争优势的领域。目前，我国已成为全球产业用纺织品行业门类最为齐全、产品种类最为丰富、产业链最为完整的国家。作为新材料产业的重要组成部分，产业用纺织品已经成为医疗卫生、安全防护、交通运输、航空航天等行业的战略支撑力量。

我国汽车产销总量已连续14年位居全球第一，并在电动化、网联化、智能化方面取得巨大的进步。汽车工业的发展，拉动了对汽车纺织品的消费需求，为其发展提供了广阔的空间。纺织工业作为汽车工业上下游配套产业链中重要的产品工业之一，在整车的设计开发过程中起到举足轻重的作用，对整车的性能、成本和安全等有着十分重要的影响。汽车内饰纺织品作为产业用纺织品的重要门类之一，在装饰美观、温馨舒适、健康安全和科技智能的汽车座舱空间环境营造中担当重要角色。

汽车内饰纺织品的设计开发是以纺织技术为基础，以艺术设计为手段，同时要满足汽车工业设计开发要求的多领域多学科交叉的一项综合工作，汽车内饰纺织品也是科技与艺术完美融合的高新技术产品。汽车消费的不断升级，推动了汽车纺织品向着高品质化、功能化、个性化、时尚化、轻量化、智能化以及绿色环保、健康安全等方向发展。

本书系统论述了汽车内饰纺织品的设计与开发理论、工艺技术和生产应用，是一本系统、全面和专业介绍汽车内饰纺织品设计开发全流程的专业书籍，对我国汽车内饰的设计开发和汽车内饰纺织品行业的发展有着非常实际的指导意义。

本书编写过程中引入了作者在汽车内饰纺织品设计开发实践过程中的丰富经验和最新成果，具有创新性、先进性和实用性，是该领域中一本内容比较详尽、系统和专业的参考书。该书的出版将有助于推动汽车内饰纺织品的创新设计与开发应用，对汽车用纺织品行业以及汽车设计相关行业有较好的参考价值。

中国纺织工业联合会副会长　李陵申

2023 年 5 月

前言
PREFACE

　　2009 年，我国汽车产销量分别为 1379.1 万辆和 1364.5 万辆，首次成为世界汽车产销第一大国；截至 2022 年，我国汽车产销总量连续 14 年位居全球第一，并在电动化、网联化、智能化方面取得巨大的进步，汽车工业已经成为我国国民经济的支柱产业。汽车工业的蓬勃发展也带动了上下游产业链体系的不断完善和快速发展。纺织工业作为汽车工业产业链的重要组成部分，在汽车整车的性能、成本、安全、舒适性等方面发挥着重要作用。

　　汽车内饰纺织品是我国产业用纺织品 16 大类产品之一的交通工具用纺织品中的重要细分门类。它是以纺织和材料科学为基础，以艺术、设计等为手段，同时又满足汽车工业特殊技术要求的高新技术产品，是实现健康安全、绿色环保、温馨舒适和智能科技的座舱空间设计的重要材料之一，在汽车内饰环境设计和营造中担当重要角色。近年来，伴随着汽车工业的创新发展和终端消费需求的有力推动，汽车内饰纺织品在设计研发、生产制造和技术创新等方面都取得了长足的进步。尤其是在化工工艺、新材料、纺织新技术、高端装备、信息技术和人工智能等专业领域的创新驱动下，汽车内饰纺织品的制造工艺、研发能力和技术装备水平都得到了较大幅度的提升，新产品、新工艺和新技术不断涌现，汽车内饰纺织品也迎来了更为广阔的发展空间。

　　汽车内饰纺织品的设计与开发工作，是一项知识面较广、专业性较强和多学科交叉的综合性、创造性的工作，涉及的材料、工艺和技术等门类繁多，既需要有工程科学、材料科学的专业基础支撑，又需要有艺术设计的功底和高精度的审美能力，还需要有跨界的思维和创新的精神。在本书的编写中一直本着这样一个目标，即希望尽可能将实际工作中的经验和所感所得写进书中，从产品、流程、策略、方法、工具和管理等多个维度，为汽车内饰纺织品设计以及汽车 CMF（色彩、材质和工艺）设计相关的读者们提供一本内容全面、结构系统、实用性强的学习指导书和专业参考书。

　　本书紧紧围绕汽车内饰纺织品的设计与开发工作进行展开，介绍了汽车内饰纺织品国内外发展现状，详细梳理了汽车内饰纺织品新项目的设计开发流程，对原材料、制造工艺、染色与整理技术、产品应用、技术标准与性能检测等方面的内容进行了系统阐述。此外，本书对 CMF（Color-Material-Finishing，颜色、材料、表面处理）设计方法和多重感官设计策略在汽车内饰纺织品创新设计开发中的应用进行了重点介绍，提出了基于市场和消费需求的汽车内饰纺织品 CMF 流行趋势研究预测模型和方法，并对汽车内饰纺织品在新技术、新材料和新工艺等方面的未来发展趋势进行了展望，高品质化、科技智能化、个性时尚化、绿色低碳化将成为汽车内饰纺织品未来发展的方向。

在本书的编写过程中，中国纺织工业联合会李陵申副会长提出了宝贵的意见，并为本书作序，在此深表感谢。本书在撰写过程中参阅了大量国内外有关论文和著作，选用了一些资料，在此一并表示谢意。

希望这本书对汽车内饰纺织品设计师和工程师、汽车 CMF 设计师和 CMF 工程师，以及高等院校的纺织专业、产品设计专业以及工业设计专业的学生，都能够有所帮助。但是鉴于汽车内饰纺织品的设计开发工作涉及面广，技术发展迅速，以及编著者水平有限，时间仓促，书中难免有疏漏和不足之处，敬请广大读者斧正。

吴双全

2023 年 5 月

目录
CONTENTS

第1章　概述 ·········· 001

1.1　汽车与汽车内饰纺织品 ········· 002

1.1.1　汽车工业发展简况 ········· 002

1.1.2　纺织品与汽车内饰空间 ···· 004

1.2　汽车内饰纺织品的产品分类、应用要求及具体应用 ····· 005

1.2.1　汽车内饰纺织品的分类 ···· 005

1.2.2　汽车内饰纺织品的应用要求 ···· 006

1.2.3　纺织品在汽车内饰中的具体应用 ········· 008

1.3　汽车内饰纺织品的发展简况 ···· 011

1.3.1　世界汽车内饰纺织品的发展简况 ········· 011

1.3.2　国内汽车内饰纺织品的发展简况 ········· 012

第2章　汽车内饰纺织品的原材料 ··· 014

2.1　原材料概述 ········· 015

2.2　汽车内饰纺织品的原料特性 ··· 015

2.3　汽车内饰纺织品的常用纤维材料 016

2.3.1　合成纤维 ········· 016

2.3.2　天然纤维 ········· 020

2.3.3　其他特殊纤维 ···· 021

2.4　汽车内饰纺织品的纱线原料 ··· 028

2.4.1　长丝纱 ········· 029

2.4.2　短纤纱 ········· 032

2.4.3　花式纱线 ········· 033

2.4.4　缝纫线和绣花线 ········· 035

2.4.5　纱线线密度的表征指标 ···· 035

2.5　汽车内饰涂层纺织品的原材料 036

2.5.1　PVC 树脂 ········· 036

2.5.2　PU 树脂 ········· 037

2.5.3　基布 ········· 037

2.5.4　离型纸 ········· 038

2.5.5　着色剂 ········· 039

2.5.6　增塑剂 ········· 039

2.5.7　发泡剂 ········· 040

2.5.8　阻燃剂 ········· 040

2.5.9　其他功能助剂 ···· 041

2.6　汽车内饰纺织品的聚氨酯海绵材料 ··· 041

2.6.1　聚醚型聚氨酯海绵 ···· 041

2.6.2　聚酯型聚氨酯海绵 ···· 042

2.6.3　酯醚混合型聚氨酯海绵 ···· 042

第3章　汽车内饰纺织品的制造工艺 ··· 043

3.1　制造工艺概述 ········· 044

3.2　汽车内饰机织物的制造工艺 ··· 044

3.2.1　机织物 ········· 044

3.2.2　汽车内饰机织物的设计 ···· 044

3.2.3　汽车内饰机织物的制造 ···· 050

3.2.4　汽车内饰机织物的性能 ···· 057

3.3　汽车内饰针织物的制造工艺 ··· 059

3.3.1　针织物 ········· 059

3.3.2　纬编针织物 ········· 060

3.3.3　经编针织物 ········· 074

3.3.4 横机针织物 ·············· 083
3.3.5 针织物的性能 ·············· 086
3.4 汽车内饰涂层纺织品的制造工艺 ··· 087
3.4.1 PVC人造革 ·············· 087
3.4.2 PU合成革 ·············· 094
3.4.3 超细纤维PU革 ·············· 101
3.5 汽车内饰超纤仿麂皮面料的制造工艺 105
3.5.1 织造型超纤仿麂皮面料 ····· 106
3.5.2 非织造型超纤仿麂皮面料 ··· 107
3.5.3 超纤仿麂皮面料的性能 ····· 108
3.6 汽车内饰非织造布的制造工艺 ····· 109
3.6.1 汽车内饰非织造布常用纤维
原料 ·············· 110
3.6.2 汽车内饰非织造布的纤维成
网技术 ·············· 110
3.6.3 汽车内饰非织造布的纤维网
加固技术 ·············· 111
3.6.4 汽车内饰非织造布的后整理
加工 ·············· 115
3.7 汽车内饰纺织品的复合加工工艺 ··· 115
3.7.1 火焰复合 ·············· 116
3.7.2 胶水复合 ·············· 118
3.7.3 热熔复合 ·············· 118

第4章 汽车内饰纺织品的染色与
整理技术 ·············· 123
4.1 染色与整理技术概述 ·············· 124
4.2 染色技术 ·············· 124
4.2.1 汽车内饰纺织品的染色 ····· 124
4.2.2 纺织品染色的基本原理 ····· 125
4.2.3 前处理 ·············· 125
4.2.4 染料助剂 ·············· 126
4.2.5 染色工艺 ·············· 128
4.3 整理技术 ·············· 133
4.3.1 整理技术的分类 ·············· 134
4.3.2 汽车内饰纺织品常用整理技术 ·· 134
4.3.3 后整理技术的发展趋势 ····· 149

第5章 汽车内饰纺织品的产品应用 ··· 150
5.1 产品应用概述 ·············· 151
5.2 汽车座椅 ·············· 151
5.2.1 汽车座椅的结构组成 ····· 151
5.2.2 纺织品在汽车座椅中的应用 ··· 152
5.2.3 汽车座椅中的其他纺织品 ··· 153
5.3 汽车车顶 ·············· 155
5.3.1 汽车顶棚内衬的结构 ····· 155

5.3.2 汽车顶棚内饰纺织品 ·············· 156
5.3.3 汽车顶棚内衬的成型工艺 ··· 157
5.4 汽车门内饰板 ·············· 159
5.4.1 汽车门内饰板的结构 ····· 159
5.4.2 车门中饰板用纺织品 ····· 160
5.4.3 车门中饰板的成型工艺 ····· 160
5.5 汽车仪表板 ·············· 162
5.5.1 汽车仪表板的结构 ·············· 162
5.5.2 仪表板用内饰纺织品 ····· 163
5.5.3 仪表板表皮的成型工艺 ····· 163
5.6 天窗遮阳帘 ·············· 165
5.7 汽车立柱 ·············· 166
5.8 汽车遮阳板 ·············· 167
5.9 敞篷车软顶 ·············· 167
5.10 汽车声学部件 ·············· 168
5.11 汽车安全带 ·············· 168
5.12 汽车安全气囊 ·············· 168
5.13 其他零部件 ·············· 169

第6章 汽车内饰纺织品的技术标准与性能
检测 ·············· 170
6.1 汽车内饰纺织品的质量保证体系 ····· 171
6.1.1 质量保证 ·············· 171
6.1.2 产品检验 ·············· 171
6.1.3 加工性能质量 ·············· 172
6.2 汽车内饰纺织品的技术标准 ·········· 172
6.2.1 技术标准现状 ·············· 172
6.2.2 国家标准及行业标准 ····· 173
6.2.3 地方标准及团体标准 ····· 173
6.2.4 汽车主机厂企业标准 ····· 174
6.3 汽车内饰纺织品的试验验证 ·········· 174
6.3.1 试验验证的实验室条件 ····· 174
6.3.2 试验验证的资质认可 ····· 175
6.3.3 测试实验室管理体系 ····· 175
6.4 汽车内饰纺织品的性能检测 ·········· 175
6.4.1 织物规格 ·············· 175
6.4.2 物理力学性能 ·············· 177
6.4.3 耐污易清洁性能 ·············· 184
6.4.4 安全性能 ·············· 185
6.4.5 环境耐久性能 ·············· 191
6.4.6 安全带和安全气囊性能测试 ··· 192

第7章 汽车内饰纺织品的设计开发流程 ··· 195
7.1 汽车主机厂新项目内饰纺织品开发
流程概述 ·············· 196
7.2 汽车内饰纺织品的设计开发步骤 ····· 198

7.2.1　设计输入及 kick off 文件解读 … 198
7.2.2　产品创意设计与设计提案 ……… 202
7.2.3　设计转化、样品试制与评审 …… 203
7.2.4　产品优化、性能验证与认可 …… 204
7.2.5　转入量产 …………………………… 205

第 8 章　汽车内饰纺织品的 CMF 设计 … 206

8.1　CMF 设计概述 ……………………………… 207
8.1.1　CMF 设计的发展历程 …………… 207
8.1.2　CMF 基本术语与概念解读 ……… 208
8.1.3　CMF 设计的价值属性 …………… 209
8.1.4　CMF 设计在行业中的发展应用
　　　　与作用意义 …………………… 209
8.2　CMF 设计团队搭建 ………………………… 211
8.2.1　职能定位 ……………………………… 212
8.2.2　功能模块 ……………………………… 212
8.2.3　CMF 设计师 ………………………… 213
8.2.4　团队管理 ……………………………… 215
8.3　汽车内饰纺织品 CMF 设计的主
　　　要内容 ……………………………………… 215
8.3.1　风格设计 ……………………………… 215
8.3.2　色彩设计 ……………………………… 216
8.3.3　纹理设计 ……………………………… 218
8.3.4　材质选择 ……………………………… 221
8.3.5　工艺设计 ……………………………… 224
8.4　汽车内饰纺织品 CMF 设计中的数
　　　字化设计技术 ……………………………… 225
8.4.1　常用软件 ……………………………… 225
8.4.2　数据建模 ……………………………… 226
8.4.3　数字化渲染 ………………………… 226
8.5　汽车内饰纺织品 CMF 设计常用工具 … 227
8.5.1　常用色卡 ……………………………… 227
8.5.2　常用仪器 ……………………………… 229

第 9 章　汽车内饰纺织品的多重感官设计与
　　　　　品质评价 ……………………… 231

9.1　多重感官设计概述 ………………………… 232
9.1.1　多重感官设计的概念 …………… 232
9.1.2　多重感官设计的重要性 ………… 232
9.2　汽车设计中的感知质量评价与多重
　　　感官设计策略 ……………………………… 233
9.2.1　汽车设计中的感知质量评价 …… 233
9.2.2　多重感官设计策略在汽车设计中

　　　　　的应用 …………………………… 233
9.3　汽车内饰纺织品的产品形态与多重
　　　感官设计 …………………………………… 234
9.3.1　汽车内饰纺织品的产品形态 …… 234
9.3.2　内饰纺织品多重感官设计的
　　　　　主要内容 ……………………… 235
9.4　汽车内饰纺织品的多重感官品质评价 … 238
9.4.1　纺织品感知质量的表征现状 …… 238
9.4.2　汽车内饰纺织品感知质量的
　　　　　表征方法 ……………………… 241

第 10 章　汽车内饰纺织品 CMF 流行趋势
　　　　　　的研究 ……………………… 245

10.1　CMF 流行趋势研究方法 ……………… 246
10.1.1　CMF 流行趋势研究 …………… 246
10.1.2　CMF 流行趋势类型 …………… 246
10.1.3　CMF 流行趋势预测方法模型 … 247
10.2　汽车内饰纺织品 CMF 流行趋势的
　　　　研究预测 ………………………………… 247
10.2.1　趋势情报资料和信息收集 …… 248
10.2.2　情报资料的分析、归纳和整合 … 250
10.2.3　流行趋势主题的萃取 ………… 251
10.2.4　CMF 流行趋势设计提案 …… 253
10.2.5　CMF 流行趋势呈现和展示发布 … 253

第 11 章　汽车内饰纺织品的未来
　　　　　　发展趋势 …………………… 254

11.1　未来发展趋势概述 ……………………… 255
11.2　汽车内饰纺织品的高品质化 ………… 255
11.2.1　功能型汽车内饰纺织品 ……… 255
11.2.2　高品质化汽车内饰纺织品 …… 256
11.3　汽车内饰纺织品的智能化 ……………… 257
11.3.1　发光内饰纺织品 ……………… 257
11.3.2　透光内饰纺织品 ……………… 258
11.3.3　智能变色内饰纺织品 ………… 259
11.3.4　智能相变调温纺织品 ………… 260
11.3.5　柔性智能集成纺织品 ………… 261
11.4　汽车内饰纺织品的绿色生态设计 … 261
11.4.1　汽车内饰纺织品的绿色设计 … 261
11.4.2　绿色生态的工艺技术 ………… 262
11.4.3　绿色生态的材料 ……………… 264
11.5　汽车内饰纺织品的未来展望 ………… 267

参考文献 …………………………………… 268

第 1 章

概　述

1.1　汽车与汽车内饰纺织品

1.2　汽车内饰纺织品的产品分
类、应用要求及具体应用

1.3　汽车内饰纺织品的发展简况

1.1 汽车与汽车内饰纺织品

1.1.1 汽车工业发展简况

世界汽车工业发源于欧洲，之后在北美以及亚洲等地区逐渐发展起来。1885 年，德国曼海姆的卡尔·奔驰（Karl Benz）发明了世界上第一台汽油发动机三轮汽车，开启了商业化汽车工业的新纪元，自此汽车工业走过了一百多年的发展历程。1886 年，由高特利伯·戴姆勒发明了第一台四轮汽油发动机汽车。1904 年位于英国考文垂的罗浮（Rover）汽车开始生产。美国第一台小汽车诞生于 1893 年，1908 年通用汽车公司创立，同年亨利·福特在底特律创办了福特汽车，并于 1913 年在曼彻斯特引入了批量生产装配线制造福特 T 型车，成为现代汽车工业的开端，世界汽车工业的中心开始由欧洲转移至美国。1921 年，福特 T 型车的产量已占世界汽车总产量的 56.6%，截至 1927 年，累计销量超过 1500 万辆，是世界上首台规模化量产的平民家用车。1916 年宝马汽车公司注册成立，它的全称是巴伐利亚发动机制造厂股份有限公司，是一个主要制造飞机引擎的公司。1937 年 3 月 28 日，大众汽车公司成立，并于 1938 年在沃尔夫斯堡开建当时世界上最大的汽车制造厂。在亚洲地区，1933 年日产汽车创立，1937 年丰田家族在日本创立了丰田汽车公司，1948 年本田汽车公司成立。1970 年左右，欧洲市场开始走产品差异化与大批量生产相结合的路线，大众甲壳虫、宝马迷你等车型出现，世界汽车工业的中心由美国转回到欧洲。1985 年左右，世界汽车工业的中心又由欧洲转移至日本，日本人借助于生产组织和管理方法的突破，制造出了低成本、高品质的汽车产品，从此，日本汽车品牌开始走向世界舞台。

我国的汽车工业起步相对较晚，经过近 70 年的发展，如今已成为国民经济中的重要支柱产业。1931 年 5 月 31 日，我国第一辆自主生产汽车"民生 75 型"载货汽车在辽宁迫击炮厂下线。中华人民共和国成立后，在苏联的援助下，1953 年第一汽车制造厂建成投产，我国的汽车工业由此起步；1958 年，第一汽车制造厂先后试制成功了 CA71 型东风牌小轿车和 CA72 型红旗高级轿车，上海汽车装配厂试制成功凤凰牌轿车，填补了我国轿车生产的空白。我国的汽车工业发展经历了创建阶段（1953—1965 年）、成长阶段（1966—1980 年）、全面发展阶段（1981—1998 年）和高速发展阶段（1999 年至今）。进入 21 世纪，世界汽车工业的中心开始由发达国家向发展中国家转移，我国、东欧和东南亚地区承接了新的发展机遇，尤其是我国汽车工业得到了长足发展，全球汽车工业关注的焦点开始向我国市场转移，大众、通用、宝马、奔驰和丰田、现代等欧美、日韩品牌汽车企业纷纷在我国建立合资公司，面向全球市场进行新车型新产品的设计开发和生产制造，全球汽车工业的新格局逐渐形成。如今我国汽车工业已经形成了以一汽、长安、东风、上汽、广汽、北汽等为代表的国有汽车集团，以吉利、长城、比亚迪为代表的民营汽车集团以及以蔚来、理想、小鹏、合众、零跑等为代表的造车新势力企业的多维产业发展格局。

2009 年，我国汽车产销量分别为 1379.1 万辆和 1364.5 万辆，首次成为世界汽车产销第一大国，截至 2022 年，我国汽车产销总量连续 14 年位居全球第一，并在电动化、网联化、智能化方面取得巨大的进步（见图 1-1）。根据中国汽车工业协会最新公布的销售数据，2022年，我国汽车产销分别完成 2702.1 万辆和 2686.4 万辆，同比分别增长 3.4% 和 2.1%。其中，乘用车销售实现 2356.3 万辆，中国品牌乘用车累计销售 1176.6 万辆，同比增长 22.8%，市场占有率达 49.9%。2022 年新能源汽车产销分别完成 705.8 万辆和 688.7 万辆，同比增长 96.9% 和 93.4%，市场占有率达到 25.6%。2022 年，我国自主品牌新能源乘用车国内市场销售占比达到 79.9%，同比增长 5.4%。

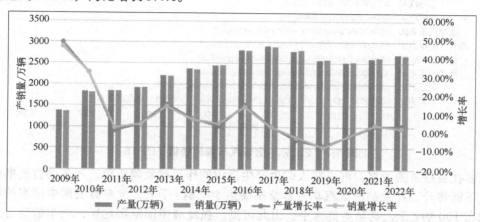

图 1-1　2009—2022 年我国汽车产销量情况（数据源自：中国汽车工业协会）

2014—2020 年期间，全球汽车产量总体呈先增后降态势，2019 年和 2020 年这两年降幅比较大，2021 年较 2020 年全球汽车产量实现正增长，产量为 8014.6 万辆，同比增长 3%（见图 1-2）。

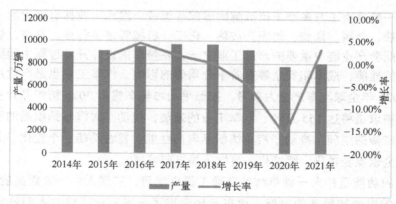

图 1-2　2014—2021 年全球汽车产量情况（数据源自：国际汽车制造商协会）

各汽车集团发布的销量数据统计显示（见图 1-3），丰田汽车集团 2022 年再次登顶全球新车销量冠军，销量达 1010 万辆。大众汽车集团以销量 785 万辆稳居第二位，现代汽车销量 683 万辆，超过雷诺日产联盟，位居第三位。

据 CleanTechnica 公布的全球新能源乘用车销量数据，2022 年 12 月，全球新能源乘用车销量 126.46 万辆，同比增长 55%（其中纯电动汽车增长 57%，插电混合动力汽车增长 46%），占整体市场份额 21%。2022 年全年，全球累计销量为 1009.12 万辆，占整体市场份额 14%。其中比亚迪汽车摘得全球新能源汽车销冠，销量高达 184.77 万辆。

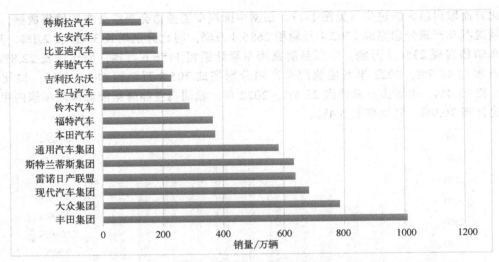

图 1-3　2022 年全球汽车集团销量 TOP15

　　随着社会经济的发展，汽车在人们生产生活中的作用越来越重要，汽车的普及率和需求量也在不断提升，在发达国家汽车的普及率高达 500 辆／千人，大多数发展中国家的汽车普及率均在 100 辆／千人甚至更低水平。由此可见，在发展中国家和地区，汽车的普及还有着巨大的发展潜力。因此，未来相当长的一段时期内，世界汽车工业还将会迎来更多的发展机会和更宽广的发展空间。

1.1.2　纺织品与汽车内饰空间

　　一辆汽车一般是由 1 万多个不可拆解的零部件组成，汽车工业拥有庞大的生产供应配套体系，涉及钢铁、金属、橡胶、纺织、玻璃、化工、机械等诸多行业。其中，纺织工业是汽车工业上下游配套产业链中重要的产品工业之一，在整车的设计开发过程中起到举足轻重的作用，对整车的性能、成本和安全等有着十分重要的影响。汽车工业也是产业用纺织品的重要用户，以 2020 年全球汽车产量为参考，按照平均每辆车需用 20kg 纺织品计算，每年全球汽车纺织品的需求量将达 155 万吨。汽车工业的发展，拉动了对汽车纺织品的消费需求，为其发展提供了广阔的空间，推动了汽车纺织品向高性能、复合功能、个性化、时尚化、绿色环保、健康安全以及轻量化、智能化、科技化等方向发展。

　　汽车最初的功能是作为一种单纯的交通工具来使用，实现人们一定距离的移动和运输。但是随着社会的进步和经济的发展，汽车已经走进了千家万户，成为人们日常生活的必需品，人们在汽车中度过的时间越来越长，对汽车的依赖性也在不断增强，对内饰空间环境的需求随之增加，装饰美观、温馨舒适、健康安全成为驾乘人员关注的焦点。此外，汽车消费群体的年轻化和多元化，对汽车内饰空间环境的设计开发提出了多元化、个性化的需求。在发动机、车身底盘等区域，一般难以在短时间内实现产品的设计和研发创新，因此汽车产品的迭代开发工作很大一部分是集中在内饰空间的设计上，因为内饰空间能给消费者带来最直观的感官体验，能更多地吸引消费者的注意力。纺织品作为汽车内饰设计开发中的重要原材料，可以充分发挥其组织结构多变、色彩纹理丰富、整理工艺多样化等优势，为消费者提供高品质、高性能、绿色环保、健康安全和舒适美观的内饰环境体验，为汽车工业增光添彩。

汽车纺织品是产业用纺织品的重要门类之一，其概念有狭义和广义之分。广义上的汽车纺织品指的是用于汽车中所有纺织品的统称，包括内饰用纺织品、车身结构用纺织品以及车用功能纺织品等，如座椅面料、顶棚面料、门板面料、安全气囊面料、安全带、轮胎帘子线、地毯、隔声毡、过滤材料、软管、碳纤维或玻纤结构复合材料等。狭义上的汽车纺织品，一般是指内饰纺织品，即用于汽车内饰零部件的表面包覆，起到装饰美观和某种功能作用的纺织面料，如座椅面料、车顶面料、门板面料、仪表板面料以及遮光帘面料等。人们通常所说的汽车纺织品多为狭义概念上的汽车内饰纺织品。

汽车内饰纺织品作为整车设计开发过程中重要的表皮材料，一般具备耐磨耐用、抗老化能力强、透气性较好、化学性能稳定等特点；同时可以根据设计需要，通过原材料选用、颜色选择、组织纹理搭配等途径，灵活地设计开发符合消费者需求的产品，因此其在汽车内饰零部件中应用较多。汽车内饰纺织品的设计研发首先要考虑满足近乎苛刻的技术标准要求，如耐磨、耐老化、阻燃等指标，确保消费者使用过程中的安全与舒适；同时，作为车用重要装饰材料，其产品设计开发还必须满足整车的设计思想的需要，符合内饰空间的设计理念，做好色彩纹理搭配及满足目标消费者个性化的需求，等等。

简单来概括，汽车内饰纺织品的设计开发是以纺织技术为基础，以艺术设计为手段，同时要满足汽车工业设计开发要求的多领域多学科交叉的一项工作。汽车内饰纺织品也是科技与艺术完美融合于一身的高新技术产品。

1.2 汽车内饰纺织品的产品分类、应用要求及具体应用

1.2.1 汽车内饰纺织品的分类

汽车内饰纺织品作为重要的内装饰材料，可以提升内饰环境的美观度，改善驾乘的舒适性；同时纺织材料优良的理化性能和易于加工的特点，使得其具有特殊的功能，在汽车内饰中起着重要的作用。汽车内饰纺织品的门类较多，依据不同的划分标准，其分类方法也有很多种。

通常情况下，汽车内饰纺织品可以根据其所起作用、制造成型方法、纤维原材料的不同、染色方式以及后整理加工工艺等进行分类。①根据原材料的形式不同，可以分为长丝类面料和短纤纱类面料。②根据纤维原料成分不同，可以分为天然纤维制品、合成纤维制品和特殊新型纤维制品等。③根据使用部位不同，可以分为座椅面料、门板面料、车顶面料等。④根据颜色上染的方式不同，可以分为有色面料（即使用原液着色纱线作为原料制得的面料）和染色面料（采用纱线染色或者面料染色制得的面料）。⑤根据其制造成型的方法不同，可以分为织造类面料产品和非织造类面料产品两大类。织造类的产品还可以分为机织和针织。机织面料按照空间结构分，可以分为平机织物和绒类织物。针织面料根据线圈结构和编织方法的不同，可以分为纬编针织物和经编针织物两类，其中纬编针织物根据成型设备的不

同，可以分为圆机织物和横机织物；经编针织物根据针床的数量来分，可以分为单针床织物和双针床织物。非织造类的产品根据其加固方法可以分为热黏合非织造布、针刺非织造布、水刺非织造布和缝编类非织造布等。⑥根据后整理加工工艺的不同，可以分为压花面料、印花面料、绗缝面料等。⑦根据起到的作用分类，可以分为装饰性内饰纺织品和功能性内饰纺织品。装饰性内饰纺织品一般都兼具一定的功能性，而功能性内饰纺织品也可以根据需要兼具一定的装饰性。

以上诸多分类方法中，最常用的是按照制造成型的工艺来区分，即机织、针织和非织造三大类内饰纺织品。广义上讲，机织面料是以两组相互垂直交织的纱线为基础形成的片状聚合物；针织面料是由织针将纱线弯曲成线圈，并使之相互串套连接形成的片状聚合物；而非织造面料则是直接由纤维铺网借助机械或者化学的方法构成的片状聚合物。图1-4为不同成型工艺的面料结构示意图。

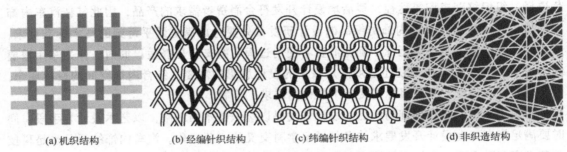

(a) 机织结构　　　　(b) 经编针织结构　　　　(c) 纬编针织结构　　　　(d) 非织造结构

图1-4　不同成型工艺面料结构示意图

1.2.2　汽车内饰纺织品的应用要求

汽车内饰纺织品的应用要求主要包括装饰美学功能要求、技术性能要求、加工性能要求以及经济性能的要求。

1.2.2.1　装饰美学功能要求

汽车内饰纺织品就是覆盖在汽车内饰零部件表面，起到装饰美观作用的一类纺织材料。因此，装饰美学功能是汽车内饰纺织品的最基本的应用要求。汽车内饰纺织品的装饰美学功能主要是通过色彩、纹理、材质和整理工艺等来进行设计开发的。

汽车内饰纺织品设计的前提条件就是要与整车的设计理念、市场定位等要求相匹配，尤其是色彩的选择应用、纹理图案的设计以及材质的搭配上，要做到内外饰间的有机协调，实现局部与整体的和谐统一。

在色彩纹理的设计上，要考虑不同地区的环境条件、风俗习惯、宗教、文化和喜好的差异，选择合适的色彩和图案纹理。色彩的应用还要充分考虑时代性，有效地利用流行色的引领作用，针对当下不同的消费群体和产品定位，进行个性化、定制化、时尚化的设计。例如新能源汽车的色彩应用与传统燃油车不同，其内饰主色调更倾向于黑白灰的中性色，给人以简约、自然和舒适的感受；纹理多采用偏自然的木纹、岩石纹及富有科技感的几何纹理等。在色彩搭配上，于主色调基础上进行局部点缀装饰成为趋势，两种或两种以上的色彩进行搭配应用的设计变得越来越多。

除了色彩纹理的设计外，材质也是影响汽车内饰纺织品的重要因素，它是所有外观效果得以实现的物质载体。汽车内饰纺织品的材质选择和应用取决于多种因素，如应用场景、加工工艺条件、价格成本及材质本身的特性等。例如，卡车车顶用面料一般都选择纬编针织单面织物进行包覆，这是由卡车车顶具有较大深度的弯曲弧形结构所决定的；追求内饰纺织品的高级感和亲肤触感，则可以选择具有柔软细腻、亲肤舒适的超纤仿麂皮面料或者具有柔软温润触感的超细聚氨酯（PU）革或有机硅胶革等材料，用于汽车座椅、门板等区域；打造沉浸式的智能座舱体验，则可以选择具有透光或者发光功能的织物或者皮革材料，营造出不同的光影效果。

整理工艺是内饰纺织品成型和外观实现的重要手段。汽车内饰面料的整理工艺非常丰富，可以根据实际的需要进行一种或者多种工艺的叠加应用。可以通过磨毛或者拉绒的工艺赋予内饰纺织品柔软亲肤的触感；可以通过立体压花工艺赋予内饰纺织品 3D 立体的视觉感和科技感；亦可以通过丝网印花或数码打印工艺赋予内饰纺织品多变的色彩和肌理感。

1.2.2.2　技术性能要求

汽车内饰纺织品与一般的民用纺织品如家纺、服装面料以及常规装饰面料等不同，应用环境的不同，决定了其材料技术特性要求也不同。首先，汽车是一个封闭的、高速运行的移动空间，内饰空间环境的舒适性对驾乘人员来说至关重要，对内饰纺织品的防火阻燃、气味及有机物挥发性能等有着严苛的要求。其次，汽车内饰纺织品的应用环境条件特殊，一般要求内饰纺织品的使用寿命长达 10 ～ 15 年，基本与汽车自身的生命周期相同，需要经受长期的日晒、摩擦、温湿度变化的考验，因此对内饰纺织品的物理力学性能、耐环境老化、疲劳耐久性能等有着更高的要求。此外，汽车在长期使用过程中难免会沾染污渍，而内饰纺织品基本不具备洗涤的条件，因此要求内饰纺织品要具有比较好的防污和易去污功能，同时要求其化学稳定性也要好，如耐酸碱、耐汗渍等性能。

汽车内饰纺织品的耐久性能一般包含耐磨、耐钩丝、耐日晒色牢度、摩擦色牢度、断裂强力、撕裂强力、抗起毛起球、抗永久变形、缝合强度、纱线滑移、剥离牢度等。除了耐久性能外，透气性、柔软度、悬垂性，以及抗静电、易清洁和防污性能也是衡量内饰面料舒适性的重要指标，动态 / 静态延伸率、断裂伸长率和弹性回复等指标直接影响着内饰件的包覆及成型。

汽车内饰纺织品必须满足阻燃性相关强制技术要求，目前轿车内饰面料的阻燃性一般要满足《汽车内饰材料的燃烧特性》（GB 8410—2006）要求；客车及校车等特种车型对内饰纺织品的要求，除了最大水平燃烧速度由原来的 ≤ 100mm/min 提高至 ≤ 70mm/min 外，同时还新增加了内饰材料极限氧指数（limiting oxygen index, LOI）的技术要求，要求 LOI ≥ 22%。此外，汽车内部是一个温热封闭的环境，内饰材料的散发性能以及环保安全性能也是消费者关注的焦点，这些性能主要包含气味性、有机物挥发（甲醛、乙醛、丙烯醛、苯、甲苯、乙苯、二甲苯、苯乙烯等的挥发）、雾化、总碳挥发量及禁限用物质含量、抗菌防霉防螨等性能指标。

1.2.2.3　加工性能要求

汽车内饰纺织品一般情况下都需要根据其在汽车内部的应用实际去做进一步的加工制造，这就要求汽车内饰纺织品需要具有良好的可加工性能。内饰纺织品的加工性能好坏，直接影响零部件的包覆成型、外观质量和装饰美学效果，也在很大程度上决定了其是否能够在汽车内饰零部件中得到很好的应用。

汽车内饰纺织品一般是通过裁剪、缝纫、热压、模压、低压注塑、手工包覆等再加工形式进行应用的。裁切过程中面料容易发生虚边现象，纤维从织物面料中脱离开来，直接影响裁切的生产效率和后续缝制加工，这与内饰纺织品的端末脱散性或者纤维抽出性能有着直接关系；缝纫加工过程中或面套的装配过程中，容易出现缝口脱线或者撕裂的问题，这主要是受内饰纺织品的接缝强度和接缝滑移性能影响；在模压、热压或者低压注塑工艺加工过程中，要求内饰纺织品具有良好的耐高温、防渗透、抗撕裂等性能，同时还要具有良好的动态拉伸形变能力，满足零部件不同造型的需要，保证产品成型良好，不发生脱层、气泡、褶皱等外观不良现象。此外，内饰纺织品加工过程中，常常伴随有少量的染料助剂添加，这些化学药剂对后道再加工过程中人体的健康安全，以及对工装磨具的运行都会产生一定影响，因此在内饰纺织品的制造过程中要进行严格控制，确保内饰纺织品的气味、散发性能及有毒有害物质含量满足技术标准要求。

1.2.2.4　经济性能要求

汽车内饰纺织品的经济性主要体现在要与整车及零部件的成本预算相匹配。一般情况下，整车在做产品规划时就已经就其不同的配置对内饰材料进行精准的定义。不同配置，其目标成本也不同，因此在做内饰材料的设计开发时，需要围绕目标成本要求展开。汽车内饰纺织品自身的特殊属性，即丰富的组织结构、色彩纹理和加工工艺，决定了其具有非常好的经济性和成本优化空间，通过不同的组合搭配可以满足主机厂整车及零部件对于内饰纺织品材料的成本需求。同时，亦可以根据需要通过特殊结构、材料和工艺的叠加，有效地提升汽车内饰纺织品的附加价值。

1.2.3　纺织品在汽车内饰中的具体应用

纺织品在汽车内饰件包覆与装饰中的应用区域主要为座椅、门饰板、仪表板、顶棚、遮阳板、天窗遮光帘、遮物帘、扶手、立柱、侧围、卧铺、地毯、衣帽架等部位（见图1-5和图1-6）。

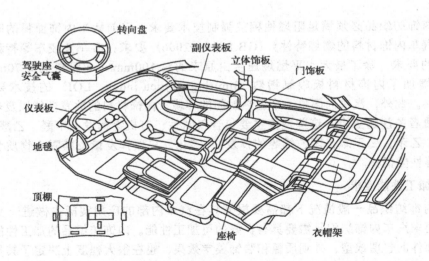

图1-5　汽车内饰纺织品的应用区域示意图

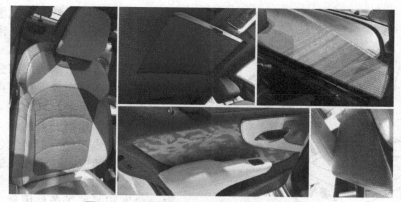

图 1-6　不同零部件区域的内饰纺织品应用

　　汽车内饰纺织品应用的部位不同，其性能指标要求的关注点和控制点也不相同（见表 1-1）。汽车座椅用纺织品与人体接触的机会较多，易受外力摩擦作用，因此对耐磨性能的要求比较高，通常情况下用于座椅主料区域，要求其马丁代尔耐磨 35000 次后不发生纱线断裂，不能出现破洞，除此之外，为了保证驾乘者的舒适性，座椅用纺织品对透气性能要求也比较高；顶棚用纺织品受摩擦的机会较小，对其耐磨性能的关注度也较低。仪表板用区域受直射光照的影响较大，对内饰纺织品的光老化性能要求比较高；顶棚区域因拉伸变形量较大，通常需要内饰纺织品具有良好的延伸性能，确保压制成型后的面料与基材较好贴覆，不发生起拱、脱壳等问题。

表 1-1　汽车座椅、门饰板、仪表板、顶棚对内饰纺织品性能的要求

区域	座椅	门饰板	仪表板	顶棚	区域	座椅	门饰板	仪表板	顶棚
拉伸强度	√	√	√	√	透气性	√			
接缝牢度	√				色牢度	√	√	√	√
剥离牢度	√	√	√	√	遮光性				
弹性回复	√	√	√	√	抗静电				√
延伸率	√	√	√	√	阻燃	√	√	√	√
柔软度	√	√	√	√	抗起球	√	√	√	
耐磨性	√	√	√	√	防污性				
光老化	√	√	√	√	易去污	√	√	√	
气味	√	√	√	√	雾化	√	√	√	√
VOC	√	√	√	√	禁限用物质		√	√	√

1.2.3.1　汽车座椅

　　作为汽车中重要的内饰件，汽车座椅是内饰纺织品使用量比较大的区域。座椅面料与乘坐者接触的时间最长、机会最多，因此对座椅面料的技术性能要求也相对较高。目前常用的座椅面料主要有纤维织物（机织、针织）、涂层织物（涂覆聚氯乙烯、PU）和超纤仿麂皮，以及部分非织造布材料用于背衬。座椅面料根据应用部位的不同，又可以分为座椅主料（insert fabric）和辅料（bolster fabric）、侧翼面料（wings fabric）（见图 1-7）。座椅不同区域应用的内饰纺织品，其性能要求也不相同。

　　汽车座椅面料性能的技术关键点主要有如下几点。①耐磨性能：在汽车使用寿命周期

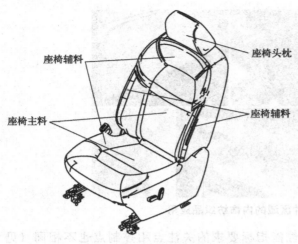

座椅辅料

座椅主料

座椅头枕

座椅辅料

图1-7　汽车座椅用纺织品区域分布示意图

内，要保证座椅面料不能发生表面纱线断裂、面料磨损破洞等问题，常用的耐磨性能评价方法有马丁代尔耐磨、邵坡尔耐磨、泰伯耐磨及搭扣耐磨等，部分汽车主机厂技术标准中还对座椅面料使用过程中的防钩丝性能、抗起毛起球等做了要求。②耐光老化性能：座椅面料的耐光老化性能主要是衡量光线照射后面料的色牢度和力学性能的变化情况。这个性能的评价方法主要是模拟座椅面料实际应用环境的光线辐射、温度和湿度等条件因素，通过一定的照射强度和照射周期后，比较实验前后面料的色牢度和断裂、撕裂等性能变化情况。③透气性：座椅的热舒适性在一定程度上取决于座椅面料的透气性。④延伸性和抗褶皱性：座椅面积相对较大，也是内饰空间的视觉中心区域，面料的延伸性和抗褶皱性能直接影响座椅的包覆和外观质量。⑤座椅面料的耐污和易清洁性能也越来越多地被关注。

1.2.3.2　门饰板、仪表板、立柱

对于门饰板、仪表板、立柱等零件来讲，表皮材料的拉伸弹性、延伸率和剥离牢度至关重要，这主要是由于这些饰件区域需要进行造型设计，通常都有比较大的曲面或比较深的弧度，变形量较大，这也要求包覆在其表面的内饰面料具备相应的弹性变形能力和剥离牢度，保证饰件成型过程中面料不发生损坏、层间分离，成型后的饰件不会出现脱壳、起鼓等问题。在这类产品的设计开发过程中，务必要先评估内饰件的造型及其拉伸形变情况。仪表板和立柱区域还对面料的耐光照性能有着更高的要求。门饰板与仪表板面料的耐污性和易清洁性能也是设计过程中需要考虑的，大部分主机厂对这两块区域应用的面料有相应的技术要求。

门饰板或仪表板的本体材料除采用塑料材质外，也可以是由植物纤维如麻纤维复合材料制备而成。包覆在本体上的表皮材料一般采用内饰纺织品+聚氨酯泡棉或水刺非织造布+3D mesh 间隔织物结构的多层复合结构。立柱及仪表板区域使用的内饰纺织品根据需要还必须满足安全气囊的点爆要求。安全气囊的点爆与内饰纺织品的结构、断裂强力等物理性能有着直接关系。

1.2.3.3　顶棚和侧围护板

汽车顶棚是除座椅外内饰纺织品使用面积相对较大的区域，尤其是在商用车中，顶棚使用内饰纺织品的面积更大。乘用车的汽车顶棚面料主要有非织造布和针织面料两大类，近几年又在豪华配置中采用超细纤维仿麂皮作为顶棚面料。非织造布的顶棚一般用于低端车型，因其易沾灰且不易打理等缺点，在乘用车中已经很少使用；在商用车顶棚上也多采用缝编结构的非织造布，根据需要搭配压花或者印花工艺。针织结构的顶棚面料在乘用车和商用车中应用最多，乘用车多采用经编针织结构面料，商用车顶棚中因其造型的特殊性对材料拉伸性能有着非常高的要求，一般多采用纬编针织结构的面料。商用车的侧围护板也多采用针织结构的内饰面料。用于顶棚区域的内饰面料，一般是两层或者两层以上的复合材料结构，即表层内饰面料+水刺非织造布两层结构，或者表层内饰面料+聚氨酯泡棉+水刺非织造布三层结构。

1.2.3.4 遮光帘

天窗遮光帘通常为单层面料，由于其为光线直接照射区域，这就要求内饰面料具有非常好的遮光性能和耐光老化性能，考量的指标主要是耐光色牢度和老化后的力学性能指标。目前一种新型结构的遮光帘面料正逐渐在汽车内饰中应用，这种遮光帘面料拥有三层复合结构——经编针织面料＋遮光膜＋机织面料，产品的遮光与隔热效果更好。

1.2.3.5 地毯

汽车地毯在内饰空间中既起到装饰覆盖作用，又起到隔声降噪的重要作用，对内饰空间的驾乘舒适性有着直接的影响（见图1-8）。

图1-8　汽车地板地毯（上海地毯总厂有限公司官网）

1.3　汽车内饰纺织品的发展简况

1.3.1　世界汽车内饰纺织品的发展简况

汽车内饰纺织品的发展是伴随着汽车工业的发展而来的，最早的内饰面料产品主要应用在汽车座椅上，然后才慢慢拓展到其他汽车内饰零部件的包覆领域，如门板、车顶以及仪表板等。最早的汽车是敞篷的，早期的座椅套都是皮的或者仿皮的，在合成纤维产生之前，主要使用棉和毛纤维材料；在黏胶纤维和其他人造纤维出现之后，也被汽车内饰纺织品所使用。20世纪40年代，许多汽车开始使用维纶短纤制成的织物座套。20世纪50年代，聚氯乙烯（PVC）涂层织物广泛用于服装、家装和汽车座椅套，一直到20世纪70年代，PVC涂层织物制成的汽车座椅套被广泛地应用到常规的汽车产品中。1975年，意大利欧缔兰人造麂皮面料产品成功面世，最初用于意大利品牌的轿车中。随着人们对汽车内饰舒适性的要求不断提高，20世纪70～80年代开始，织物面料在汽车内饰中的应用显著增加。由于汽车内饰环境的特殊性，其对内饰面料的性能和质量技术要求都比较苛刻，具有较高耐磨性能、抗紫外降解性能、高性价比等优点的涤纶材料在汽车内饰纺织品中的应用占有绝对优势。目前，全球约90%的汽车内饰纺织品均采用涤纶材料。在主要的汽车消费地区欧洲和日本，其内饰织物面料的使用比例约为80%，而在北美汽车市场纺织面料的应用比例也在70%以上。

汽车内饰纺织品产业经过了几十年的发展，涌现出了一大批国际知名的企业和品牌，为全球汽车品牌提供内饰面料的设计开发、生产制造等配套服务。国外品牌企业主要有意大利欧缔兰（Alcantara）、日本东丽（Toray）、美国森织（Sage）、德国艾文德（Aunde）、美国李尔（Lear）、韩国科隆（Kolon）、韩国杜奥尔（Dual）、美国安道拓（Adient）、日本川岛（Kawashima）、日本世联（Seiren）、日本住江（Suminoe）、日本东洋纺（TOYOBO）、日本帝人（Teijin）、葡萄牙博斯缔纳（Borgstena）、美国美利肯（Milliken）等。近年来，以上这些国外品牌也已经在我国独资建厂或者与我国企业建立合资公司，为我国汽车市场提供配套服务。

随着汽车工业尤其是新能源汽车产业的蓬勃发展、汽车消费需求的不断变化以及材料工艺技术的不断创新，汽车内饰纺织品正在发生着新的变化，主要表现在以下几点：①伴随着大众审美水平的提升，汽车内饰纺织品的设计更加时尚化、个性化和多元化；②人们对于汽车内饰空间环境的要求越来越高，高品质化、复合功能化成为汽车内饰纺织品设计开发的新方向，如柔软亲肤触感、负离子自净化功能、抗菌抗病毒功能等；③在环保意识深入人心的当下，汽车内饰纺织品的绿色生态设计和可持续发展变得尤为重要，生物降解材料、循环再生材料、天然纤维材料等被越来越多地使用；④高科技含量的内饰纺织品为汽车消费者提供更高的附加价值，柔性智能材料与集成控制技术，推动了汽车内饰纺织品的跨界融合与创新发展，成为构建汽车智能座舱的重要组成部分，将会为驾乘者提供更加多维度的感官新体验。

1.3.2　国内汽车内饰纺织品的发展简况

我国汽车内饰纺织品产业的发展也是在 20 世纪 80 年代后期 90 年代初才起步。1988 年，随着发达国家来华合资兴办汽车厂，引进国外车型，汽车座椅内饰面料才打破了人造革"一统天下"的局面，最早的上海大众、桑塔纳、一汽奥迪、天津夏利座椅面料是由国内生产面料厂家仿造国外来样进行开发和应用的。由于面料豪华感和透气性能、阻燃、气味性等物理指标大大或优于当时的人造革产品，因此，1990 年以后纺织面料越来越多地用于汽车座椅和其他内饰件包覆中。2000 年以来，随着我国汽车工业的发展，我国汽车内饰纺织品产业也得到了快速发展，已经形成了涵盖机织、针织、非织造等产品品类齐全、自主设计能力强和产业链完整的全流程研发制造体系。特别是近十年来的快速发展，无论在产品的设计研发能力、人才梯队培养、技术装备制造还是在上下游产业链的融合和衔接发展上，都取得了长足的进步。

基于汽车内饰纺织品灵活多变和模块化搭配组合的重要优势，依托新材料、新技术和新工艺的不断研发与应用，为消费者提供更加绿色环保、健康安全、美观舒适的高品质高附加值的内饰面料产品，已经成了目前汽车内饰纺织品产业发展的重要方向。

近 30 年来，随着我国汽车工业的发展，我国汽车市场已经成为全球关注的焦点，在这个过程中也发展壮大了一批汽车内饰纺织品的民族品牌，比较有代表性的企业有旷达科技、武汉博奇、宏达高科、浙江华光、申达集团、厦门华懋、锦州锦恒等。这些企业的产品已经基本涵盖了机织、针织、非织造等全部内饰面料门类，在产品设计开发服务、内饰件包覆加工或者座套缝制加工等产业链环节为合资品牌及我国自主品牌汽车提供全流程配套服务。

汽车工业的快速发展，为汽车内饰纺织品行业的发展提供了广阔空间。经过近二十年的发展，我国汽车内饰纺织品行业的设计研发能力、技术创新水平、装备制造体系和产业规模等都取得了长足的进步。主要表现在以下几个方面。

① 自主设计研发能力不断提升。拷贝和仿制模式已经逐渐被自主设计研发或联合开发模式所取代；部分企业已经可以提供定制化或成套化的设计研发服务；汽车内饰纺织品企业积极参与主机厂的全球新车型项目设计开发，在国际平台上与全球竞争对手进行竞争，并获得了众多国际品牌主机厂的认可和项目定点；同时，积极布局全球协同设计研发。

② 专用纤维材料产业发展加速。汽车内饰纺织品多采用涤纶、锦纶等作为主要原料，随着国内化纤产业的发展，目前已经形成了比较完备的汽车内饰纺织品专用纤维研发生产体系；车用差别化纤维、花式结构纱线以及功能性、高性能纤维材料的技术创新取得了突破性

进展，并已成功应用；原液着色纤维的广泛应用成就了车用纺织品生产制造过程的低碳环保、节能减排、绿色安全。

③ 制造装备水平专业化、国际化。汽车内饰纺织品生产企业加大装备投资，积极引进成套的研发及生产设备，装备技术水平比肩欧美、日韩等竞争企业；国内纺织机械装备产业的创新发展和技术能力快速提升，也为我国汽车内饰纺织品行业的创新发展提供了装备支持和技术保障。

④ 技术标准体系得到逐步建立和完善。国内主要的交通工具用纺织材料供应商基本建立了内部的企业标准和管控体系，积极开展前瞻技术研究、技术标准体系建设工作，为新产品研发设计及生产过程中的技术质量问题的解决提供支撑。《汽车装饰用机织物及机织复合物》（GB/T 33389—2016）、《汽车装饰用针织物及针织复合物》（GB/T 33276—2016）国家标准已颁布实施，《汽车内饰材料性能的试验方法》（QC/T 236—2019）行业标准已经完成修订并发布实施。截至目前，我国汽车内饰纺织品的技术标准已经涵盖企业标准、团体标准、行业标准以及国家标准等不同层面，形成了相对完整有效的标准体系。

⑤ 新材料新工艺的研发创新取得显著进展。碳纤维及复合材料、高强高模聚乙烯与聚酰亚胺、高强聚酯长丝、功能性纤维（如高阻燃、抗菌抗病毒、光催化等功能纤维）、超细海岛纤维等高性能材料已经在汽车车身结构材料、内饰材料等领域得到开发应用。3D 一体成型工艺、高频焊接、镭雕等新技术新工艺已经在汽车内饰纺织材料的产品开发中得以应用。

第2章
汽车内饰纺织品的原材料

2.1　原材料概述
2.2　汽车内饰纺织品的原料特性
2.3　汽车内饰纺织品的常用纤维
　　　材料
2.4　汽车内饰纺织品的纱线原料
2.5　汽车内饰涂层纺织品的原材料
2.6　汽车内饰纺织品的聚氨酯海
　　　绵材料

2.1　原材料概述

汽车内饰空间环境比较特殊，它是相对密闭的空间，存在高温高湿的条件，会有阳光照射所带来的光老化以及驾乘人员长期乘坐导致的磨损等，这些苛刻的环境条件对汽车内饰纺织品提出了更高的要求，主要表现在耐磨性、耐光性、抗起毛起球、阻燃性及耐候性等方面。为了满足这些要求，在汽车内饰纺织品的设计开发中，需要从原材料、组织结构、制造工艺以及后整理工艺等各个环节着手，而原材料的选择则是首要的因素。

原材料的性能在很大程度上决定了汽车内饰纺织品产品品质和性能。汽车内饰纺织品最主要的原料是各种类型的纤维材料；涂层纺织品的原材料中除了部分纤维材料外，还涉及PVC粉、增塑剂、PU树脂等材料。考虑到汽车内饰纺织品在零部件中的实际应用场景，一般需要将内饰纺织品与一定厚度和密度的聚氨酯泡棉进行层合，形成多层结构的复合体，赋予内饰纺织品良好的手感、回弹性和舒适性，同时满足零部件的成型加工要求。因此，聚氨酯泡棉也是影响汽车内饰纺织品使用性能的重要材料之一。

此外，消费的持续升级催生了新的消费需求，汽车内饰纺织品呈现出个性化、时尚化、科技智能化等新的特点，越来越多新型结构与创新功能的纤维材料被应用到汽车内饰纺织品的设计开发中去，为消费者带来了更高品质更高性能的装饰美学新体验。

汽车内饰纺织品用纤维材料主要有涤纶、锦纶、丙纶、腈纶、羊毛纤维、麻纤维等，但是使用最多的还是三大合成纤维（涤纶、锦纶、腈纶）。中国化学纤维工业协会统计数据显示，2021年涤纶产量约为5363万吨，占比已经超过我国化学纤维总产量的80%（见图2-1）。在汽车内饰行业中，涤纶也是用量最大的合成纤维，占整个汽车内饰纺织品市场80%以上的份额。这三种纤维的共同特点是强伸性好、耐磨、化学稳定性好、回潮率低等。

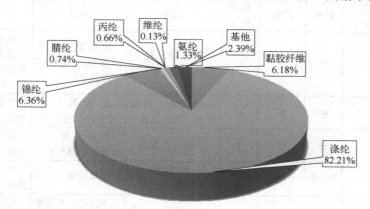

图2-1　2021年我国化纤各类产品产量占比情况（资源来自：中国化学纤维工业协会）

2.2　汽车内饰纺织品的原料特性

汽车内饰纺织品的原材料选用实际上是经过了一个长期的自然选择过程的，通过反复的试验验证和实际应用，最终筛选出能够满足内饰技术要求的材料。

汽车内饰纺织品对其原材料特性的需求可以总结归纳为手感柔软舒适、色泽美观，具有良好的强伸性、耐磨性、防微生物性、耐化学性、阻燃性、耐日晒性、耐热性和耐候性，以及低气味低散发性、抗静电、不易起毛起球，等等。

不同零部件区域的内饰纺织品由于应用场景和成型加工工艺的不同，对纤维材料性能的要求会存在一定的差异。例如对于造型凹凸曲度比较大的车门嵌饰件，采用机织面料包覆时，其纤维材料常常选用弹性收缩率高的高弹涤纶丝进行织造；汽车座椅、门板及车顶面料等一般都采用涤纶为原料，可以是假捻变形长丝或空气变形长丝，也可以是短纤纺制的纱线。对于安全气囊和安全带等具有安全功能的内饰纺织品，其纤维原料主要采用锦纶和涤纶两类。安全带织物一般选用抗拉强度高、延伸性适中、塑性变形小的纤维，而安全气囊则选用强度高、伸长率大、弹性好、耐热性好的纤维。汽车地毯占汽车内饰纺织品的比例约为20%，是车用纺织品的重要组成部分，汽车地毯根据加工工艺不同可以分为簇绒地毯和针刺地毯两大类。簇绒地毯的原料以锦纶为主，针刺地毯的原料以丙纶和涤纶为主。

2.3 汽车内饰纺织品的常用纤维材料

2.3.1 合成纤维

目前汽车内饰纺织品的纤维材料绝大部分是合成纤维，主要是涤纶、锦纶、丙纶和腈纶等。这些纤维各有各的特点，在汽车内饰中的应用也各不相同。表 2-1 为汽车内饰纺织品常用合成纤维的性能特点及其在内饰中的应用。

表 2-1　常用合成纤维的性能及其在汽车内饰中的应用

名称	回潮率 (%，RH65%)	耐酸	耐碱	耐溶剂性	优点	缺点	主要应用
涤纶	0.4	好	中	好	高耐磨、抗紫外线、相对便宜	吸湿低、夏季不舒适、有限的压缩及弹性	座套、门板、顶棚、仪表板等内装饰面料，功能性非织造布、安全带、针刺地毯等
锦纶6 锦纶66	4.5	中	好	好	弹性好、热吸收好（用作气囊）	耐紫外线差（稳定型的除外）	气囊、地毯、轮胎帘子线、部分座套织物等
丙纶	0	好	好	中	价廉、质量轻	色泽受限、熔点低、吸湿性差	内装饰面料（非座椅）、地毯、功能性非织造布
腈纶	2.0	好/中	中	好	高抗紫外线、手感柔软	中等耐磨	车顶面料、敞篷车软顶面料
氨纶	1.1	好	好	好	伸长率大，弹性回复性好	不耐光、不耐高温、不耐氧化、容易变黄和强力降低	与涤纶混纺，用于座套等内饰件中对弹性、延伸率要求比较高的区域

2.3.1.1　涤纶

涤纶又称作聚酯纤维（polyester fiber），或 PET 纤维，聚酯纤维是由有机二元酸和二元醇缩聚而成的聚酯经纺丝所得的合成纤维，在合成纤维中排名第一，大约占全球合成纤维总量的 70%，它已经成为一种世界性的纤维，在服装、家纺、装饰、产业用、医用等各个领域均有广泛应用。1941 年，聚酯纤维在英国研制成功，命名为特丽纶（Terylene），1953 年在美国率先实现商品名为达可纶（Dacron）的聚酯纤维工业化生产。

涤纶由于原料易得、经济性好、性能优良，所以发展十分迅速，产品应用领域也最广泛。在经过长期的试验验证后，涤纶成了汽车用纺织品中应用最广泛的纤维材料，主要用于车厢内饰材料、轿车帘子布、其他骨架材料以及涂层纺织品的基布和篷盖帆布等领域。

涤纶的主要特性：强度高，耐磨性优良，耐热性和耐晒性较好，遇火星会熔融，回弹性和延伸性好，抗皱能力强；化学稳定性较好，常温下一般不与酸碱发生作用，但不耐浓碱和长时间高温作用；需要高温高压染色，色牢度好，不易褪色。涤纶和天然纤维相比存在含水率低、吸湿性差（公定回潮率只有 0.4%）、透气性差、染色条件高、容易起球起毛、易沾污等缺点。为了改善这些缺点，可以采取化学和物理的方法对涤纶进行改性。化学改性方法有：①添加有亲水基团的单体或低聚体的聚乙二醇等进行共聚，提高纤维的吸湿率；②添加具有抗静电性能的单体进行共聚，提高纤维的抗静电和抗沾污性能；③添加含磷、含卤素和锑的化合物，以改善纤维耐燃烧性能；④采用较低聚合度的聚酯纺丝，以提高抗起球能力；⑤与亲染料基团的单体（如磺酸盐等）进行共聚，以改善纤维的染色性能。常用的物理改性方法有：①异形喷丝板法，对涤纶丝进行物理变形制得的各种异形涤纶；②复合纺丝法，与其他高聚物进行复合纺丝制得的双组分纤维；③原液着色法，制得有色涤纶；④热处理法，制得高收缩涤纶、高弹涤纶等；⑤等离子处理法，可以改善涤纶的吸湿性、抗静电性以及拒水拒油性能等。

利用涤纶强力高、压塑性好、吸湿率低、易燃性差、防腐等内在品质，可将其制成各种类型的非织造布和黏合布，用于汽车坐垫、内部装饰物、隔声降噪物及减震器的包覆物基质等。除了利用石油产品为原料进行化学合成的原生涤纶外，还可以通过聚酯塑料瓶或者其他回收材料制备再生涤纶，实现有限资源的再利用和可持续发展，可以说再生涤纶是一种绿色环保的纤维材料。目前国内再生涤纶的制造技术已经比较成熟，工业化批量生产的再生涤纶已经开始在汽车内饰纺织品中应用。

高强低伸的涤纶工业丝具有模量高、荷重下的伸长率低、热性能好、尺寸稳定等特点，在汽车安全带织物中应用较多。此外，涤纶长丝也可以作为安全气囊用原料，具有成本低、受湿度变化影响不明显、强度高、耐化学性好、保形性好和易回收利用等优点，替代锦纶可使气囊织物的生产成本降低约 40%。涤纶由于回潮率低，吸湿后不易恢复到轧光前的纱线状态，在气囊使用寿命内能保持较低的透气性。因此，涤纶已成为开发人员日益关注的焦点，采用涤纶丝织造气囊织物的比重逐渐增加，主要是应用在非涂层类安全气囊织物中。目前，涤纶在安全气囊中的用量占比接近 30%。涤纶的耐高温性和耐冲击性不如锦纶，但随着纤维改性技术和气囊织物整理技术的发展，其性能还有较大的提升空间。

涤纶易于加工及进行各种功能整理，在汽车内饰织物中也得到广泛应用。各种变形丝多用于座椅织物，目前已开发了以涤纶为原料的针刺地毯，所占的比例也正在上升。在顶棚及衬里中，涤纶应用较多，特别是经阻燃整理的涤纶。

涤纶因其各项性能基本良好、易于加工整理、价格相对便宜等特点，再加上特殊改性、功能整理等加工技术的不断进步，必将会在汽车内饰纺织品中得到更广泛的应用；研究和开发高性能、高附加值的涤纶将成为涤纶未来的发展方向。

2.3.1.2 锦纶

锦纶，学名为聚酰胺纤维，又称作耐纶、尼龙，它是大分子链上具有 CO—NH 基的一类纤维的总称，英文名称 polyamide（PA）。作为世界上第一种合成纤维，聚酰胺纤维于 1938 年 10 月 27 日诞生，并将聚酰胺 66 这种合成纤维命名为尼龙（Nylon）。常用的为脂肪族聚酰胺，主要品种有聚酰胺 6（PA6）和聚酰胺 66（PA66），作为合成纤维的第二大品种，其在合成化学纤维中的占比约为 6%。聚酰胺纤维的产量正逐年下降，在车用纺织品中所占的比重也日趋降低。

锦纶强度高，弹性回复能力好，最突出的优点是耐磨性高于其他所有纤维，比棉纤维耐磨性高 10 倍，比羊毛纤维高 20 倍，在混纺织物中稍加入一些锦纶，可大大提高其耐磨性；当拉伸至 3%～6% 时，弹性回复率可达 100%；耐疲劳性能居各种纤维之首，能经受上万次折挠而不断裂。锦纶的吸湿性能比涤纶好，锦纶 6 与锦纶 66 在标准条件下的回潮率为 4.5%，在合纤中仅次于维纶，染色性能较好，可用酸性染料、分散性染料及其他染料染色。锦纶耐碱而不耐酸，耐光性不好，长期暴露在日光下纤维强度会下降，颜色变黄。锦纶制得的织物手感较光滑，表面光泽度较高。

锦纶在汽车内饰纺织品中的应用主要是在安全气囊、轮胎帘子线以及汽车地毯等产品领域，其中，安全气囊是锦纶应用最多的汽车纺织品。锦纶具有初始模量低、断裂伸长适宜、弹性好、耐磨及热熔量高等特点，制成织物后其能量吸收性和耐冲击性好，耐热性优异，折叠性能良好。自安全气囊发明以来，高强度锦纶 66 复丝是占安全气囊面料绝大部分份额的纤维材料。

除了锦纶 66 外，锦纶 46 和锦纶 6 也可用于制作气囊织物。荷兰阿克苏诺贝尔公司开发了一种无涂层的安全气囊用锦纶 46 长丝，性能与锦纶 66 相似，但成本相对更高。而锦纶 6 长丝的熔点和热熔值要比锦纶 66 低，但经特殊处理后也可制成较好的安全气囊。由美国 Allied Signal 公司生产的 Saty Gard 锦纶 6 长丝制成的气囊织物，其抗撕裂性、可折叠性和强度保持力均优于由锦纶 66 制成的气囊织物，在冲击、老化和燃烧试验中也表现良好。随着安全意识的不断增强，单车安全气囊、气帘的配置数量也在不断增加，锦纶的应用空间将会更大。

一直以来，由于锦纶的光老化和热老化性能差，限制了其在汽车内饰其他纺织品如座椅座套、门板等零部件中的应用。虽然在第二次世界大战后，汽车内饰座套织物中有过一段时间采用锦纶作为原料，但之后由于汽车造型设计的变化以及内饰材料对耐光性能的要求不断提升，锦纶基本不在汽车内饰座套中应用。近几年，随着汽车内饰纺织品的消费升级，具有高级的丝滑触感和雅致表面光泽的锦纶再次走进汽车内饰设计师的视线。为了改善汽车座椅的热舒适性，可以采用具有凉感功能的锦纶长丝来制备座椅面料，其具有吸热速度慢、散热速度快的特点。目前，Recycle 再生纤维材料已经成为汽车内饰纺织品的开发热点，再生尼龙也逐渐在服装、箱包以及家纺、车用等领域应用。2021 年，吉利汽车发布的新车型极氪 001 汽车中，其座椅就采用了意大利 Aquafil 集团 ECONYL® 再生锦纶制成的面料（见图 2-2）。ECONYL® 是由回收废弃渔网、织物废料、地毯和工业废料或海洋垃圾和垃圾填埋场的废旧塑料中提取的废物制成的，其性能与原生锦纶相同。

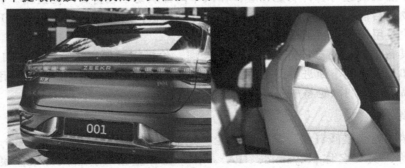

图 2-2　ECONYL® 再生锦纶汽车座椅面料

2.3.1.3　丙纶

丙纶又称为聚丙烯纤维，其最大特点是密度小，只有 $0.91g/cm^3$，比水还轻，是众多纤维中密度最小的。丙纶具有较好的强度（$4.0 \sim 6.6cN/dtex$）、耐磨性、弹性回复性，不易起皱，不起球，且耐酸、耐碱、耐腐蚀性优于其他合成纤维，原料来源丰富，制造成本低，价格低廉，生产工艺简单，近些年发展速度较快。丙纶的熔点较低，为 $165℃$，吸湿性差，基本不吸湿，标准条件下的回潮率接近于 0，因此其热舒适性较差。由于不吸湿，丙纶的染色难度非常高，可采用纺前原液着色的方法来解决丙纶染色难的问题，但颜色色谱不齐全。

丙纶在汽车内饰纺织品中的应用主要是汽车地毯和部分内衬装饰织物。利用熔点低的特点，丙纶可以用作复合材料中的基体固结纤维网，以满足汽车内饰衬板热压和模压工艺的需要。利用熔点不同的两种丙纶，通过针刺工艺和热处理，低熔点丙纶表面发生熔融，将纤维相互黏结住，可以制得更加轻量化、环保低气味、无黏结剂的丙纶针刺地毯。也可以通过层压工艺，将表层的丙纶毛圈或割绒织物与底层的聚丙烯泡沫，通过适量的聚丙烯黏结剂热压成型，而后裁剪成所需形状的纯丙纶地毯，其具有极好的防噪声性能，在减震、吸声及降噪隔声等方面有着良好的效果。丙纶在汽车内衬装饰织物也有应用，尤其在北美市场中。此外，丙纶在安全带、行李架、安全气囊中也有应用。丙纶用于安全气囊织物也有成熟的产品，日本三菱石化公司开发的聚丙烯纤维各项指标均优于聚酰胺 6 纤维。

丙纶的耐光性、耐晒性特别差，易老化，耐热性也差，$100℃$以上开始收缩，可以使用化学稳定剂来改善丙纶的耐光性和热稳定性。丙纶的缺点是静电大、易燃、染色性差，这不仅给后加工带来很大困难，而且制作汽车装饰织物也不安全。因此，对丙纶进行改性及功能化处理成了丙纶应用空间拓展的重要开发方向。丙纶功能化的实现，多采用对丙纶织物进行表面整理或物理、化学改性的方法，使其具备某一种或者多种复合功能，如采用共混纺丝技术制备的具有持久抗静电性和良好阻燃性能的复合功能丙纶产品。

2.3.1.4　腈纶

聚丙烯腈纤维在我国的商业名称为腈纶，其主要特性为密度小、质轻、蓬松、手感柔软温暖、热导率低、保暖性好，有"合成羊毛"之称。腈纶具有特有的热延伸性，适用于制作膨体纱、毛线、针织物和人造毛皮等制品。腈纶的抗紫外线能力在常用纺织纤维中居首位，尤其适用于户外织物。腈纶的强度、回弹性不如涤纶，耐磨性和耐疲劳性不是特别好，易起毛起球；化学稳定性较好，能耐弱酸碱；吸湿性比涤纶好，公定回潮率为 2%。腈纶染色困难，但着色后色泽鲜艳。腈纶的吸湿性低于锦纶，易产生静电和起毛起球。

腈纶直接用于汽车纺织品的场景比前三种纤维要少得多。用聚丙烯腈纤维材料制成的座椅套具有很舒适的似羊毛的手感，但由于耐磨性能比涤纶差，易起毛起球，因此其在汽车内饰座椅面料中仅有很少量的应用。腈纶具有优良的耐光色牢度和耐光老化性能，其短纤染色纱或者原液着色短纤纱，特别适合用在汽车顶棚或敞篷车的软顶织物中。

2.3.1.5　氨纶

氨纶是聚氨基甲酸酯纤维的商品名，是一种高弹性纤维，国际商品名为 Spandex，1959年这种纤维诞生于美国杜邦公司，命名为 Lycra（莱卡）。氨纶的弹性高于其他纤维，变形能力强，弹性回复性能好，伸长 500% 时恢复率达 90%，可染成各种色彩，手感平滑、吸湿性小，强度低于一般纤维，轻而柔软，有较好的耐酸碱性，不耐光、不耐高温、不耐氧化、容易变黄和强力降低。一般很少直接使用裸丝，常以氨纶为芯，而与棉、毛、丝、涤纶、尼龙等纺成包芯纱、包缠纱，织成弹性面料，使织物柔软舒适又合身贴体，而且伸展自如，应用极为广泛，织物中只要含少量氨纶（3%～5%），就能很明显改善织物的弹性回复能力。

　　氨纶在汽车内饰中的应用很少，近两年才开始有所应用。一般采用氨纶与涤纶或者锦纶制成的包芯纱为原料，开发弹性织物，用于汽车内饰件中拉伸弹性、弹性回复性要求比较高或者造型曲度大、外观成形要求高的区域，避免产品褶皱等外观不良问题，如采用含有氨纶的四面弹织物用作汽车座椅面套中的降噪布。

2.3.2　天然纤维

2.3.2.1　棉纤维

　　棉纤维是棉花的种子纤维，其主要化学成分是纤维素。经轧棉加工的棉纤维可用于纺织生产，称为原棉。棉花一般分为长绒棉（海岛棉）、细绒棉（陆地棉）、粗绒棉（亚洲棉）三种。其中细绒棉种植最广，产量占全球棉花产量的大多数，在我国占棉花种植面积的98%。

　　在显微镜下观察，棉纤维的纵向呈扁平形，表面有天然转曲，横切面呈腰圆形，中间有中腔。中腔小、壁较厚的棉纤维较为成熟，其品质也较好。较长、较细、成熟较好的棉纤维品质优良。棉纤维的长度是表征其性能的最重要指标，一般在25～40mm，在保证成纱强力的前提下，棉纤维越长，纺出的纱越细。棉纤维拉伸强力一般为3.4～5.9cN，其强力随纤维吸湿率的增加而增加，这是棉纤维的一个重要特征。棉纤维耐碱不耐酸，耐磨性较好，耐光性一般，经日晒940h后，其强力损失可达50%。

　　棉纤维是最早使用于汽车用纺织品的原料之一，主要制作篷盖帆布、合成革基布、棉帘子线等，目前还有少量应用。在汽车用纺织品中，棉纤维在篷盖帆布、合成革基布等产品中仍保持一定使用量，占20%左右。随着消费者对汽车内饰空间环境舒适性要求的不断提升，以及绿色设计与可持续发展理念在汽车设计中的深入，采用一定比例的棉纤维与合成纤维如涤纶、锦纶进行混纺使用，既能提升内饰纺织品的品质，同时又可以基本满足汽车内饰纺织品的物性要求。

2.3.2.2　麻纤维

　　麻纤维是从各种麻类植物获取的纤维的统称，包括一年生或者多年生草本双子叶植物的韧皮纤维和单子叶植物的叶纤维，主要有大麻、洋麻、苎麻、亚麻、剑麻、黄麻等。麻纤维呈淡黄褐色，表面有横节和竖纹。麻纤维具有天然的隔声、吸声、抗菌、透气、抗霉变、可生物降解、可回收利用、刚度好、硬挺、不污染环境等优点。我国麻类资源丰富，具有很大的开发潜力。

　　汽车用纺织品用的麻纤维主要有亚麻、黄麻、剑麻和大麻纤维。采用黄麻纤维与聚丙烯短纤维混纺，可以用于制造汽车内饰衬板。黄麻、剑麻或洋麻也可以用于生产汽车顶棚用车顶或者内衬板的复合材料。该复合材料采用多层结构，麻纤维制成天然纤维垫，在两层天然纤维垫之间夹一层泡沫塑料层，在这种"三明治"结构的上下两面分别层合上表层材料和底布。这种立体多层结构的车顶具有减少噪声、表面柔软、减少乘客头部损伤、隔热等作用，装饰板则具有绝缘、坚固、不易引起皮肤瘙痒等特性。采用亚麻纤维制成的车门内饰板已经在汽车内推广应用。该车门内饰板采用30%～50%的聚丙烯纤维和50%～70%的亚麻纤维制备而成，除了能满足门饰板所需的强度、刚度等物性外，该材料的使用能够将最终产品的质量减轻20%，且使汽车更符合环保生态的要求。

2.3.2.3 羊毛纤维

羊毛纤维是一种动物纤维，主要成分是蛋白质。羊毛纤维的长短、粗细也各不相同，平均长度为 50 ～ 75mm，线密度比棉粗，而与麻相近。单根羊毛纤维呈弯曲形，表面有鳞片层，截面呈圆形。线密度是表征羊毛品质的重要指标，一般线密度越细、长度越长的羊毛纤维其品质越好。羊毛纤维具有弹性好、吸湿性强、保暖性好、不易沾污、光泽柔和等特点。

在合成纤维出现之前，除了采用皮革或者仿皮外，羊毛纤维和棉纤维也是汽车内饰纺织品的重要原料。羊毛因其特殊的舒适性和雅致的外观等优异特性，近年来在汽车用纺织品上的应用有所增加，尤其在高级轿车上，被用于汽车座椅、门板及仪表板等零部件用内饰面料的开发，在高级配置的客车或者公共汽车中也有少量羊毛绒类座椅面料的应用。为了改善羊毛纤维的耐光老化性能，可以对羊毛进行特殊整理；也可以通过阻燃整理提高羊毛面料的防护和阻燃性能，既保持了羊毛的优良特性，又兼顾了使用的安全性，是一种理想的内饰材料。斯柯达品牌 ENYAQ iV 新能源车型的座椅织物就是由 30% 的新羊毛与 70% 的可回收聚对苯二甲酸乙二酯（PET）瓶聚酯纤维混纺制成的。捷豹路虎在其揽胜星脉车型的座椅中也使用了羊毛混纺面料。

2.3.2.4 蚕丝纤维

蚕丝纤维是由蚕的腺分泌物凝固而成的，其主要成分是丝素蛋白和丝胶蛋白。作为一种天然长丝，蚕丝不仅外观华丽、染色鲜艳、光泽柔和，而且可以满足汽车内饰纺织品的一些特殊性能要求。①蚕丝吸、放湿性能好，热导率低，保暖性好，可以用作汽车窗帘，夏天隔热冬天保暖，制成的织物面料具有很好的热舒适性。②蚕丝具有天然的难燃性，其极限氧指数高，点燃温度较高，可达 400℃，同时蚕丝的主要成分是蛋白质，燃烧时无滴落物。③蚕丝蛋白含有大量的氨基酸，具有非常强的吸收紫外线的能力。④蚕丝纤维中存在大量的缝隙和孔洞，其多孔性赋予了蚕丝纤维良好的隔声、保暖和吸附性。

蚕丝纤维显著的特性使其成了高端奢华汽车内饰织物的重要原料。2020 年玛莎拉蒂发布的 Levante 特别车型与总裁车型的杰尼亚奢享限量版的座椅还应用了杰尼亚的特种丝绸面料，其虽然由天然桑蚕丝制成，但即使落到烟灰也能够通过擦拭轻松复原，同时蚕丝与人体的角质和胶原同为蛋白质，结构十分相近，因此具有极好的人体生物相容性；另外蚕丝的吸湿性是纯棉的 1.5 倍，是羊毛的 1.8 倍，所以可以保持皮肤水分的平衡。

2.3.3 其他特殊纤维

基于汽车内饰环境的特殊性以及消费者对内饰空间环境品质要求的不断提高，越来越多的原液着色纤维、附加功能纤维、差别化纤维、弹性纤维等应用到汽车内饰纺织品的开发中来，赋予内饰纺织品特殊的功能、高级的外观与触感、优良的弹性等。

2.3.3.1 原液着色纤维

汽车内饰面料的上色方式一般有 3 种，即纱线染色、面料染色和原液着色。前 2 种上色工艺比较常用，但不管是纱线染色还是面料染色都会消耗大量的水、电、气等能源，且有大量污染物的排放，在节能降耗、环保形势严峻的当下，原液着色纤维的开发应用将成为汽车内饰面料未来的发展趋势。在纤维纺丝过程中添加着色剂，使其均匀地分散在纤维中制备而成的有色纤维，即为原液着色纤维。原液着色聚酯纤维的制备主要有色母粒法和色浆法两类。色母粒法又可以分为色母粒与切片混合法和熔体直纺在线添加法，目前应用较多的是色母粒与切片混合法。根据需求制备相应颜色的色母粒，将色母粒按照一定比例的添加量与聚酯切片混合熔融，通过螺杆挤压进行纺丝，制备出有色聚酯长丝，再根据设计需要进行空气变形或者假捻变形，可以制备出原液着色的空变丝或者低弹丝。

原色着色技术制备的有色纤维实现了纺丝和染色一体化生产，其颜色批次一致性、稳定性好，适合大批量的生产制造，摩擦色牢度、耐光色牢度性能优异，同时无需染色加工工序，整个制造过程绿色环保、降耗节能。原液着色纤维适合大批量化的生产，对于多品种小批量的生产则转换灵活度受限，开发周期相对较长，成本偏高。原液着色纤维在装饰用纺织品领域，尤其是汽车纺织品、户外纺织品等领域中应用较多。常用的原液着色纤维主要有聚酯纤维、聚酰胺纤维、再生纤维素纤维、聚丙烯/聚乙烯（PP/PE）皮芯结构复合纤维以及腈纶等。目前，原液着色涤纶已经在大众、通用、长城、吉利等众多主机厂的汽车座椅、门板、顶棚、仪表板等内饰面料中广泛应用。

2.3.3.2　功能纤维

功能纤维就是具有某一种或者多种功能的纤维，汽车内饰中用到的功能纤维多为合成纤维，主要是通过在高聚物中加入特定的功能性材料或经过化学特殊技术处理制备而得。汽车内饰中常用的功能纤维主要有阻燃、抗紫外线、抗菌、抗静电、负离子、抗微生物、凉感及相变调温、智能变色、导光等功能性的纤维。

（1）阻燃纤维

汽车内饰纺织品对阻燃性能有着严苛的要求，主要的技术表征指标有水平/垂直燃烧速率、极限氧指数、烟密度和烟毒性等。为了满足汽车内饰纺织品的高阻燃性能要求，开发具有高性能本质阻燃的纤维材料成了关键。

目前常用的高阻燃纤维多为改性纤维，主要是通过物理或化学改性而获得良好的阻燃性能，如阻燃涤纶、锦纶、维纶及纤维素纤维等，常用的阻燃剂有磷系、硅系、磷氮系等。阻燃纤维的制备方法主要有共聚切片纺丝法、共混纺丝法、复合纺丝法及表面涂覆法等。汽车内饰纺织品中应用最多的是阻燃涤纶，其主要是通过共聚阻燃改性的聚酯切片与色母料进行熔融纺丝来制备的。与普通的轿车相比，专用校车和客运巴士对内饰材料的燃烧性能要求更高，其内饰纺织品中常采用阻燃涤纶以满足燃烧速率、极限氧指数等指标要求。

（2）抗静电纤维

合成纤维的抗静电技术一直是功能化纤维研究领域的重点之一。抗静电纤维主要包括永久性抗静电纤维和暂时性抗静电纤维。暂时性抗静电纤维主要是为了防止合成纤维制造和加工过程中的静电干扰，所用抗静电剂多为各种表面活性剂，但这种纤维的耐洗涤和耐久性差，加工过程完成后，抗静电性就消失了。

永久性抗静电纤维是通过树脂整理或特殊纺丝方法制造的具有永久抗静电性的纤维，耐洗涤、耐摩擦，其制造方法主要有树脂整理法、共混纺丝法、复合纺丝法、共聚法或接枝共聚法等。其中使用共混纺丝法较多，制得的抗静电纤维强度虽略有降低，但不影响后续加工和使用。如采用聚氧乙烯系聚合物分别与聚对苯二甲酸乙二酯或尼龙共混纺丝可以制得具有永久抗静电功能的涤纶和尼龙。此外，将导电性物质如炭黑、碳纤维、金属衍生物与普通聚合物复合，再通过复合纺丝技术可制成导电性能优异、耐久性好、不依赖于环境湿度的导电复合纤维。树脂整理法制得的抗静电纤维，其抗静电效果虽有提高，但纤维与织物的手感与风格变差。

（3）抗紫外线纤维

在汽车中，为了使座椅面料、地毯、顶棚等装饰用纺织品不褪色或脆化，对车内的装饰织物提出了耐晒的要求，尤其是锦纶、丙纶等自身的抗紫外线能力本来就相对较差的材料。因此，需研究紫外线屏蔽技术来开发抗紫外线的改性纤维，一般采用在生产过程中添加抗紫外线添加剂或光稳定剂的方法制得抗紫外线纤维。用于锦纶的添加剂如锰盐和次磷酸、硼酸锰、硅酸铝及锰盐 - 铈盐混合物等。用于丙纶的抗光老化剂，主要是受阻胺类。

美国杜邦公司曾用纺前着色尼龙开发出具有超级抗褪色性及耐用性的汽车装饰织物，可用于改装篷货车及旅游娱乐卡车的座垫装饰材料。由于纤维中的色料是在纺丝挤出时加入纤维的，无需后续染色加工，生产的织物有优异的抗摩擦褪色能力和抗紫外线褪色能力。

（4）抗菌抗病毒纤维

汽车内部是一个封闭的空间，有着适宜细菌、病毒等微生物生存的温湿度条件，使用频率很高，人员流动性大，车内环境的微生物安全健康问题已经成为驾乘者最重要的关注点。开发具有抗菌抗病毒功能的车用内饰纤维材料是一个有效的解决途径。

将具有抗菌抗病毒功能的材料制成纳米级的微细颗粒，再将其在纺丝过程中添加到纤维上，从而赋予纤维抗菌抗病毒功能。常用的抗菌抗病毒功能材料主要有纳米金属（Ag 或 Cu）材料和负载金属或其氧化物（如 Ag、ZnO）的光催化类功能类材料等。汽车内饰纺织品用涤纶，其纺丝温度比较高，一般在 $280 \sim 290℃$，抗菌抗病毒功能材料的添加会直接影响纤维的可纺性，尤其会对纤维的力学性能不利，因此需要在纺丝过程中优化工艺，既要保证纤维的抗菌抗病毒功能，又要满足纤维的可纺性和可用性。

（5）负离子纤维

负离子纤维是近些年新兴的功能性纤维，纤维中分布的负离子粉可以向环境中持续释放负氧离子。由于空气负离子带负电荷，在结构上与超氧化物自由基相似，其氧化还原作用强，能够破坏细菌和病毒电荷的屏障及细菌细胞活性酶的活性；另外，还可以沉降空气中的悬浮颗粒物，从而达到抑菌除臭、清新空气的作用。

负离子发生材料主要有：①含有微量放射性物质的天然矿物质；②晶体材料，如电气石、蛋白石、奇才石等，其中电气石应用较多，主要成分是无机硅酸盐类的多孔物质；③光触媒材料，主要是二氧化钛材料；④海洋类珊瑚化石、沉积物、海藻炭等无机多孔物质。通过物理、化学或者物理化学结合的方法将负离子功能材料添加到纤维，从而制得负离子纤维。实际开发中常用的方法主要有共混法、共聚法和表面涂层法。共混法是用负离子功能母粒与普通切片进行混合后熔融纺丝；共聚法是在切片生产过程中添加负离子功能材料，利用此切片进行纺丝；表面涂层法是在纺丝过程中将负离子功能材料微颗粒均匀地附着在纤维的表面。制备负离子涤纶时使用最多的是共混法，这种方法制备的纤维的负离子释放功能是永久的。当下，车内空气质量问题越来越受消费者关注，负离子功能纤维也开始在汽车内饰纺织品中开发应用，主要应用部位集中在座椅、顶棚等部件区域。

（6）芳香纤维

芳香纤维就是把香料或芳香微胶囊均匀地混入纺丝切片中直接纺丝或将香料置于芯层通过皮芯型、中空型复合纺丝制得的纤维。芳香纤维及其纺织品是一种具有高附加值的产品，日本已有多种芳香纤维及其制品，如帝人的森林浴纤维，就是以柏树中提炼出的精油封入聚酯纤维芯部制成的皮芯结构复合纤维以及钟纺的微胶囊型"花之精系列"后整理芳香纤维。东华大学、上海石化有限公司等也开发了多种香料的聚丙烯及皮芯型聚酯芳香纤维。

汽车内饰环境气味的正向开发是诸多主机厂关注的焦点，内饰纺织材料恰恰是气味正向开发非常好的载体。芳香纤维在汽车内饰纺织品中必将会有非常大的应用潜力。

（7）智能变色纤维

通过光敏和热敏纤维可以达到改变汽车内饰环境的目的。光敏和热敏纤维是指在光或者热的作用下，纤维的颜色、力学等性能发生可逆变化的纤维。目前开发应用较多的是光致与热致变色纤维。可通过将光致变色体或热致变色显色剂、相变材料封入粒径为 5 ～ 20μm 的微胶囊中，直接与纺丝熔体或溶液共混后纺丝；也可将微胶囊置于芯层，通过复合纺丝制得。光致与热致变色纤维近几年发展非常迅速，如日本松井色素化学的光致变色纤维、东丽公司的热致变色纤维在 -40 ～ 80℃ 可改变 8 种色彩。这些纤维应用于汽车内饰材料，使得汽车内饰在不同光照或者温度时变换不同的色彩，增加汽车内饰空间时尚感，满足消费者个性化的需要。

（8）夜光纤维

夜光涤纶是利用稀土发光材料制成的功能型环保材料。纤维基质材料可以是聚酯、聚酰胺、聚氨基甲酸酯等，采用稀土铝酸盐长余辉发光材料，经特种纺丝制成。夜光纤维吸收可见光 10 min 便能将光能储蓄于纤维中，在黑暗状态下可持续发光 10h 以上。在有光照时，夜光纤维呈现各种颜色；在黑暗中，夜光纤维发出各种色光。夜光纤维色彩绚丽，而且不需染色，是环保高效的高科技产品。采用具有夜光功能的涤纶长丝开发了一种车用内饰夜光纱面料，实现了内饰面料在有光照和黑暗条件下呈现出不同的颜色和花型纹理。

（9）导光纤维

在装饰用纺织品中应用光学机能纤维实现特殊的导光或者发光的视觉效果，是当下非常流行和深受消费者喜爱的环境氛围营造创新手段。聚甲基丙烯酸甲酯（polymethyl methacrylate），缩写 PMMA，是一种高分子量聚合物，又称作亚克力或有机玻璃。PMMA纤维是目前最优良的高分子透明纤维材料，可见光透过率高达 92%，目前在汽车内饰织物的开发中研究比较多，主要是采用机织织造工艺，用作纬纱，开发出具有导光效果的纺织品，但是由于 PMMA 纤维本身不耐高温、脆性大等缺陷，限制了其在汽车内饰纺织品中的推广应用。巴斯夫公司最新开发出了一种较高通透性、较高可见光通过率的热塑性聚氨酯弹性体（TPU）纤维材料，其耐热性和柔软性都得到了极大提升，但是导光效果和导光距离还有待进一步优化。

（10）相变调温纤维

相变调温纤维主要将一定相变温度点的相变调温功能材料植入纤维中，其相变微单元可随环境和身体温度变化吸收和释放热量，从而使纤维具有智能双向调温功能。它是相变储能材料技术与纤维制造技术相结合开发出的一种高技术产品。相变调温纤维主要是利用微胶囊纺丝工艺技术来实现的。目前已经开发并应用的相变调温纤维主要是黏胶纤维、丙纶、腈纶、聚酰胺纤维等，可以纯纺，也可与棉、毛、丝、麻等各类纤维混纺交织，可以梭织或针织。可以将相变调温纤维应用到汽车座椅面料或者窗帘面料产品中去，根据外部环境温度的变化实施自动调温功能，可以有效地提升驾乘人员的热舒适性。

（11）凉感纤维

凉感纤维是利用萃取和纳米技术，优选与修饰天然玉石粉、贝壳粉、云母粉等天然矿物质材料，并加工成纳米级颗粒，然后与亲水性切片经纺丝加工而成的。采用玉石纤维或珍珠纤维可以实现内饰用纺织品优良的接触凉感和亲肤感。常见的汽车内饰用凉感纤维主要为凉感锦纶和凉感涤纶。将聚酯纤维制成包芯结构，在纤维芯部封入高浓度隔热陶瓷，这种纤维的纺织品能屏蔽 380nm 以下波长的紫外线、380 ～ 780nm 以上波长的可见光及 780nm 以上波长的红外线，因此，这种织物具有凉爽效果，其屏蔽外来热量的效果明显，可屏蔽60%的紫外线、30%的可见光和红外线，使车内温度降低40℃以上。汽车座椅、门板、中央扶手等是凉感纤维内饰纺织品的主要应用区域。

（12）竹炭纤维

竹炭纤维，是取毛竹为原料，通过纯氧高温及氮气阻隔延时的煅烧，使得竹炭天生具有的微孔更细化和蜂窝化，然后制成微尺寸的竹炭粉末，再与具有蜂窝状微孔结构趋势的改性聚酯切片熔融纺丝而制成的纤维。因其独特的纤维结构设计，竹炭纤维具有吸湿透气、抑菌抗菌、冬暖夏凉、绿色环保等特点。活性炭纤维具有吸附容量大、吸附效率高、吸附和脱附速度快及再生能力强等优点。竹炭吸附能力是木炭的5倍以上，对甲醛、苯、甲苯、氨等有害物质和粉尘具有发挥吸收、分解异味和消臭的作用。

2.3.3.3 差别化纤维

差别化纤维一般是指经过化学或物理变化从而不同于常规纤维的化学纤维，其主要目的是改进常规纤维的服用性能。差别化纤维主要包括异形纤维、超细纤维和复合纤维等。

（1）异形纤维

异形纤维是指在纺丝成型加工中，采用非圆形的特殊几何形状的喷丝板制取的各种不同截面形状的纤维。市售的聚酯纤维、聚酰胺纤维及聚丙烯腈纤维，大约有一半为异形纤维。与圆形纤维相比，异形纤维有诸多特性。生产的异形纤维主要有三角形、Y形、五角形、三叶形、四叶形、五叶形、扇形、中空形等。

异形纤维的重要特征尤其表现在光学性质方面，三角形截面涤纶会发出丝绸般的光泽，而五叶形截面显示出类似人造丝、醋酯纤维般的光泽。异形纤维具有更好的抗起球性，这是因为异形纤维的抱合力强，起毛和起球现象可大大减少。圆形截面纤维有蜡感，而异形纤维由于增大了织物的摩擦系数，使蜡感消失。同时，还可改善悬垂性和耐褶皱性等。汽车内饰纺织品常采用哑光与高亮光的光泽对比来体现其细节美和高级视觉感，具有丝绸般光泽的三角异形截面涤纶低弹丝是常用的纤维材料。

（2）超细纤维

将单纤维线密度小于0.44dtex的纤维称为超细纤维。常规超细纤维主要分长丝与短丝两种类型，纤维类型不同，纺丝形式也有所区别。常规超细纤维长丝的纺丝形式主要有直接纺丝法与复合纺丝法，常规超细纤维短丝的纺丝形式主要有常规纤维碱减量法、喷射纺丝法、共混纺丝法等。

超细纤维主要用于人造麂皮、仿桃皮绒以及高导湿、高吸附等产品。利用超细涤纶的毛细管效应，使织物具有高导湿、高吸水性能，同时，产品手感柔软、光泽柔和。

超细纤维是近年来汽车内饰表皮材料领域应用较多的材料。采用超细纤维为原料开发的汽车内饰产品包括两类，一类是超纤仿麂皮面料，一类是超纤PU合成革。其中，利用海岛型超细纤维和PU聚氨酯为主要原料开发的仿麂皮面料丰满细致，细腻柔软，有韧性，悬垂性好，表面绒毛层次多，具有很好的书写性，反光点小，有柔和光泽感，在目前的汽车内饰表皮材料中非常流行，应用较多，典型代表品牌为意大利Alcantara、美国Miko Dinamica、日本东丽Ultrasuede®奥司维。这类产品生产工艺流程为熔融纺丝→切成短纤→铺网→针刺→浸渍PU→开纤→定形→起绒→染色→定形→修绒→成品面料。海岛型超细纤维开纤前后结构对比见图2-3。

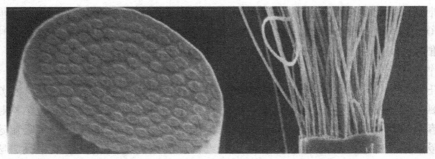

(a) 开纤前   (b) 开纤后

图 2-3　海岛型超细纤维开纤前后结构比较

超细纤维仿麂皮面料具有豪华的外观、柔软质感、优雅的光泽和高耐用性，得到消费者和汽车生产厂商的青睐，成为他们不可缺少的高级内饰材料。近几年，超纤仿麂皮面料在汽车内饰中得到了非常广泛的应用，尽管其价格比较昂贵，使用的领域主要包括座椅、车门内饰、仪表板、顶棚、扶手等。

超纤 PU 合成革全称超细纤维增强 PU 皮革，它是在超细纤维构成的针刺无纺基布上涂覆聚氨酯涂层，工艺流程为非织造成网→树脂含浸→碱减量开纤→表面修饰处理→超纤 PU 合成革成品。超纤 PU 合成革有着与天然牛皮非常接近的截面结构（见图 2-4），在成本、轻量化、耐久性、环保、舒适性和易清洁性等方面有明显优势，成本为真皮的 1/3，单位体积密度比天然牛皮低 30% ~ 40%，耐老化，湿热、高低温等条件下物性比较稳定，具有优异的吸湿性和透气性，强度、弹性、耐化学物质稳定性、防水、防霉性能优于天然皮革。超纤 PU 合成革在汽车中的应用也在逐年增加，一方面可以弥补天然牛皮革资源不足的局限性，另一方面可以提高材料的利用率，主要用在座椅及门饰板区域。

 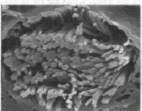 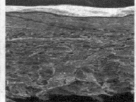 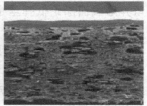

(a) 牛皮胶原纤维   (b) 超细纤维   (c) 牛皮断面图   (d) 超纤断面图

图 2-4　超纤 PU 合成革与天然牛皮的截面结构

另外，以海岛型超细纤维为原料，通过针织、机织的织造方式制备出的基材，经过 PU 树脂含浸、碱减量开纤和磨毛起绒等加工工艺，也可以获得柔软细腻、丝滑亲肤的仿麂皮触感超纤绒产品，这类产品在高端家具、家装以及家电装饰、汽车内饰等领域应用较多，深受消费者的青睐，尤其是针织结构的超纤仿麂皮面料，具有非常好的延伸性和弹性回复，一般多用作汽车内饰门板或顶棚面料。

（3）异收缩复合丝

作为差别化纤维的重要品种，涤纶异收缩复合丝是由涤纶预取向丝（POY）与全拉伸丝（FDY）经过后道集束（两步法）或者直接纺丝（一步法）得到的一种由两种丝束组成的、热处理后具有不同热收缩率的差别化涤纶复合纤维新产品。涤纶POY/FDY异收缩混纤丝（ITY）具有原料组合多样、性能设计灵活等特点，且其面料具有优良的手感、独特的起绒效果和良好的吸湿透气。汽车内饰面料中常利用异收缩复合丝热收缩率不同的特点，制备触感细腻柔软、蓬松舒适的经编针织丝绒面料，用于汽车座椅或者仪表板、门板以及顶棚等区域。

（4）有光纤维

根据纱线呈现光泽不同，通常可分为三类：高亮光（大有光）、半消光和全消光。其中高亮光和全消光产品近几年在汽车内饰纺织品开发中应用较多。高亮光和全消光是根据纤维纺丝过程中二氧化钛的含量来区分的，大有光纤维切片中二氧化钛质量分数为0，半消光纤维切片中二氧化钛质量分数为（0.30±0.05）%，全消光纤维切片中二氧化钛质量分数达（2.50±0.10）%。同时，可结合纤维截面形状来改变纤维表面光泽，其中扁平截面和三角形截面在高亮光纱线中应用较多。全消光聚酯切片属国内涤纶市场高附加值产品，全消光纤维切片不仅降低了纤维反光和闪烁现象，而且纤维光泽柔和，是高品质汽车内饰纺织品纱线原料的最佳选择之一。目前在汽车内饰纺织品的开发中，应用较多的是利用高亮光与全消光纱线光泽的强对比实现视觉变化的细节美，尤其在以本田汽车和马自达汽车为代表的日系品牌汽车的内饰面料中应用较广泛。

（5）仿棉型涤纶

仿棉型涤纶的开发主要从模仿毛感与蓬松性、改善吸湿性和纱线光泽3个角度出发。目前模仿涤纶毛感及蓬松性有以下几种途径：利用空气网络形式，将长丝吹散，交缠形成不规则结构；利用不同原料组合形成立体卷曲蓬松形态等。改善吸湿性方面，可以利用细旦或超细旦增加纤维比表面积，提高毛细芯吸速度；也可通过纤维截面改性增加吸湿导湿沟槽加快吸湿速度。

（6）仿毛型涤纶

涤纶仿毛代表性工艺是拉伸假捻变形（DTY）、FDY复合。首先采用低特性黏度聚酯，添加色母粒，通过不同规格、不同孔径的异型喷丝板纺制出六叶细旦POY丝，再加弹制成DTY卷曲变形丝；其次，采用高特性黏度聚酯经熔融纺丝制成FDY，充分热定形，制成沸水收缩率稳定性好的筋丝；再将DTY卷曲变形丝与FDY筋丝网络复合，制成双异有色毛型涤纶长丝。采用仿毛涤纶长丝开发的汽车内饰面料蓬松柔软、滑糯舒适，并且有良好的抗起毛起球性。

2.3.3.4　弹性纤维

汽车内饰件的型面设计呈现分区复杂化和曲面化趋势，这对内饰表皮材料的延展性和弹性回复性等的要求越来越高。内饰表皮材料的弹性和延伸性也决定了内饰件的外观质量和包覆成型工艺的难易程度，表皮材料的弹性与延伸性不足易造成脱壳、起鼓、成型破裂等质量问题。开发具有较高弹延伸性的汽车内饰表皮材料逐渐成为一种新趋势。汽车内饰用弹性纱线主要有涤纶高弹丝、聚对苯二甲酸丙二醇酯（PTT）弹力丝和聚对苯二甲酸丁二醇酯（PBT）弹力丝。

（1）涤纶高弹丝

涤纶高弹丝属涤纶变形丝，是使用扭转假捻法，在加弹机上经罗拉牵伸和假捻器的假捻作用来增加变形，并通过适当的热箱定型工艺等制成的，制备的涤纶丝卷曲率为30%～50%，具有较高的收缩弹性和延伸性。目前，大众汽车门饰板包覆中使用的机织结构织物面料即以涤纶高弹丝为原料制备，确保其具有较好的延伸性，满足包覆成型需要

图 2-5　涤纶高弹丝在汽车内饰面料中的应用

（见图 2-5）。

（2）PTT 纤维

PTT 纤维是一种性能优越的聚酯系弹性纤维，其纺丝原料由 1,3-丙二醇（PDO）和纯对苯二甲酸（PTA）或对苯二甲酸二甲酯（DMT）缩聚合成得到。主要特点是弹性回复性好、手感柔软、易染色、抗静电性好。PTT 纤维与涤纶（PET 纤维）的性能比较见表 2-2。

表 2-2　PTT 纤维与 PET 纤维的性能比较

纤维类别	弹性	拉伸回复性	静电	染色性	耐光性	耐污性	加工成本
PTT	优	优	低	优	优	优	低
PET	中	差	高	优	良	良	高

在汽车内饰织物中，绒类织物占有很大的比重，其抗倒伏性能直接影响汽车内饰产品的外观和汽车的档次。目前汽车用绒类织物的纤维原料以涤纶为主，这种车用纤维的优点是耐磨性能好、抗紫外线性较好、价格便宜，但是压缩弹性差、绒毛易倒伏。利用 PTT 纤维开发绒类织物已是一种趋势。PTT 绒类织物与传统的绒类织物相比存在很明显的优势，能够发挥 PTT 纤维的优越性能，表现出优良的抗倒伏性，在车用以及家用装饰面料中有广阔的应用前景。

（3）PBT 纤维

PBT 弹力丝也是一种聚酯长丝。PBT 高弹丝具有优异的弹性回复性能和弹力稳定性，弹性优于锦纶，耐化学药品性优于氨纶，无需载体在常温常压下可染，而且染色牢度高，尺寸稳定性好，抗起球、抗静电，价格远低于氨纶。目前该产品在中高端汽车内饰材料中有部分应用，但与涤纶高弹丝相比，其应用相对较少，因为其成本相对较高，在一定程度上限制其推广使用。

2.4　汽车内饰纺织品的纱线原料

纱线是构成汽车内饰纺织品的基础单元材料。纱线性能在很大程度上决定着汽车内饰纺织品的表观特征及内在物性，如织物的耐磨性能、抗起毛起球性、延伸性、弹性回复、柔软感、冷暖感、厚实感以及摩擦系数等。影响纱线外观及内在性能的因素主要有：原料成分、加工方法、加工工艺等。另外，纺织品织造及后道加工整理过程的工艺选择也受纱线性能的影响。

短纤维和长丝是构成纱线的两种主要材料。短纤维需要进行纺纱加工制备成纱线方可以使用，长丝则一般需要通过热处理工艺制成所需的长丝纱。目前，汽车内饰纺织品的纱线主要是以化纤长丝纱为主，短纤纱、花式纱以及其他特殊纱线的使用相对较少。

汽车内饰纺织品常用的原料主要是涤纶、锦纶、丙纶等合成纤维，这些合成纤维的主要应用形式都是以长丝居多。根据目标纱线的外观、结构及性能需求，可以选择不同的长丝热加工工艺，如假捻变形、空气变形、网络变形等。不同应用场景的汽车内饰纺织品其性能要求决定了需要采用不同的纱线原料：如汽车座椅面料耐磨性能要求较高，采用空气变形丝要比假捻变形丝更容易达到要求；门板面料对延伸弹性要求比较高，多采用高弹网络变形丝。

2.4.1 长丝纱

长丝纱是由高聚物纺丝制得的连续不断的纤维长丝。长丝纱一般都具有良好的强度和均匀度，可以制成线密度较低的纱线。根据组成长丝纱中单纤丝的数量不同，又可以分为单丝和复丝两种，单丝指的是单根可以直接作为纱线使用的长丝，复丝指的是将多根单丝合并成的可以使用的纱线。复丝还可以根据实际需要进行加捻，称之为复捻丝。

汽车内饰纺织品常用的长丝纱涉及的主要有 POY、DTY、ATY 和 FDY。

POY 指的是预取向丝，全称为 pre-oriented yarn 或者 partially oriented yarn，指经高速纺丝获得的取向度在未取向丝和拉伸丝之间的未完全拉伸的化纤长丝。它是一种中间产品，常常用作拉伸假捻变形丝 DTY 和空气变形丝 ATY 的原料。

DTY 指的是拉伸假捻变形丝，全称为 draw textured yarn，也可简称为假捻变形丝。它是利用 POY 做原丝，进行拉伸和假捻变形加工制成的，往往有一定的弹性及收缩性。

ATY 指的是空气变形丝，全称为 air textured yarn。它是利用 POY 作原丝，进行空气变形加工制成的，往往有一定的蓬松性以及类似短纤纱的某些特性。

FDY 指的是全拉伸丝，全称为 full draw yarn。它是采用纺丝拉伸进一步制得的合成纤维长丝。纤维已经充分拉伸，可直接用于纺织加工。FDY 光泽度好，常被用于织造仿真丝面料。

2.4.1.1 变形长丝纱

20 世纪中叶，合成纤维出现引领了纺织品应用领域的新发展，如何通过特殊的加工工艺，使得合成纤维获得和天然纤维接近或者类似的手感、外观结构等，一直是合成纤维界研究的方向。通过大量的研究发现，合成纤维长丝除了通过切断成短纤维进行纺纱外，还可以通过变形加工的方式制备特定结构的纱线来满足实际需要。变形丝加工技术始于 1932 年，由瑞士海勃林（Heberlein）公司发明用于制造人造丝变形丝；1966 年聚酯变形丝出现，20 世纪六七十年代，假捻变形技术发展迅速，特别是拉伸 - 假捻变形（POY-DTY）工业化生产，对合成纤维产生了重要意义。

长丝状的化学原丝在热、机械或高速喷射气流作用下，经过特定的变形加工使之成为具有卷曲、螺旋、环圈等外观特性而呈现蓬松性、伸缩性的长丝纱，亦称为变形丝，包括高弹变形丝、低弹变形丝、空气变形丝、网络变形丝等。经变形处理后的长丝会形成各种弯曲或卷曲，这不仅改变了纱线的外观，光线在织物表面呈现漫反射，光泽柔和悦目，给人以天然纤维的视觉感，而且改善了纱线的吸湿性、透气性、柔软性、蓬松性、弹性和保暖性等。

变形纱的纱线表面蓬松，制成的织物透气性好、弹性好，适合用于汽车内饰座椅面料、门板面料等，人体接触舒适性良好。在汽车用纺织品领域，为满足严格的耐磨性和强度等性能要求，常采用的变形丝主要有假捻变形丝和空气变形丝两种。

（1）假捻变形

假捻变形的原理就是利用热塑性的含有多根单丝的长丝进行加捻，使得每根单丝呈现螺旋卷曲状态并进行热定型，然后在低温下将复丝反向退捻，由于单丝的卷曲状态已经固定，

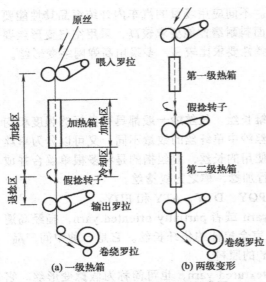

图 2-6　假捻变形纱的加工示意图

（左侧标注）原丝、喂入罗拉、加捻区、加热区、加热箱、冷却区、退捻区、假捻转子、输出罗拉、卷绕罗拉、(a) 一级热箱

（右侧标注）第一级热箱、假捻转子、第二级热箱、卷绕罗拉、(b) 两级变形

即便是在退捻后长丝中的单丝仍然保持卷曲，从而使得长丝具有非常好的蓬松性和弹性。假捻变形纱的加捻、热定型和退捻是个连续的过程。

假捻变形纱（DTY）根据加工工艺的差异还可以分为两种（图 2-6）。一种是将反向退捻之后的变形丝经过输出罗拉和卷绕罗拉直接进行卷绕，制得的假捻变形纱称之为高弹丝，具有高拉伸弹性、高蓬松性的特点，其工艺示意图如图 2-6（a）所示。另外一种是将反向退捻的变形丝以超喂的形式再次进入二级热箱加热定型，这种经过两次热定型的假捻变形丝称之为低弹丝，其加工示意图如图 2-6（b）所示。假捻变形纱蓬松性好，在不受力时，单丝时收缩弯曲，受力时单丝被拉直呈平行状，这就为纱线提供了良好的延伸性，这对汽车内饰纺织品来说十分有用。

假捻变形丝虽然有着比较好的蓬松性和弹性，但是对于汽车内饰纺织品来讲，其耐磨性能要求比较高，假捻变形丝中的单丝受力时容易发生磨损，因此在使用过程中，常常与空气变形丝或者其他纱线搭配使用，既可以发挥其弹性、延伸性优势，又可以满足耐磨性能要求；此外，假捻变形丝单独使用时，也可以通过倍捻的方式，提高单丝之间的抱合力，改善耐磨性。

目前汽车内饰纺织品的原材料大多是以涤纶低弹丝形式出现，成为应用最为广泛的一种原料，部分产品采用高弹丝来满足零部件包覆成型所需的高弹性和高延伸性要求。目前汽车内饰织物中常用的假捻变形纱的线密度范围在 55 ～ 1111dtex（50 ～ 1000D）。

为了使假捻变形丝中的单丝相互之间抱合得更好，避免易起的毛羽、增强纱线强力，可以在加工中沿纱线长度方向间断性地用喷气将单丝相互缠绕起来，形成一个个缠绕点，这个点叫作网络结，如图 2-7 所示，制得的纱线又称为假捻变形网络丝，简称网络丝。根据汽车内饰纺织品的设计开发需要，可以选择不同网络结密度的网络丝，如轻网（40 ～ 50 结 /m）、中网（50 ～ 100 结 /m）和重网（100 ～ 120 结 /m）。网络数的多少一般是通过网络喷嘴类型、调节压缩空气等来控制。网络数过多易导致面料表面有网络斑，出现外观不良；网络数过少会出现在织造或织造准备过程中受张力作用导致的网络点松散起毛问题，不利于织造的进行。

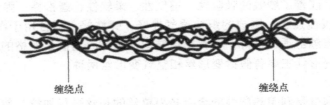

缠绕点　　　　缠绕点

图 2-7　假捻变形网络丝结构

（2）空气变形

空气变形技术由杜邦公司在 20 世纪 50 年代首先研究成功，首创产品为"Taslan"，故又称为塔斯纶技术，其目的是开发具有短纤纱风格的仿毛、仿棉、仿丝、仿麻等变形纱。

空气变形纱（ATY）指的是借助于高速湍流的作用，使喂入的原丝中的各单丝发生变形，相互之间交叉缠绕并且被有效固定在一起，形成的具有一定强度、高均匀度和整齐度的纱线（见图 2-8）。空气变形纱的表面分布着大量的丝圈和丝弧，具有类似短纤纱的外观和非伸缩特性，耐磨性能优异，同时保留长丝纱的尺寸稳定性、抗起毛起球性等。

空气变形纱的制备过程中，每根喂入的长丝纱可以是以相同的速度喂入喷气区形成平行变形丝；也可以是以不同的速度喂入喷气区，形成嵌芯纱或者花式纱（见图 2-9）。通过改变相应的工艺参数，可以获得不同外观和性能的空气变形纱。突出于纱线表面的圈弧对于纱线的手感、外观以及耐磨性能等有着很大程度的影响。

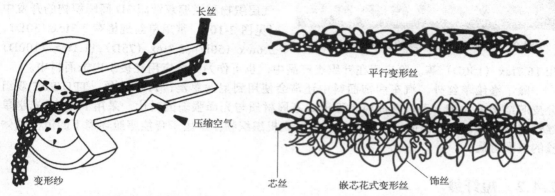

图 2-8　空气变形纱的形成原理示意图　　　　图 2-9　平行变形丝与嵌芯花式变形丝的对比

长丝空气变形技术的出现对纺织品在汽车内饰领域的应用起到了巨大推动作用，借助于空气变形技术，增加了长丝纱线的工艺特征，提高了织物的耐久性和产品质量。由于其特殊的结构特性，空气变形纱的设计开发有着丰富的变化空间，如使用不同线密度、不同光泽、不同截面、不同成分的单根复丝为原料或者采用长丝与短纤纱为原料进行空气变形加工。空气变形纱常用在汽车座椅面料、门板面料等对耐磨要求很高的区域。目前汽车内饰织物中常用的空气变形纱的线密度范围在 167 ～ 2222dtex（150 ～ 2000D）。

2.4.1.2　光滑长丝纱

光滑长丝纱即是不需要进行变形加工的普通长丝纱，它包括由一根长丝组成的单丝，及由多根单丝组成的复丝。复丝在使用时常根据需要加一定的捻度。全拉伸丝（FDY）和单丝为汽车内饰纺织品中常用的两种光滑长丝纱。

（1）全拉伸丝

全拉伸丝是在纺丝过程中引入拉伸作用，可获得具有高取向度和中等结晶度的卷绕长丝。纤维已经充分拉伸，具有良好的强力、尺寸稳定性等，可直接用于纺织加工。FDY 的制备方法有熔体直纺和切片纺两种。涤纶 FDY 制得的面料手感顺滑柔软，经常被用于织造仿真丝面料，在服装和家纺领域有广泛的用途。

涤纶 FDY 也是汽车内饰纺织品中常用的纱线材料，在机织和针织面料中均有应用。FDY 一般不单独使用，利用其表面具有很高光泽的特点，常常与涤纶 ATY 和 DTY 混合使用，在面料中形成光泽的强弱对比，起到局部点缀作用。FDY的弹性、延伸性差，直接影响内饰面料的延伸率，因此在使用时要适量应用；此外，FDY纱线表面比较光滑，摩擦系数低，在织物中容易发生滑移或者使用过程中易发生抽丝问题，因此常通过加捻的方式提高其抱合力，或者通过背涂的方式，增加FDY纱线在织物中的固结，从而满足内饰面料对接缝疲劳、滑移以及耐磨性能的要求。

（2）单丝

图2-10 应用涤纶单丝的经编间隔织物

化学纤维中用单孔喷丝头制得的支数较小的单根长丝为单丝。涤纶单丝产品在汽车内饰面料中应用较多，单丝产品光泽、通透性与常规纱不同，可在织物表面形成不同的光泽和视觉效果。单丝产品主要用于纬编空气层织物和经编双针床3D间隔织物的开发中（见图2-10）。常用单丝规格有3.3tex（30D）、5.6tex（50D）、8.3tex（75D）、11.1tex（100D）和16.7tex（150D）等。除应用在针织类产品中，也可作为纬纱应用在梭织内饰面料中。

除了涤纶单丝外，汽车内饰面料中还常会使用到尼龙单丝、TPU单丝、TPU/PET双组分皮芯结构单丝等，可以在面料表面形成不同材质与光泽强弱的对比。采用PMMA光学单丝作纬纱，可以开发出能够实现光传导的发光机织织物，适用于智能座舱环境下的沉浸式体验的氛围营造。

2.4.2 短纤纱

短纤纺纱是最古老的成纱方法。以各种短纤维为原料，经过纺纱工艺制成的具有一定线密度的纱线，称之为短纤纱。通常先将短纤维经过短纤维成纱系统纺制成单纱，再将几根单纱合并加捻制成股线，若再将几根股线进一步并合加捻，便成为复捻股线。短纤纱结构较疏松，且表面覆盖着由纤维端构成的毛羽，故光泽柔和、手感丰满、覆盖能力强，具有较好的服用性能。常用的短纤维原料主要有棉、羊毛、麻以及切成一定长度短纤维的合成纤维等。短纤纱线的强度取决于纤维之间的摩擦力，在一定程度上随着纺纱过程中纱线捻度的增加而增加，随捻度的降低而降低。

短纤纱的纺纱工艺有很多种，包括环锭纺、气流纺、涡流纺、赛络纺、紧密纺等。与传统的环锭纺纱技术相比，新型纺纱技术的特点主要是高速度、大卷装、流程短。由于各种纺纱技术的成纱原理不同，因而获得的纱线结构、外观和性质都有显著不同，包括纤维在纱中的排列、纱线的紧密程度、毛羽密度和长度、纱线蓬松度等。

汽车内饰纺织品对于耐磨性能有着比较高的要求，任何一种使纱线表面耐磨性能降低的纺纱系统都不宜使用，因此一般不使用气流纺、涡流纺的纱线。环锭纺的纱线是汽车内饰织品中最常用的短纤纱，其具有结构紧密、强力高的特点，耐磨性能也比较好。紧密纺是在环锭纺的基础上改进的一种纺纱工艺，其成纱结构和质量得到全面提升，毛羽、强力、条干和耐磨性能、外观等均有显著改善。

汽车内饰纺织品中使用的棉、麻、毛等天然纤维大多需要先纺制成短纤维纱，再经织造而形成织物。部分化学纤维，如涤纶、锦纶等也会切割成短纤维后经纺纱使用；也会根据需要，将棉、麻、毛等天然纤维与涤纶、锦纶等合成纤维短纤进行混纺制得混纤纱去使用。与长丝纱相比，汽车内饰纺织品中使用短纤纱的数量非常少，主要考虑的因素是耐磨性能、抗起毛起球性能、成本以及工艺的复杂程度等。

2.4.3 花式纱线

花式纱线，有别于普通的纱线，采用特殊纤维原料、特殊的加工设备和工艺对纱线进行特殊加工得到的具有特殊结构、颜色、手感和外观风格的纱线，是一种特殊的装饰用纱线。

花式纱线的种类非常多，但由于汽车内饰纺织品耐磨、抗起球及钩丝等方面的特殊要求，只有很少部分的花式纱线可以应用在汽车内饰纺织品中。汽车内饰纺织品采用花式纱线可以起到点缀作用或者增加面料色彩的变化，又或者改善面料的柔软触感、丰满蓬松感和厚实感。目前已经成功应用的花式纱线主要有雪尼尔纱、植绒纱、段染纱、包芯纱及花式股线等。

2.4.3.1 雪尼尔纱

雪尼尔纱又称为绳绒纱，其结构是由两根或两根以上的芯纱制成纱罗结构或者捻结在一起，绒纱以垂直于芯纱的方式织入固定在芯纱上形成的，形状如瓶刷；绒纱切成离芯纱 $1 \sim 2mm$ 的长度，突出表面的绒纱纤维形成了具有柔软绒面的纱线。雪尼尔纱在汽车内饰纺织品中的应用，可以使得产品光泽柔和、手感丰满、丝绒感强，增加温暖的舒适感。雪尼尔纱一般用在机织类汽车内饰面料中，作为纬纱来使用。

雪尼尔纱在实际的使用中，会碰到两个问题：一个是由于其结构构造，绒毛在织物表面会出现向不同方向的扭曲和倒伏，产生各种方向光的反射现象；另一个是在使用过程中，绒纱容易从芯纱中脱落出来，产生掉绒的问题。通过在芯纱中加入低熔点的纱线，在后续的热加工过程中使得绒纱与低熔点的芯纱黏合在一起，可以有效提高绒纱的黏结牢度。此外，将绒纱以更巧妙的嵌入方法嵌入芯纱中，形成更圆润的纱线效果，同时又保证了纱线一定的均匀性，可以改善因不同方向的扭曲倒伏引起的各种方向光的反射现象。

2.4.3.2 植绒纱

植绒纱和雪尼尔纱都是属于表面有绒毛的纱线，但是它们之间有着显著的差异（见图2-11）。由于具有较高的耐磨性和多用性，植绒纱一直被广泛地用于汽车内饰纺织品中。

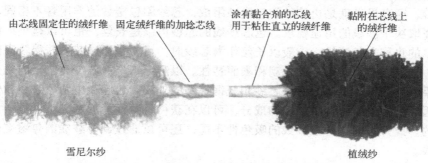

由芯线固定住的绒纤维　固定绒纤维的加捻芯线　涂有黏合剂的芯线用于粘住直立的绒纤维　黏附在芯线上的绒纤维

雪尼尔纱　　　　　　　植绒纱

图2-11　植绒纱与雪尼尔纱外观结构比较

植绒纱是将已经切成的 $1 \sim 2mm$ 长的绒纤维，通过静电吸附的方式使其附着在表面涂有黏合剂的芯纱上，相反的电荷保证了绒纤维能够垂直地附着在芯线上并被黏合剂牢牢地固定住。静电植绒制得的纱线，在受外力发生变形时，要求绒毛纤维也必须具备比较好的弯曲弹性，避免使用过程中绒毛纤维发生脆性断裂。因此，植绒纱的绒纤维多为锦纶材质，而非涤纶材质。由于黏胶纤维与黏合剂的化学亲和性给绒毛以较好的黏合，它已被广泛地用作植绒纱芯线的原料。

在实际的连续使用过程中，相同结构的织物用植绒线比用绳绒线的绒毛损失少很多，但是织物手感会显得略硬挺，柔韧性稍差些。与雪尼尔纱相比，植绒纱的成本比较高，一般多在中高端汽车座椅的主面料中使用。

2.4.3.3 段染纱

段染纱是指在一绞纱线或织物上染上两种或两种以上的不同颜色，一般一绞纱线上可以染 4～6 种颜色（见图 2-12）。除了用于常规的纱线外，段染的工艺还可以用于大肚纱、粗细节纱、粗支毛纱、圈圈纱、雪尼尔纱等花式纱或特殊结构纱线上。

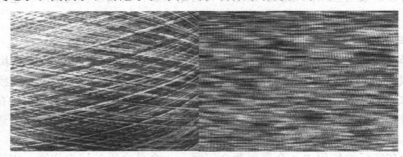

图 2-12　段染纱及产品实践

段染纱设计的要点主要集中在段染的色彩、长短以及排列规律等方面上，可以在成品面料表面上产生各种变化的花色纹理。汽车内饰面料在应用段染纱时，要充分考虑成品的幅宽与段染的颜色、长度等分布规律的适应性，避免出现布面的方向性、规律性的外观不良，尤其在机织造用作纬纱时，可以考虑采用多个储纬器交替引纬的方式，减弱段染纱规律分布对布面外观的影响。近年来，段染纱在汽车内饰纺织品中的应用趋多，成了内饰纺织品时尚化、个性化设计开发的重要纱线原料。

2.4.3.4 包芯纱

包芯纱，顾名思义就是由芯纱和包覆纱组成，芯纱和包覆纱的作用各不相同。芯纱和包覆纱的选择取决于纱线的用途要求。包芯纱线的芯纱可以是长丝，也可以是短纤维。以短纤维作为芯纱的也称为包缠纱。一般以长丝作为芯纱时，目的是通过芯纱获得较高的强度、较好的弹性，通过包覆纱获得某种外观和表面特性。以短纤维作为芯纱时，目的是通过芯纱获得蓬松的手感，通过包覆线来固结芯纱和获得特殊的外观。包芯线中两组纱线的价格往往是不同的，因此适当地配置两组纱线的成分，可以在获得特殊性能的基础上，进一步达到降低成本的目的。此外，如果两组纱线的吸色性不同，还可以通过调节纱线的包覆度而获得杂色效果的纱线。

2.4.3.5 花式股线

采用两种或两种以上不同色泽的单纱合股而成，称花式股线或 AB 线（双色），若 A、B色互为补色，则合股后有闪光效应。花式股线在汽车内饰纺织品中有普遍的应用，一般采用深浅不同的同色系颜色进行合股，在布面产生特殊的外观效果。例如，采用黑、白、灰三色单纱进行合股时，可以制得三色穿插交织的混色花式股线，用于织造具有棉麻混纺质感或者雨丝状、金属拉丝效果等外观视觉效果的纺织品。

2.4.4　缝纫线和绣花线

缝纫线和绣花线也是汽车内饰纺织品的重要纱线原料，在后道的加工整理中如绗缝、绣花或者座套缝制中应用较多。

缝纫线是指缝合纺织材料、塑料、皮革制品等使用的线。缝纫线具备可缝性、耐用性与外观质量的特点［见图2-13（a）］。缝纫线因其材料不同大体上分为天然纤维型、合成纤维型、混合型三种。缝纫线的特点也因其材料的不同具有其独特的性能。汽车内饰纺织品使用的缝纫线多为涤纶和锦纶缝纫线。涤纶和锦纶缝纫线强度高，线迹平挺美观、耐磨，不霉不腐，价格低，颜色丰富，不易掉色，不皱缩，在汽车内饰座套的缝制以及面料、皮革的绗缝加工中大量使用。

绣花线是用优质天然纤维或化学纤维经纺纱加工而成的刺绣用线，绣花线品种繁多，依原料分为丝、毛、棉绣花线等。汽车内饰纺织品应用的绣花线多为涤纶或者锦纶材质，韧性好、强度高、可以满足机绣时的高速拉伸力，表面光滑，光泽柔和，弹性好，耐高温。

此外，采用聚酯薄膜通过镀铝加上颜色涂料等工艺制成的涤纶金银线，表现出特有的金属光泽质感，个性张扬、时尚轻奢，在汽车内饰纺织品的绣花加工中多有使用，用于装饰点缀［见图2-13（b）］。

(a) 车用缝纫线　　　　　　　　　　　　(b) 绣花用涤纶金银线

图2-13　缝纫线与绣花线

2.4.5　纱线线密度的表征指标

纱线线密度的表征指标有很多种，有各种表示纱线线密度的方法，长丝纱和短纤纱的表征指标各不相同。根据纱线结构的不同，纱线的线密度可以分为定重制和定长制两种（见表2-3）。

表2-3　常用的纱线线密度单位

定长制纱线线密度单位（数值越大纱线越粗）		
特克斯（tex）	tex	1000米纱线的质量克数
分特克斯（decitex）	dtex	10000米纱线的质量克数
旦尼尔（denier）	D	9000米纱线的质量克数

定重制纱线线密度单位（数值越大纱线越细）		
公制支数（metric）	Nm	1000 克纱线 1000 米长的绞数
棉纱英制支数（cotton）	Ne$_c$	1 磅①纱线 840 码②长的绞数
毛纱英制支数（worsted）	Ne$_w$	1 磅纱线 560 码长的绞数
亚麻英制支数（linen）	Ne$_l$	1 磅纱线 300 码长的绞数

① 1 磅 =453.59237 克。
② 1 码 =0.9144 米。

长丝纱的线密度常采用分特克斯（dtex，简称分特）和旦尼尔（denier，D）两种方式来表示。这两种表示方式都是定长制，采用单位长度的纱线的质量来计算，即纱线越粗，分特数越大，旦尼尔越大。分特是指 10000 米纱线的质量克数，如 150dtex 的纱线 10000 米长其质量为 150 克。旦尼尔是指 9000 米纱线的质量克数，如 300D 的纱线 9000 米长其质量为 300 克。

短纤纱常采用支数来表示其线密度。支数为定重制，即纱线的支数越大，纱线越细越轻。纱线支数的表示方法因纱线的纺纱系统不同而不同，棉纱用棉纱英制支数或 cc 和 Ne 表示，毛纱用毛纱英制支数或 Wc 表示。在欧洲，标准化的表示方法是将纺纱系统的纱线统一用公制支数表示。不管哪一种表示方法，它们都是指一定质量的纱线长度。

2.5 汽车内饰涂层纺织品的原材料

汽车内饰涂层纺织品主要有两类：一类是聚氯乙烯人造革，又称为 PVC 人造革；一类为聚氨酯合成革，又称为 PU 合成革。根据产品类别、技术要求及工艺路线的不同，PVC 人造革和 PU 合成革产品的原材料也不相同。内饰用涂层纺织品的原材料主要包括基布、离型纸、着色剂、增塑剂、热稳定剂以及发泡剂、阻燃剂等。

2.5.1 PVC 树脂

PVC 树脂是制造 PVC 人造革的主要原料。聚氯乙烯树脂的合成方法主要有悬浮法、乳液法、溶液法和本体法等，其中悬浮法和乳液法应用较多。根据人造革制造工艺的不同，选择使用的 PVC 树脂也不相同。

直接刮涂法 PVC 人造革一般选用乳液法 PVC 糊状树脂，粒径为 30 ~ 70μm，粒径过大，不易制得均匀的产品；粒径过小会使增塑糊黏度变大，不易刮涂。为了降低增塑糊的黏度和成本，可以在用于人造革底层刮涂的乳液法 PVC 树脂中掺入部分悬浮法 PVC 树脂；发泡层所用的树脂不宜选择高聚合度的乳液法 PVC 树脂，其平均聚合度在 800 ~ 1000；而人造革的表层则选用聚合度在 1300 ~ 1500 的高聚合度乳液法树脂，以满足其表层的耐磨、耐刮擦等要求。

离型纸转移法制备 PVC 人造革也主要是采用乳液法 PVC 树脂。面层的 PVC 树脂聚合度相对高一些，以满足耐磨和强度等要求；发泡层选用聚合度低一些的 PVC 树脂，利于发泡形成细密气孔。

压延法制备 PVC 人造革一般采用悬浮法 PVC 树脂为主要材料，其发泡层也多选用聚合度较低的 PVC 树脂。悬浮法 PVC 树脂的价格相对于乳液法 PVC 树脂要低，可以满足低成本的 PVC 人造革产品的开发需求。

2.5.2　PU 树脂

PU 树脂，又称为聚氨酯树脂，是高分子结构主链上含有氨基甲酸酯基团的聚合物。汽车内饰涂层纺织品中 PVC 人造革和 PU 合成革的制备过程中均有使用到 PU 树脂。根据其不同作用，可以分为表处用 PU 树脂、面层 PU 树脂、发泡层 PU 树脂和黏合用 PU 树脂等不同种类。

表处用 PU 树脂一般是由 PU 树脂和特殊的功能助剂进行复配制成的，用于 PVC 人造革、PU 合成革的表面处理。面层 PU 树脂主要赋予 PU 合成革颜色、光泽、耐磨性、耐刮擦、耐候性以及手感等特性，其物性要求较高。发泡层 PU 树脂，主要对合成革的厚度、弹性、韧性和手感起到主要作用。黏合用 PU 树脂主要用于干法转移涂层聚氨酯黏结层与基布间的黏合，在 PVC 人造革底层与基布的黏合中也有应用。

根据合成革制造工艺的不同，又可以分为干法 PU 树脂和湿法 PU 树脂。根据不同的功能，又可以分为耐寒型、耐黄变型、透湿型、高剥离牢度型、耐水解型、超纤含浸型等的树脂。

2.5.3　基布

PVC 人造革和 PU 合成革都是通过在基布上涂覆、浸渍树脂或贴合薄膜等制备而成的，基布是其重要的组成部分，基布的材质、结构和密度等因素对产品的手感、外观以及物理性能等有着重要的影响。常用基布主要有三类：机织布、针织布和非织造布。

机织布主要以涤纶、涤棉、涤黏等为原料，机织物结构为经纬纱垂直交织形成，织物具有良好的尺寸稳定性，拉伸强度高，采用机织布制成的人造革坚固、挺括。汽车内饰件包覆过程中需要比较好的变形能力以满足不同造型的包覆成型需要，因此汽车内饰中仅在特殊强度要求的情况下少量使用机织基布。

针织布是将纱线弯曲成线圈并相互穿套形成的织物，其基本单元结构为线圈。根据编织工艺和机器的不同，又可以分为经编针织布和纬编针织布两类。

针织结构基布多采用涤纶、锦纶、黏胶和棉纤维等为原料。针织布的线圈结构赋予了其非常好的拉伸变形能力、较大的孔隙率和良好的透气性。此外，针织布具有很好的弹性、柔软性、抗弯曲变形能力，在汽车内饰用人造革和合成革中应用较多（见表 2-4）。其中，纬编针织布多用于普通的汽车内饰 PVC 人造革中，经编针织布主要用在 PU 干法产品上，少量用于湿法涂层产品中；对于耐磨要求比较高或者需要进行打孔加工的 PVC 人造革，常常采用拉伸强度较高且不易脱散的经编针织布作为基布。

表 2-4　汽车内饰革产品常用针织基布信息

序号	结构类型	主要成分	克重 /（g/m²）	厚度 /mm	应用区域
1	纬编针织	100% 涤纶 PET	130±10	0.55±0.05	座椅革、门板革、仪表板革、扶手革等
2	纬编针织		100±10	0.55±0.05	
3	纬编针织	涤/棉（T/C）=65%/35%	140±10	0.65±0.05	座椅革

序号	结构类型	主要成分	克重 /（g/m²）	厚度 /mm	应用区域
4	纬编针织	100% 涤纶 PET	200±10	0.70±0.05	座椅革、门板革等
5	纬编针织		250±10	0.75±0.05	
6	经编针织		280±10	0.60±0.05	座椅打孔革
7	经编针织		300±10	0.70±0.05	

　　非织造布材料也是涂层纺织品常用的基布材料之一。非织造布是采用纤维成网后经过物理或者化学的方法（如针刺、水刺、化学黏合、热黏合等）固结形成的纤维聚合体，主要的原料包括天然纤维和化学纤维，纤维状态为短纤维和长丝两种。非织造布材料在汽车内饰用合成革产品中应用较多，主要产品为超细纤维 PU 合成革，由于非织造布三维立体的纤维结构与天然皮革的纤维层网相似，制成超纤 PU 革外观风格及性能接近天然皮革，具有很好的弹性、强力，耐弯折、耐老化和耐磨性能都比较好。汽车内饰用超纤革的基布多为针刺非织造布，材料多为涤纶或锦纶纤维，要求非织造布基布需具有致密均匀的三维立体结构，表面平滑且无过松过紧情况，具备较高的透气透湿和强度、手感柔软、耐磨性好等特点。

　　为了保证基布在人造革或者合成革加工过程中的稳定性，通常需要对基布进行预处理。根据产品、工艺和性能的不同，加工处理方法也不相同。常用的处理工艺主要有清除杂质、缩水、染色、磨毛拉毛等。①通过退浆、精炼或者漂洗，可以去除基布中的油污杂质残留。②通过浸水、拉幅定型可以减少基布收缩，保证尺寸稳定。③根据实际需要对基布进行染色。④对基布进行打磨或拉毛处理，可以使得其黏结牢度、手感柔软度满足要求，保证聚氨酯涂层后的合成革表面平整光滑。

2.5.4　离型纸

　　离型纸是聚氯乙烯人造革和聚氨酯合成革制造过程中的重要耗材之一。离型纸表面有一定的花型纹理且具有良好的脱模性，在其表面进行聚氯乙烯或聚氨酯树脂的涂覆，再与基布贴合后就可以制得 PVC 人造革或 PU 合成革，离型纸与制成的革实现分离并重新收卷用于再一次的生产，离型纸上的花型纹理则转印到 PVC 人造革或 PU 合成革的表面。离型纸也可以是没有花型纹理的平面纸，仅用于承载树脂的涂覆并形成其表面，然后经过压纹工艺实现皮革表面的花型纹理。

　　离型纸的结构有两层和三层两种。两层结构是由原纸和离型层组成；三层则是在原纸和离型层中间多了一层隔离层，隔离层的主要作用是防止涂料渗到原纸内，一定程度上节约了离型层涂层材料的用量。

　　根据用途分，离型纸可以分为聚氯乙烯人造革用纸和聚氨酯合成革用纸；根据有无花纹可以分为花纹纸和平面纸；根据光泽度来分，又可以分为高光型、半光型、消光型、超消光型等；根据离型层的涂层材质不同，可以分为硅系纸和非硅系纸。硅系离型纸的花型清晰度高，非硅系离型纸的柔韧性比硅系纸好，价格相对较低。离型纸的选用，主要是根据涂覆树脂的种类、花纹、光泽度、幅宽、工艺特点、性能要求，以及价格成本等因素进行综合考虑。

　　离型纸自身的性能对人造革的产品性能和质量有着重要影响。离型纸的关键性能主要包括以下几点。①强度：生产过程中离型纸需要承受一定的张力、烘箱高温烘烤和冷却滚筒的冷却，因此离型纸需要具有足够的表面强度和撕裂强度，以保证生产的顺利进行和离型纸的多次使用。②表面均匀性：离型纸表面必须保持均匀的离型能力、光泽度、平整度和厚度一致性，多次反复使用后离型纸仍能保持均匀的状态。③耐溶剂性：离型纸必须具有优异的耐溶剂性，不能受溶剂影响而发生溶解或溶胀。④合适的剥离强度：黏附力过小，剥离太容易，加工过程中易自行脱层，如果剥离牢度过大，易造成离型纸撕破，影响纸张重复使用次数。⑤耐高温性能：一般聚氯乙烯人造革用的离型纸要耐受220℃高温，而聚氨酯革用的离型纸要求耐受最高温度在150℃左右，同时都需要耐得住2～3min的高温处理。⑥柔韧性：涂覆加工过程中离型纸需要经过小直径的导辊，柔韧性能对于离型纸表面花纹的保持和多次重复使用有着重要影响。

2.5.5 着色剂

着色剂是指加入革制品中使其具有各种颜色的物质，主要有染料和颜料两大类。染料属于有机物，溶于水、油和有机溶剂。染料的耐热、耐光、耐候和耐溶剂性等性能交叉，色迁移性大，在人造革和合成革中应用较少。因此，汽车内饰用革产品中多采用颜料作为着色剂。

颜料是不溶于水和溶剂的一类着色剂，颜料为固体细微颗粒物质，分散在人造革和合成革中，依靠其表面的遮盖作用而着色。颜料在耐热、耐候、耐溶剂性能上都比较好，但是与染料相比，色泽和透明度相对较差。颜料又可以分为无机颜料和有机颜料两种。无机颜料包括合成的有色化合物和天然带颜色的矿物材料。无机颜料原料易得、成本较低，耐热、耐光和耐老化性能优异，但是色泽鲜艳度不高，透明度和分散性偏差。有机颜料的性能介于无机颜料和染料之间，色泽鲜艳度比无机颜料要好，耐热、耐光和耐候性不如无机颜料，但是其分散性较好、着色强度高。

汽车内饰用人造革及合成革对着色的要求主要包括：分散性好、着色能力强、色泽鲜艳、耐热性好、耐溶剂性好、不易发生色迁移、耐化学稳定性好、耐溶剂性好及无环境污染、无毒无害、价格成本合适等。

常用的着色剂主要有白色、黑色、红色、黄色、绿色、蓝色以及金属颜料、珠光颜料等。其中，金属颜料、珠光颜料赋予了革制品特殊的金属光泽和闪光色彩的珠光效果，近年来在汽车内饰用人造革产品开发中应用较多。

由于着色剂的粒径极细、相互凝聚，一般不通过直接将其加入PVC增塑糊或PU浆料中的方式使用，以避免因着色剂团聚导致的分散不均匀、易于飞散等问题。因此，在使用时，先将着色剂制成色母料、色膏或者色浆，再将其直接加入PVC增塑糊或PU浆料中去使用。

2.5.6 增塑剂

增塑剂是一种加入聚合物中起到增加塑性、改善加工性、赋予制品柔韧性等作用的物质。通过增塑剂的加入，可以降低熔体黏度、产品的弹性模量和玻璃化转变温度。

增塑剂的种类较多，按照分子结构分为单体型和聚合物型两类，增塑剂中绝大多数为单体型，邻苯二甲酸酯类属于最典型的单体型增塑剂，聚酯型增塑剂是典型的聚合物型增塑剂。与单体型相比，聚合物型耐热、耐挥发和耐热迁移性好，但是增塑效率较差；按照功能分，又可以分为通用型增塑剂和特殊功能型增塑剂，如脂肪族二元酸酯类具有较好的低温柔曲性能，磷酸酯类具有良好的阻燃性能；按照化学结构分，主要可分为脂肪族二元酸酯、苯甲酸酯、柠檬酸酯、环氧化合物、氯化烃化合物、磷酸酯、邻苯二甲酸酯、苯多羧酸酯、石油酯、聚酯等。

PVC人造革中常用的增塑剂主要有邻苯二甲酸酯类、磷酸酯类、脂肪族二元酸酯类、环氧化合物类以及聚酯类等。一般增塑剂的使用不止一种，而是根据产品性能和工艺要求采用多种增塑剂相互配合协同使用，从增塑剂的添加量来说，一般有主增塑剂和辅助增塑剂之分，辅助增塑剂多与主增塑剂协同使用，起到增塑的作用。

选择和使用增塑剂时，主要考虑的性能指标有：增塑剂与树脂的相容性、增塑效率、耐寒性、耐久性、耐光稳定性、毒性以及耐菌性等。增塑剂对环境和人体的健康会产生一定影响。提高增塑效率、控制增塑剂用量、开发和应用低挥发性增塑剂等越来越受到行业关注。

2.5.7　发泡剂

发泡剂多用于PVC人造革中形成微细闭孔的泡沫层，使得PVC人造革具有柔软、丰满、厚实的特点，由于气孔结构的存在，形成的发泡革产品相对密度较低，可以减少填充剂的用量，避免大量填充剂使用带来的力学性能下降的问题，同时可以降低成本。

根据发泡气体产生方式的不同，发泡剂又可以分为物理发泡剂和化学发泡剂两种。物理发泡剂是通过物理形态的变化实现发泡的，主要有压缩气体（如氮气、二氧化碳等）、可溶易升华固体、低沸点挥发性液体（低沸点的卤代烃、脂肪烃）等三类，其中最常用的为低沸点挥发性液体类发泡剂。化学发泡剂是通过受热化学反应释放出一种或者多种气体从而实现发泡的，可以分为有机发泡剂和无机发泡剂两类。无机发泡剂主要有碳酸氢钠、碳酸氢铵、亚硝酸钠等，与树脂相容性差，不溶于增塑剂，一般很少使用。有机发泡剂的分散性较好、分解温度范围窄、发泡效率高、产生气体不易从泡孔中逸出，是最常用的一类发泡剂，主要有偶氮类、亚硝基类、叠氮类、三嗪类等。

人造革产品中所用的发泡剂仅限于有机发泡剂，以偶氮类较多，如偶氮二甲酰胺（简称AC发泡剂）和偶氮甲酰胺甲酸钾（简称"AP发泡剂"）。AC发泡剂是PVC发泡人造革产品中最常用的发泡剂，其价格低、发气量高、分解温度窄、不会提前发泡、气泡均匀致密、分解残留物无臭无暗色斑点。PVC人造革中的热稳定剂对发泡剂有活化作用，可以降低AC发泡剂的分解温度，加快分解速率，由于发泡剂对热稳定剂有一定的消耗作用，因此，在PVC发泡人造革配方中需要考虑增加热稳定剂的用量。AP发泡剂只适用于增塑糊涂覆产生的发泡人造革，不适合在压延法和挤出法等工艺中使用。

2.5.8　阻燃剂

人造革、合成革类产品的原材料中的PU树脂为易燃高分子材料，PVC树脂本身有较好的阻燃性，但是增塑剂是易燃的，大量的增塑剂添加会降低PVC树脂的阻燃性能；此外，其他一些助剂、填充剂以及基布等都是易燃材料。因此，汽车内饰用的人造革、合成革类产品在制造过程中需要保证其阻燃性能满足安全法规要求，添加阻燃剂是最重要的技术途径。

阻燃剂产生阻燃作用的机理比较复杂，根据阻燃剂类型的不同，其作用机理主要有以下几种。①阻燃剂受热分解或升华，吸收大量的热，从而降低了人造革或合成革表面的温度，如氢氧化镁和氢氧化铝等。②阻燃剂分解产生较重的物质，如不燃气体或高沸点的液体，覆盖在表面；或者阻燃剂分解使得人造革或合成革的表面炭化，隔绝了氧气与可燃物的扩散。如有机氮类、硼类、磷系、有机硅系、卤化物系和膨胀型阻燃剂等。③阻燃剂产生大量的不可燃气体，稀释了可燃气体和氧气的浓度，如卤化物类阻燃剂。④阻燃剂捕捉活性自由基，中断链式氧化反应，如有机卤化物类阻燃剂。

汽车内饰人造革或合成革产品常用的阻燃剂主要有：磷系阻燃剂、氢氧化铝或水合氧化铝、三氧化二锑、硼酸锌、膨胀型阻燃剂、氮系阻燃剂等。三氧化二锑为白色粉末，其应用范围较广，与磷酸酯等阻燃剂有良好的协同作用。膨胀型阻燃剂是以磷、氮、碳元素为主要成分的复合型阻燃剂，燃烧时表面会生成炭质泡沫层，从而起到隔热、隔氧、抑烟、防熔滴等作用，具有优异的阻燃性能，且具有无卤、低毒、无腐蚀性气体的优点。氮系阻燃剂主要为三聚氰胺及其衍生物，稳定性、耐久性和耐候性良优异，阻燃效果好且价廉，但在树脂中分散性差。在汽车内饰用人造革或合成革产品中，常会根据产品的实际技术要求，使用多种不同阻燃体系复配的阻燃剂，来提升内饰革产品的阻燃性能。

合成革或人造革产品在燃烧过程中通常会产生大量的烟雾，烟雾的毒性及其导致的能见度降低等问题都会对人员疏散和健康安全产生不利影响，因此抑制发烟量也是非常重要的。常采用添加抑烟剂的方式减少燃烧过程中的发烟量，一般与阻燃剂同时加入。

2.5.9　其他功能助剂

除了上述几种主要材料外，为了满足产品技术要求及实际使用条件，人造革及合成革产品中还会使用到诸多功能性的助剂材料，如抗氧化剂、热稳定剂、光稳定剂、抗静电剂、表面活性剂、抗菌剂及防霉剂等。比如：抗氧化剂或者光稳定剂的添加可以抑制和延缓在生产、存储和使用过程中因氧化反应带来的产品老化、性能衰减等问题；添加抗静电剂可以消除或减少成型加工或使用过程中因摩擦产生的静电集聚积蓄，降低静电带来的安全隐患。

2.6　汽车内饰纺织品的聚氨酯海绵材料

聚氨酯是人工合成高分子材料（PU 或 PUR），广泛地应用于塑料、橡胶、涂料、油漆、人造革、泡沫材料、胶黏剂及纤维等领域。聚氨酯海绵是以聚醚树脂或聚酯树脂为主要原料，与异氰酸酯定量混合，在发泡剂、催化剂、交联剂等作用下，进行发泡制成的一种泡沫塑料。聚氨酯海绵按主要原料成分的不同，可分为聚醚型和聚酯型两种；按产品软硬性能不同，可分为软质和硬质两种。软质的聚氨酯海绵在汽车内饰纺织品中应用较多。聚酯型和聚醚型聚氨酯海绵在生产工艺、产品性能及成本等方面都存在着差异，相同规格的聚酯型海绵要比聚醚型的价格贵一些，汽车内饰纺织品中这两种类型的海绵均有使用。

汽车内饰纺织品的应用常常以多层复合体的形式出现，聚氨酯海绵就是多层材料中的重要材料之一。聚氨酯海绵因其多孔状的蜂窝结构，具有优良的柔软性、弹性、吸水性及耐水性，主要应用于汽车座椅、顶棚、遮阳板、仪表板及门板等零件的包覆。

2.6.1　聚醚型聚氨酯海绵

聚醚型海绵由聚醚多元醇、异氰酸酯、催化剂、水及泡沫稳定剂等原材料合成。聚醚多元醇是在分子主链结构上含有醚键、端基带有羟基的醇类聚合物。因其结构中的醚键内聚能较低并易于旋转，故聚醚型海绵低温柔顺性能好，耐水解性能优良，手感好，成型性能优良，透气性好，但剥离强度与断裂强度较差。

聚醚型海绵多应用于汽车座椅面料、遮阳板面料中，顶棚面料中少量使用。根据不同的技术要求，汽车内饰纺织品中常用的聚醚型海绵的密度范围在 $20 \sim 40kg/m^3$，海绵密度对织物与海绵的复合牢度有直接影响；常用的海绵厚度范围在 $1 \sim 12mm$，通常座椅主料海绵厚度在 $4 \sim 12mm$，座椅辅料海绵厚度在 $1 \sim 3mm$。表层织物＋聚醚型海绵＋针织底布或水刺非织造布，是汽车座椅面料中常用的材料结构形式。

2.6.2　聚酯型聚氨酯海绵

聚酯型海绵由聚酯多元醇、异氰酸酯、催化剂、水及泡沫稳定剂等原材料合成，其中聚酯多元醇主要是由二元羧酸和二元以上醇类化合物进行缩聚反应生成。聚酯型海绵与织物复合黏结力强，具有良好的力学性能，耐高温、拉伸性强，而且海绵的泡孔均匀、规则且豆孔少，但耐水解性能较差，挥发性有机化合物（VOC）挥发性高，其制品手感不如聚醚型海绵柔软。

聚酯型海绵多用于对黏结牢度、弹性和拉伸性要求比较高的门板、顶棚等区域。聚酯型海绵常用的密度主要有 $29kg/m^3$、$35kg/m^3$ 和 $55kg/m^3$，常用的聚酯型海绵厚度范围在 $2 \sim 4mm$。表层织物＋聚酯型海绵或者表层织物＋聚酯型海绵＋水刺非织造布，是常用的复合体材料结构形式。

2.6.3　酯醚混合型聚氨酯海绵

为了解决聚酯型海绵不耐水解及聚醚型泡棉力学性能不良的问题，采用一定比例的聚酯多元醇和聚醚多元醇为主要原料进行发泡、熟化，可以制得一种新型的酯醚混合型聚氨酯海绵，一般又称为半酯半醚型聚氨酯海绵。目前常用的密度规格为：$30kg/m^3$、$35kg/m^3$、$40kg/m^3$、$42kg/m^3$、$55kg/m^3$、$60kg/m^3$ 以及 $65kg/m^3$ 等。

酯醚混合型聚氨酯海绵具有良好的耐水解性能、较低的散发性能、优良的力学性能，火焰复合后具有良好的剥离牢度，同时又具有很好的经济性，近几年在汽车内饰纺织品中应用逐渐变多，主要用于汽车顶棚、座椅、门板等零部件区域。

第3章

汽车内饰纺织品的制造工艺

3.1 制造工艺概述

3.2 汽车内饰机织物的制造工艺

3.3 汽车内饰针织物的制造工艺

3.4 汽车内饰涂层纺织品的制造
工艺

3.5 汽车内饰超纤仿麂皮面料的
制造工艺

3.6 汽车内饰非织造布的制造工艺

3.7 汽车内饰纺织品的复合加工
工艺

3.1 制造工艺概述

汽车纺织品中内饰纺织品占比接近60%，其他功能性纺织品占比约为40%。作为重要的汽车内饰材料，内饰纺织品因其组织结构丰富、原材料适用性强、整理加工工艺多样化以及内在性能的可靠性等，在为消费者带来个性时尚的装饰美学体验、细致入微的技术温度和舒适于心的愉悦感的同时，又为汽车内饰空间提供了值得信赖的、健康安全的质量保证。

汽车内饰纺织品在应用时，常以多层结构的复合材料形式出现。复合加工也是影响内饰纺织品性能及其后道工序可加工性的重要环节。常用的复合加工方式主要有火焰复合、胶水复合、热熔胶复合、撒粉复合等。复合加工方式的选择主要是根据内饰面料的实际应用需求来决定的。

汽车内饰纺织品的制造过程是一个相对复杂的系统工程。面对不断升级的客户需求，汽车内饰纺织品的设计开发将会面临着更多的挑战，这些新的需求也必将会推动汽车内饰纺织品的加工制造技术不断升级和创新发展。

3.2 汽车内饰机织物的制造工艺

3.2.1 机织物

机织物是历史最久远的织物，它是由两组相互垂直的纱线系统交织而成的。决定机织物性能的三个主要因素是：纱线原料的性能、织物的密度以及织物的组织结构即纱线的交织方式。纱线原料的性能主要是线密度、外观特性、纤维成分及含量、强力和延伸弹性等；织物的密度指的是单位长度内经纬纱的数量。通过三个影响因素的调整，不仅可以改变织物的表面外观特性和美学功能，如色彩、纹理图案等，还可以改变机织物的物理力学性能、散发性能及安全性能等。

机织物的结构特性决定了其具有显著的各向异性，即在经纬方向上具有最大的强力，在斜向上强力较弱，机织物是典型的两向织物。随着汽车内饰设计的时尚化和个性化，内饰零部件的造型设计感更强更前卫，大曲度和大拉伸变形要求内饰纺织品具有更好的延展性及加工特性。机织面料结构特性决定的硬挺性和较差的延伸性，限制了其在汽车内饰中的应用，即便是采用延伸弹性更好的纱线及配合特殊的整理工艺，依然只能部分改善而不能彻底解决这个问题。

汽车内饰用机织物根据其外观形态可以分为机织平织物和机织绒织物。机织平织物利用织机的开口形式可以开发出多样化的花型纹理，美学装饰功能强，耐磨性能好，不易起毛起球，在汽车内饰中应用较多。机织绒织物装饰性强、质地厚实、手感柔软舒适，耐磨性好，尺寸稳定性好，绒毛的立体感强不易倒伏，是豪华巴士和高铁座椅面料及汽车装饰地毯的首选，但在轿车内饰中的应用近些年趋少。一方面是由于成本比机织平布高很多，另外一方面是不耐污不易清洁，这些都直接影响了机织绒织物的应用与推广。

3.2.2 汽车内饰机织物的设计

汽车内饰纺织品设计的出发点和落脚点就是要满足消费者对汽车内饰空间的需求，这个需求主要包括两个大的方面：一个是装饰美学的功能需求，一个是产品自身的物理化学性能需求。内饰织物的设计主要是也围绕这两个方面展开的，包括了造型设计和工艺设计两部分。具体点讲主要是涵盖了织物的美学风格设计、纱线原材料设计、组织结构设计、织造工艺设计和染整加工工艺设计等。

汽车内饰纺织品具有个性化、定制化的设计特点，所有的内饰纺织品设计都是围绕着特定目标的车型进行同步定向开发的。除了应对主机厂新车型的同步定向设计外，还需要相关企业积极开展消费者需求调查研究和流行趋势的分析预测等工作，并基于对未来设计趋势的认知和把握，进行前瞻性的产品储备设计和开发。定向设计和前瞻储备设计是汽车内饰纺织品设计开发的两种基本形式。

3.2.2.1 造型风格设计

汽车内饰纺织品的设计开发工作首先要考虑的就是造型风格问题。通常汽车的设计开发时根据品牌、市场定位、车型、目标消费人群等制定整车的设计理念和策略，内饰纺织品的设计开发也要遵循整车的设计风格，并通过纺织品的视觉品质、触觉品质等去表现它，同时也要针对内饰空间环境的特点进行产品设计。

汽车内饰纺织品的造型风格设计主要考虑：内外饰色彩的协调统一、主色与点缀色搭配、设计元素、花型纹理风格、产品质感等。这些直接决定了内饰纺织品的造型风格。内饰纺织品的风格主要有简约、自然、家居、科技、时尚个性等。即便在同一辆车里，不同应用场景对产品的风格要求也不相同，如座椅面料是汽车内饰风格体现的重要载体，设计风格的变化也比较多样，可发挥的空间也比较大，而顶棚面料的风格变化则相对较少。

3.2.2.2 纱线原料设计

纱线原料是影响织物风格和性能的关键因素之一。每一种纱线都有自己的特性，使用不同的纱线材料制得的产品风格和性能也不相同。因此，汽车内饰纺织品设计的一项重要内容就是纱线原料的设计开发。

（1）纤维原料

不同组分、工艺、结构的纤维材料，其物理性能、外观风格等也各不相同，这也使得最终制成的织物面料成品的内在性能、表面风格等存在显著的差异，如手感、光泽、蓬松性、弹性回复、刚软度等。汽车内饰纺织品常用的纱线材料为合成纤维，丰富多样的合成纤维材料极大地拓展和丰富了内饰纺织品的产品阵营。以聚酯纤维为例，同样是聚酯纤维，从DTY、ATY 到 FDY，从无光、哑光、半光、有光到超亮光，从普通型、细旦型到超细型，从单丝、复丝到捻复丝，从低收缩型到高收缩型，种类极多。合理地利用这些丰富的纤维原料，充分发挥各自的优点，并配以各种变化的纱线加工制作及后整理加工，可以开发出各种各样外观风格、手感和性能不同的织物。例如，不同光泽纤维的应用可以产生或奢华，或朴素，或时尚的风格；条干均匀度较差的纤维，可用于粗犷外观风格的产品；超细纤维制品通过后整理，可产生桃皮绒或仿麂皮的绒面质地效果；收缩性能差异较大的原料可用来开发更加具有 3D 立体浮雕效果的织物产品等。

（2）纱线结构

汽车内饰机织物的纱线原料设计主要考虑三个参数：线密度、捻度和捻向。不同结构的纱线在外观光泽、手感蓬松度、拉伸强力、回弹性等方面各有特色。在同一组织结构的机织物中，若采用的纱线规格不同，搭配方式也不同，则可以在织物表面产生丰富多变的肌理效果。例如，同是平纹织物且纱线的线密度相同，若经纬纱线同捻向，则表现出光泽柔和、布面平坦的质地；若经纬纱线异捻向，则织物质地光亮而结构蓬松。强捻的纱线具有很强的回弹能力，能使织物产生"绉"效应等。花式纱线以其特殊外形和特殊花色效应丰富了汽车装饰织物的纹理变化。

① 线密度。纱线的线密度确定是织物设计的主要内容之一。线密度大小对织物的结构松紧、布面质量以及物理力学性能有着决定性的作用，应根据织物的风格、用途和性能要求等加以选择。经纬密度的配置设计，直接影响着织机的生产效率，同时也对织造的生产管理产生影响。在织物设计中，经纱线密度（T_j）和纬纱线密度（T_w）的配置设计一般有三种形式，即 $T_j=T_w$，$T_j>T_w$，$T_j<T_w$。一般情况下，采用 $T_j > T_w$ 和 $T_j=T_w$ 的配置形式，$T_j < T_w$ 的情况只有在特殊的产品中出现，且两者的差异不宜过大；若经纬纱密度相差过大，织物中经纬纱的屈曲状态会发生变化，作为支撑面的纱线状态会发生改变，这直接会对机织物的耐磨、耐钩丝性能等产生影响。

② 捻度与捻系数。捻度指的是纱线在单位长度内的捻回数，一般情况下采用 1m 内的捻回数来表示（捻 /m）。纱线的捻度与织物外观风格、耐磨、耐钩丝等性能有关，织物设计时应根据织物结构、性能以及风格的需要去选择相应的捻度参数。捻度影响纱线的强力、刚柔性、弹性和缩率等指标。随着纱线捻度的增加，其强力是增大的，捻度过大，织物的手感变硬、光泽也会随之减弱，捻度小的织物手感更加柔软、光泽感更强。捻度不能超过一定的值，否则其强力反而下降，这一定值称为纱线的临界捻度。不同原料的纱线，其临界捻度是不一样的。一般在满足强力要求的前提下，纱线捻度越小越好，因为捻度的增加会使纱线的手感变硬、弹性下降、缩率增大。此外，捻度对纱线的［质量］密度和直径也有影响，加捻作用使纱的紧密度增加。在一定范围内，纱的［质量］密度随捻度的增加而增大，纱的直径随捻度的增加而减小，从而使织物的覆盖性和舒适性等发生变化。

汽车内饰用机织物的设计开发中，为了提高织物的耐磨和耐钩丝性能等，尤其针对纱线为无网或者轻网低弹丝的，则常采用加捻的方式确保其织造的顺利进行；当加捻的捻度较高时，一般需要考虑加捻后对纱线进行高温蒸纱热定型，避免在后续的织造过程中发生退捻导致开口不清等。

捻度不能用来比较不同粗细纱线的加捻程度，因为相同捻度，粗的纱条其纤维的倾斜程度大于细的纱条。在实际生产中，常用捻系数来表示纱线的加捻程度。捻系数是结合线密度表示纱线加捻程度的相对数值，可用于比较不同粗细纱线的加捻程度，值越大则表示加捻程度越高。捻系数的选择主要由原料性质和纱线用途决定。经纱需要较高的强度，捻系数应大一些，纬纱一般要求柔软，捻系数应小一些；机织起绒用纱，捻系数宜小，以利于起绒；纱线细度不同，捻系数也不同，细的纱线捻系数应大些；薄爽织物要求具有"滑挺爽"的风格，纱线捻系数应大些；紧密的织物一般捻系数比松软的织物大一些。当织物用股线织制时，股线与单纱的捻度配合对织物强力、耐磨、光泽、手感均有一定的影响。

③ 捻向。纱线的捻向对织物的外观和手感影响很大，利用经纬纱的捻向与织物组织相配合，可织出外观、手感等风格各异的织物。单纱与股线的捻向配合，可以是同向捻，也可以是异向捻。在实际生产中，一般多采用两根单纱反向并捻，如单纱为 Z 捻，股线用 S 捻，单纱捻系数较小，股线捻系数较大，这样纱中纤维与纱轴方向接近一致，股线柔软，光泽好，捻回稳定，股线结构均匀稳定。

3.2.2.3 组织结构设计

织物组织结构是影响织物外观和风格的重要因素。织物的组织结构主要有原组织、小花纹组织、复杂组织和大提花组织等。

（1）原组织

原组织是最简单的织物组织，是构成一切组织的基础，也称为基本组织。原组织包括平纹、斜纹和缎纹三种基本组织（见图3-1）。

平纹组织是三原组织中最简单的一种，在各类织物应用最为广泛。平纹组织的交织点最多，织物的正反面基本相同。通过工艺参数的改变，可以运用平纹组织获得各种特殊的外观，如凸条、条格、绉效应等。

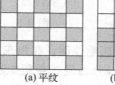 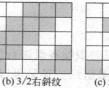
(a)平纹　　　　　(b) 3/2右斜纹　　　(c) 5/2纬面缎纹

图3-1　原组织图

斜纹组织的特点是织物中的一个系统的纱线浮长露在织物表面形成了连续的斜向纹路。斜纹的交织点较平纹少，浮线一般较长，织物正反面不同。在汽车内饰纺织品中应用较多，常用于座椅辅料或者门板面料中，也经常被用作其他组织的基础组织。

缎纹组织是原组织中最复杂的一种组织。它的特点是相邻的两根纱线上的相应组织点相距较远，因此，另一系统纱线的浮长覆盖于织物表面，形成明显的浮长线，缎纹的交织点最少，浮长最长，织物的正反面有明显的区别，正面平滑，富有光泽，反面粗糙无光。

（2）小花纹组织

小花纹组织，是把原组织加以变化或配合而成的，包含变化组织和联合组织。

变化组织是以原组织为基础，加以变化（改变组织点的浮长、飞数、斜纹线的方向等）而获得的各种不同组织，又可以分为平纹变化组织、斜纹变化组织和缎纹变化组织，其中应用较多的为加强缎纹、复合斜纹、山形斜纹、破斜纹、变化方平组织菱形斜纹和急缓斜纹等（见图3-2）。

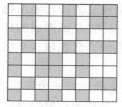 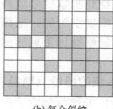 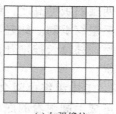
(a)变化方平组织　　　　(b)复合斜纹　　　　　(c)加强缎纹

图3-2　变化组织图

联合组织是将两种或两种以上的组织（原组织或变化组织）按照各种不同的方法联合而成的组织。构成联合组织的方法可以是两种组织的简单并和，也可能是两种组织纱线的交互排列，或者在某一组织的规律上增加或者减少组织点等。应用较多的有以下几种：条格组织、绉组织、凸条组织、蜂巢组织、方格组织、纬网目组织和平纹的小提花组织等（见图3-3）。

（3）复杂组织

复杂组织由若干系统的经纱和若干系统的纬纱所构成，这类组织能使织物具有特殊的外观效应和性能。主要有二重组织、双层组织、起毛组织、毛巾组织、纱罗组织等。采用这种组织制成的机织物，结构厚实紧密，可以用于改善织物的耐磨性、耐久牢度以及其他特殊要

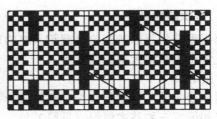

| (a) 蜂巢组织 | (b) 方格组织 | (c) 纬网目组织 |

图 3-3　联合组织

求，也可以对织物表面进行起毛处理，在汽车内饰纺织品中应用尤为广泛。

①　二重组织。其又可以分为经二重组织和纬二重组织。由两个系统的经纱（表经和里经）与一个系统的纬纱交织而成的组织称经二重组织；由两个系统的纬纱（表纬与里纬）与一个系统的经纱交织而成的组织称纬二重组织。采用这种组织制得的织物，可获得织物正面相同或不同的外观，并可使织物两面具有不同颜色的条格或花纹。经二重组织常用于织制高级精梳毛织物，而纬二重组织常用于织制毛毯及厚重呢绒等织物。

②　双层组织。双层组织是由两个系统的经纱（表经、里经）和两个系统的纬纱（表纬、里纬）交织，同时形成相互平行的上下两层织物。这两层织物，可以是相互分开的，也可以是相互连接的。只连接上下两层的两侧，可以形成管状织物；只连接上下两层的一侧，则可在狭幅织机上织制双幅织物。采用两种或两种以上色纱作表里经、纬纱，且按设计的图案交换表里层，则可得到表里换色的花纹。把上下层组织缀结在一起，可得到接结双层织物。双层组织常用来织制厚大衣呢、造纸毛毯等毛织物及双层鞋面布和消防水龙带等棉织物。

③　起毛组织。起毛组织由两个系统的经纱（地经、毛经）与一个系统的纬纱，或一个系统的经纱与两个系统的纬纱（地纬、毛纬）交织而成。前者由经纱形成织物表面的毛绒，称经起绒织物，相应的组织称为经起毛组织。后者由纬纱形成织物表面的毛绒，称纬起绒织物，相应的组织称为纬起毛组织。经起毛织物织制时，在织机上同时形成上、下两层地布，两层间的距离为两层的绒毛高度，织物经割绒后分成两层独立的经起毛织物。平绒、长毛绒等织物均用经起毛组织织制。纬起毛织物织制时，毛纬与经纱交织形成的纬浮长被覆于织物的表面，经割绒后，纬浮长被割开，经整理加工后形成毛绒。灯芯绒、平绒、拷花呢等织物常使用纬起毛组织。

④　毛巾组织。毛巾组织由两个系统的经纱（地经、毛经）与一个系统的纬纱交织而成。地经与纬纱交织形成毛圈附着的底布；毛经与纬纱交织，借助于织机特殊的送经、打纬机构而形成毛圈，覆盖于织物的表面。面巾、枕巾、浴巾、毛巾等均采用毛巾组织织制。

⑤　纱罗组织。纱罗组织是由两个系统的经纱（地经、绞经）与一个系统的纬纱，在织机上借助于特殊的绞综装置和穿综方法交织而成。绞经有时在地经的左方与纬纱交织，有时又在地经的右方与纬纱交织。由于绞经做左右绞转，在绞转处的纬纱间有较大的空隙而形成绞孔。纱罗组织是纱组织和罗组织的总称。当绞经每改变一次左右位置仅织入一根纬纱时，称纱组织。当绞经每改变一次左右位置织入三根或三根以上奇数纬纱时，称罗组织。部分夏令衣料、窗帘、蚊帐、筛绢等织物均采用纱罗组织织制。

（4）大提花组织

大提花组织，是综合利用以上三类组织形成的大花纹图案织物的组织，亦可以分为简单大提花组织和复杂大提花组织。凡用一种经纱和一种纬纱，选用原组织及小花纹组织构成的花纹图案的组织称之为简单大提花组织。经纱或者纬纱的种类在一种以上，配列在多重或多层之中的组织称之为复杂大提花组织，如毛巾组织、绒毯、起绒组织、纱罗组织等。

根据目标织物造型设计的需要，以及外观风格、物性的要求，汽车内饰用机织物的组织结构选择涵盖了原组织、小花纹组织、复杂组织和大提花组织等多种不同的组织结构。

3.2.2.4 密度与紧度的设计

织物的经密和纬密是织物结构参数的重要项目，经纬密度的大小和经密、纬密之间的关系是影响织物结构最主要的因素之一。它直接影响到织物的外观风格和内在的物理力学性能。一般情况下，经纬密度大，织物就显得紧密、厚实、硬挺、耐磨、坚牢；经纬密度小，则织物稀薄、松软、通透性好。而经密与纬密之间的配比关系，对织物性能的影响也很大。一般来说，织物中密度大的一组纱线屈曲程度大，织物表面即显现该纱线的效应。此外，经纬密度的比值不同，织物风格也不同。大部分织物的经纬密度的比值大于1，即经密大于纬密。

织物的密度是指单位长度内的纱线根数。由于这一概念不能对比同密度下不同纱线线密度的织物的实际紧密程度，因此引入了紧度的概念，紧度分为经向紧度、纬向紧度和总紧度，其定义是指经（或纬）纱的直径与两根经纱（或纬纱）间的平均中心距离之比，以百分数表示，计算公式如下：

$$经向紧度：E_j = P_j d_j$$
$$纬向紧度：E_w = P_w d_w$$
$$总紧度：E_总 = E_j + E_w - E_j E_w$$

式中，P_j、P_w 分别指经纱密度、纬纱密度，根 /10cm；d_j、d_w 分别指经纱直径、纬纱直径，mm。

3.2.2.5 织造的缩率

织造过程中，经纬纱相互交织而产生屈曲，因而织物的经向或者幅宽尺寸小于相应的经纱长度或筘幅尺寸，这种现象称之为织缩。影响织造缩率的因素很多，主要有纤维材料、纱线结构、织物组织、经纬密度以及织造中的张力情况等。易于屈曲的纤维纱线产生的缩率较大，易于塑性变形的纤维纱线产生的织缩小。在经纬密均不大的情况下，经纬织缩率与单位长度上经纬纱屈曲数成正比，在其他条件不变的情况下，平纹组织的纱线织缩率最大；但是在经纬密度较大的情况下，平均浮长长的简单组织的缩率较大。经纬纱密度与织缩率大小有着密切关系，在一定密度范围内，当组织和经密不变时，经纱缩率随着纬密增加而增加；对于一个特定织物，经纬织缩之和近似为一个常数，经缩增加时，纬缩相应减少，反之也一样。纱线捻度大小也会影响纱线刚度，刚度大的纱线则不宜弯曲，织缩率减小。此外，上机织造的张力、开口迟早、纬纱张力、后梁高低都会影响织缩率，如经纱上机张力大，经纱织缩小，纬纱织缩相应增大。

由于织物的经纬纱缩率与织物的用纱量，工艺设计中织物的匹长、幅宽和筘幅大小等设计项目相关。织物的经纬向织缩率对成品内饰织物的外观风格、拉伸弹性、延伸率等都有着直接影响，因此，在设计汽车内饰用机织物产品时，要十分重视对织缩率的测算。

3.2.2.6 染整工艺设计

染整工艺的开发是织物开发的重要内容之一。染整工艺的设计基于织物的材料、结构、外观风格、性能要求等。织物所用的原料不同，产品的类别不同，则加工的工艺也各不相同。经济有效的工艺流程、适当的工艺参数可以最有效地实现目标产品的设计需求。

汽车内饰机织面料的染整工艺主要涵盖染色、水洗、干洗、蒸汽预缩、机械预缩、空气洗、涂层、热定型、剪毛、磨毛及各种功能整理等。机织物的染色分为纱线染色（筒染）和面料染色（匹染）两类，两种工艺在内饰织物中均已成熟使用，染色工艺直接决定了织物面料耐光、耐摩擦色牢度等性能。织物的尺寸稳定性以及表面风格等特征都由机械加工整理获得；织物的手感、延伸性、弹性回复等可以通过汽蒸预缩、机械预缩及热定型等工艺设计来改善。通过特殊功能整理可以赋予织物面料相应的附加功能，如抗菌整理、柔软整理、防静电、防水防油、阻燃、硬挺等整理工艺。

此外，汽车内饰用机织物的表面深加工工艺也是影响其外观特征和内在性能的重要环节，更是产品个性化、定制化和时尚化发展的趋势，常用的工艺包括压花、绣花、绗缝、镭雕、高频焊接、印花、烂花等。

3.2.3　汽车内饰机织物的制造

汽车内饰机织物又可以分为平机织物和绒织物。平机织物基本是二维的，而绒织物则是用二维平机织物作为底组织，垂直的绒线被织进底组织中，形成一种具有三维结构的绒面效果。因结构的不同，这两类机织物的制造加工过程及工艺也存在差异。

3.2.3.1　机织平机织物

平机织物是由两个相互垂直的纱线系统交织而成。纵向的纱线称之为经纱，与之垂直的横向纱线为纬纱。通过在织物整个幅宽方向分开的上下两片经纱所形成的梭口，将纬纱引入梭口中，梭口闭合，纬纱通过打纬被织入夹紧，如此反复从而形成织物。高速喷气织机的每分钟的引纬数量可达 1000 次甚至更多。控制经纱开口所使用的方法不同，决定了织机生产简单的组织还是复杂的组织或者表面大花型的工艺可行性。

多臂织机和提花织机是两种主要的织机，两种设备在织造面料为经纬纱的交织原理上是相同的，只是控制经纱开口的机构和方法不同。多臂织机是通过多片综框成组地控制经纱，由于综框的数量是有限的，因此花型的尺寸范围受限，不适宜织造较大尺寸的花型；提花织机是采用通丝控制每一根纱线，花型尺寸选择范围较大，自由度更高，适宜织造大提花织物。

不同的织机，纬纱引入方式也不相同。引纬的方式主要有：传统的梭子引纬，现代的剑杆引纬（剑杆又可以分为柔性和刚性两种），片梭织机使用片梭引纬，喷气织机使用压缩空气引纬，喷水织机采用高压水流引纬。不同的引纬方式，纬纱引入的速度也不相同。引纬的速度决定了织机的生产效率，也直接影响着织物的织造成本。每种引纬方式都有其优点和不足，也适用于不同的纱线材料和织物类型，汽车内饰机织物常用的引纬方式为剑杆引纬和喷气引纬两种。

汽车内饰用平机织物和绒织物的制造过程分为织前准备、织造和后整理，具体包含以下几个环节：纱线准备、整经、上经轴、穿结经、织造、坯布检验、后整理等。

① 纱线准备。根据织物设计的需要准备相应的经纱和纬纱，是织前准备的重要环节。经、纬纱线的规格、数量，以及筒子数要满足整经的需要以及织造时纬纱的需求。根据纱线原料的类型及卷装形式，有时需要通过络筒工序来准备一定容量的纱筒，用于后续的整经、筒子纱染色、加捻或卷纬等。

根据产品的设计开发需求，在纱线准备过程中，常常需要将两根或两根以上的涤纶长丝或其纱线进行并捻，形成股线或者花式纱用于织造，这个过程叫作捻线。此外，为了提高纱线的集束性、抱合性，改善纱线及织物的耐磨性能，常常通过加捻的工艺对经纱或者纬纱进行加工，当捻度较高时，为了保持纱线捻度和结构的稳定性，可以通过高温蒸纱的方式进行热定型处理，确保织造过程的顺利进行，减少因捻度过高和不稳定引起的纬缩、起圈等问题出现。

② 整经。整经就是将机织物所需的经纱从一批单个筒子的卷装状态转换成一定长度和根数的、覆盖整个幅宽方向的、均匀平行排列的经纱片并整齐卷绕到经轴上的过程，是经纱系统的准备工序。经纱的长度可达 3000 米甚至更长，取决于织物的经纬密度、组织结构及生产的实际需要等。整经加工的质量，如纱线平整度、张力均匀度等，对于后道工序的加工效率及最终织物成品的质量有着重要影响。

生产不同的织物品种，其整经的方法和过程也不相同。目前，主要的整经方法有两类，即分批整经和分条整经。

分批整经又称经轴整经，是将全幅织物所需要的总经根数分成若干批，分别卷绕在几个经轴上。每个经轴上的经纱根数尽可能相等，再将数只经轴合并，形成织轴，适用于原色织物或单色织物的整经。分条整经又称带式整经，是将一定数量筒子上的经纱排成条带形状依次卷绕在整经滚筒上，直至达到所需要的整经根数和经纱长度，经过倒轴将整经滚筒上的经纱整幅退绕到织轴上，经分条整经后可直接做成织轴参与织造。分条整经的优点是能够准确地得到色花的排纱顺序，改变花色品种很方便，只需要变更纱线在筒子架上的排列位置即可。分批整经的优点是效率高、整经质量高，但是分批整经在经轴纱片并合时不易保持色纱的排花顺序，适用于单色织物或少数色纱排花顺序不很复杂的色织物。

汽车内饰机织物的整经工艺多采用整经质量、生产效率和花型变化能力都比较好的分条整经法。

③ 穿结经。穿结经是指按照组织结构即织造工艺的设计要求，将经纱逐根穿过停经片、综丝眼和筘齿的过程。更换织造品种或者同品种更换新的织轴时，在组织结构、幅宽、总经根数都保持不变的情况下，可以采用结经机将新织轴的经纱与了机后的织物经纱逐根对结，再将所有的结头一起拉过停经片、综丝眼和钢筘，之后即可进行织造。穿结经是织前经纱准备的最后一道工序。

穿结经的主要目的是便于在织机上由开口装置形成梭口，与纬纱交织成所需的织物，同时当经纱发生断头时，下落的经停片通过经停装置控制织机迅速关车，避免织疵产生。穿结经是一项十分细致的工作，任何错穿（结）、漏穿（结）等都直接影响织造工作的顺利进行，增加停机时间和产生织物外观疵点。穿结经工作除少数因经纱密度大、线密度小、织物组织比较复杂的织物还保留手工穿结经外，现代纺织厂里大都采用机械和半机械穿结经，以减轻工人劳动强度，提高劳动生产率。

④ 织造。机织物的织造主要是通过五大运动相互配合来实现的，即开口、引纬、打纬、送经和卷取。开口运动就是按照经纬纱交织的规律，通过综框或通丝把经纱分成上下两片，形成可供纬纱引入的梭口的运动。引纬运动是指纬纱通过送纬装置引入梭口的运动。打纬运动则是打纬机构将纬纱推向织口的运动。打纬的过程中，形成梭口的上下层经纱交换位置，经纱与纬纱相互屈曲变形抱合，实现了经纬纱的交织，并再次形成新的梭口，如此循环往复，即可形成连续的织物。在织造过程中，织物要及时从织物成形工作区引离，并卷绕在卷布辊上，织轴也要同步及时释放出新的经纱输入工作区，这个过程叫作卷取和送经。机织物形成示意图如图 3-4 所示。

⑤ 坯布检验。坯布检验就是检查前工序（织造）生产的坯布情况，以保证后道染整加

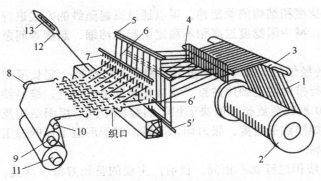

图 3-4　机织物形成示意图

1—经纱；2—经轴；3—后梁；4—分纱绞棒；5、5'—综框；6、6'—综
丝眼；7—钢筘；8—胸梁；9—刺毛辊；10—导布辊；
11—卷布辊；12—梭子；13—纡管

工的质量，一般主要进行以下两个方面的检查。

物理指标：包括长度、门幅等，坯布的质量将影响到成品布的质量，如坯布门幅偏窄，在定型和丝光等工序中为了达到门幅标准会强行拉大门幅从而导致缩水过大，相应的成品密度也会偏离标准。

外观疵点：如缺经、断纬、油污、密路等情况。如果布面有油污，则该品种不适合加工白布，也不适合染色，否则会造成染色不匀、染花等疵点。总之，坯布检验对印染加工顺利进行是很重要的。有些疵点在进行后道的染整加工前要及时得到修补。

⑥ 后整理。坯布下机后需要经过染整加工，如染色、漂洗、印花以及定型、预缩等工序的处理，最终成为可应用的织物成品。这个过程统称为后整理。后整理的目的就是改善和提高织物品质，赋予织物特殊的功能，满足市场和消费者的终端需求。

汽车内饰织物的后整理技术发展迅速，新的整理技术不断涌现，主要集中在保持织物的尺寸稳定性（热定型）、改善织物手感（柔软整理、硬挺整理）、改善外观品质（轧光、增白整理）和赋予特定的功能（三防整理、阻燃整理）等方面。汽车内饰织物后整理的方法主要有物理机械整理和化学整理两类。物理机械整理法是采用热、湿、力和机械作用对织物进行整理的方法；利用化学药剂来改变织物的物理化学性能的方法称之为化学整理法。也有通过二者相结合的方式对内饰织物进行整理，有时也称之为物理化学综合整理法。

（1）机织多臂

在织机上，按照织物组织结构设计的要求，将经纱上下分开形成梭口的运动称之为开口运动，完成此运动的机构称之为开口机构。根据开口机构的不同，可以分为凸轮和连杆开口机构、多臂开口机构和提花开口机构。凸轮和连杆开口机构适于织制平纹、斜纹等简单织物，可用 2～8 页综框。提花开口机构直接采用综丝控制每根纱线的升降。

机织多臂织机，是指一般装有能使 8～32 片综框升降的多臂开口机构的织机；因开口机构形如臂状，故名多臂织机。目前已采用计算机、电磁执行机构等组成电子多臂开口装置，适用于织机的高速运行。

在多臂织机中，每根经纱都被穿在综框的综眼里，综丝是沿着织物的幅宽方向分布排列的，每一个综框可以带动它所控制的经纱进行上升或者下降运动，形成便于纬纱引入的梭口，图 3-5 所示为四综多臂织物的穿综图。每台织机上所能配置的综框数量是有限的，一般是 16 个，20 个以上的综框配置是比较困难的，且会降低机器的运转速度和生产效率。由于综框数量的受限直接限制了纱线交织的排列组合方式，因此多臂织机的花型图案的织造能力要比提花机弱得多。

汽车内饰机织物中的小花型组织多采用电子多臂织机进行织造。机织多臂织物可以用于汽车座椅辅料、门板面料、部分座椅主料以及中央扶手、仪表板等区域的包覆。

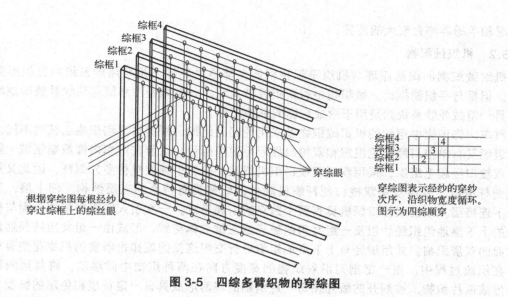

综框4
综框3
综框2
综框1

穿综眼

根据穿综图每根经纱
穿过综框上的综丝眼

综框4				4
综框3			3	
综框2		2		
综框1	1			

穿综图表示经纱的穿纱
次序，沿织物宽度循环。
图示为四综顺穿。

图 3-5 四综多臂织物的穿综图

（2）机织提花

一般来说，汽车内饰用机织大提花织物中，在整个幅宽内通常会有 3～4 个花型循环。在提花织物中，在一个花型循环内的每根经纱被通丝分别控制。通丝由织机上方的提花机构控制，提花机构能够拉起或放下在一个循环内的每根通丝形成花型。目前，几乎所有的提花机构都采用电子控制，花型可以通过编程，输出到软盘，然后将其插入织机上的控制器，由其控制产生各种提经方式，从而形成不同的织物花型。

一种典型的通丝配置，其中每 1248 根单独控制的经纱为一组，形成一个花型循环（见图 3-6）。假设以 48 根 /in 的经纱密度进行穿纱，此提花机的通丝配置可以生产的最大花型尺寸为 1248/48=26in（约 66cm）。如果织物上机幅宽要求为 78in（约 198cm），沿机器宽度方向上的 3 组通丝循环即可实现织物在幅宽方向上的 3 组花型循环。当产品织造所需的通丝数量比提花机装造上的通丝配置少时，可以剔除部分纹针，但是当所要求的通丝数量超出通丝配置时，则需要购置新的通丝装造。

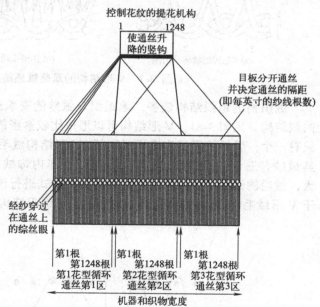

控制花纹的提花机构
1   1248
使通丝升
降的竖钩

目板分开通丝
并决定通丝的隔距
（即每英寸的纱线根数）

经纱穿过
在通丝上
的综丝眼

第1根　　　第1根　　　第1根
第1248根　　第1248根　　第1248根
第1花型循环　第2花型循环　第3花型循环
通丝第1区　　通丝第2区　　通丝第3区

机器和织物宽度

图 3-6 提花机构和通丝配置情况

通常来说，汽车内饰面料中定位、独幅的大花型或者循环尺寸较大的面料都是通过提花织机来织造的。常用的汽车内饰提花机通丝装造配置规格主要有 270 根 /10cm、380 根 /10cm、560 根 /10cm、680 根 /10cm、800 根 /10cm 等。不同的装造系统使用的纤维原料的线密度也不同，其成品织物的疏密程度、厚实感和手感等都有较大的差异。

3.2.3.2 机织绒织物

机织绒织物的织造原理与机织平织物相同，都是由经纱系统与纬纱系统的交织形成织物的。但是与平织物相比，绒织物中有两组经纱系统，一组地经纱系统与纬纱系统形成地组织，另一组绒经纱系统则是用于形成织物的绒纱部分。

汽车内饰织物中用到的机织绒织物多采用经起毛组织，根据机型和织造工艺的不同，经起毛组织又有单梭口经起毛组织和双梭口经起毛组织两种。目前在汽车内饰织物领域一般多采用双梭口经起毛组织，采用双层双梭口织机织造，由于引纬的机构多为剑杆，因此又称之为双剑杆织机。采用双层双梭口剑杆织机制得的织物具有特殊的三层结构，即上层、下层和上下连接层。双层双梭口织机具有两个独立的引纬系统，一次引入的两根纬纱分别与构成织物的上下层地组织经纱以及一组共用的绒经纱三维立体交织，形成由一组共用绒经连接的面对面的双层织物。共用绒经与上下层地组织进行交织连接的规律由所需的织物花型要求决定。在织造过程中，由一把割刀沿着织物的宽度方向在两种织物中间移动，将共用的绒经割开形成两片织物，被割开的绒经在每一片织物的表面形成具有一定花型和色彩的绒面（见图3-7）。如果在织物表面不要求形成绒面时，绒纱将会被织入上层或者下层的地组织中，形成平面的织物。

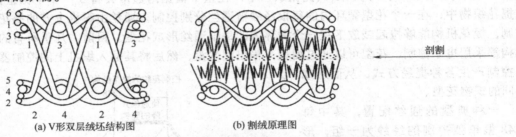

(a) V形双层绒坯结构图   (b) 割绒原理图

图 3-7   V 形结构的双层绒坯结构图和割绒原理图

绒织物的组织结构较多，地组织与绒纱的交织形式常见的有"V""U""W"三种典型的绒结构（见图3-8）。V形结构可以形成比较紧密的绒面结构，但是绒纱与地组织的交织点只有一个，绒纱的固结牢度相对较低；U形结构绒毛密度较低，W形绒毛的密度也较低，但其绒纱有三个交织点，固结牢度较高。汽车内饰绒织物多采用V形结构，因其绒毛密度较大，绒毛的固结牢度可以通过背面涂层的方式进行改善。常用的双层双梭口剑杆织机只适用于V形绒毛结构，而不适用于U形和W形绒毛结构。

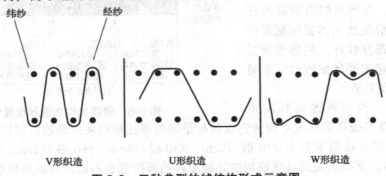

V形织造   U形织造   W形织造

图 3-8   三种典型的绒结构形式示意图

地纱与地组织构成了机织绒织物的主要支撑结构。织物的强力、拉伸性能及缝纫性能等物理力学性能很大程度上是由地纱和地组织决定的。绒织物的主要特征是通过绒纱来体现的，织物的色彩、纹理花型和部分技术指标（如耐磨、耐光照、绒毛牢度等）则主要是由绒纱来实现的。

机织绒织物主要是由多臂织机和提花织机两种设备制备。在多臂织机中，绒经的运动由绒经的综框进行控制，而在提花织机中则是由提花机构的通丝来控制（见图3-9）。

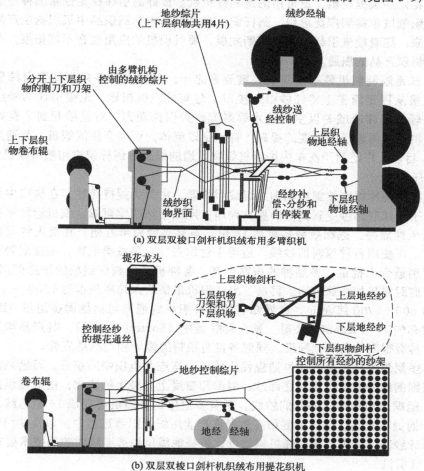

(a) 双层双梭口剑杆机织绒布用多臂织机

(b) 双层双梭口剑杆机织绒布用提花织机

图 3-9 双层双梭口剑杆机织绒布用多臂织机与提花织机

为了提高 V 形结构绒纱的固结牢度，地纱可以选择具有较高摩擦系数的纱线，如变形丝等；而绒纱需要体现绒面的密实和细腻感，因此一般选用单丝细度较细、孔数较多的假捻变形丝或者短纤纱；空气变形纱中的单丝相互缠绕密实，导致其中单丝散开难度加大，不利于形成细腻密实的绒面效果，因此在内饰机织绒织物中较少使用。

机织绒布的坯布下机后，需要进行后道加工整理后才能使用。后整理也是绒类织物生产过程中的重要环节。一般需要对割绒后的坯布进行剪毛，使得织物表面平整，然后对初剪后的织物进行开毛处理，使得绒纱中的单丝被刷开，从而形成分布均匀的绒毛；再根据所需绒毛的高度要求进行精剪毛，形成标准高度的绒毛。机织绒面料在使用过程中，常会因受外力导致绒毛单纤维朝不同方向倒伏，影响织物的外观，常采用加热再刷毛的方式，使得绒毛以特定的角度定型，即便在受到外力时，也基本朝同一个方向倒伏，使得织物表面更平整，光泽更均匀，视觉效果更好。

3.2.3.3　汽车内饰机织物的织造设备

汽车内饰机织产品织造目前大多采用无梭织机，提花类机织物的织造一般需要配备与之相适应的提花龙头或提花机，最常用的是剑杆织机。良好的引纬稳定性和品种适应性使得剑杆织机在纺织领域中得到广泛应用。剑杆织机也是汽车内饰纺织品中机织物生产制造的主要设备。近年来，随着喷气引纬技术的不断发展，喷气织机的应用也在不断拓展，并被逐步应用于汽车用机织产品的织造。

引纬方式是限制织机效率提高的关键要素之一。无梭织机多采用新型引纬器（或者引纬介质）直接从固定筒子上将纬纱引入梭口。与有梭织机相比，无梭引纬的特点是采用体积小、质量轻的引纬器或者以空气或水等射流作为引纬动力，对经纱起到了良好的保护作用，并使织机速度得到了大幅度的提高，特别是以流体为引纬介质的织机，其速度可以超过1000r/min。目前，广泛用于汽车内饰用机织物织造的织机是剑杆织机和喷气织机两类。

（1）剑杆织机

剑杆织机以挠性或刚性剑杆和剑头组成引纬器，由剑头握持纬纱，在梭口中传递纬纱进行引纬。由于引纬时纬纱受到剑头的握持作用，所以引纬稳定可靠，织机运转平稳。剑杆织机的纬纱选色性能好，选纬数最多可达 16 色，更换品种简单方便。其最大特点是织机的品种适应性广，可使用各种原料的纱线，适用于色织布、双层绒类织物、毛圈织物和装饰织物的生产，特别适合小批量、多品种的织物生产。各种机型的剑杆织机的织造范围是不同的，特殊织物织造时需另加特殊机构。目前，剑杆织机最快的入纬率基本为 1500 ～ 1700m/min，引剑速度为 600 ～ 700 纬 /min。世界知名的剑杆织机制造商包括德国多尼尔（Dornier）公司、比利时必佳乐（Picanol）公司、意大利舒美特（Somet）公司等，其产品均采用机电一体化设计，具有很高的自动化程度，同时各自有独特的设计和产品适应性。

其中，多尼尔剑杆织机的品种适应性比较广，适应各类织物的织造。可随意混合织造不同种类和粗细的纬纱原料，可以在纬纱、组织和密度上有极大的变化，能高速织造各种低强度的纱线，能织造那些难以处理的纱线。新型多尼尔剑杆织机可完成16色选纬，能配置多达 20000 针的提花龙头。在高紧度和高面密度产业用织物织造过程中，以及使用特粗纱、特细纱或者短纤纱时，积极式的引纬机构可以比较好地满足织造引纬时的高技术要求。

（2）喷气织机

喷气织机是利用释放压缩空气产生的高速气流作为引纬介质而将纬纱牵引穿越织口并完成引纬的一种新型织机。随着喷气织机异形筘和接力引纬技术的发展以及电子计算机、传感器及变频调速技术的应用，喷气织机的转速及织机的自动监控水平大大提高，具有高质量、高速度、高产量、高自控水平等优点，品种适应范围也大大提高，纬纱颜色已由单色发展到目前的 8 色，幅宽也由原来的窄幅发展至目前的最宽可达 5.4m，其可织造品种的范围已接近片梭织机。

目前，喷气织机的入纬率可高达 2000 ～ 2500m/min，转速可高达 1800 ～ 2000r/min；对于部分产品，其入纬率可高达 4000m/min 左右，如津田驹、毕加诺、多尼尔喷气织机。现代电子技术在喷气织机上的应用，已使纬纱在飞行过程中得到精确的控制，使织机各种关联动作的控制精度更高、更准确、机构更简单，真正实现了高速高效的织造。

3.2.4 汽车内饰机织物的性能

机织物因其稳定的结构、良好的耐磨性能和丰富多变的色彩纹理等诸多优点，在汽车内饰中的应用范围较为广泛。汽车内饰的特殊环境对机织物的性能要求提出了涵盖了物理力学性能、化学性能、抗生物性能、燃烧性能以及有机物挥发性能等多个维度的较为苛刻的技术要求。此外，织物本身的性能还会影响如裁剪、缝纫等后道加工过程的顺利进行。延伸、接缝和耐磨性能是与汽车内饰机织物的自身结构相关度且重要程度都非常高的几个关键性能。

3.2.4.1 延伸性能

在汽车内饰的设计开发中，零部件的造型设计呈现出个性化、时尚化、多元化的特点，对内饰织物提出了更高的要求，尤其在包覆后的外观效果上。织物材料的延伸性能已经成了影响内饰零部件包覆成型过程能否顺利进行以及表面外观效果能否满足整体设计要求的重要因素。汽车内饰织物的供应商必须考虑到这一重要性能。

机织物由于经纬交织的结构特点，使其在经、纬两个方向上都是稳定或者半稳定的状态，只有很小范围的变形能力。增加机织物的变形能力，提高其延伸性能，成为汽车内饰机织物设计开发需要解决的常见问题。对于有限的延伸弹性需求，改善其延伸性能的主要途径有两种：一是开发和使用具有弹性的纱线；二是织造和加工整理工艺的调整。

为了改善内饰用机织物的延伸性，通过使用弹性聚合物开发的弹性纱线，如聚对苯二甲酸丁二酯（PBT）纱线，织物可以获得可恢复的拉伸弹性；采用高弹工艺的假捻变形丝可以获得延伸性较高的机织物；或者在纱线中加入莱卡等弹性纤维，从而获得更大的延伸性和弹性回复性。从纤维材料端去改善织物的延伸和弹性回复性能是最常见的方法，但这个改善过程中一般都会涉及材料成本的问题，所以需要根据实际的情况去选择合适的解决方案。

另一个方法就是使用常规的纱线通过特殊的织造或者后整理工艺去改善和解决，这个方法适用于比较有限的延伸或者弹性需求。这个方法中，织物的延伸性和弹性几乎完全取决于纱线在织物中的屈曲情况，涉及的加工过程主要是织造过程和后整理过程。纱线在织物中的屈曲状态见图 3-10，由图中可以看出，织物在施加外力时，屈曲的纱线可以变成相对更为平直的状态，使得其产生一定量的延伸性。

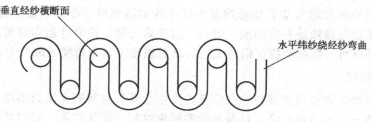

图 3-10 纱线在织物中的屈曲状态

影响纱线在织物中屈曲的因素主要有纱线的线密度、纱线类型、织物的组织结构（经纬纱交织的规律）以及织造过程中的张力大小等，织物织造完成后，以上这些因素被确定下来。通过后道的加工整理工艺如煮漂、洗涤、松弛或者拉幅定型等，可以通过改变经纬纱线在织物中的屈曲状态，从而实现经纬向延伸弹性的改善提升。从理论分析上讲，织造和后整理过程的相关工艺参数对机织物延伸性的影响如表 3-1 所示。

表 3-1　织造和后整理过程的相关工艺参数对机织物延伸性的影响

纱线	织造张力	坯布拉伸	整理张力	整理拉伸	效　果
经纱 A	高	低	高	最低	最低的经向拉伸（长度增加）
B	高	低	低（或超喂）	高	经纬屈曲变换（长度损失）
C	低	高	高	低	经纬屈曲变换（长度损失）
D	低	高	低（或超喂）	最高	最高的经向拉伸（长度损失）
纬纱 E	高	低	高	最低	最低的纬向拉伸（宽度增加）
F	高	低	低	高	经纬屈曲变换（宽度损失）
G	低	低	高	低	经纬屈曲变换（宽度增加）
H	低	低	低	最高	最高的纬向拉伸（宽度损失）

3.2.4.2　接缝性能

汽车内饰织物面料一般需要经过裁剪、缝制和装配等加工过程，织物的接缝性能好坏直接影响着这些加工过程的进行，接缝性能差则易发生虚边、接缝滑移、纰裂等问题。汽车内饰机织物的接缝性能主要包括接缝强力和接缝疲劳两个重要指标。接缝强力考察缝纫加工后织物缝口处承受外力的能力；接缝疲劳则是考察接缝处经受一定的外力、反复多次循环拉伸后缝口处的缝线滑移情况。

影响机织物接缝性能的主要因素有以下几点。①纱线线密度差异：织物的经纱与纬纱线密度相差过大，交织点之间结合面差异增大，摩擦面积减小，阻力变小，较粗的纱线就容易在较细的纱线上产生滑移。②织物组织结构：一般情况下，斜纹、缎纹织物由于单位长度内经纬纱线的交织次数较少，尤其是丝织物经纱沿纬向滑移时所受的阻力较小，更容易产生纰裂滑移现象；而同等条件下，平纹织物由于经纬交织点较多则不容易发生滑移。③纱线捻度：捻度过高时，经纬纱之间摩擦系数减少，抱合力差，容易产生纱线滑移。④织物紧度、成分等：轻薄型松散型织物紧度较小，经纬纱线排列松散，在外力作用下很容易滑移，而厚重紧实型织物则不容易产生滑移；一般情况下，涤纶、锦纶等化纤面料不容易产生滑移，而轻薄型的真丝、棉等天然纤维更容易产生滑移，同样是涤纶长丝，表面比较平滑的 FDY 长丝比 ATY、DTY 等要更容易出现接缝强力低或者接缝滑移等问题。⑤后整理工艺：可以通过背面涂层的工艺来增加纱线的固结点，减少纱线滑移，改善织物的接缝性能。

汽车内饰织物的接缝性能直接影响着内饰件的实际使用。接缝性能差会导致座椅面套、门板等小饰件蒙皮在缝线处发生撕裂、虚边、滑脱等问题。接缝性能问题需要在织物的设计开发过程中从原材料、组织结构、织造工艺以及后整理工艺等角度去综合考虑解决。

3.2.4.3　耐磨性能

机织物的耐磨性能要求主要与它在汽车内饰中承受长时间较大压力的摩擦影响有关。织物面料必须维持一定的使用寿命，具备良好的耐磨性能、耐压性能，同时在使用过程中不产生影响织物外观的起毛、起球和钩丝现象。

不同的内饰区域其耐磨性能要求也不一样，汽车座椅等人体接触较频繁的区域耐磨要求最高，座椅靠背、门板、顶棚等不易接触的区域对耐磨性能要求要低一些。评价耐磨性能的方法主要有马丁代尔法、邵坡尔法和泰伯法，使用的耗材、试验方法以及评价标准都各不相同。其中马丁代尔法采用多项运动和羊毛织物磨料，与实际使用条件最为接近，摩擦强度相对较小，但耗时较长，50000 次摩擦耗时约为 16 小时。除了以上三种耐磨试验方法外，还有采用尼龙钩带做磨料的搭扣耐磨测试，以及采用钉锤式钩丝试验仪进行的耐钩丝性能评价等。

汽车内饰机织物的耐磨性能受很多因素影响，主要有纤维固有的物理力学性能、纱线结构、组织结构和后整理工艺等因素。增大长丝的网络结密度、对纱线加一定的捻度、增加织物的密度、减少浮线的长度及抗耐磨助剂整理、背面涂层等都会对改善内饰机织物的耐磨性能起到积极作用。

3.3 汽车内饰针织物的制造工艺

3.3.1 针织物

针织是指利用织针将纱线弯曲成线圈，然后将线圈相互穿套成为织物的一种工艺技术。根据成型工艺方法的不同，针织工艺又可以分为纬编和经编两大类。近年来，针织物在汽车内饰中的应用也不断增多，目前已经有超过 50% 的汽车内饰织物是针织物。针织类织物具有原料适用范围广、组织结构变化多样以及加工工艺技术适用性强等特点，在汽车内饰中得以广泛应用和迅速发展。

针织面料以其良好的延伸弹性和多变的花型纹理等，可以满足汽车内饰对于美观、舒适、耐用等的技术要求。作为内饰表皮材料，其包覆成型性能较机织物要好很多，既能够适应汽车内饰零部件造型的需要，又可以满足后道成型加工工艺的技术要求。针织物可以通过组织结构的设计、原料选择及工艺配置等来获得适当的延伸性能，满足模压成型或者手工包覆对织物变形能力的要求。针织设备上采用先进的电子提花技术，使得针织物的花型转换能力和速度大大优于机织工艺，同时，采用针织工艺还可以编织全成型三维织物，这也是机织工艺很难达到的。

针织物在汽车内饰中的应用比较广泛，如汽车座椅、门板、行李箱、顶棚、侧围、出风口、仪表板以及音响等零部件区域。其中，经编针织物的发展速度较快，已经超过纬编针织物，在汽车内饰织物中占据主要地位。汽车内饰针织物中常见的织物结构主要有平织物、绒织物、网眼织物及间隔织物等。平织物主要是指纬编单面织物、纬编双面织物、经编单针床平织物等，主要应用于汽车座椅辅料、门板、顶棚等区域。

网眼织物主要有纬编网眼织物和经编双针床网眼织物，可以根据设计的需要对网眼尺寸和织物的强度进行调整，主要应用于座椅主料、门板等区域；间隔织物指的是经编双针床织物的一种，织物上下层由硬挺的单丝纤维连接，近年来间隔织物发展迅速，应用也不断增多，主要用于汽车顶棚、坐垫、座套及仪表板、门板等。

针织绒织物主要包括纬编单面提花绒织物、经编双针床绒织物及经编单针床起毛织物等，与机织绒布相比，针织绒织物的毛绒纱与地组织纱线以线圈的方式穿套在一起，因此地组织对绒纱的固结强度大大提高，绒织物主要用于巴士座椅、门板中嵌件、扶手、坐垫等区域。针织绒织物采用模量高、线密度小的纤维原料，绒毛高度 3mm 左右，呈直立状，产品手感柔软蓬松、色彩丰富、纵横向延伸弹性好，在汽车内饰中具有较好的应用前景。经编单针床起毛织物通过钢针抓毛、碳刷或金刚砂皮磨毛等工艺，可以获得柔软细腻、结构密实的丝绒触感面料，在高档汽车座椅、门板、仪表板及顶棚等区域应用较多。

3.3.2　纬编针织物

纬编就是将纱线沿着纬向喂入针织机的工作织针，按顺序依次弯曲成圈并相互穿套形成织物的一种成型工艺，制得的织物称之为纬编针织物。纬编针织物可以在横机上形成，也可以在圆机上形成。与经编针织物相比，纬编针织物具有更好的拉伸变形能力，常常用在造型结构较为复杂、延伸弹性要求比较高的零部件中。纬编织物的生产工艺流程短，生产率相对较高，产品的成本相对低于经编织物。

纬编针织物最显著的优点就是延伸性好、对零部件造型变化的适应性强以及包覆性极佳，这也使其在汽车内饰座椅、门板、仪表板、顶棚等区域的应用非常广泛。随着经编针织物的迅速发展，汽车内饰用纬编针织物也面临着来自经编针织物的挑战，但是纬编织物特有的结构和性能优势，使得其在汽车内饰中仍然占据着较大的应用比例。纬编针织物具有以下性能优点。①丰富的组织结构选择，能够最小限度地使用甚至不借助于弹性纱线来控制织物纵横向的弹性，满足模压的要求。②多样化的色彩纹理设计，利用电子单针选针机构，可提供迅速多变的图案设计。由于配备了电子单针选针机构，拥有优良的起花能力，可织大型多色花纹，且花纹变化灵活，响应时间快，从以前的几周缩至几天甚至几小时。花型输出系统能按设定的颜色模拟汽车座椅织物，从而缩短了操作时间，减少了开发成本。③割绒技术的出现，实现了在细机号纬编大圆机上生产高品质的丝绒织物，它可与经编丝绒织物相媲美。④纬编整个工艺流程较短，提高了成本效益。⑤再加工工艺适应性强，可以满足复杂造型的零部件包覆成型以及其他特殊加工。

3.3.2.1　汽车内饰纬编针织物的设计

（1）风格和花型设计

汽车内饰纬编针织物的风格和花型设计主要是围绕着整车的设计理念并结合内饰件造型的实际要求进行展开的。这部分工作主要涉及织物的色彩应用设计和花型纹理元素的选择，并且结合纬编针织物的线圈结构特点进行设计。

在色彩的应用上，还是将黑色、米色、灰色等作为主色调，并根据目标的风格选用复古的棕色、个性运动的红色或橘色、时尚清新的裸色、高级感的带有灰色调的莫兰迪色及科技感的金属色等作为点缀色，点缀色的应用面积根据整体设计风格去做调整。在花型纹理上，可以是经典的网眼、规整的几何图案、不规则的自由图案、流畅的曲线或者刚劲有力的折线及自然纹理（如岩石纹、木纹）等。根据花型和色彩的应用进行意匠图的设计。在色彩应用时还要考虑到区域宗教、文化及流行色的影响，在纹理图案的设计中还要考虑文化、宗教等因素的影响。

通常情况下，汽车主机厂会输入已基本确定的色彩范围与搭配，以及花型纹理的设计意向等；也有部分主机厂需要内饰材料供应商根据其车型与品牌理念进行色彩纹理的自主设计提案。图 3-11 所示为纬编针织物的花型设计实例。

（2）原料选择

纱线原料的选择对汽车内饰织物的造型风格和内在性能有着重要影响。汽车内饰纬编针织物主要有平织物和绒织物两大类，所采用的纱线原料也有着明显的差异。

纬编平织物的纱线原料主要是涤纶 DTY 网络丝和涤纶 DTY 低弹丝，根据上色方式可以分为原液着色有色涤纶长丝、染色涤纶长丝和本白色涤纶长丝。根据外观设计的要求，纬编平织物的原料中也会有一部分会使用 FDY 长丝等。

(a) 单面天鹅绒织物花型

(b) 双面提花织物花型

(c) 双面立体织物花型

图 3-11 纬编针织物花型

纬编绒织物在汽车内饰中应用也比较多，主要是以客车座椅内饰为主。纬编针织绒织物是由地纱和绒纱两部分组成。地纱原料的规格选用直接决定着绒织物的基本物理力学性能，如密度、弹性、断裂强力、定载荷伸长率、撕裂强力及尺寸稳定性等。纬编绒织物的地纱主要是采用涤纶 DTY 网络丝为原料，而毛圈纱主要影响织物的花型、颜色、耐磨、色牢度和手感等，一般选用手感较柔软细腻且容易着色的纱线；为了在织物表面形成密实的绒毛，一般多采用孔数较多的涤纶 DTY 低弹丝；可以采用收缩性能差异较大的纱线，在织物表面形成不同的绒毛收缩效果；也可以采用不同颜色的纱线并捻使用，形成混色的布面效果；还可以采用光泽差异明显的纱线，形成视觉上的光泽对比。纱线的捻度对绒毛的质感有着重要影响：捻度过大时，毛圈纱则容易发生扭结，不利于剪绒后的绒纤维均匀散开，影响布面绒感；捻度过小时，纱线过于蓬松、强力偏低，易造成断头等织疵产生。

为了满足部分特种车辆，如校车、客运巴士等对纬编针织物燃烧性能的特殊要求，常常需要采用高阻燃的涤纶纱线进行织造，提升织物的耐火阻燃性能。除此之外，也可以根据内饰的实际要求，采用抗菌抗病毒、负离子、抗静电等更多附加功能的纱线来开发功能型的内饰纬编针织物。

(3) 组织结构设计

汽车内饰纬编针织物的组织结构比较多，通常可分为原组织、变化组织和花式组织三类。原组织是构成所有针织物组织的基础，包括纬平针组织、罗纹组织和双反面组织。变化组织由两个或两个以上的原组织复合而成，如双罗纹组织。花式组织是在原组织或变化组织的基础上，利用线圈结构的改变，或者另外织入一些色纱、辅助纱线或其他纺织原料，从而形成具有显著花色效应和不同性能的花式针织物。

① 原组织。

a. 纬平针组织。纬平针组织简称平针组织，它是单面纬编针织物的基本组织，其编织结构如图 3-12 所示。纬平针组织是单面组织的基础，由连续的单元线圈相互串套而成。纬平针织物的两面具有明显不同的外观。

纬平针织物在纵向和横向都具有很大的拉伸变形特性，且比较容易脱散；在自然状态下它的边缘具有显著的卷边现象。

(a) 正面

(b) 反面

图 3-12 纬平针组织编织结构示意图

b.罗纹组织。罗纹组织是双面纬编针织物的基本组织,它是由正面线圈纵行和反面线圈纵行以一定的组合规律相间配置而成。罗纹组织的正、反面线圈不在同一平面上,沉降弧需由前到后或由后到前地将正、反面线圈相连,使得线圈沉降弧产生较大的弯曲和扭转;由于纱线的弹性,它力图伸直,使正面线圈纵行具有向反面线圈纵行的前方移动的趋势而相互靠近,彼此潜隐半个纵行,如图3-13所示。

罗纹组织的种类很多,它取决于正、反面线圈纵行的不同配置。如正、反面线圈纵行1隔1配置的称为1+1罗纹,3隔2配置的称为3+2罗纹,5隔3配置的称为5+3罗纹,等等(见图3-14)。

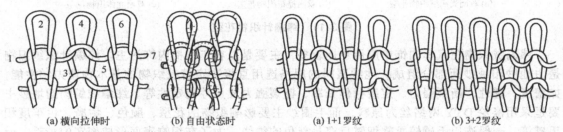

(a) 横向拉伸时　　(b) 自由状态时　　　　(a) 1+1罗纹　　(b) 3+2罗纹

图3-13　罗纹组织编织结构示意图　　　图3-14　1+1罗纹和3+2罗纹结构示意图

罗纹组织的最大特点是具有较大的横向延展性和弹性,其纵向延伸性和弹性类似于纬平针组织。当外力去除后,罗纹组织还具有很强的恢复原状的能力。罗纹织物的弹性主要与纱线弹性、纱线间摩擦系数、织物密度和结构等因素有关。一般情况下,1+1罗纹结构其弹性好于2+2罗纹结构;织物密度大,弹性越好;纱线间的摩擦系数小,弹性越好。

c.双反面组织。双反面组织由正面线圈横列和反面线圈横列相互交替配置而成(见图3-15)。双反面组织的结构特点是:线圈圈柱由前至后,由后至前,线圈在纵向倾斜使织物收缩,致使圈弧突出在织物的表面,圈柱凹陷在里,在织物的正反两面看上去都像纬平针组织的反面。双反面组织在汽车内饰纺织品中的应用较少。

② 变化组织。变化平针组织:由两个平针组织纵行相间配置而成。图3-16所示为1+1变化平针组织的结构示意图。变化平针组织的横向延伸性较平针组织小,织物的尺寸较为稳定,一般较少单独使用,通常与其他组织复合,形成花色组织。使用两种色纱则可形成两色纵条纹织物,色条纹的宽度则视两个平针线圈纵行相间数的多少而异。

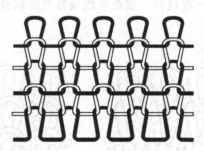

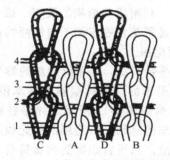

图3-15　双反面组织结构示意图　　　图3-16　1+1变化平针组织结构示意图

变化罗纹组织:如用两个1+1罗纹形成外观似2+2罗纹的变化罗纹;用一个2+2罗纹加一个1+1罗纹相间排列形成外观好似3+3罗纹的变化罗纹。

③ 花式组织。纬编花式组织包括提花组织、集圈组织、添纱组织、衬垫组织、毛圈组织及复合组织等。其中,提花组织、集圈组织、衬垫组织、毛圈组织等在汽车内饰织物中应用较多。

a. 提花组织。将纱线垫放在按花纹要求所选择的某些织针上编织成圈,而未垫放纱线的织针不成圈,纱线呈浮线状浮在这些不参加编织的织针后面所形成的一种花色组织,即为提花组织。被选针机构选上的织针参加编织,未被选上的织针在该成圈系统中不编织,旧线圈不脱下,新纱线呈水平浮线状处在这枚不参加编织的织针后面,以连接左右相邻织针上刚形成的线圈。这些未参加编织的织针在下一编织系统中进行成圈时,才将提花线圈脱在新形成的线圈上。提花组织的基本结构单元是线圈和浮线,其织物具有色彩或结构花纹效应。提花组织按照织造设备的不同可以分为单面提花和双面提花,每种又可以分为单色提花和多色提花。单面提花组织是在单面提花圆机上编织而成的,双面提花组织是在双面提花圆机上编织而成的。

单面提花组织又可以分为均匀提花组织和不均匀提花组织。在一个完全组织中,每个纵行的线圈数相等的即为均匀提花组织,反之每个纵行的线圈数不相等的即为不均匀提花组织。单面均匀提花组织主要是依靠色纱组合来形成花型图案;单面不均匀提花组织主要是利用多列浮线形成凹凸结构等花纹效应。图3-17(a)为单面双色均匀提花组织,由两根不同颜色的纱线形成一个横列,两根色纱相间排列。图3-17(b)为多列浮线结构花纹效应的不均匀提花组织,为单面单色提花。从图3-17(b)可以看出,在某些针上连续多次不进行编织,由于线圈不可能被拉得很长,抽紧与之相连的平针线圈,可使得平针线圈凸出在织物的表面,而产生凹凸效应。

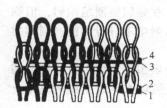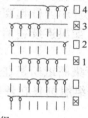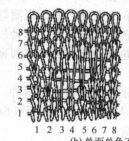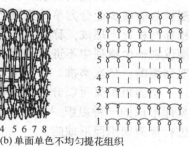

(a) 单面双色均匀提花组织   (b) 单面单色不均匀提花组织

图3-17 单面提花组织编织结构示意图

双面提花组织的花纹可在织物的一面形成,也可以同时在织物的两面形成。在实际生产中,一般多采用织物的正面提花,不提花的一面作为织物的反面。双面提花组织中,一般由针筒针根据花纹要求进行选针编织,在织物正面形成花纹效应,而由针盘针形成反面组织,针筒针和针盘针通常呈垂直配置。

双面提花组织根据结构分为完全提花组织与不完全提花组织。在每一成圈系统中,所有针盘织针都参加编织反面线圈而形成的组织,称完全提花组织;针盘织针一隔一参加编织而形成的组织称不完全提花组织。图3-18(a)为双色完

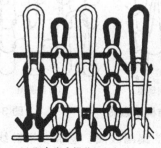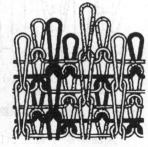

(a) 双色完全提花组织织物   (b) 三色不完全提花组织织物

图3-18 双面提花组织编织结构示意图

全提花组织；图 3-18（b）为三色不完全提花组织。对于这几种组织，每一横列都由两种或三种色纱编织而成。

从图 3-18 中可看出，有些织针的不成圈次数不等，这些不成圈的织针上形成的拉长线圈后面有一根或几根浮线，通常用"线圈指数"来表示。线圈指数大，表示该线圈不成圈的次数多，拉长线圈则大，否则反之。在提花组织中，由于每一横列上色纱编织的次序有先后，以及组织结构等原因，线圈指数一般不等，即线圈有大小，线圈大则花纹效应明显。因此，在设计产品时，应注意线圈指数对织物外观效应的影响。提花组织的反面花纹有直条纹、横条纹、小芝麻点以及大芝麻点等，纵条纹容易造成"露底"，在生产中提花组织的反面一般多采用小芝麻点，其产品的花纹效应较好。但也有一些提花组织采用其他反面花纹时外观效应更好，这需视产品的具体要求而定。

纬编提花组织针织物的花型可在一定范围内任意变化，广泛用于各种装饰织物用品中。提花组织的横向延伸性较小，这是受到组织中浮线的影响。单面提花织物的反面浮线不能太长，以免产生抽丝残疵。对于常用的双面不完全提花织物，针盘针是隔针参加编织，不存在长浮线问题，即使有也被夹在织物两面的线圈之间。同时，这种组织的线圈纵行和横列是由几根纱线形成的，故织物的脱散性较小且较厚实，面密度较高，耐磨性能也相对较好。双面提花组织是汽车内饰用纺织品的常用组织，尤其是变化的双面提花组织，有时设计师会突破常规地设计和利用。

b. 集圈组织。集圈组织结构是指针织物的某些线圈上除套有一个封闭的线圈外，还套有一个或多个未封闭的悬弧（见图 3-19），其结构单元为线圈和悬弧。集圈组织可根据形成集圈针数的多少而分为单针集圈、双针集圈等。集圈仅在一枚针上形成，称单针集圈；集圈在相邻两枚针上形成，称为双针集圈；其他还有三针和四针集圈等。在编织集圈组织时，旧线圈仅在一个横列中不进行脱圈，则称单列集圈；如果连续在两个横列中不进行脱圈，则称为双列集圈；依次类推。

集圈组织又可以分为单面和双面两种。单面集圈组织是在平针组织的基础上进行集圈编织而形成的一种组织（见图 3-20）。而双面集圈组织则是在罗纹组织和双罗纹组织的基础上进行集圈编织而形成的。

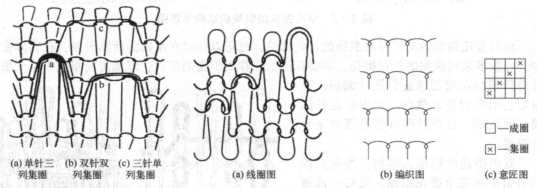

(a) 单针三   (b) 双针双   (c) 三针单
列集圈   列集圈   列集圈

图 3-19　集圈组织编织结构示意图

(a) 线圈图　　　　(b) 编织图　　　　(c) 意匠图

□—成圈
⊠—集圈

图 3-20　单面单针双列集圈斜纹效应

集圈组织中有拉长的集圈线圈、悬弧和平针线圈，这几种结构单元在织物中受力不均，线圈长度不一，具有不同的外观。将它们进行适当的组合，并使用不同色彩的纱线，可在织物表面形成闪色、孔眼、凹凸等花色效应。由于集圈线圈被拉长，圈高较大，其弯曲曲率较小，当光线照射这些线圈时，就有比较明亮的感觉，采用光泽较强的人造丝等进行编织时更明显。因此，将集圈线圈进行适当配置，就可得到具有闪色效应的花纹。利用多列集圈的方法，还可以形成清晰的孔眼效应。悬弧在纱线弹性的作用下力图伸直，结果将相邻的线圈纵行向两侧推开，形成孔眼。将孔眼按照一定规律排列就能形成各种孔眼外观。单针单列集圈形成的孔眼花纹的坯布，广泛用于纬编针织物（图 3-21）。

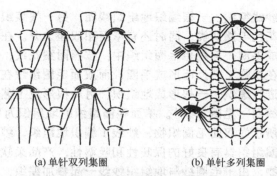

(a) 单针双列集圈　　　　(b) 单针多列集圈

图 3-21　单面集圈组织形成的凹凸孔眼效果
编织结构示意图

单面集圈组织除生产上述花纹效应的织物外，还可用于提花组织以减少反面浮线过长的缺点，如影响织物的使用性能。因此，在长浮线中间增加悬弧可克服这个缺点。

双面集圈组织主要有半畦编和畦编两种组织，属罗纹型。在双面半畦编组织中，织物的一面为单针单列集圈，另一面为平针线圈；而双面畦编组织中，织物的两面都为单针单列集圈（见图 3-22）。

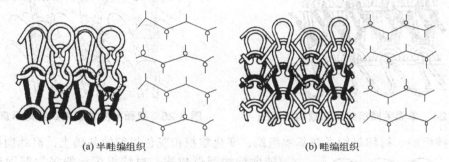

(a) 半畦编组织　　　　　　　　　　(b) 畦编组织

图 3-22　双面半畦编组织和畦编组织编织结构示意图

双面集圈组织还可以形成孔眼效应的织物，如图 3-23 所示。该组织织物具有交替孔眼效应。从图 3-23 中可以看出，其中 1、4 路编织罗纹，2、3、5、6 路在下针编织集圈和浮线。孔眼在集圈处形成，在浮线处无孔眼。

集圈组织的花色较多，使织物具有不同的使用性能与外观，使用范围广。集圈组织的脱散性较平针组织小，但容易抽丝。由于集圈的后面有悬弧，所以其厚度较平针组织与罗纹组织厚。集圈组织的横向延伸性较平针组织与罗纹组织小。集圈组织由于悬弧的存在，织物宽度增加，长度缩短。集圈组织的线圈大小不均，故其强力较小。

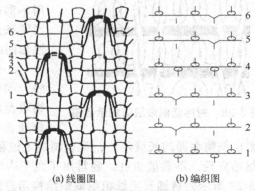

(a) 线圈图　　　　(b) 编织图

图 3-23　双面集圈组织孔眼效应编织结构示意图

c. 毛圈组织。毛圈组织由平针线圈和带有拉长沉降弧的毛圈线圈组合而成，一般有两根纱线编织，一根编织地组织线圈，另一根编织带有毛圈的线圈。毛圈组织可分为普通毛圈和花色毛圈两类，同时还有单面和双面之分。在普通毛圈组织中，每个毛圈线圈的沉降弧都形成毛圈，而花色毛圈组织中，按照图案花纹，仅在一部分线圈中形成毛圈。单面毛圈组织仅在织物工艺反面形成毛圈；而双面毛圈组织在织物的正反面都形成毛圈，这时需要三根纱线进行编织，一根形成地组织，另一根形成工艺反面的毛圈线圈，第三根形成工艺正面的毛圈线圈（见图 3-24）。单面毛圈组织的地组织为平针，双面毛圈组织的地组织为罗纹。图 3-25所示为双面毛圈织物，纱线 1 编织地组织，纱线 2 形成正面毛圈，纱线 3 形成反面毛圈。毛圈组织具有良好的保暖性和吸湿性，产品柔软、厚实，弹性、延伸性较好。对于针织毛圈织物，由于毛圈纱与地组织纱线一起参加编织，故毛圈固着性好，毛圈纱不易被抽拉而影响织物的外观。同时，毛圈可以加工成很密很细，使毛圈竖立性好，不易倒伏，从而提高其服用性能和外观效应。毛圈较长的毛圈织物还可以通过剪毛形成天鹅绒织物。天鹅绒、双面提花织物及凹凸毛圈提花织物都是汽车理想的内部装饰用织物。

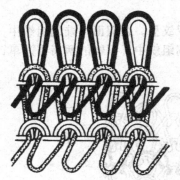

图 3-24　单面毛圈组织编织结构示意图

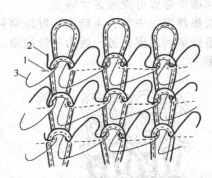

图 3-25　双面毛圈组织编织结构示意图

d. 衬纬组织。衬纬组织是在基本组织、变化组织和花色组织的基础上，沿纬向衬入一根辅助纱线而形成的。衬纬组织一般多为双面结构，如图 3-26 所示，辅助纱线一般称纬纱。从图 3-26 中可以看出，纬纱不垫放在织针上，而处在织物的里面。使用不同的纱线，可使织物具有不同的风格，故生产中通常采用弹性较大的纱线作为纬纱，以增加织物的弹性和凹凸外观效应。

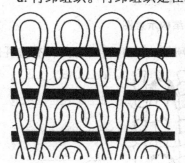

图 3-26　衬纬组织编织结构示意图

e. 长毛绒组织。凡在编织过程中利用纤维束与地纱一起喂入而编织成圈，同时纤维以绒毛状附在针织物表面的组织都称为长毛绒组织。长毛绒组织可分为普通长毛绒和提花长毛绒。长毛绒组织的织物中，纤维留在织物表面的长度不一，可以制成毛绒和毛干两层，手感柔软，保暖性、耐磨性好，比天然毛皮轻，不易被虫蛀，经常用于汽车内饰座垫、头枕和抱枕等后市场汽车用纺织品中。图 3-27 所示为普通长毛绒组织编织结构示意图。

f. 复合组织。复合组织由两种或者两种以上的织物组织复合而成。它可以由不同的基本组织、不同的变化组织、不同的花色组织复合而成。图 3-28 是由罗纹组织和平针组织复合而成的一种组织。由于每列的平针线圈数比罗纹少一半，所以其织物的横向延伸性较小，尺寸稳定性较好，挺括、厚实。汽车用纺织品对物理性质的要求较高，因此生产中常采用复合组织，合理地运用各种组织的特性来弥补编织物的不足。

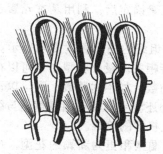
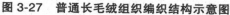

图 3-27　普通长毛绒组织编织结构示意图

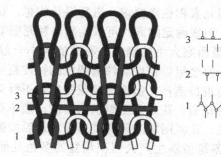

图 3-28　复合组织编织结构示意图

（4）计算机辅助设计的应用

伴随着计算机应用技术和电子信息技术的快速发展，以及针织机械装备制造加工水平的不断提升，越来越多的纬编圆机采用了电子选针装置，同时配以计算机辅助花型设计软件系统。目前应用的纬编计算机辅助设计（CAD）软件一般都具有强大的花型设计功能、灵活的工艺设计功能和高质量的仿真功能，大大提高了花型设计的能力和生产效率。通过 CAD 系统进行花型的设计，不受色彩实现的限制，几乎任何图案都可以完成。利用电子选针提花机圆纬机自带的花型设计系统，可比较方便快捷地完成花型图案的设计以及与之相对应的选针工艺参数的输入。

除了机器设备附带的供应商自主开发的设计软件外，市场上还有一些机型兼容性非常好的纬编针织设计软件。图 3-29 为纬编 CAD 软件的花型工艺编辑界面，图 3-30 为纬编 CAD 软件中的编织工艺图、花型意匠图和线圈结构图。

图 3-29　纬编 CAD 软件操作界面

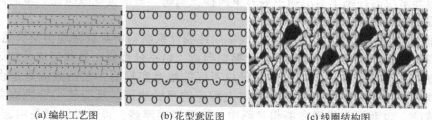

(a) 编织工艺图　　　　(b) 花型意匠图　　　　(c) 线圈结构图

图 3-30　纬编 CAD 软件中的编织工艺图、花型意匠图和线圈结构图

纬编 CAD 系统中，花型意匠图的设计主要包括两个内容：

① 图案设计前要考虑的因素。设计花型图案时，要根据不同车型的设计理念和突出主题以及表现元素和色泽要求，进行设计构思。设计的基本元素确定后，利用基本元素表达图案的主题。图案确定的同时可以绘制出意匠图草图。

② 花型图案大小的确定。花型的大小一般用一个完全组织的高度和宽度来表示。提花组织花型的完全组织宽度与纬编圆机的针筒直径和机号直接相关。设计花型时，可以在最大花宽范围内进行选择，但选择的花宽应等于针筒总针数的约数，如不为整数，则可以设计一组不完全的花型。花型完全组织的高度一般不受限制。此外还要考虑花型图案草图与编织要求的相符性、花型图案的设计美感等。最后按照要求进行上机图的绘制。

CAD 系统能够生产大面积重复的多色几何图案、抽象图案和更为新颖的花型。电子选针系统可以编织精美的图案，机器调节灵活，纱线选择多样。

3.3.2.2　汽车内饰纬编针织物的织造

汽车内饰纬编针织物的织造主要是采用纬编圆机来完成的。纬编圆机是指针床为圆筒状或圆盘状的纬编织机，织针是分布在针筒或针盘上进行编织的，又可以分为单面纬编圆机和双面纬编圆机两种。单面纬编圆机只有一个针筒（或针盘）由一组针编织单面纬编针织物。双面纬编圆机有两种：一种是由针筒和针盘垂直配置进行编织；另一种是两个针筒上下配置，通过"双头舌针"上下转移进行编织。纬编圆机编织的多为连续的筒状织物，需要通过开幅制成平面织物。

汽车内饰纬编针织物按照结构分为提花、素色、间隔等几种类型。根据织造设备的不同，汽车内饰用纬编针织物主要有单面织物和双面织物两类。汽车内饰用纬编针织物的生产工艺过程一般包括：纱线准备、编织、开幅、水洗、剪绒、定型等。根据原材料和产品应用要求的不同，工艺过程也会有所不同，但基本包含以上步骤。

（1）原料准备

汽车内饰纬编织物的原料以涤纶长丝为主，在单面提花绒织物中多采用白坯纱染色后的染色纱作为原料，双面提花织物多采用原液着色的有色纱线作为原料，单面素色的网眼织物等以有色纱和白坯纱为主要原料。

汽车内饰面料对于颜色的均匀性的要求比较高，因此在进行织造前，一般需要对纱线进行分色检验。纱线的分色检验是采用小筒径的纬编圆袜机将每个筒子的纱线分别织成一小段袜带并进行标识，在标准光源下检验每段袜带的颜色一致性，判断的标准多采用灰卡等级≥4～5级，超出色差要求的那段袜带所对应的纱线筒子将会被剔除，以确保上机织造前纱线颜色的均匀一致，避免织造后导致的外观不良。分色工序是纬编织物制造过程中非常关键的一道工序。

（2）纬编单面织物

汽车内饰常用的纬编单面织物主要有单面提花织物、单面提花绒织物、单面素色绒织物和单面网眼织物等。

① 单面提花织物。单面提花织物在汽车用纬编针织面料中可以呈现出花纹图案、凹凸、褶皱等不同的效果。它在单面提花圆机上编织而成，由平针线圈和浮线组成花纹。单面提花织物花纹图案的形成是由不同颜色纱线经过不同的组合实现的；凹凸效应则是由于某根织针连续多次不编织形成的拉长线圈抽紧与之相连的平针线圈，从而使平针线圈突起在织物表面而形成的。单面提花织物在编织过程中一般采用短浮线，以免浮线过长引起钩丝现象。图 3-31 为单面小提花织物。

图 3-31 单面小提花织物

② 单面提花绒织物与单面素色绒织物。纬编单面绒织物具有手感细腻、柔软舒适、保暖性好、厚实蓬松等特点，在汽车内饰中应用比较多。单面提花绒布可以用多种颜色的纱线参与编织，形成多色花型绒织物，也可以用单色纱制作单面素色绒织物。

单面提花绒织物是由单针具有电子选针功能的提花毛圈圆机制备而成的。在一个横列，每一根地纱有多根毛圈纱工作，它们由织针、握持沉降片和毛圈沉降片单个控制，握持沉降片给地纱一定的张力，毛圈沉降片握持和控制毛圈纱，它决定了毛圈长度，从而决定最终的绒毛高度。当某枚针被选上时，毛圈纱在毛圈沉降片上面通过和地纱一起穿套形成线圈。当没有被选上时，毛圈纱在选上的针的线圈上面通过，地纱形成地组织。因为在同一成圈系统中，每一根地组织线圈上都有一个毛圈，可以形成具有一定提花花型的高密度的毛圈（见图3-32）。

坯布下机后需将筒状织物进行开幅加工展开成平面织物，然后进行剪绒处理。剪绒是单面提花绒类织物生产流程中非常关键的一道工序，它直接影响着面料的风格、外观品质和手感等。剪绒的工作原理是由平刀和高速旋转的螺旋刀形成剪

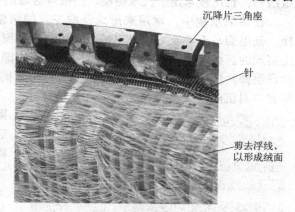

图 3-32 单面提花毛圈织物的毛圈线圈与长浮线

切口，支绒刀从毛圈布背面将毛圈支起，毛圈布通过倒布装置被均匀地送入剪切区剪绒。一般绒织物都是需要经过两道剪绒工序，初剪主要剪除织物工艺反面的长浮线，二道精剪主要是剪除毛圈。单面提花绒织物的色彩纹理和花型图案主要是通过剪绒后绒纱的横截面来体现的。

汽车内饰用单面提花绒类面料的毛高一般控制在 1.5～2.5mm，绒毛太高，浮线和毛圈不易剪干净，影响绒毛效果；绒毛太低，容易露底，影响绒毛的密度。剪毛刀速过快或过慢，容易产生布面的横条印。

单面素色绒织物的织造工艺和提花绒织物基本相同，只是采用单一颜色的纱线进行编织，从而形成与提花绒织物不同视觉效果的素色绒类织物。素色绒类织物的工艺技术难度更大，对绒毛倒伏造成的皱痕较为敏感，颜色单一，缺陷的掩盖性差。

③单面网眼织物。纬编网眼织物一般是通过集圈或移圈的方式来实现的。单面网眼织物是比较常用的汽车内饰用纬编针织物，在汽车座椅、门板、车顶、仪表板等区域应用比较多。

汽车内饰用单面网眼织物多采用集圈组织来形成相应的网眼效应。集圈网眼织物利用单针双列或单针多列集圈形成凹凸不平的网眼织物。集圈的悬弧越多，凹凸效应越明显，网孔尺寸越大。图 3-33 为纬编单面集圈组织网眼织物及其三角排列图。

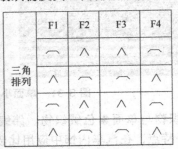

三角排列	F1	F2	F3	F4
	⌒	∧	∧	⌒
	∧	⌒	⌒	∧
	⌒	∧	∧	⌒
	∧	⌒	⌒	∧

∧ 表示成圈
⌒ 表示集圈

图 3-33　纬编单面集圈组织网眼织物及其三角排列图

单面网眼织物相对于双面网眼织物要轻薄一些，织物的透气性好，弹性延伸性也比较好，多用于汽车座椅辅料区域，以及部分对延伸性能要求比较高的门板或者仪表板区域。

④ 单面浮雕绒织物。汽车内饰纬编织物中，还有一种单面且具有立体浮雕效果的毛圈绒织物，也比较常用于汽车座椅、门板等区域的包覆。

在纬编织物中，常用来形成浮雕花纹的组织是毛圈组织，可以采用高、低毛圈，高毛圈、低毛圈与无毛圈方法来形成。单面浮雕绒织物的制备是在一种特殊结构的单面毛圈圆机上实现的。织物中的三种不同高度的毛圈结构即无毛圈、低毛圈和高毛圈，可以通过使用双片鼻沉降片的毛圈机上结合选片编织来得到。德国迈耶西公司 Mcpe 型提花毛圈机上，选片装置可对沉降片二级推进：沉降片处于最外位，不形成毛圈；沉降片处于中间位，形成低毛圈；沉降片处于最里位，形成高毛圈。下机后需要对高毛圈进行剪毛加工，可以得到绒、圈并存的浮雕式绒织物。

单面浮雕绒织物有较好的延伸性与弹性，柔软、舒适、透气，具有较强的凹凸感和立体感，给人视觉极强的美感，在汽车内饰中有着广泛的用途（见图 3-34）。

（3）纬编双面织物

汽车内饰用纬编双面织物主要有双面提花织物、双面网眼织物和双面间隔织物等。

图 3-34　单面浮雕绒织物

① 双面提花织物。双面提花织物，尤其是其变化组织所形成的织物在汽车用纬编面料中较为常用。它可以由双面提花纬编圆机进行编织，该设备的电子提花和选针机构使得花型品种多样。双面提花织物花型的形成可以通过采用不同颜色纱线编织的方法实现，也可以由不同纱线原料来编织；采用不同组织结构进行提花亦是一种常见方法。双面提花织物的花纹可以在织物一面形成，也可以在织物两面形成，但前者较为常见。与单面提花织物相比，由于双面提花织物的线圈纵行和横列是由多根纱线形成的，所以具有脱散性小、厚实且面密度高等特点。图 3-35（a）是采用不同颜色纱线形成提花图案的织物。图 3-35（b）是利用多列浮线形成的具有凹凸效应的双面提花织物。根据其浮线分布不同可以形成菱形、三角形、曲折纹等不同的花型效果。

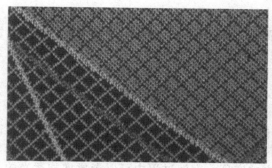
(a) 不同颜色双面提花织物

(b) 凹凸效应双面提花织物

图 3-35　纬编双面提花织物

② 双面网眼织物。与单面网眼织物相比，纬编双面网眼织物结构紧密、丰满，较多地应用于汽车用面料中，双面网眼织物一般在双面纬编圆机上进行生产，主要是利用成圈、浮线、集圈三种编织工艺结合的方法编织而成。其特殊的组织结构使得织物具有线圈丰满、吸湿透气性良好等特点，现已成为汽车座椅面料的主要材料。纬编双面网眼织物如图 3-36 所示。

③ 双面间隔织物。纬编间隔织物在汽车用纺织品中通常作为座椅衬垫、头衬、顶棚等。该织物可在多针道圆纬机和横机上进行编织。它是由针筒针和针盘针（或两个系列的织针结合）编织成两层单独的织物后，中间通过集圈悬弧连接起来的。它的优点是可以用两种特性不同的纱线分别编织两层织物，然后用第三种纱线将其连接起来。也可以分别编织出两层不同组织结构的织物，中间用集圈连接，例如可以在织物一面编织网眼，另一面编织平纹，然后将其连接起来。图 3-37 是在纬编双面圆机上编织的双面空气层间隔织物。

纬编间隔织物具有一定的透气、保暖、吸声隔声及调节温度的效果，而且采用抗弯刚度高的纱线（如涤纶）连接两表面能使织物具有良好的压缩回弹性。

图 3-36　纬编双面网眼织物

图 3-37　双面空气层间隔织物

（4）整理加工

汽车内饰纬编针织物的后整理加工过程主要包括开幅、剪绒、染色、水洗 / 干洗、定型以及功能整理等工序。

① 开幅：纬编圆机织物坯布为圆筒状织物，在织物的工艺设计时，需要预留指定的开幅位置，利用刀片在指定位置将筒状织物剖开，从而形成片状针织物，以便于后续的加工。

② 剪绒：对于单面提花绒织物以及浮雕毛圈绒织物，需要根据目标织物的设计要求，进行剪绒加工，一般采用初剪浮线、精剪毛圈的二次剪绒工艺，获得具有一定毛高、表面细

腻舒适、绒毛密实的绒织物。

③ 染色：根据需要对纬编织物进行高温高压溢流染色，其中染料与助剂的选择应用需要基于汽车内饰面料高色牢度和高颜色稳定性的技术要求。染色的前处理工艺和后处理工艺也对纬编织物的颜色相关性能及外观风格有着重要影响。

④ 水洗/干洗：通过水洗或者干洗的工艺，将织造过程及原料中残留的油剂、油污等去除，满足实际的使用要求。

⑤ 定型：纬编针织物的定型要选择适当的温度和时间，温度控制在 150～180℃，高温定型时可考虑加快车速，减少定型时间，若织物在低温定型时，为了满足尺寸稳定性的要求，一般可以通过调慢车速增加定型时间的方式实现。定型过程中可以考虑增加适当的超喂，以使织物的经向和纬向弹性及织物手感都保持最佳状态。

⑥ 功能整理：根据产品的实际需求还可以对织物进行阻燃、抗菌、抗静电和防污等功能整理，一般都采用浸轧烘燥的方式进行。

3.3.2.3　汽车内饰纬编针织物的织造设备

汽车内饰用纬编针织物的生产设备主要是纬编针织圆机，如图 3-38 所示。根据设备结构和编织工艺的不同，纬编针织圆机又可以分为单面圆机和双面圆机两种。

图 3-38　纬编针织圆机

单面圆机和双面圆机的主要区别是针的排列规则不一样，单面机只有竖直方向的针筒针，双面机有水平的针盘针和竖直的针筒针；单面圆机与双面圆机的编织方式也不一样，单面机只有一种方向在编织，双面机是两种方向在编织，且两个方向呈 90°垂直方向。

采用单面圆机制得的纬编针织物称为单面针织物；采用双面圆机制得的纬编针织物称为双面针织物。单面针织物其基本特征是线圈的延展线或圈柱集中分布在针织物的一个面上，有正面和反面之分；而双面针织物其基本特征是线圈的延展线或圈柱分布在针织物的两个面上，无正面和反面之分。

圆机中织针存在三种基本的编织状态，即成圈、集圈与浮线，也可以辅以衬垫、添纱、衬纬、衬经等方法，或者采用移圈等辅助动作，从而形成多种组织的织物。织物的花纹的变化主要依靠织针对其编织状态的选择（或被选择）的能力。随着计算机控制技术在纬编针织圆机中的发展应用，机械式大提花已经被电子大提花取代。电子大提花利用自身计算机接收数据控制电子选针机构进行选针，每一枚织针均可以实现成圈、集圈、浮线等三种编织功位，并可以在计算机上进行花型的修改。电子选针可以实现对每一枚针进行独立选针，因此花纹的纵行数可以等于总针数，可以织造尺寸比较大的花纹。

（1）纬编单面圆机

汽车内饰纬编针织物中使用的单面圆机多采用三角成圈系统进行编织。这种设备也称为多三角机。这种机器采用舌针，生产效率高。

多三角机的编织机构通常装有沉降片，其成圈机件的相互配置如图3-39所示。织针插入针筒槽内，针筒相对于织针三角座转动，当针踵通过织针三角的针道时，织针便做上下运动；沉降片插入圆环槽内，沉降片圆环与针筒固结，两者槽子相互错开，使织针与沉降片相间排列，沉降片圆环相对于沉降片三角座转动，当沉降片片踵通过沉降片三角时，沉降片便做径向运动。多三角机的成圈过程属编织法。织针上升时，沉降片片喉握持旧线圈，进行退圈；织针下降时，沉降片退出，织针钩住的新纱线便搁置在沉降片的片领上，进行弯纱成圈；随后，沉降片推进，进行牵拉。

多三角机的织针三角座有单针道和多针道之分。单针道多三角机，使用一种类型的舌针；多针道多三角机，使用针踵高低位置不同的多种类型的舌针，针踵分别在各自相应的针道内运动。各种织针按一定配置顺序插入针筒槽内；各路三角的各针道按成圈、不成圈、集圈进行配置；各路进线按需要配置色纱，即可织制各种不同花色效应的针织物；在多三角机上也可安装各种选针机构，按花型要求控制织针编织，以织制较大花型的单面提花针织物。在这种情况下，机器便称单面提花圆机。在多三角机上还可安装调线机构，利用机械或电子控制系统，变换给纱品种和颜色。多三角机的给纱机构和牵拉卷取机构，通常与一般圆形纬编针织机相同。图3-40所示为迈耶西单面电脑提花毛圈圆机。

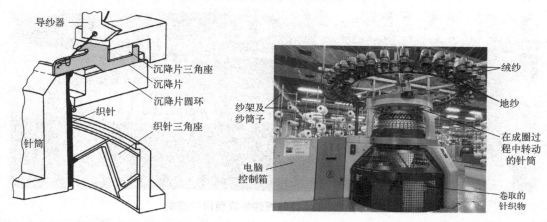

图3-39　多三角成圈系统机件配置示意图　　图3-40　迈耶西单面电脑提花毛圈圆机

（2）纬编双面圆机

汽车内饰用纬编双面织物多采用织制罗纹组织针织物的纬编双面圆机。纬编双面罗纹机主要由编织机构、给纱机构、牵拉卷取机构、传动机构等组成。编织机构由针筒、针盘、三角座、舌针、导纱器等机件组成，如图3-41所示。针筒为一金属圆筒，筒面沿轴向开槽。针盘为一金属圆盘，盘面沿径向开槽，其槽数与针筒槽数相等。针盘安装在针筒上方，针筒槽和针盘槽交错配置。针盘和针筒之间留有一定间隙，以便织物通过。舌针分别插在针盘槽和针筒槽中。针筒三角座的三角组成控制针筒舌针升降运动的三角针道。针盘三角座的三角组成控制针盘舌针径向进出运动的三角针道。不论是针筒与针盘同步回转而三角座固定的罗纹机，还是三角座回转而针筒与针盘固定的罗纹机，都从导纱器引入纱线，由针筒舌针形成正面线圈，针盘舌针形成反面线圈。一根纱线在纬向交替编织正反面线圈，以形成罗纹组织。

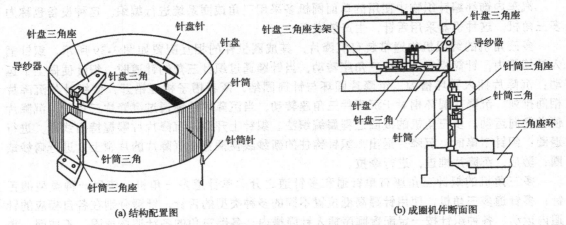

(a) 结构配置图   (b) 成圈机件断面图

图 3-41 纬编双面圆机的结构配置及成圈机件示意图

图 3-42 为德国迈耶西纬编双面提花圆机。对于下针选针的双面提花圆机来说，为了能编织出多种结构的双面花色针织物，其上针有高踵针和低踵针两种，一般高低踵针在针盘中一隔一排列。上三角也相应有高低档两条针道，每一成圈系统的高低两档三角一般均为活络三角，可控制高低踵针进行成圈、集圈和不编织，上下针呈罗纹形式的一隔一交错排列。

图 3-42 德国迈耶西纬编双面提花圆机

3.3.3 经编针织物

经编就是一组或者多组平行排列的纱线由经向喂入平行排列的工作织针同时成圈的工艺过程，制得的织物即为经编针织物，其形成示意图如图 3-43 所示。

经纱从经轴上同时引下，穿入导纱梳栉的导纱针，导纱针围绕织针进行前后摆动和左右横移的运动，同时织针做上下运动，由此将纱线垫在针上，并在所有工作针上同时成圈。经编针织物具有幅宽易于变化、原料范围广、生产效率高等特点，可以生产经编绒类及平织类织物。

经编机的种类主要有特里科机、拉舍尔机、缝编机三大类，其中拉舍尔机又分为普通型、衬纬、贾卡、花边以及双针床等。汽车内饰经编针织物的生产设备主要是单针床特里科经编机和双针床拉舍尔经编机两类。单针床特里科经编机主要生产拉绒类和平织类的汽车内饰织物。双针床拉舍尔经编机主要生产割绒类织物和间隔织物。

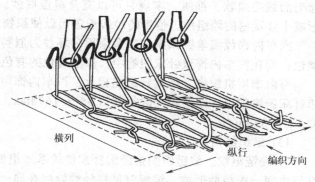

图 3-43　经编针织物的形成

近年来，经编结构的针织物在汽车内饰中的应用越来越广泛，其用量占比已经超过内饰织物总用量的 1/3。经编针织物的广泛应用与其织造工艺方法的高效有直接关系，采用相对较低的重量产生较高的织物性能从而实现较低的成本，这是经编针织物的优势所在。经编针织物由于编织工艺的特点，织物表面花型纹理的丰富多样性受到一定的限制，但是这些已经可以通过提花拉舍尔经编技术以及多样化的表面修饰工艺如印花、压花等进行优化和改善。

3.3.3.1　汽车内饰经编针织物的设计

（1）图案设计

汽车用经编针织物的编织成型过程中，导纱梳栉的移动形成了织物的基本花型，同时纱线成圈的不同形态，也是组成织物花型纹理的重要部分。导纱梳栉通过控制其横移运动来确定织物中各经纱线的位置，导纱梳栉的横移在理论上是没有限制的，但实际上会受相关机械结构所限。导纱梳栉的数量越多，在织物中形成花型的能力越强，但是梳栉越多，机械结构越复杂，编织的效率也会受影响。经编织物的图案多为经典的几何图案，如规则的点、折线、条纹、斜纹、菱形格、方格等。结合彩色纱线及花式纱线的使用、梳栉的穿插和组织变化等，可以实现更加丰富和多样化的织物表面花型效果。此外，还可以通过印花、压花、烂花等工艺，赋予经编针织物更加自由多样的图案表现。

经编割绒织物的图案主要是依托于有绒纱截面的颜色来构成的。经编割绒织物通常是在双针床拉舍尔经编机上进行编织的，该机器中一般具有 6～7 把梳栉：前后各两把梳栉形成地组织，中间的 2～3 把梳栉则用于在织物的工艺反面形成织物的绒面组织和图案。割绒织物的图案纹理具有明显的花型循环，一般花型循环的尺寸都不太大。设计时采用缺垫组织或者部分绒梳栉上的纱线采用空穿，可以得到具有凹凸触感和立体感的织物绒面效果。如果使用不同收缩率、不同颜色的变形纱线为原料，再结合相应的后整理工艺，可以得到更多风格变化的织物表面图案。

（2）原料选择

汽车内饰经编针织物的纱线原料主要是涤纶长丝，其中又以 DTY 长丝为主，FDY 长丝常作为点缀纱进行使用。此外，涤纶单丝在双针床间隔织物的连接层中应用较多，赋予了间隔织物一定的厚度和良好的压缩弹性及回复性。

经编单针床丝绒织物和双针床割绒织物的开发中，为了使织物的绒感丰满而细腻，绒纱多选择高孔数的异收缩 DTY 长丝，在温度变化的作用下，纱线中的单纤维足够蓬松和柔软，起毛后绒毛柔软、细腻、丰满且可以充分覆盖底纱。底纱宜选择高收缩的 FDY 长丝，可以形成十分紧密的地组织。恰当的纱线配置可以使织物既有身骨又有丰满柔糯的绒感。

汽车内饰经编单针床织物中多采用白坯纱为原料，织造后再对织物进行匹染获得相应的颜色；而在汽车内饰双针床织物中，原液着色的有色涤纶纱线的应用则相对较多。

与内饰用机织物、纬编针织物相比，汽车内饰用经编针织物的纱线原料相对较细。经编单针床织物常用纱线的线密度范围为 55 ～ 167dtex，经编双针床织物常用纱线的线密度范围为 33 ～ 333dtex。

(3) 组织结构设计

① 编链组织。编链组织是经编针织物的基本组织之一（见图 3-44），其特点是每一线圈纵行由同一根经纱形成，编织时每根经纱始终在同一针上垫纱。根据垫纱方式可分闭口编链和开口编链两种形式。在编链组织中各纵行间互不联系，可逆编织方向脱散，纵向延伸性小，一般用它与其他组织复合织成针织物，可以减小纵向延伸性。

② 经平组织。经平组织是经编针织物基本组织之一（见图 3-45），特点是同一根经纱所形成的线圈轮流配置在两个相邻线圈纵行中。线圈形式可以分别是开口的和闭口的。这种组织是利用每根经纱在相邻两支织针上依次交替垫纱编织而成的，一个完全组织中有两个线圈横列。由于线圈圈干和延展线连接处纱线弯曲，在弹性回复力作用下圈干向延展线相反方向倾斜，致使线圈纵行在织物中呈曲折状态。

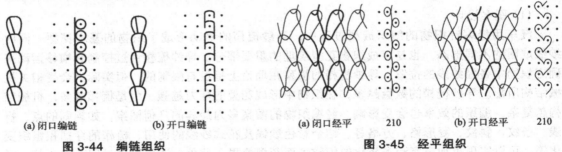

| (a) 闭口编链 | (b) 开口编链 | (a) 闭口经平 210 | (b) 开口经平 210 |

图 3-44　编链组织　　　　　　　　　　　图 3-45　经平组织

③ 经缎组织。经缎组织也是经编针织物的基本组织之一，其特点是每根经纱顺序在三枚或三枚以上相邻的织针上垫纱成圈，由开口和闭口线圈组成，转向处为闭口线圈的称为开口经缎，转向处为开口线圈的称为闭口经缎（见图 3-46）。在一个完全组织中有半数的横列线圈向一个方向倾斜，而另外半数的横列线圈向另一个方向倾斜，逐渐在织物表面形成横条纹效果。经缎组织的延伸性较好。

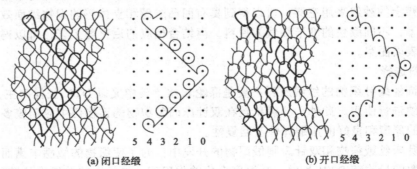

5 4 3 2 1 0　　　　　　　　　5 4 3 2 1 0

(a) 闭口经缎　　　　　　　　　　　(b) 开口经缎

图 3-46　经缎组织

④ 重经组织。重经组织的每根经纱同时垫在相邻的织针上并编织成圈（见图3-47）。单梳栉一穿一空即可形成织物。其特性是具有较多的开口线圈，织物性能介于经编针织物和纬编针织物之间，脱散性好，弹性好。

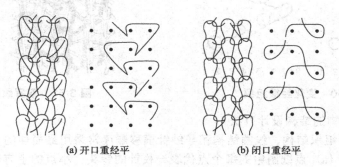

(a) 开口重经平   (b) 闭口重经平

图3-47　重经组织

⑤ 罗纹经平组织。罗纹经平组织是指利用双针床组织前后针床的织针交错配置，每根纱线轮流在前后针床共三枚针上垫纱成圈形成的组织（见图3-48）。罗纹经平组织的外观与纬编罗纹相似，横向延伸性小于纬编罗纹组织。

⑥ 经绒组织。经绒组织是指延展线跨越两个针距的经平组织（见图3-49）。经绒组织横向稳定性较经平好，延伸性和弹性适中，织物表面光滑，手感柔软，延展线比经平组织长，适宜于起绒。

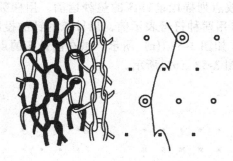

图3-48　罗纹经平组织

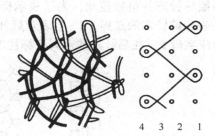

4　3　2　1

图3-49　经绒组织

⑦ 变化经缎组织。变化经缎组织是指经纱顺序间隔一针或二针垫纱时所形成的组织（见图3-50）。变化经缎组织的针背延展线较长，织物的横向延伸性降低，织物厚度较经缎组织要厚，多用于两梳空穿网眼织物。

⑧ 双罗纹经平组织。双罗纹经平组织是由两个罗纹经平组织复合而成（见图3-51）。编织时前后针床的织针相对配置，纱线轮流在前后针床的三枚针上垫纱成圈。

汽车内饰经编针织产品开发中常采用以上8种组织作为织物组织设计的基础，将两种或者两种以上的组织进行综合应用。拉舍尔双针床织物的地组织多采用编链组织，经绒和经缎组织常用于起毛织物；针前垫纱超过4针的经斜组织多用于特里科起绒织物。为了便于起毛加工，可以采用较长的线圈延展线，并通过针前横移的针数来控制绒毛的高度。

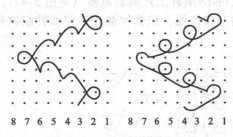

8 7 6 5 4 3 2 1   8 7 6 5 4 3 2 1

图 3-50　变化经缎组织

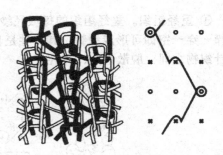

图 3-51　双罗纹经平组织

（4）经编针织物的结构设计方法

经编针织物的组织结构、线圈结构和导纱针横移顺序常采用最简便的点纸图来表示（见图 3-52）。图 3-52（a）点纸图中的每个点代表一枚针的针头，小点的上方表示针前，小点的下方表示针背，每一横排的点表示一个线圈横列，从下至上有几个小点横列，即表示连续的几个线圈横列。在点纸意匠图上，小点的前后画出的是编织每个"经编线圈"时梳栉的运动路径，也就是垫纱运动图，如图 3-52（b）所示。因为织物中纱线不是笔直放置的，所以垫纱运动图可以简化为图 3-52（c）中的形式。

经编织物的编织方向为自下而上。在垫纱运动图上最下面一列的"点"之间标以"垫纱数码"。垫纱运动图可清楚、简便地表示出每根经纱在织物中的编织规律及线圈的开口、闭口形式，适于在设计和表示经编织物时使用。此法直观方便，每把梳栉只需要以一根经纱的垫纱规律作为代表即可。"双针床经编组织"的垫纱运动图作法同上，但必须用两横列点为一组表示双针床经编织物的一个线圈横列。用奇数点列描绘前针床的垫纱运动，用偶数点列描绘后针床的垫纱运动。为了表示得更清楚，可用两种符号表示前、后针床的针的投影，"×"表示前针床的点列，"·"表示后针床的点列，如图 3-53（a）所示；或在前针床的点列旁标注字母 F，在后针床的点列旁标注字母 B，如图 3-53（b）所示。

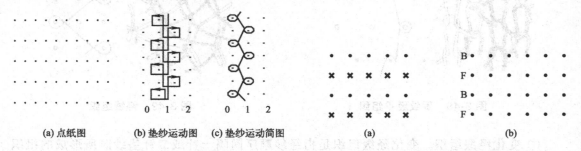

(a) 点纸图　　　(b) 垫纱运动图　(c) 垫纱运动简图

图 3-52　点纸图与垫纱运动图

0 1 2　　　0 1 2

(a)　　　　　　(b)

图 3-53　双针床垫纱运动图表示方法

用垫纱数码来表示经编组织时，以数字顺序标注针间间隙。对于导纱梳栉横移机构在左面的经编机，数字应从左向右顺序标注；而对于导纱梳栉横移机构在右面的经编机，数字则应从右向左顺序标注。2009 年国际标准（ISO）规定：所有类型经编机都采用连续数字 0、1、2、3……顺序标注针间间隙。目前行业内大多是根据这一标准来标注针间间隙与书写垫纱数码。

垫纱数码顺序地记录了各横列导纱针在针前（点的上方）的横移情况。如图 3-54 所示，垫纱运动图相对应的垫纱数码为 0-1/2-3/4-5/5-4/3-2/3-4/2-1//：其中横线连接的一组数字表示某横列导纱针在针前的横移动程；在相邻两组数字之间，即相邻两个横列之间，用单斜线加以分割开；第一组的最后一个数字与第二组的起始一个数字，表示梳栉在针后的横移动程；双斜线表示一个完全组织的结束。

导纱针与织针的对纱图，表示了导纱针的穿纱顺序。图 3-55（a）表示 1 穿 1 空的穿纱方式及线圈结构示意图，图 3-55（b）表示满穿的穿纱方式及线圈结构示意图。

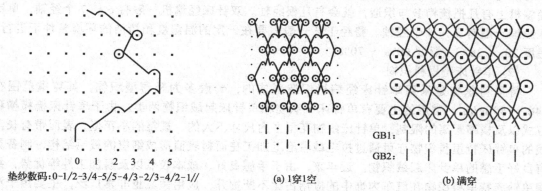

垫纱数码：0-1/2-3/4-5/5-4/3-2/3-4/2-1//

（a）1穿1空　　　　　（b）满穿

图 3-54　垫纱运动图与垫纱数码　　　　**图 3-55　经编织物穿纱图与线圈结构示意图**

（5）汽车内饰经编针织物的工艺设计

汽车内饰经编针织物的工艺设计内容主要包括：机型选择、密度设计、导纱梳栉的横移以及后整理工艺等。

经编机的机型直接决定了生产的织物类型以及织物的基本性能。因此，开发汽车内饰用经编针织物，首先就需要根据实际的需要确定好机型、机号。汽车内饰经编织物常用的机号范围在 20 ～ 28，即每 2.54cm 内有 20 ～ 28 根织针，也就是每 2.54cm 内可以形成织物的纵行数为 20 ～ 28 个（即织物的横密）。经编双针床织机具有两个针床，前后针床的机号都是一致的，一般情况下只采用单个针床的机号来表示双针床织机的机号，如 E22 双针床织机，指的就是前后针床的织针排列密度均为 22 针 /2.54cm。

经编针织物的密度设计主要涉及横密和纵密，其中横密由设备机号决定，织物密度设计的重点在纵密上，包括设定上机纵密、坯布下机纵密和成品织物纵密等。成品纵密与后整理工艺如定型机超喂量、下机幅宽等因素相关。

经编织物的生产效率较高，编织复杂的绒类织物其编织速度每分钟可达 2000 ～ 3000 个线圈横列，适合大批量的生产。经编织物的后整理工艺中大多都包含染色工序，尤其在单针床织物中，较少使用有色纱线。分散染料和阳离子染料是汽车内饰经编针织物常用的染料。

除染色外，经编针织物的后整理工艺设计还包括热定型、剪毛、拉毛、磨毛、印花、腐蚀烂花等特殊工艺以及功能性整理加工，以满足汽车内饰空间对织物手感、风格、性能等方面的要求。

3.3.3.2　汽车内饰经编针织物的织造

（1）原料准备

与纬编针织物不同，经编针织物的原料是以经轴的方式供给的，因此在上机织造前需要对纱线原料做准备工作。整经就是将筒子纱按照经编工艺要求的根数和长度，平行地卷绕在经轴上，用于经编机的织造。对于整经工序的要求主要是：纱线张力均匀一致，经轴成型良好，整经根数和长度符合工艺设计的要求。为了减少纱线批次造成的织物外观不良，一般都采用同批次的纱线进行整经，所用筒子的初始尺寸大小基本要保持一致。

经编织物的整经工序一般采用分段整经方式，将经纱平行地分别卷绕在狭小幅宽的小经轴上，再将若干个小经轴并列成组地穿套在芯轴上，最终形成可以用于经编机织造的经轴，其特点是生产效率高，占地面积小。通常情况下，参与织造的每一把梳栉都对应一个经轴，经编机上有几把梳栉参与织造，就会有几根经轴。双针床经编机一般有 6 ～ 7 个经轴，单针床经编一般有 3 ～ 4 个经轴。整经工艺一般需要在一定的温湿度和清洁的环境条件下进行，温度 20 ～ 26℃，湿度 60% ～ 70%。

（2）单针床特里科织物

特里科织物是采用单针床经编机织造形成的，一般多为轻薄型织物，其克重范围在 $140 ～ 450g/m^2$。常用的主要有单针床平织物和单针床起绒织物两类。由于单针床梳栉横移方式以及横移距离的限制，单针床织物花型多为尺寸不大的、规整的小花型。表面带有长浮线的单针床特里科织物亦可通过拉毛或者磨毛加工在面料表面形成细密的绒毛结构，制备具有良好手感的单针床起绒织物。近年来，由于手感良好、成本较低以及易加工性等优势，经编单针床特里科织物在汽车内饰中的应用占比不断提升，应用领域也非常广泛，主要用于汽车座椅、门板、顶棚、遮阳板、遮阳帘、立柱、音响等区域，其中主要集中在汽车座椅主辅料、防异响面料以及顶棚面料等（见图 3-56 和图 3-57）。

图 3-56　遮阳帘用单针床特里科平织物

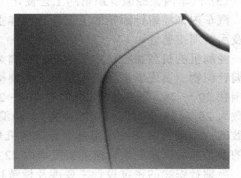
图 3-57　顶棚用单针床特里科起绒织物

（3）双针床拉舍尔织物

经编拉舍尔织物是采用双针床经编机织造形成的，多为厚重型织物，其克重范围一般在 $300 ～ 600g/m^2$。这类织物由三层组织构成，即表层组织、底层组织以及连接上下层的连接层。双针床拉舍尔经编机有前后两个针床，一般有 6 ～ 7 把梳栉，对应 6 ～ 7 个用于织造的经轴系统，其中前两把梳栉用于编织织物的表层组织，中间 2 ～ 3 把梳栉用于编织织物的连接层组织，另外最后面两把梳栉则用于编织织物的底层组织。根据不同的工艺和花型设计要求，表层和底层组织可以形成六角、八角、椭圆等形状的网眼结构（见图 3-58），也可以形成致密结构的平织物。汽车内饰用的双针床拉舍尔织物的厚度，一般也可以根据设计需要在 2 ～ 6mm 范围内进行调整。

汽车内饰中常用的双针床拉舍尔织物主要有割绒织物、平织物和网眼织物。其中，割绒织物是通过特殊的割绒设备将三层组织的立体织物的中间连接层割开，形成两块割绒织物（见图 3-59）。割绒后一般都需要进行剪毛加工，以保证绒毛高度的均匀一致。

图 3-58 拉舍尔三明治网眼织物

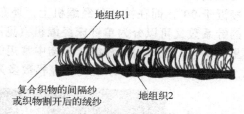

图 3-59 拉舍尔割绒织物示意图

双针床拉舍尔织物主要用于汽车座椅、门板等零部件区域。

（4）双针床间隔织物

双针床间隔织物是一种特殊结构的拉舍尔织物，是一种未剖开的双层织物，具有 3D 立体的结构，行业内又称之为 3D mesh 织物（见图 3-60）。该间隔织物由 2 个系统的表层纱线和 1 个系统的间隔纱线编织而成，织物分成 3 层结构，即上表面层、间隔层和底表面层。特殊规格的间隔丝按一定规律贯穿于 2 个表面层之间，在织物两表层之间形成具有一定厚度和空间结构的间隔层。为了保证间隔层的支撑强度，要根据织物的具体应用需求，设计相应的间隔丝密度。为避免间隔丝的弯曲和倒伏，一般采用高模量的涤纶单丝或丙纶单丝。

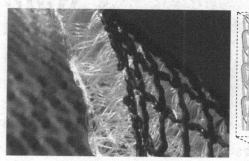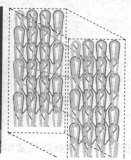

图 3-60 双针床间隔织物及其结构示意图

经编双针床间隔织物具有良好的压缩弹性和变形恢复性能，可以用作聚氨酯泡棉的替代品，通过胶水复合或者胶膜复合的方式粘接在内饰面料或者皮革的背面起到支撑作用，透气性好，低气味，低 VOC（volatile organic compound，挥发性有机化合物）。双针床间隔织物一般用作汽车通风功能座椅以及门板、仪表板等内饰件的衬垫支撑材料。

（5）后整理加工

经编针织物常用的后整理加工主要包括常规整理和特殊整理两大类。

常规整理主要有热定型、拉毛、磨毛、剪毛等，对织物的尺寸稳定性、手感、外观风格等特性有着重要影响：经编单针床面料进行磨毛或者拉毛整理，可以获得手感细密柔软的丝绒织物；双针床割绒织物可以通过剪毛工艺，获得具有致密的、均匀毛高的经编立绒织物。

特殊整理主要涉及印花、烂花、压花等工艺可以改变经编针织物的外观与手感，以及如抗静电、阻燃、硬挺、柔软、抗菌等整理工艺，赋予织物附加的功能。根据汽车内饰用经编针织物自身的特点以及应用场景的需要，可以选择不同的整理工艺组合方案。

3.3.3.3 汽车内饰经编针织物的织造设备

汽车内饰经编针织物常用的经编机，根据其织物引出方向的不同可以分为 Tricot（特里科）型经编机和 Raschel（拉舍尔）型经编机。通常情况下，特里科经编机上坯布与织针的夹角接近于 90°，而在拉舍尔经编机上，坯布与织针的夹角接近于 180°垂直向下牵拉。根据所用的针系数又可以分为单针床经编机（见图 3-61）和双针床经编机（见图 3-62）。根据梳栉数量的不同，汽车内饰经编针织物中常用的单针床特里科经编机多为 3 把梳栉或 4 把梳栉机型，使用的双针床拉舍尔经编机梳栉数多为 6 ～ 7 把配置。

图 3-61　单针床经编机及侧面部件结构图（卡尔迈耶官网）

图 3-62　双针床拉舍尔经编机及侧面部件结构图（卡尔迈耶官网）

编织机构、传动机构、送经机构、梳栉横移机构和牵拉卷曲机构是构成经编机的五大关键机构。编织机构主要由织针、导纱针、沉降片等组成，织针安装在针床上并随着针床一起运动，导纱针装在条板上形成梳栉，纱线穿入导纱针孔眼，随着梳栉一起运动而绕垫在织针上，织针、沉降片与导纱梳栉等成圈机件间的相互配合运动完成了编织过程从而织成织物。

送经机构主要的作用是将经纱从经轴上退绕出来，并根据编织工艺所需的经纱用量将纱线送至编织区。送经机构的工作方式有积极式送经和消极式送经两种：消极式送经适合机速较低和送经规律较为复杂的经编机；积极式送经可以根据张力感应或者线速度感应调整经轴转速，能保证高速运转情况下稳定工作，多用于高速经编机。

梳栉横移机构，是按照织物组织结构的需要实现梳栉在针前和针背做横移运动，使得穿入梳栉的纱线随之移动并垫入织针，从而形成具有特定组织结构的针织物。梳栉横移机构主要有花板链条式、凸轮式和电子横移式（见图 3-63）。其中，凸轮式横移机构其横移曲线较为平滑、运转较为平稳，适合高速机，但是其适用的花纹相对简单，花型循环受限；花板链条式横移机构对于花型较为复杂、变化较多的机器适用性更强。EL 电子横移机构，采用线性马达控制，适用于连续的、快速的花型变换，横移运动比凸轮式控制精准，花纹循环不受限制，可以产生比较大的横移运动，缺点是成本相对较高。

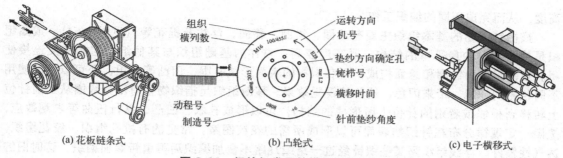

図中标注文字：
组织横列数　运转方向　机号
垫纱方向确定孔　梳栉号　横移时间
动程号　制造号　针前垫纱角度

(a) 花板链条式　　　(b) 凸轮式　　　(c) 电子横移式

图 3-63　经编机常用的横移机构类型

牵拉卷取机构的作用是以预定的速度将织物从编织区牵引出来并卷绕成布卷。坯布脱离织针后，受到三罗拉牵拉机构的牵拉，使坯布在保持相当张力的情况下，保证机器正常运转。牵拉力的大小对经编针织物的纵密有着重要影响，牵拉力大则织物纵密减小，牵拉力小则织物纵密增大。

传动机构主要有凸轮式传动机构、偏心连杆传动机构和曲柄轴传动机构三种。凸轮式多用于某些成圈运动复杂而车速要求不高的场合。偏心连杆传动机构加工方便、制造精度高、传动平稳精确，多用于高速经编机。

3.3.4　横机针织物

横机针织物，顾名思义是采用横机织造成型的一种织物。它是纬编针织物的一种，与圆机针织物相比，不同的是横机针织物采用横向往复运动的方式实现织物的编织。圆机织造出的织物为圆筒状，横机织造出的织物为平面状。横机针织物在纺织服装，尤其是羊毛衫以及无缝内衣等领域应用较为广泛。

3.3.4.1　横机针织物的特性

作为一种创新型的织物面料，横机针织面料具有以下优势和特性。

① 丰富的组织纹理和结构变化。这是横机针织面料最显著的特点，它可以通过组织结构的变化和纱线颜色、材料的多样化来实现面料肌理的个性化与定制化设计。

② 具有非常好的织物弹性和延展性。横机针织面料本质上是纬编针织的一种，其加工成型的特点决定了它的延伸性和各向弹性都比较好。同时，可以通过不同纱线原料、组织结构、线圈形状和大小等要素的组合搭配，实现在不同区域或者不同部位的织物弹性和延伸性的定向设计。

③ 可以很好地实现产品结构的一体成型。通过全自动的电脑横机，采用数据编程和自动编织，可以实现产品的一体成型，减少原有的裁剪与缝制加工工序。

④ 优异的面料透气性。横机针织面料中采用不同的组织结构可以在织物表面呈现出不同尺寸大小的孔洞和网眼结构，赋予面料比较高的内外部空气导流速率，表现出优异的面料透气性。

3.3.4.2　横机针织物编织成型原理

横机针织物成型的基本原理其实就是纬编针织的成型原理，其编织过程是通过横机机头中的三角结构、走针轨道及压片等装置的设计，使织针按照设计要求上升或者下降到不同的高度，从而完成不同的编织工作。

横机针织物的基本组织主要有成圈、集圈、移圈、浮线及提花等（见图3-64）。成圈组织是横机织物中最基本的结构，紧实度较高，常作为基础组织与其他组织结构交叉连接使用。集圈组织由线圈和悬弧构成，可在织物的表面形成孔眼、凹凸等效果，还可以搭配使用不同色彩的纱线，带来闪色、透色等视觉效果。移圈组织是指织物上有部分线圈从当前针位上转移到相邻或者别的针位上所形成的结构，可以形成孔眼、凹凸、纵行扭曲等表观效应，按照一定规律分布在针织物表面可以形成所需的花纹图案，常见的有挑孔组织、绞花组织，透气性较好。浮线组织是某些织针经过一路或几路不参加编织后再重新参加编织，这时旧的线圈将跨越那些没有参加编织的纱线和新线圈穿套，这些未成圈的纱线处于旧线圈背后，从而形成浮线组织。提花组织是指将不同颜色的纱线垫放在按花纹要求所选择的某些织针上，进行编织成圈的一种组织，其结构单元是线圈+浮线，在同一行上有几种颜色的线圈，即为几色提花。提花组织形成的花纹较大，图案也相对较为复杂。考虑到生产效率问题，实际开发中一般色纱的颜色不超过4种。在实际的设计开发过程中，根据产品的设计效果需要，可以灵活地应用不同的组织结构进行搭配组合，从而实现面料表面丰富的肌理效果。

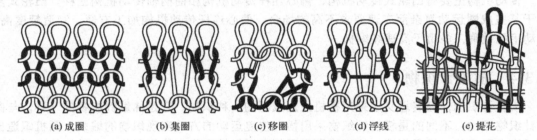

(a) 成圈　　(b) 集圈　　(c) 移圈　　(d) 浮线　　(e) 提花

图3-64　横机针织物的基本组织

3.3.4.3　横机针织物在汽车内饰领域的应用

横机针织物在汽车内饰中的应用时间不长，是近几年才开始逐渐开发应用的。汽车内饰面料新的设计开发需求具体表现为：时尚多彩的颜色应用、多种组织结构搭配、色块的拼接、独特的定位图案设计、材质与触感对比、轻盈的运动感以及粗壮有力的块面或者线条设计等。这些新的设计需求与横机织物自身的特点是相契合的，主要表现在以下几点。

① 时尚多彩的颜色应用：通过不同颜色纱线的使用，配合组织结构的设计，可以实现内饰面料丰富多彩的视觉效果，如芝麻点、像素点、马赛克、迷彩等不同的图案纹理，如图3-65（a）所示。

② 多种组织结构搭配：根据设计方案的需要，在不同的区域采用不同的组织结构分布，实现组织结构的拼接和对比搭配，同时，也可以根据需要，采用不同属性的纱线，在织物面料表面实现不同的材质和触感对比，如紧密平滑触感的成圈组织与颗粒感较强的集圈网眼结构，如图3-65（b）所示。

③ 色块拼接与撞色应用：应用大面积的颜色填充、相对清晰的边界，以及色彩的叠加，尤其是撞色的搭配，带来较强的视觉冲击力，如图3-65（c）所示。

④ 独特的定位图案设计：采用对称或者不对称、局部的留白等设计手法，通过图案编辑与组织结构搭配，可以实现独特的定位图案，定位图案多以线条、块面为主，同时也可以实现横机针织面料在色彩、材质、纹理和触感的多维度对比，如图3-65（d）所示。

⑤ 透气性及轻盈运动感：采用集圈或者移圈结构设计，开发出具有不同大小尺寸的网眼结构，使得织物具有良好的通透性，配合中性色或者彩色的应用，体现其轻盈的运动感，如图 3-65（e）所示。

⑥ 半成型或全成型设计：利用横机织物的成型特点，根据实际需要，开发出半成型或者全成型的内饰面料，革新原有的裁剪、缝制等工艺流程，实现内饰件的半成型包覆或者全成型包覆，3D 全成型产品如图 3-65（f）所示。

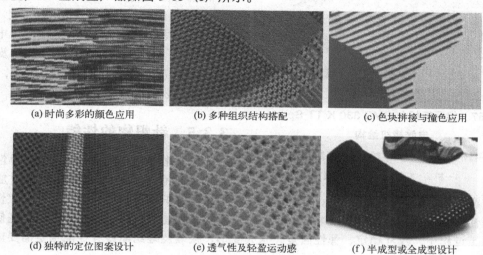

(a) 时尚多彩的颜色应用　　　　(b) 多种组织结构搭配　　　　(c) 色块拼接与撞色应用

(d) 独特的定位图案设计　　　　(e) 透气性及轻盈运动感　　　　(f) 半成型或全成型设计

图 3-65　横机针织技术在内饰面料设计中的应用创新

汽车内饰用横机针织面料主要应用在汽车座椅主料或边料、主副仪表板、中央扶手，以及车门嵌饰件等部件的包覆区域，如图 3-66 所示。横机针织面料良好的拉伸弹性，尤其比较适用于转角或者弧度较大的内饰件包覆。

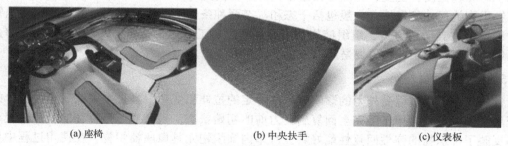

(a) 座椅　　　　　　　　　　(b) 中央扶手　　　　　　　　(c) 仪表板

图 3-66　横机针织面料在汽车内饰中的应用

3.3.4.4　横机针织物的织造设备

电脑横机是一种编织横机针织物的机电一体化设备，所有的编织动作先在制版软件中设计好，再导入电脑横机系统，最后由系统控制机构元件实现。电脑横机具有以下优点：自动化程度高、结构变换方便、产品种类多、花型设计多样、质量易于控制、节约用工成本等。

电脑横机的机器结构包括导纱系统、编织系统、牵拉系统和辅助系统等。编织过程为在操作面板 1 上读取设计的花型程序，并设置编织参数，纱线经过纱线控制装置 2 和侧边簧 3 输送到编织系统，机头 4 带动导纱器上的编织纱线沿针床 5 往复运动执行编织动作，织物

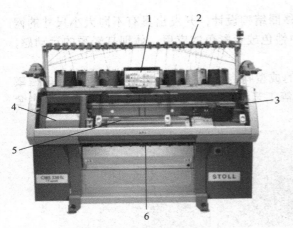

图 3-67　德国斯托尔 CMS 330 K TT Sport
电脑横机结构

1—操作面板；2—纱线控制装置；3—侧边簧；

4—机头；5—针床；6—牵拉辊

被牵拉辊 6 向下牵引。具体结构如图 3-67 所示。

目前，比较知名的电脑横机品牌主要有德国斯托尔（STOLL）、日本岛精以及我国的金龙科技和宁波慈星等。常用电脑横机的机号主要有 12 针 / 25.4mm、14.0 针 / 25.4mm、16.0 针 / 25.4 mm、18.0 针 / 25.4 mm 等。根据不同产品的实际需要，电脑横机的配置也不同，主要配置参数涉及机头数，编织系统数，针板宽度，压脚，导纱器类型、数量及分布，等等。

3.3.5　针织物的性能

针织物因其良好的延伸性和弹性、灵活多变的色彩和纹理及优异的成型加工能力，在汽车内饰中应用非常广泛。但是与机织物相比，针织物在耐磨性能、尺寸稳定性及弹性回复性等方面存在着一定的缺陷。除了耐磨、耐候等性能外，汽车内饰用针织物在使用过程和加工过程中，尺寸稳定、弹性回复、永久变形、接缝及缝纫断纱等性能也是需要重点关注的。

3.3.5.1　尺寸稳定性能

针织物的成型主要是依靠线圈的穿套来实现的，线圈结构在赋予了针织物良好的延伸性能和弹性的同时，也给织物的尺寸稳定性带来了潜在的风险。汽车内饰针织物在使用过程中，空间环境温度、湿度、光照等因素都会对织物的尺寸稳定性产生一定的影响。考察汽车内饰针织物的尺寸稳定性，一般包括干态和湿态两种条件下的经纬向尺寸变化率。针织物的尺寸稳定性与其所用原料、组织结构、线圈长度、加工时的工艺张力及后处理方法等有关，改善织物的尺寸稳定性也主要是从以上几个因素去考虑。

3.3.5.2　弹性回复性能

针织物在使用过程受外力的影响会产生一定的拉伸和变形，当外力去除后，大部分的拉伸变形会慢慢回复，但不能完全回复到受力前的初始状态，残余变形是存在的。残余变形的大小反映了针织物的弹性回复性能好坏。汽车内饰织物尤其像座椅织物，在使用过程中会有长时间的循环载荷或者拉伸变形，如果其弹性回复性能较差，织物则会出现松弛的现象，影响外观质量和正常使用。一般情况下，要求汽车内饰织物具有比较好的弹性回复和比较低的残余变形，以满足使用过程中的尺寸形态稳定和外观成形良好。针织物的弹性回复性能与纱线原料、织物结构、后整理工艺等有关。

3.3.5.3　接缝性能

汽车内饰织物在使用过程中需要根据造型及尺寸要求进行面料裁剪、缝制和装配加工，接缝性能对加工过程和使用过程都会产生影响，如发生缝纫纰裂、包覆成型困难以及零部件外观不良等。针织物由于特殊的线圈结构，使得其变形能力比机织物要好得多，在缝纫加工后接缝处的线圈在受力时也容易发生变形，导致缝口处出现接缝滑移或者撕裂问题。针织物接缝性能的改善主要可以从纱线原料粗细、组织结构类型、织物密度以及后整理工艺等方面着手。

3.3.5.4 缝纫断纱性能

由于针织面料线圈结构的特点，其脱散性较大。汽车内饰针织物在缝制过程中，不可避免地会出现部分纱线被缝纫机针戳刺发生破损或者断裂的情况，就容易在织物表面形成不同程度的针洞，发生断裂后的纱线尾端又会裸露在织物表面，造成产品的外观缺陷。尤其在经过包覆加工的零部件受力后，断纱的自由端毛羽更容易裸露在针织物表面。

缝纫机针类型、织物自身性能以及环境温湿度等是影响缝纫断纱的重要因素。缝纫机针在穿透织物的过程中，缝纫机针对织物施加了力的作用，织物抵抗缝纫机针而产生阻碍缝纫机针的摩擦力。缝纫机针对织物的作用力称为穿刺力，织物对缝纫机针的阻碍力称为穿刺阻力。穿刺力或穿刺阻力与缝纫质量密切相关。要想减少缝纫断纱问题，降低织物对缝纫机针的穿刺阻力及减少纱线与纱线之间的摩擦阻力是关键。此外，缝纫机针针头形状和针号选择不当，针头磨损起毛未及时更换，都会增加机针与面料的穿刺阻力，造成断纱破洞。针织面料的密度过大，特别是横向密度太大时，机针接触并扎断纱线的概率增加，容易产生缝纫断纱或破洞。纱线原料的断裂强度低、韧性和延伸率差，面料精练水洗整理不到位，焙烘整理工艺不合理导致面料手感发硬、柔软度降低，柔软处理效果不好等因素都会直接影响面料的缝纫性能，易导致面料被扎毛扎伤，表面形成针洞。环境的温湿度对织物的物理力学性能和缝制性能也有一定程度的影响，尤其是对于以涤纶化纤长丝类原料为主的汽车内饰针织面料来说，当温度高、湿度偏低时，纱线静电现象增加，线圈间转移困难，阻力增大，纱线易被机针扎到形成针洞。因此，控制缝纫加工的环境，降低温度、湿度等环境因素对缝纫断纱性能的影响变得尤为重要。

改善汽车内饰针织物的缝纫断纱性能也主要从选用合适的机针、提高面料柔软度、改善缝纫车间环境温湿度等方面入手。

3.4 汽车内饰涂层纺织品的制造工艺

3.4.1 PVC 人造革

PVC 人造革的制造工艺方法主要有直接涂覆法、转移涂覆法（离型纸法、钢带法）、圆网涂覆法、压延法、贴合法、挤出热熔法等。汽车内饰用 PVC 人造革产品的主要制造方法为压延法和转移涂覆法两种。

3.4.1.1 压延法

压延法 PVC 人造革是通过辊筒压延机制备的。在压延 PVC 软质薄膜的过程中，将用于贴合的基布引入，使得薄膜与基布通过压辊后实现贴合，再经过后道加工如表处、压花、发泡等工序后即可制得 PVC 人造革。根据是否需要发泡可以分为普通型 PVC 人造革和发泡型 PVC 人造革。

压延法是汽车内饰用 PVC 人造革产品最重要的生产工艺。其优点是可以使用廉价的悬浮法 PVC 树脂、可以使用部分回料、所用的基布范围比较广、加工速度快、生产能力大、具有显著的价格成本优势；缺点是设备庞大、生产线长、占地面积大、投资较大。

（1）主要原材料

压延法制备PVC人造革采用的树脂原材料主要是悬浮法SG3、SG4树脂，发泡层可以选用分子量较低的SG5树脂。

压延法的增塑剂以邻苯二甲酸二辛酯（DOP）和邻苯二甲酸二丁酯（DBP）为主，因压延时温度相对较低，选择增塑剂时应增加主增塑剂的用量，一般占增塑剂总量的50%以上，尽可能少地使用辅助增塑剂，同时要选择增塑剂效率高的增塑剂，以保证塑化完全；发泡型PVC人造革需要经过压延和发泡两道工序的受热，因此应选择热损耗小、挥发性低的增塑剂。

压延法PVC人造革使用的基布范围比较广泛，可以使用机织布、针织布和非织造布等。

（2）生产工艺

压延法PVC人造革的生产工艺主要包括配料、混炼、压延、表处、压纹等工序，生产发泡型PVC人造革时，在完成压延工序后还需进行发泡加工，再进行表面涂饰、压纹等后道加工。图3-68所示为压延法PVC人造革生产线示意图。

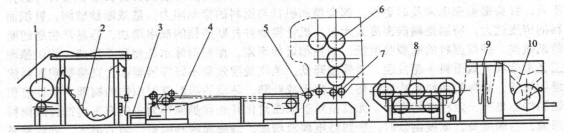

压延法PVC人造革生产线部分设备(针织布为基布)

图3-68　压延法PVC人造革生产线示意图

1—布捆；2—储布机；3—操作台；4—扩幅机；5—预热辊；6—四辊压延机；7—贴合辊；8—冷却辊；
9—张力调节装置；10—卷取

压延法PVC人造革的生产过程简述如下：①将PVC树脂、增塑剂、稳定剂、发泡剂及其他辅料按照工艺配方的要求进行准确计量后投入高速混合机器中进行混合，再经过密炼机和开炼机等设备进行混炼，完成配混预塑化处理；②将预塑化后的材料输送至压延机上通过辊筒压延制得PVC薄膜；③将经过底涂、预热工艺处理后的基布与压延后的PVC薄膜贴合，再经过冷却和收卷制得PVC人造革；④根据需要选择是否进行发泡加工，最后再进行表面涂饰和压纹处理后制得PVC人造革成品。表面涂饰的工艺也称作表处工艺，根据产品的技术要求，通常需要进行2～3版表处。图3-69所示为压延法PVC人造革工艺流程图。

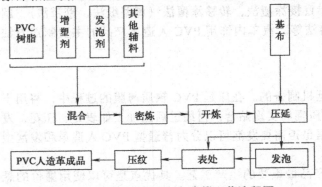

图3-69　压延法PVC人造革工艺流程图

① 原料配混。原料的配混就是按照配方要求的各种原料，经过筛、过滤、配浆研磨后，经计量加入混合机中，进行搅拌混合成料。其主要涉及PVC树脂的筛选、增塑剂过滤混合、浆料配制和搅拌混合。

② 预塑化。预塑化主要包括密

炼和开炼。混合后的浆料进入密炼机，在一定的蒸汽压力和温度条件下，对浆料进行密炼，制得团状塑化半硬料。密炼后的物料再进入开炼机进行炼塑，除去原料中的部分挥发物和气泡，实现物料的预塑化处理。

③ 压延成膜。将预塑化的物料连续送入压延机的辊隙，经过多组辊筒间隙的压挤，最后碾压成一定厚度的、均匀的PVC薄膜。一般物料的厚度由最后一组辊筒间隙来确定，一般其间隙是要求厚度的75%～85%。辊筒温度和转速是两个关键参数，温度太高容易导致薄膜与辊筒粘连，不易剥离；温度过低，则影响薄膜表面质量。产品配方不同，压延辊筒的温度也不同。一般情况下，采用四辊压延机进行生产，自上而下辊筒速度逐步加快、间隙逐渐变窄。

④ 贴合。基布与PVC薄膜黏合的过程即为贴合。压延法PVC人造革基布贴合的工艺主要有两种，擦胶法和贴胶法（见图3-70）。

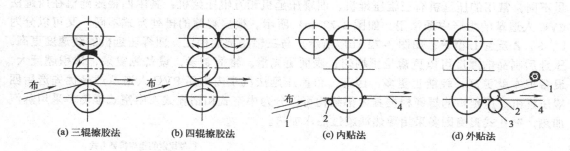

图3-70　压延法PVC人造革贴合方法示意图

1—基布；2—贴胶辊；3—托辊；4—人造革

擦胶法是利用压延辊筒间的转速不同，把部分PVC薄膜材料擦进基布缝隙中，通过压辊间隙后实现贴合。擦胶法需要对辊温、基布张力等进行控制，优点是黏合牢度高，基布可以不进行底涂处理，缺点是制品手感较硬。

贴胶法是借助于贴合辊的压力，实现PVC薄膜与基布的贴合。通过贴胶法制得的PVC人造革手感较好，但为了增加黏合牢度，一般需要对基布进行底涂处理。贴胶法根据实现贴合的位置不同又分为内贴和外贴两种。内贴法是在物料从压延辊筒引离前，借助贴合辊在最后一根压延辊筒上实现与基布的贴合；外贴法是在物料从压延辊筒引离后，通过单独的一组贴合辊加压后实现PVC薄膜与基布的贴合。内贴法有利于提高黏合牢度，但贴合用橡胶辊直接与高温压延辊筒接触，容易发生老化变形，因此外贴法使用较多。

⑤ 表面处理。汽车内饰PVC人造革产品性能要求比较高，通常需要对贴合后的半成品PVC人造革进行特殊的表面处理。表处剂一般是由油性或者水性聚氨酯和特殊助剂复配而成。通过表处可以提升PVC人造革的耐磨性能、耐刮擦性能、耐光性能以及耐候性能等，同时还可以赋予PVC人造革产品不同的光泽、触感等。表处的工艺一般采用三版印刷或者四版印刷，具体可以根据产品及性能要求去选择。表处工艺也可以用于PVC人造革的调色或者改色处理。

⑥ 压纹。压延法PVC人造革的表面纹理是通过带有相应纹理的辊筒压纹机进行压制实现的。根据PVC人造革的厚度、目标花纹深度以及是否为发泡型PVC人造革等综合考虑，设置相应的压花间隙、温度、车速等工艺参数。图3-71所示为间隙压花流程示意图。

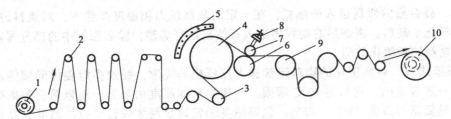

图 3-71　间隙压花流程图

1—放卷；2—张力补偿装置；3—预热辊；4—加热辊；5—红外加热器；6—橡胶辊；7—压花辊；
8—压力调节装置；9—冷却辊；10—收卷辊

压延法的核心设备是压延机。压延法 PVC 人造革一般采用辊筒压延机，其主要由传动系统、压延系统、辊筒加热系统、润滑循环以及冷却系统、电控系统等组成。根据辊筒的数量不同，常用的压延机有三辊压延机、四辊压延机和五辊压延机，其中四辊压延机在压延法PVC 人造革的生产中最常用，如图 3-72（a）所示。根据辊筒的排列方式不同，又可以分为L、S、Z 及倒 L 型等，如图 3-72（b）所示。与三辊压延机相比，四辊压延机的线速度更高，压延后制品的厚度可以更薄且更均匀、表面更光滑。辊筒越多，设备越复杂、体积越庞大，设备成本就更高、耗能也更多，因此，目前压延法汽车内饰用 PVC 人造革产品优先选用四辊压延机。压延机的辊筒根据其内部结构可以分为中空式和钻孔式，中空式辊筒多采用蒸汽加热，钻孔式辊筒则多采用导热油或过热水加热。

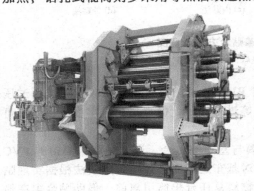

标准规定的辊筒排列方式

辊筒数量	2	3	3	3	4	4	4
排列形式							
符号	Ⅰ	Γ	Ⅼ	Ⅰ	Γ	Ⅼ	S

标准规定之外的辊筒排列方式

辊筒数量	2	4	5	5
排列形式				
符号	水平	Z	S	L

(a) 四辊压延机　　　　　　　　(b) 不同辊筒排列方式示意图

图 3-72　四辊压延机及不同辊筒排列方式示意图

3.4.1.2　转移涂覆法

将配混后的糊状浆料通过多道刮刀涂层的方式涂覆在连续运行的载体上（一般为离型纸或不锈钢带），然后与基布贴合在一起，经过烘箱烘燥塑化或者发泡，经冷却后从载体上剥离开来，制得 PVC 人造革，这种工艺方法称为转移涂覆法。

转移涂覆法 PVC 人造革的基布与涂层贴合时所受的张力比较小，浆料渗入基布的量较少，制得人造革的手感比较好，且适合使用底布组织结构疏松、延伸弹性较大的针织布；人造革的表观质量受基布的影响较小，产品质量好。生产过程受浆料黏度和涂层厚度的限制和影响较小。

转移涂覆法是目前PVC人造革比较常用的生产方法，生产设备比较简单、生产工艺容易掌握、产品质量较好。离型纸上的花纹可以直接转移到人造革上，可以直接发泡，不需要再次压纹、发泡，生产效率较高，但是离型纸的价格昂贵，使用寿命较短（通常少于10次）。

（1）主要原材料

转移涂覆法使用的PVC树脂主要是乳液法PVC树脂。PVC人造革的面层结构使用的树脂分子量可以适当大一些，以满足强度和耐磨性能的要求，而发泡层则可以采用分子量稍小的乳液法PVC树脂，以利于发泡的进行。增塑剂以DOP为主，配合DBP，如有耐寒的要求可以加入癸二酸二辛酯（DOS）。发泡剂多选用偶氮二甲酰胺（AC）发泡剂，有时也用到偶氮甲酰胺甲酸钾（AP）发泡剂。基布选用的范围比较广，伸缩性大、组织疏松的针织布使用较多。

（2）生产工艺

转移涂覆法PVC人造革以发泡型人造革为主，其结构包括面层、发泡层和黏结层三层，其生产线示意图如图3-73所示。

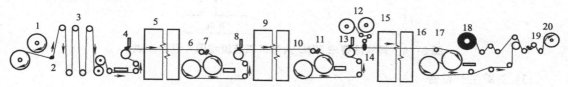

图3-73　转移涂覆法PVC泡沫人造革生产线

1—离型纸退卷机；2—压纸辊；3—储纸机；4—第一涂刮机；5—第一烘箱；6、10、16—冷却辊；7、11、17、19—离型纸导辊；8—第二涂刮机；9—第二烘箱；12—基布退卷机；13—第三涂刮机；14—贴合辊；15—第三烘箱；18—人造革收卷机；20—离型纸收卷机

转移涂覆法制备三层结构发泡型PVC人造革，多采用"三涂三烘"的工艺，工艺流程图如图3-74所示。

首先根据配方进行各层浆料的配制，然后离型纸放卷进入储纸机，离型纸进入第一刮涂机头进行面层的涂覆，进入第一烘箱凝胶塑化，冷却后进入第二刮涂机头进行发泡层的涂覆，之后进入第二烘箱进行预塑化不发泡，冷却后进入第三刮涂机头进行黏结层的涂覆，然后与基布在湿态下贴合后再进入第三烘箱进行塑化发泡，冷却后人造革与离型纸实现剥离，分别卷取，此工艺即为三涂三烘工艺。此工艺中基布黏合是在湿态下进行的，浆料易渗入基布，导致成品手感变差。为了避免这一问题出现，在涂覆完黏结层后先进入第三节烘箱烘燥至半干状态，再与基布进行贴合，最后再进入第四节烘箱进行塑化发泡，此工艺亦称为三涂四烘。

通过转移涂覆法制得的具有三层结构的发泡型PVC人造革，其产品比较厚实，发泡层完整，工艺也相对较易被掌握。

两层结构的人造革一般采用两涂三烘工艺，即在刮涂完发泡层后，通过一个较低温度的短烘箱，将发泡层烘燥成半凝胶状态，出烘箱后与基布贴合，再进入烘箱进行塑化发泡，最后进行冷却、离型纸剥离及收卷等。涂覆完成的人造革还需要进行表处和压纹等工序，最后制得符合要求的人造革成品。

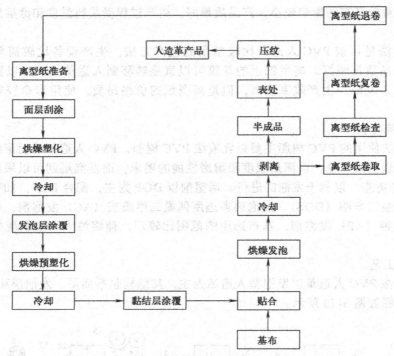

图 3-74 转移涂覆法 PVC 人造革工艺流程图（三涂三烘）

（3）关键生产设备

① 涂刮机。涂刮机是转移涂覆法 PVC 人造革制造过程中的核心设备，如图 3-75 所示。涂刮机对涂覆量的多少以及涂覆的均匀度有很重要的影响。常用的涂刮机有刀涂式和辊涂式两大类，而刀涂式在人造革产品中应用较多。刀涂式主要有三种方式：浮刀涂刮、辊筒刀涂和带衬涂刮，如图 3-76 所示。转移涂覆法人造革的制造过程中一般采用辊筒刀涂机。

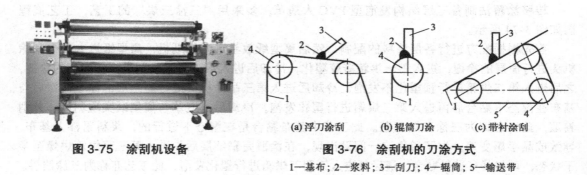

图 3-75 涂刮机设备　　　　　图 3-76 涂刮机的刀涂方式

　　　　　　　　　　　　1—基布；2—浆料；3—刮刀；4—辊筒；5—输送带

　　浮刀涂刮机多用于直接涂层法制备人造革，比较适合强度较大、不易变形的基布，浮刀涂刮机中涂层的厚度主要是依靠基布的张力和刮刀的角度来控制的，张力越大涂层越薄，刮刀与前进基布形成的角度越大时，涂覆厚度越薄。辊筒刀涂机是在钢辊或者橡胶辊的最高点垂直放置刮刀，调节刮刀与辊筒的间隙可以调节涂层的厚度，如图 3-77 所示。辊筒刀涂机刮涂的厚度可控、厚薄均匀一致性好、产品质量较好。

刮刀是涂刮机的关键部件，刮刀刀刃的形式多样，典型的有楔形、圆形、钩形和鞋形（见图 3-78）。刮刀刀口的弧度越小，越尖锐，涂层厚度越薄。

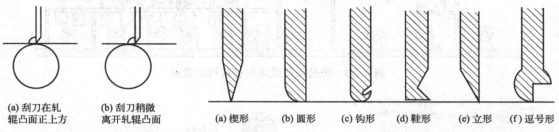

(a) 刮刀在轧
辊凸面正上方

(b) 刮刀稍微
离开轧辊凸面

图 3-77　辊筒刀涂式的两种形式

(a) 楔形　(b) 圆形　(c) 钩形　(d) 鞋形　(e) 立形　(f) 逗号形

图 3-78　刮刀的刀刃形状

楔形刀一般用于浮刀式涂刮，涂层厚度较薄、涂覆量较少，制得的人造革手感柔软，适合涂刮薄层制品或者底涂，缺点是不易刮均匀，涂层浆料黏度大时容易出现条线问题。转移涂覆法中辊筒刀涂式中使用的刮刀常为圆形刀。圆形刀的刀刃呈现弧形且比较厚，涂层浆料在刀刃下有较长的受压、流动时间，同时刀刃对于浆料的剪切力大大减小，可以增加涂覆量，适用于厚层制品，尤其适用于高黏度浆料，涂层膜比较均匀。钩形刀可以减少刮刀背部存在微小沉淀物聚集的问题，有助于涂层的均匀度和涂层面的光洁度，适用于辊筒刀涂式转移涂覆法，适用于涂刮面层。

② 烘箱。烘箱是人造革生产的主要设备，一般置于刮涂机后面，起到烘燥成膜、塑化、发泡和贴牢等作用。烘箱的热源主要有电、蒸汽和导热油，人造革和合成革产品要求烘箱温度在 140℃ 以上，因此常用导热油作为热源。导热油加热温度可达 250℃ 以上，且温度控制精度比较高，无明火，适用性比较广。烘箱的加热方式可以分为热辐射式、热风循环式、热辐射和热风循环相结合。热辐射式热效率低、温度不均匀；热风循环式采用导热油直接加热空气，由风机将热空气通过喷风嘴射出，在烘箱内部形成强制热循环，这种方式具有安全可靠、内部温度均匀、温度控制精度高等优点，目前烘箱多采用此方式。

烘箱内循环风扇的布置有单面、双面两种方式，单面吹风的热风循环风扇设置在烘箱的顶部，双面吹风的热风循环风扇设置在烘箱的两侧，通过音叉形喷风嘴上下同时吹风，基布或者离型纸在音叉的裂口中通过，烘干效率提升。

③ 表处机。又称表面印刷机，也是制备汽车内饰用人造革产品的关键设备，如图 3-79 所示。它是通过涂覆表处剂（亦可添加色浆）的方式对人造革或者合成革表面进行一次或多次印刷处理，改变其表面颜色，进行上光、雾面处理等；同时通过表处剂的作用，赋予人造革或者合成革产品良好的耐磨性能、耐刮擦性能、耐弯折性能以及耐老化、耐日晒性能等。

表处剂的类型有油性和水性两类，其中水性聚氨酯树脂类表处剂最为常用。根据产品和技术要求的不同，人造革或者合成革产品通常

图 3-79　PVC 人造革表处机生产线

需要进行 2 ～ 4 遍表面处理，图 3-80 所示为表处用四版印刷机结构示意图。

④ 压纹机。压纹机是赋予人造革表面纹理的关键设备，如图 3-81 所示。汽车内饰用 PVC 人造革表面纹理的获得主要是通过压纹机来实现的，适宜纹理较为立体、深度较深且复

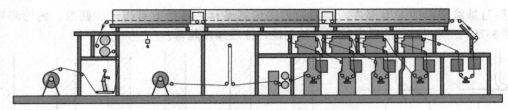

图 3-80 表处用四版印刷机结构示意图

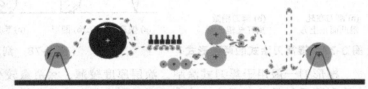

图 3-81 压纹机生产线及其结构示意图

杂的花型；采用带有花型纹理的离型纸将其纹理转移到人造革表面，这种方式形成花型纹理比较浅，但相对较为细腻，在汽车内饰用人造革中较少使用。

压纹机多采用辊筒式，可以满足整幅宽的人造革压纹处理要求。一般需要将人造革进行辐射加热后，喂到压纹机的压口，带有花纹的辊筒和镜面光辊不加热，对受热状态的人造革进行冷辊压花，从而赋予人造革表面相应的花型纹理。人造革的加热温度、压口隔距、压花机速度、压力等工艺参数直接影响表面的压花效果。

3.4.2 PU 合成革

PVC 人造革存在手感硬、皮感差、舒适性以及耐老化性能差、气味重、增塑剂易迁移等缺陷，目前中高端汽车内饰中开始逐步采用 PU 合成革取代 PVC 人造革。PU 合成革按其生产方法的不同可以分为干法 PU 合成革和湿法 PU 合成革两大类。

3.4.2.1 干法 PU 合成革工艺

干法 PU 工艺始自于 20 世纪 60 年代初的意大利、日本和西班牙等国家，经过 60 余年的发展，干法 PU 合成革已经成为目前 PU 合成革产品中发展较快的产品之一。干法 PU 合成革是指将溶剂型的聚氨酯树脂溶液涂覆于基布上，通过挥发掉溶剂后得到的多层薄膜加上基布而构成的多层结构体。可以采用双组分黏结树脂来提高聚氨酯树脂与基布的黏合牢度；也可以通过预发泡或者添加表面活性剂等方法，在织物表面形成具有微孔结构的聚合物层，制得与湿法工艺相似的透气微孔，提高 PU 合成革的手感和舒适性。干法 PU 合成革在手感丰满度、回弹性方面相对差一些，但耐磨性、耐刮性、耐水解性、耐候性等性能较好，且生产加工过程低 VOC、低气味，价格相对较低、手感柔软、轻薄，目前已被广泛地应用于汽车座椅、仪表板、门板等内饰件区域。

干法 PU 合成革的生产工艺又可以分为直接涂层工艺和转移涂层工艺两种。

（1）直接涂层工艺

直接涂层工艺不依靠媒介，直接将聚氨酯浆料刮涂于基材或半成品表面，干燥后形成一层致密的薄膜。直接涂层法在产品品种和质量上受较大限制，在 PU 合成革中较少使用，多用于纺织品的涂层整理。

（2）转移涂层工艺

转移涂层工艺，又称为间接涂层法、离型纸法，它是将含有聚氨酯树脂的浆料刮涂到离型纸上，使其形成连续的均匀的薄膜，然后在薄膜上涂上黏合剂，与织物或湿法贝斯等基材叠合，经过烘干和固化，将载体剥离，制得 PU 合成革。

常规 PU 合成革所使用的浆料多为聚氨酯树脂与溶剂的均相溶液，溶剂受热挥发后湿态浆料变成连续的固态聚氨酯薄膜。常用的溶剂体系主要有：低沸点的丙酮、乙酸乙酯、四氢呋喃，中沸点的甲苯、乙酸丁酯，以及高沸点的环己酮、二甲基甲酰胺（DMF），等等。

转移涂层工艺是目前干法 PU 合成革加工的主要工艺方式。湿法 PU 合成革贝斯也用此法进行贴面改色，制成成品。通过转移涂层工艺制得的干法 PU 合成革的结构主要是由纹理层（表皮层）、皮层、黏结层组成，有的产品还有发泡层。转移涂层工艺流程如图 3-82 所示。

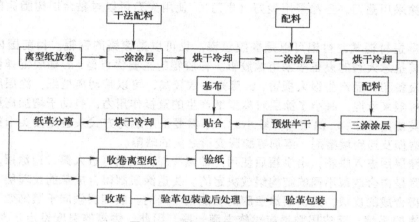

图 3-82　转移涂层工艺流程图

转移涂层工艺主要包括：

① 纹理层和皮层树脂涂覆与干燥成膜。首先是纹理层树脂在离型纸上的涂覆与干燥，其次是皮层树脂在纹理层上的涂覆与干燥。涂覆一般采用圆刀或者刀辊刮涂，热风干燥。该部分构成了干法 PU 合成革薄膜的表面，具有特定的颜色、纹理、手感和性能。

② 黏合剂与基布的层压复合。其主要包括黏合剂在面层上的涂覆与干燥，聚氨酯薄膜与基布的层压贴合。贴合可以在涂层后直接进行，也可以控制一定的干燥度后再进行贴合，贴合后基布与聚氨酯薄膜形成整体。

③ 熟化、干燥和纸革剥离。贴合后基布与聚氨酯薄膜的黏结牢度尚未达到最佳状态，需要进行熟化和干燥。其后将离型纸与面层剥离开来，离型纸上的花纹可以转移到 PU 合成革的表面。离型纸收卷后重复利用。

根据产品、应用场景以及性能要求的不同，可以在基本工艺路线基础上进行调整优化，比如：根据涂层数可以分为单涂、二涂和三涂等；根据基布与干法薄膜的贴合工艺又分为湿贴、干贴和半干贴等；根据黏合剂种类的不同，可以选择不同的树脂材料。目前比较常用的合成革工艺路线为三涂四烘工艺。

（3）干法 PU 合成革转移涂层工艺的设备

目前比较常用的合成革工艺路线为三涂四烘工艺，采用设备主要是干法转移涂层联合机，标准配置由三台涂布机和四台烘箱组成。辅助的设备主要有离型纸的放卷、纠偏、接纸机、储料架、收卷以及成品革收卷机等相关设备。三涂四烘干法生产线如图 3-83 所示。

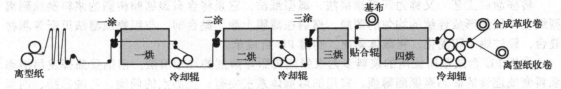

图 3-83 三涂四烘干法生产线示意图

① 涂布机。涂布机俗称涂头，是干法生产线的核心设备，由刮刀、间隙控制机构、机架和动力机构组成，其作用是实现涂层剂定量均匀的涂布。涂层刀的形式多样，有尖刀、圆刀、钩刀等。一般一涂采用的是"圆刀+零丝刀"旋转型，可旋转调节，兼顾零丝涂布和精涂产品；二涂采用圆刀，三涂采用尖刀（直刀），使用尖刀可以对黏合层树脂涂覆量精确控制。

涂刀通常是衬辊式，衬辊可以是橡胶包辊，也可以是镀铬的钢辊。目前国内多采用钢辊，欧洲尤其是意大利的设备多采用橡胶辊。橡胶辊的主要优点是：a.橡胶辊弹性好，异物落入不会对设备和产品产生很大损害；b.摩擦系数较高，可以带动离型纸，涂层所受到的力可以由橡胶衬辊来承担，减小了涂层对离型纸产生的直接作用力，有助于增加离型纸的使用次数，延长其使用寿命；c.涂层间隙较小时，不需要采用跳刀方式来避免接头卡纸问题。橡胶辊也有易磨损及遇到增塑剂、溶剂等膨胀变形之类的缺陷。

第一道涂层后进入烘箱，出烘箱后使用冷却辊冷却，之后再进入第二道涂层，后面接烘箱。这种布置是由合成革不同的结构组成决定的。头道涂层制得合成革的纹理层（表皮层），二道涂层制得合成的皮层，这两层涂层膜的功能是不同的。纹理层倾向于装饰效果或者使合成革具有干爽的手感，而皮层则是应柔软丰满一些。因此，烘箱的温度设定多为从低到高，最高点略高于溶剂的沸点，一般在 100 ~ 140℃。烘箱温度不宜太高，否则会影响离型纸的使用寿命。采用不同的风量吹风，可以将蒸发所需的大量热输送给涂层膜，利于溶剂的蒸发。第三道涂层是涂黏结层，涂层后进入第三节短烘箱蒸发掉大部分溶剂，使涂层膜处于半干状态，再与基布进行"半干贴合"后进入第四节烘箱烘燥。这时涂层膜中的溶剂含量已经比较少，可以提高机速和生产效率，制得的合成革手感也能保持较好的柔软特性。

② 烘箱。烘箱的主要作用是高速有效地将涂层浆料变成涂层膜，并直接影响面层与基布的黏合力。一般生产线都是配置四节烘箱，三个涂头后各有一节烘箱，与基布贴合后再有一节烘箱。

烘箱的长度也不相同，一般为 18 米（第一烘箱）+18 米（第二烘箱）+6 米（第三烘箱）+20 米（第四烘箱）。第一节和第二节烘箱较长，主要考虑生产效率及涂层产品如水性树脂、发泡产品等，实现产品多样性与通用性。第三节烘箱较短，主要用于控制黏合层的干湿程度。

烘箱多为长方体隧道式箱体结构，一般由多节组成，每个烘箱可以分为多个温区，一般6 米为一个温区，各温区的温度可根据实际需求进行调节。烘箱多采用导热油加热方式，送风采用上下吹风方式。

③ 层合机。层合机是实现聚氨酯薄膜与基布贴合的关键设备。贴合辊由一个加压的钢辊和一个包橡胶的承压辊组成，橡胶承压辊是主动辊，可以防止基布与承压辊之间发生相对移动，加压辊和承压辊表面的线速率一致。两辊之间的间隙可以通过微动机构调整，压力可以通过加压活塞内的压缩空气进行调节。有些层合机在贴合前还会有基布预热装置，以避免

基布因含水分较多或者受热后导致的幅宽收缩、布面不平整等问题。

不同的贴合方式其贴合点也是不相同的，干贴点一般位于第二节烘箱出口处，湿贴点位置位于第三节烘箱入口处，半干贴点位置位于第三节烘箱的出口处，湿贴和半干贴可以共用一个放布平台。

④ 离型纸和成品分离机。三涂四烘干法生产线的最后一个部分就是离型纸与PU合成革基布之间实现分离的设备。分离设备一般加装静电去除装置，减少分离时静电积聚导致的灰尘附着，防止离型纸表面涂层被破坏，减少对离型纸光雾度的影响，延长使用寿命。分离时离型纸与基布之间的夹角一般为135°，可以使得剥离对离型纸造成的损伤最小化。离型纸的卷绕辊直径应大一些，可以保护离型纸上的花纹不变形，增加使用次数。此外，接触基布的卷绕辊是主动的橡胶辊，能够减少由离型纸卷绕机承担的分离式的拉伸力，起到保护离型纸的作用。

⑤ 其他辅助设备。一般情况下，离型纸和涂层产品都有储存器，以保证换卷时的连续生产。另外，冷却辊也是必不可少的，涂层产品进入烘箱干燥后，表面温度过高，必须经过充分的冷却，以便于下一道涂层或者收卷。冷却辊一般为钢辊，表面做镀铬抛光，钢辊里面通循环冷水进行冷却。

(4) 无溶剂干法PU合成革转移涂层工艺

无溶剂干法PU合成革是近年发展起来的一种新型清洁化生产工艺，其主要工艺特征是液体原料的输送、计量、冲击混合、快速反应和成型等同时进行。原料和加工过程中不使用任何溶剂，不会出现易燃易爆问题，不会对生态环境造成污染，更环保更安全。无溶剂干法PU合成革具有溶剂型聚氨酯产品力学强度高、耐磨、耐老化、弹性好、可再加工性强等优良性能。

① 工艺原理。无溶剂干法PU合成革的基本原理是预聚体混合涂布后的在线快速反应成型。通过两种或两种以上的预聚体及组合料，以设定比例分别加注到混合头，混合均匀后注射、涂布到基布或离型纸上。进入干燥箱后，低分子的预聚体开始反应，逐步形成高分子量聚合物，并在反应过程中成型。无溶剂干法PU合成革的成型过程是一个化学反应过程，其中包括异氰酸酯基（—NCO）与羟基的链增长、交联反应，还包括异氰酸酯与水的反应，反应中还伴随着低沸点溶剂的挥发成泡等物理过程。

a. 链增长反应。无溶剂干法PU合成革采用低分子量预聚体为原料，因此在成型中最主要的反应是异氰酸酯预聚体与羟基预聚体之间的链增长反应，通常采用—NCO过量法。该过程与一液型聚氨酯反应机理基本相同，是形成高分子量聚氨酯的关键。

b. 交联反应。为了提高成型树脂的性能，一般需加入一定量三官能度的交联剂，形成内交联。在扩链反应的同时进行部分凝胶化交联反应，最终得到体型结构的聚氨酯。交联度及反应发生时间是控制的关键。

c. 发泡。其有物理发泡和化学发泡两种。物理发泡是利用热量气化低沸点烃类或直接混入微量空气产生气泡。物理发泡简单易控，是目前主要采用的方式。化学发泡是利用异氰酸酯与水反应生成的CO_2气体发泡，由于反应生成的胺会立即再与异氰酸根反应生成脲基，因此工艺较难控制。良好的泡孔结构赋予PU合成革软弹的手感和细腻的仿真皮感。

② 工艺流程。无溶剂干法PU合成革的生产工艺基本包括配料、表涂、混料、涂层、复合、干燥、冷却、卷取等多个工序。一般生产线基本配置为"三涂四烘"，工艺路线如图3-84所示。

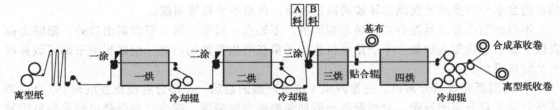

图 3-84　无溶剂干法 PU 合成革干法转移涂层工艺示意图

无溶剂干法聚氨酯合成革生产工艺主要包括面层的涂层、无溶剂黏结层的涂层、基布的贴合、熟化及冷却收卷等。

a. 面层的涂层。可根据需要使用溶剂型聚氨酯或水性聚氨酯等，干燥成膜。面层一般设计为两刀刮涂法，配置两涂两烘的生产设备，完成纹理层和皮层两层的涂覆。通过不同的层设计，可以灵活地生产各类产品，拓展无溶剂产品的应用领域。

b. 无溶剂黏结层的涂层。将异氰酸酯预聚体和多元醇预聚体分别储存在 A、B 恒温储料罐中，经准确计量快速输送至混合头，将混合料先喷在面层，再经过刮刀涂布，刮涂在已带有干燥面层的离型纸载体上。烘箱温度范围为 100 ～ 120℃，停留时间为 1 ～ 3min，出烘箱时已经发泡同时具有黏性。

c. 基布的贴合。将所需贴合基布与无溶剂料进行压合，由于无溶剂料此时仍具有很好的黏合性，因此无需黏合剂。

d. 熟化。贴合完基布后，复合体进入第四烘箱，然后在 120℃下固化 7 ～ 10min，实现无溶剂聚氨酯的反应并成型。第四烘箱要有足够的加热长度，保证熟化完全。

e. 采用冷却辊进行冷却后，将基布与离型纸分离，最后进行成品革以及离型纸的收卷。

③ 工艺控制。无溶剂生产的关键是供料混合系统。可采用静态混合、低压冲击混合、高压冲击混合几种方法。目前高压冲击混合法（high pressure impingement mixing，HPIM）最优，无需机械搅拌，依靠高压输送和小口径喷嘴产生的冲击实现混合，并且具有自清洁功能。供料混合系统要求温度、计量、压力精确，组分进入混合室要求不得出现超前或滞后误差。

预聚体经过计量后进入混合头。混合头通常会有一个空气定量注入系统，通过调节混合头压力和空气注入量，控制和调节泡孔数量与结构，达到控制成品手感的目的。泡孔多则手感软，但强度会随之下降。

混合料一般要经过流体、凝胶和固化三个阶段。物料在混合初期即开始反应，此时混合料中的预聚体分子量较小，物料黏度开始增加但仍有很好的流动性，因此必须在具有流动性时刮涂，并实现物料的流平性。反应继续进行，聚合物的分子量快速变大，黏度上升，交联反应使混合料流动性降低，成为泛白的凝胶状。随着预聚体进一步的反应，发泡涂层凝胶化加聚，但仍保持一定的黏性，此时进行基布贴合。继续加热，反应进行完毕，形成体型交联的聚氨酯，固化完成。

生产中不同的原料要分罐贮存，并保持稳定温度，便于调整配比和实现反应速率稳定。尽量延长干燥线长度，降低物料反应速率。精确控制计量与温度参数，放宽工艺条件，防止闪发聚合及生产不稳定，平衡产能与质量的关系。

无溶剂合成革也有其自身缺点。热固性树脂的花纹表现力僵硬，触感欠佳，树脂交联后无法进行压纹或揉纹收缩，限制了应用领域，目前主要在汽车内饰、坐垫革及部分鞋革等使用要求较为苛刻的领域中应用。另外，无溶剂生产对设备、工艺、原料、人员、管理等都有很高要求，车间温度湿度变化都会对产品产生较大影响，生产与产品的稳定性管控非常重要。

3.4.2.2 湿法 PU 合成革工艺

湿法 PU 合成革是 20 世纪 60 年代初在国外市场出现的，与干法 PU 合成革相比，其最大的特点是透气性能及外观质量有明显的改善，更接近于天然皮革。

湿法 PU 合成革工艺又称为凝固涂层工艺，它的特点是在凝固浴中生成多孔性皮膜。凝固涂层的涂层剂只有一种即单组分聚氨酯，成膜的机理也较为简单。

湿法聚氨酯合成革的生产方法是在聚氨酯湿法树脂中加入 DMF 溶剂及其他填料、助剂制成混合液，经过真空机脱泡后，浸渍或涂覆于基布上，然后放入与溶剂（DMF）具有亲和性而与聚氨酯树脂不亲和的水中，溶剂（DMF）被水置换，聚氨酯树脂逐渐凝固，从而形成多孔性连续皮膜，即微孔聚氨酯粒面层，习惯上称为贝斯（英文 BASE 的音译），其含义是基材（半成品革）的意思，贝斯经过干法贴面或表面经整饰，如表面印刷、压花、磨皮等工艺后，才能成为聚氨酯合成革成品。整个过程中水与 DMF 的置换控制是关键。

湿法聚氨酯合成革具有良好的透气、透湿性，滑爽丰满的手感，优良的力学强度，特别是从结构上近似天然皮革。湿法合成革贝斯的生产工艺可分为单涂层法、含浸法和含浸涂层法三种，所用基布有纺织布和非织造布两类。

（1）湿法工艺中聚氨酯的凝固和成孔机理

湿法凝固的本质是溶剂 DMF 脱离原来的 PU/DMF 体系，导致 PU 树脂在混合液中失稳，而以固体形式析出。表现形式为 PU/DMF 体系中的溶剂 DMF 扩散到凝固浴 DMF/H_2O 体系中，而 DMF/H_2O 体系中的 H_2O 不断进入 PU/DMF 体系中。

湿法凝固的基本原理是利用 PU-DMF-H_2O 三者之间的互溶与不溶的关系。即"DMF-H_2O"可互溶，"PU-DMF"可互溶，"PU-H_2O"不溶。PU/DMF 体系由于 H_2O 的存在，DMF 与 H_2O 之间相互置换，实现 DMF 与 H_2O 的双向扩散、PU 大分子间随着 DMF 的不断减少而凝胶化，最终使得 PU 形成连续的固体膜（见图 3-85）。PU 自身在凝固过程中只存在相态转变，分子组成不变。

凝固过程大致可分为四步：

① 水从涂层膜表面将 DMF 稀释或

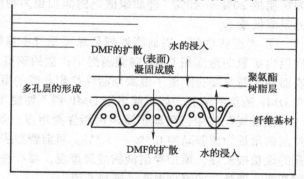

图 3-85 双向扩散示意图

萃取。由于凝固浴的组成是一定 DMF 浓度，与纯水体系相比，稀释和萃取的过程将进行得比较缓慢。

② PU/DMF/H_2O 凝胶状态，从溶液中分离出来。原来溶液由单相（澄清）变为双相（浑浊），也就是发生了相分离。这种 PU 的相分离不是 PU 从溶液中分离出来，而是 PU 的富相从其贫相中分离出来，与此同时，溶液黏度将显著下降。

③ 双向扩散继续进行，在凝胶相中产生了固体的 PU 沉淀。

④ 固体 PU 脱液收缩，使涂层膜中产生了充满 DMF 水溶液的微孔，孔壁是固体 PU，在此后的水洗、烘干过程中，除去 DMF 水溶液，留下微孔。

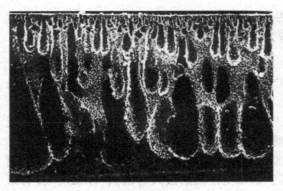

图 3-86 涂层泡孔基本结构

泡孔的形成是应力（体积收缩产生）和应变作用的结果。在相互渗透过程当中，树脂中的溶剂浓度下降，聚氨酯分子自由伸展状态的外部环境发生改变，有逐步收缩或蜷曲以至于凝固的趋势，即逐步失稳。在溶剂比例逐步下降的同时，不稳定的树脂溶液会产生体积收缩，即产生收缩应力。不同条件下泡孔形成的结构不同，但是基本结构都是由致密层和泡孔层构成，典型的泡孔结构如图 3-86 所示。

泡孔的形成是一个复杂的过程，与凝固过程是相伴发展的，凝固与泡孔形成过程在实际当中是连续进行的，没有明显界限，大致可分为以下几个阶段：入水阶段、表面致密层形成阶段、微孔层初期阶段、微孔层发展阶段以及微孔层结束阶段。

双向扩散速率决定了 PU 凝固速度和微孔结构。改变工艺条件和控制扩散速率，可以引导 PU 凝固过程朝某一特定构造发展，同时可以得到所需要的特定微孔结构。

（2）主要原料

① 涂层剂。湿法工艺用的涂层剂（树脂）绝大部分是聚氨酯树脂，选择树脂最主要的考量指标是模量，即软硬程度。除此之外，树脂的黏度、固含量、成肌性等也是选择和检验树脂性能的依据。

② 填充料。常用的填充料主要有纤维素粉末和轻质碳酸钙，纤维素粉末的添加量一般为树脂的 20% ～ 40%，轻质碳酸钙的添加量为树脂的 0 ～ 20%。添加轻质碳酸钙的主要目的是降低成本。

③ 表面活性剂。表面活性剂是涂层配方中重要的组成部分，直接影响着凝固成膜时水向膜内扩散的速度和 DMF 向凝固浴中扩散的速度，对凝固速度和成膜质影响较大。常用的表面活性剂主要有阴离子型表面活性剂和非离子型表面活性剂。选择表面活性剂时要考虑其与 DMF 的溶解情况，如不能溶于 DMF 则不能使用。

在常规配方中，阴离子型表面活性剂用量一般为树脂量的 1% ～ 3%，非离子型表面活性剂的用量为树脂量的 0.5% ～ 1.5%。目前新型表面活性剂用于湿法工艺，可以大大提高泡孔的数量或密度，增加涂层液的成膜厚度，减少涂层厚度，降低成本。另外，还有活性剂可调节泡孔形状，如调直泡孔、圆泡孔等。

④ 添加剂。添加剂主要有水、流平剂、消泡剂、防黏剂、着色剂等。水的用量为树脂量的 1% ～ 3%。流平剂的主要作用是改善涂层液的流平性，从而改善贝斯表面的平整性，添加量一般为树脂量的 0.1% ～ 0.3%。消泡剂主要是用于消除涂层剂中的空气，减少贝斯表面的针孔，一般用量为树脂量的 0.5% ～ 1.0%。着色剂的用量一般为树脂量的 1% ～ 3%。

⑤ DMF。DMF 除了起到溶解聚氨酯树脂的作用外，还对贝斯中的气泡孔径大小有着直接影响。DMF 用量大时，泡孔则大，反之则小。

⑥ 其他助剂。一些特殊产品的生产过程中还会添加如抗菌剂、防霉剂及抗氧化剂、阻燃剂等助剂。

（3）湿法聚氨酯贝斯生产工艺

凝固涂层产品按照其工艺状况，可以分为单涂层法、含浸法和含浸涂层法三种，其涂层配方和工艺流程均各不相同。

① 单涂层法聚氨酯贝斯工艺。单涂层法聚氨酯贝斯生产通常采用双面平、单面或者双面起毛的机织布及针织布作为基布，通过在其表面涂覆聚氨酯配合液，经过凝固、水洗和烘干等工序制得。单涂层法制得的贝斯通常再以干法转移工艺进行贴面后制得终端产品，或者经过磨皮机打磨后形成产品。

单涂层法聚氨酯贝斯工艺流程如图 3-87 所示。

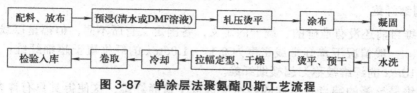

图 3-87　单涂层法聚氨酯贝斯工艺流程

② 含浸法聚氨酯贝斯工艺。含浸法聚氨酯贝斯通常以双面起毛布或者非织造布为基布，在纤维空隙饱和浸渍 PU 树脂配合液，经过凝固、水洗、烘干等工序制得。基本工艺流程如图 3-88 所示。

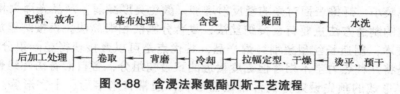

图 3-88　含浸法聚氨酯贝斯工艺流程

③ 含浸涂层法聚氨酯贝斯工艺。含浸涂层法聚氨酯贝斯主要是以起毛布或者非织造布为基布。基布含浸 PU 树脂配合液后再在其表面进行聚氨酯浆料的涂覆，然后进行湿法凝固、水洗、烘干等工序制得聚氨酯贝斯。根据实际情况还可以选择在含浸后增加预凝固工序，再进行聚氨酯涂覆。含浸涂层法制得聚氨酯贝斯表面形成厚度方向上不同结构的微孔，通常表面为致密膜结构，上层是致密孔，与浸渍层连接的下层则形成较大的指形孔，外观和结构上更接近真皮，具有一定的透气透湿性能，表面平整、褶纹细密。基本工艺流程如图 3-89 所示。

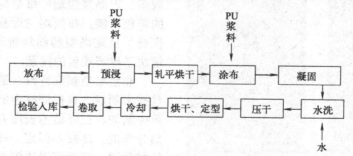

图 3-89　含浸涂层法聚氨酯贝斯工艺流程

3.4.3　超细纤维 PU 革

超细纤维 PU 革是以超细纤维材料为基布，通过转移涂层干法贴面的工艺进行 PU 树脂的涂覆制得的合成革，简称超纤 PU 革，也称为超纤贴面革、超纤皮或超纤革。超纤革的主要成分是超细纤维和聚氨酯树脂：超细纤维相互交联构成三维结构的骨架，起到类似于真皮胶原纤维的支撑作用，聚氨酯填充分布在超细纤维的四周，使得基布形成一个整体，聚氨酯呈现出泡孔、针孔结构，交错联通，形成微细的通透的立体网络结构。图2-4所示为超纤PU合成革与天然牛皮中的纤维分布及截面结构比较。

超纤PU革产品具有优异的耐磨性能，优异的透气、耐老化性能，柔软舒适，有很强的柔韧性和环保低散发性能。尤其是其在资源获取途径、经济成本以及利用率方面有着非常大的优势。在汽车内饰领域，超纤PU革主要是替代真皮，用于汽车座椅中部区域的包覆。

3.4.3.1　超细纤维

超细纤维目前还没有准确的、统一的定义，各国定义有所不同，但都是以线密度作为标准来定义的。一般情况下单纤维线密度为0.1～1.0dtex的纤维属于超细纤维；而单纤维线密度小于0.1dtex的纤维被称为超极细纤维。

超细纤维最显著的特点是单丝的线密度远低于普通纤维，这使得其具有许多特殊性能。超细纤维的挠曲刚性和扭转刚性大幅降低，超细纤维产品具有细腻柔软的手感和良好的悬垂性。超细纤维比表面积比较大，对染化料的吸附能力比较强，织物具有良好的吸排湿性能。超细纤维容易制成高密度的产品，在制品表面可以形成浓密的绒毛，蓬松性、保暖性好。超细纤维的直径较小，纤维表面对光的漫反射增加，颜色亮度减弱，产品光泽柔和。

超细纤维的制造方法主要有直接纺丝法、复合分割法和海岛法。直接纺丝法采用传统型的熔融纺丝技术，制造长丝型超细纤维产品，其优点是可以直接获得单一组分的超细纤维。复合分割法是将几种热力学不相容但黏度接近的聚合物组分，各自沿着纺丝组件中预定的通道，相互汇集形成的预先设定好的纤维截面形状，通常有米字形、十字形等。海岛法是利用两种或两种以上的热力学不相容的聚合物进行共混纺丝或者复合纺丝制造出的特殊结构超细纤维，其中一种聚合物组分（分散相，即岛）以微细纤维的形式分散于另一种聚合物组分（连续相，即海）中，如果将连续相除去，即可得到由分散相形成的超细纤维。

海岛型超细纤维根据原料及生产工艺不同，分为定岛超细纤维和非定岛超细纤维（见图3-90）。定岛型：通过双组分复合纺丝技术制成，岛与海成分在纤维长度方向上是连续密集均匀分布的。岛数固定、均匀且有规则，纤度一致且能达到0.04D❶。目前用在长丝上比较多。定岛型超细纤维结构稳定，有着良好的着色性能，布面均匀度及平整度具备明显优势，且定岛型超细纤维采用碱减量工艺，解决了甲苯残留的问题。

非定岛型超细纤维：通过双组分混溶纺丝技术制成，单根纤维中的岛在微观上是不可控制的、在纤维的长度方向上是非连续密集分布的。岛数不固定、纤度有差异但总体纤维更细，最细可以达到0.001D，其岛部分是经过拉伸而形成超极细纤维，只能生产短纤维，其着色性能较差，表面纤维分布不均。

(a)非定岛型

(b)定岛型

图3-90　定岛型超细纤维和非定岛型超细纤维截面图

目前海岛纤维中岛的组分选用PET或者PA为多，海的组分选用COPET（碱溶性聚酯），

---

❶　1D=0.111111tex。

PE（聚乙烯）、PA（尼龙）、PS（苯乙烯）及 PET（聚酯）等。定岛的岛数通常为 16、36、37、51、64，最高的可以超过 100 岛。PET/COPET 型主要制备海岛长丝，用于织物开发；PA/（PET 或 COPET）主要制成短纤，用于合成革基布。

3.4.3.2 超细纤维 PU 革的制造工艺

超细纤维 PU 合成革的制造工艺一般包括两部分，即超纤贝斯的制备和 PU 层贴面，涉及的主要工序包括：海岛纤维纺丝、非织造成网生产、含浸、开纤、磨毛及涂层、表面处理、压纹等。一般情况采用干法贴面工艺，即采用三涂三烘的工艺制备 PU 层，再与超纤贝斯层进行贴合，再经过表处及压纹工艺后，制得超纤 PU 合成革产品。图 3-91 所示为超细纤维 PU 合成革的制造工艺流程图。

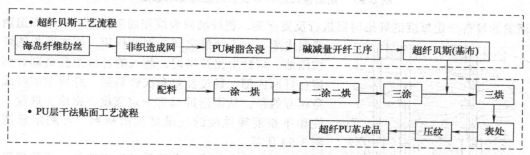

图 3-91　超细纤维 PU 合成革制造工艺流程图

（1）海岛纤维的纺丝

海岛纤维的纺丝过程主要分为共混和纺丝两个阶段。海岛纤维的主要工艺流程：纺前准备→混合切片→螺杆挤出机（进料、熔融压缩共混、计量均化）→熔体过滤→熔体管道输送→静态混合→计量泵→喷丝组件→环吹风固化→上油→进入后纺（或直接卷绕）。

共混阶段，指的是切片经过螺杆挤出机加热混合，形成稳定的海岛结构共混高聚体系的过程，共混阶段决定了共混物的相态结构，是形成海岛纤维的基础。共混形态有个基本规律：低黏度高聚物倾向于形成连续相（海相），高黏度的一般形成分散相（岛相）；含量高的组分容易形成连续相，含量低的组分形成分散相。同时，温度、剪切力等共混条件对相态结构影响很大。

纺丝阶段，是指海岛共混熔体经过挤出、拉伸、固化形成海岛纤维的过程。共混熔体进入喷丝孔前，分散相在界面的作用下保持球形颗粒状态分散在连续相中。当熔体由纺丝计量泵以一定压力经喷丝孔压出时，球形颗粒受到轴向拉伸后发生形变，经拉伸后成为细长微纤，通过冷却作用后固化，形成海岛纤维的初生纤维。图 3-92 所示为定岛型海岛纤维的复合纺丝工艺示意图。

初生纤维尚不具备工业使用价值，必须进行后纺工序，以改善结构，提高性能，满足加工和使用要求。纤维后纺的工艺主要是对海岛纤维力学性能、加工性能等进行处理，主要包括集束、拉伸、上油、卷曲、干燥定形、切断和打包等工序。

（2）非织造成网

合成革对非织造布的厚度、表观密度、强力、剥离等指标有着比较高的要求，通常采用机械成网和针刺加固的方法制备非织造结构的合成革基布。

针刺法非织造布：针刺机带动刺针往复上下运动，对经过梳理并按照不同纤维取向铺

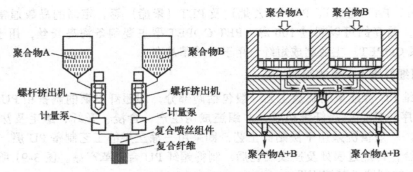

图 3-92 定岛型海岛纤维复合纺丝工艺示意图

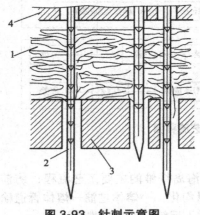

图 3-93 针刺示意图
1—纤维;2—刺针;3—拖网板;
4—剥网板

叠而成的具有一定厚度的纤维网层进行反复穿刺,将纤维网表层和局部里层的纤维强迫刺入纤维网内部。由于纤维之间的摩擦作用,原本蓬松的纤网被压缩,刺针退出纤网时,刺入的纤维束脱离刺针倒钩留在纤网内部。经过反复多次针刺后,纤网中的纤维自身相互缠结,从而形成具有一定强度、密度、厚度、弹性和平整度等性能的三维结构的材料。针刺示意图如图 3-93 所示。

合成革用非织造布在使用前还需要进行后整理以提高其使用性能,主要的后整理方法有聚乙烯醇(PVA)上浆法和烫平法。PVA 上浆法通常用于普通合成革和定岛超纤革的非织造布整理,提高非织造布的硬挺度,以便与 PU 贴合,同时提高基布的柔软度和透气性。非定岛的非织造布通常采用烫平法进行整理,目的是提高硬挺度和平整度。

(3)含浸聚氨酯

非织造成网和定型后的非织造布还需要经过一系列的加工才能成为超细纤维合成革的基布。基布加工的过程主要是,将调配好的聚氨酯浆料挤压进具有三维结构的高密度定型非织造布中,通过相转化使得聚氨酯树脂凝固,洗去基布中含有的 DMF,并采用水解或者溶解的方式将纤维中的海组分去除,形成超细纤维和具有微细、通透孔结构的聚氨酯两部分组成的超细纤维合成革基布。超细纤维形成的非织造布成了超纤革的骨架,聚氨酯树脂起到了填充纤维骨架间隙的"肉"的作用。

非织造布基布加工的过程主要包括浸渍、凝固和水洗等工序(见图 3-94)。浸渍方式主要有普通浸渍和强行浸渍两种,普通浸渍多用于 PA6/COPET 型非织造布,强行浸渍主要用于 PA6/PE 型非织造布。为了保证聚氨酯充分浸渍,主要可以通过调整浸渍间隙、浸渍槽长度、挤压次数及浸渍辊的线速度、非织造布的运行速度等工艺参数去控制。湿法凝固是将

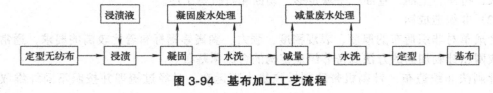

图 3-94 基布加工工艺流程

浸渍聚氨酯的非织造布置于 DMF 的水溶液中，使得聚氨酯发生相转变而凝固的过程。基布出凝固槽后经过水洗去除含有的大量 DMF，一般采用多段水洗槽溢流洗的方式。

（4）减量开纤

将海岛纤维中的连续相去除后形成超细纤维的工序称为减量开纤。减量的方式由构成连续相的成分决定，海的成分是聚乙烯则采用甲苯减量开纤，海的成分是聚酯或者共聚酯，则采用碱减量开纤，通常采用失重率或者开纤率来评价减量的效果。汽车内饰用超纤革的基布多采用碱减量方式去开纤，即利用尼龙或者聚酯和聚氨酯在碱液中不易水解的特性，在碱液中将 COPET 从超纤 PU 革的基布中水解去除，完成开纤。碱减量的工艺有间歇式和连续式两种，间歇式主要采用溢流染色机进行，连续式则主要通过碱槽、蒸箱和多道水洗联合机进行。影响碱减量效果的因素主要有碱液浓度、减量温度、减量时间等。

（5）揉革、磨面

揉革的目的主要是提升基布或者成品的品质和性能。揉革可以分为干揉和湿揉两种，干揉的目的主要是消除以前加工时树脂与纤维及纤维与纤维间的粘连，增强纤维的滑动性，从而增强合成革的柔软度，揉成品时可以改变成品的表面纹路效果。湿揉的目的除了达到干揉的目的外，还可以使基布收缩，增强弹性，揉成品时可以使表面纹路更加丰满。

磨面是通过砂带对革进行打磨，以达到设定的厚度，去除表面的瑕疵或者实现起绒等效果。磨面机的磨革砂带表面带有磨粒，利用磨粒对基布表面进行磨削，实现革面的"起绒"效果。一般采用带式连续磨面机，由两根辊筒张紧和驱动的环形砂带对革面进行磨削。

（6）片皮、染色

超纤革的生产过程中常常需要不同厚度规格的基布，超纤湿法生产线由于张力、工艺等参数的影响，不易生产出厚度在 1.0mm 以下的基布。因此常需要对现有超厚度规格的产品进行片皮加工，以解决薄型基布的生产问题。片皮是利用片皮机对基布的厚度进行修正的操作，一般采用刀式片皮机来完成。

另外，超纤合成革基布的原始颜色主要有黑色、白色或浅灰色，可以通过染色工艺丰富基布的颜色。尤其在生产超纤绒面革即超纤仿麂皮产品时，基布的染色要考虑上染率、染色牢度、均匀性、饱和度、耐磨性、耐洗性以及耐光性等性能。超细纤维合成革的染色多采用溢流染色。

（7）干法贴面

在完成超细纤维基布的准备工作后，通过干法贴面的工艺来实现超细纤维基布与表层 PU 层的贴合，从而制得超纤 PU 合成革。干法贴面的工序也是通过干法转移涂层工艺来实现的，一般采用三涂四烘工艺。

完成干法贴面的超纤革，根据产品的实际应用需求，还可以选择进行系列的表面再处理，如表处印刷、印花、压纹等。

3.5 汽车内饰超纤仿麂皮面料的制造工艺

随着消费需求的升级，消费者对汽车内饰材料的感知品质有了更高的要求，具有柔软细腻亲肤触感、柔和光泽感、良好透气性等优点的超纤仿麂皮面料越来越受到青睐，成为当下汽车内饰表皮材料高品质的代名词，逐渐应用于中高端品牌汽车内饰零部件，如汽车座椅、顶饰、立柱、仪表板（IP）、门板等表面的包覆成型。"仿麂皮"顾名思义就是以纺织纤维为原料，通过一系列的纺织染整技术加工开发出的具有天然麂皮高级触感和品质感的人造麂皮材料。

汽车内饰用超纤仿麂皮根据其原料类型和加工工艺主要分为两大类，即织造型超纤仿麂皮和非织造型超纤仿麂皮。织造型超纤仿麂皮以长丝态的超细纤维为原料，通过机织、经编或者纬编工艺进行织造，制得超纤织物后，再经过含浸、开纤等系列加工工序制得。非织造型超纤仿麂皮则是以短纤维态的超细纤维为原料，通过非织造成网、针刺加固等制得超纤非织造布，再经过含浸、开纤、磨毛等系列加工工序制得。具体工艺流程如图3-95所示。

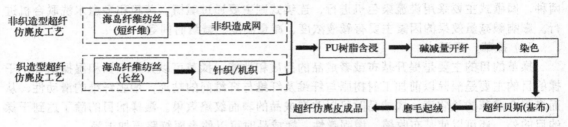

图3-95 汽车内饰超纤仿麂皮面料工艺流程图

汽车内饰仿麂皮面料一般选择定岛的海岛型涤纶超细纤维作原料，它的单丝线密度远低于常规涤纶，赋予仿麂皮面料优异的吸湿性和透气性，具有手感柔软、丰满、富有弹性、蓬松性和飘逸感等特点。

3.5.1 织造型超纤仿麂皮面料

织造型与非织造型超纤仿麂皮面料的主要区别在于基布的成型工艺不同。织造型超纤仿麂皮是利用经纬交织的机织、线圈穿套的针织成型工艺来制得不同类型的超细纤维基布。其中机织超纤仿麂皮面料根据其组织结构的不同，又可以分为经面仿麂皮和纬面仿麂皮。针织超纤仿麂皮根据其成型结构又可以分为经编仿麂皮和纬编仿麂皮，其中经编结构的超纤仿麂皮在汽车内饰中较为常用。

织造型超纤仿麂皮面料的生产工艺流程如图3-96所示。

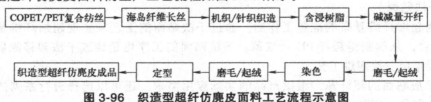

图3-96 织造型超纤仿麂皮面料工艺流程示意图

织造后的超细纤维坯布需要进行充分的前处理，减少坯布中油剂油污的残留，便于后道的开纤染色等。织造型超纤仿麂皮根据目标产品的绒面风格、手感等需求，可以选择是否进行PU树脂含浸。减量开纤是超纤仿麂皮的关键工序，是麂皮产品风格得以充分体现的基础，通过开纤不仅可以获得超细且的纤维，而且能改善织物的悬垂性，赋予织物柔软滑糯的风格。减量开纤一般采用高温高压溢流染色机，在高温碱液（温度150℃，pH=13～14）环境下完成碱减量开纤。为提高开纤率及碱利用率，常常采用高温开纤加开纤促进剂的方式。开纤后需要进行充分的水洗，同时需要加入乙酸进行中和处理，使得布面pH值达到6～7，以便于后道染色加工的进行。

　　磨毛起绒工序是形成仿麂皮面料表面绒感和风格的关键。磨毛工序主要是采用砂磨辊（或砂磨带）将织物表面磨出一层短而密的绒毛的工艺过程。磨毛机采用的磨料主要有金刚砂皮、碳纤维、陶瓷纤维等。当织物接触高速回转的磨毛辊筒时，借助磨辊砂皮上随机排列的金刚砂粒的锋利棱角，将纱线中的纤维拉出，割断成一定长度的单纤维，进而靠砂粒的高速磨削，使短纤维形成绒毛，并将过长的绒毛磨平，形成均匀密实的绒面。织物型超纤仿麂皮多通过金刚砂磨削来获得织物表面的绒感。

　　影响磨毛效果的因素，主要有磨料的粒度（砂皮的型号）、砂磨辊与织物的接触长度、砂磨辊与织物的相对运行速度。粗砂粒（目数小）织物磨毛后绒毛较长，细砂粒织物磨毛后绒毛短而密。磨毛工序在实现起绒效果的同时，还需控制织物强力损失幅度。绒毛的长短、疏密以及均匀程度是评价绒面效果的主要指标。

3.5.2　非织造型超纤仿麂皮面料

　　非织造型超纤仿麂皮的加工生产流程如图 3-97 所示。

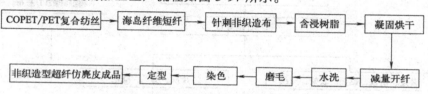

图 3-97　非织造型超纤仿麂皮面料工艺流程

　　整个工艺过程大体分为四个阶段。①海岛纤维制造（纺丝）：制造海岛复合短纤维。②非织造布加工：将海岛复合短纤维制成海岛纤维无纺布。③超细纤维 PU 基布：对海岛纤维无纺布进行前处理及聚氨酯浸渍、涂层，除去复合纤维中的"海"组分，形成超细纤维基布。④表面整理：对超细纤维基布进行磨毛、染色等深加工，生产出非织造结构的超细纤维仿麂皮面料。其中，前三个阶段的工艺与超纤 PU 合成革的贝斯制备过程基本一致，区别主要在第四个阶段的表面处理工艺不同。

　　图 3-98 所示为超纤 PU 合成革和非织造型超纤仿麂皮面料的工艺流程对比。

　　非织造型超纤仿麂皮面料一般单体厚度范围在 0.6～1.0mm，非织造结构决定了其拉伸、断裂、撕裂等方面存在一定的缺陷，无法满足后道成型加工或者包覆工艺的要求，一般需要根据实际应用的场景对仿麂皮面料进行补强、增强或者防渗等。因此，非织造型超纤仿麂皮多以多层复合结构的形式出现，如复合织物或者无纺布等增强材料。常用的非织造型仿麂皮材料复合及工艺如表 3-2 所示。

表 3-2　非织造型仿麂皮常用复合材料及工艺

序号	应用部位	单体厚度 /mm	复合材料	复合工艺
1	座椅	0.8～1.0	增强织物＋海绵	热熔胶复合＋火焰复合
2	门板	0.7～1.0	增强织物＋海绵	热熔胶复合＋火焰复合
3	立柱	0.7～1.0	增强织物＋水刺无纺布	热熔胶复合
4	仪表板	0.7～1.0	水刺无纺布	热熔胶复合
5	顶棚	0.8～1.0	海绵	火焰复合

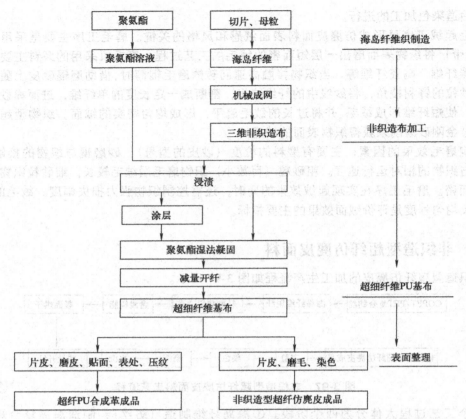

图 3-98 超纤 PU 合成革和非织造型超纤仿麂皮工艺流程对比

3.5.3 超纤仿麂皮面料的性能

3.5.3.1 染色性能

涤纶超细纤维的染色特性与常规纤维相比差异比较大,主要是因为超细纤维的线密度非常小,比表面积非常大。在染色特性上的差异主要表现在上染速率、上染量、染料提升性、颜色深度、匀染性、移染性、颜色鲜艳度及染色牢度等方面。

汽车内饰用超纤仿麂皮在耐光色牢度、摩擦色牢度以及耐水耐汗渍色牢度方面都有着比较高的要求。因此,要想达到车规级的技术要求,需要在染色工艺上进行优化和提升,主要控制的环节:①从染料的移染性、遮盖性、配伍性、相容性和染色牢度上,筛选高性能的专用分散染料;②合理控制升温时的上染速率和始染温度;③控制浴比,添加必要的固色助剂,延长高温染色时间;④选择合适的后整理工艺,加强还原清洗,控制热定型的温度,等等。就超纤染色的技术现状而言,超纤仿麂皮面料的耐光色牢度、摩擦色牢度以及染色深度等问题依然是制约其在汽车内饰领域中应用的技术瓶颈。

对于目前超纤仿麂皮面料耐光照色牢度问题,各主机厂通常将仿麂皮面料和防紫外线玻璃一起配合使用。鲜艳的颜色耐光性更差,在遮阳板、IP、立柱等太阳光直射的区域,造型定义时,尽量减少鲜艳色泽的使用。目前,汽车内饰材料行业中已经开始采用原液着色超细纤维进行超纤仿麂皮的开发,这为解决超细纤维染色着色问题提供了新的技术路径。阳光直射部位应用的超纤仿麂皮材料，纤维原料端可以考虑选择采用原液着色超细纤维。但是原液着色超细纤维的纺丝工艺复杂程度高、技术难度也比较大，开发成本比常规超纤要高得多，一定程度上限制了其在汽车内饰表皮材料领域的应用。

3.5.3.2 气味及散发性能

汽车内饰环境对材料的气味性和散发性能有着很高的要求，超纤仿麂皮面料的生产加工过程中有非常多的化学助剂、树脂、油剂等，从各个环节对气味及散发性能进行有效管控至关重要。比如：从原材料入手，选择碱减量的定岛纤维和水性聚氨酯树脂，不使用有机溶剂；选择不含有机溶剂或者易影响气味及散发性能的各类助剂，并进行来料检测；此外，保持凝固液和循环洗涤用水的清洁，满足净化相关要求。

3.5.3.3 耐污性能

超纤仿麂皮面料特殊的表观风格，尤其是超细纤维构成的绒面效果，使其具有非常好的透气性、吸附性，分子链上和分子链端含有大量的酰氨基、氨基和羧基，使得超纤仿麂皮具有非常好的吸水性，因此在使用过程中易沾污、不易清洁，尤其是在遇到液态以及油脂类污染物时。

为了提升超纤仿麂皮面料的防水防污性能，一般可以采用后整理的工艺对其进行三防功能整理。常用的三防助剂体系为含氟烷基团化合物类，三防整理后的超纤仿麂皮具有比较低的表面能，可以有效改善其防水防油防污性能。常用的测试污染物主要有咖啡、可乐、牛奶、番茄酱、橄榄油、酱油等。为了验证三防功能整理的耐久性，也可以对处理后的超纤仿麂皮面料进行耐久磨损实验，如马丁代尔耐磨、邵坡尔耐磨等，再评价其防污性能。

3.5.3.4 加工性能

超细纤维仿麂皮的加工性能主要是指其在实际零部件裁剪缝制、成型包覆等应用过程中的拉伸强力、耐热、延伸弹性及表面绒感保持性等。通风座椅中为了保证通风效果，需要对超纤仿麂皮进行打孔处理，同时为了满足相应的强力要求，需考虑对超纤仿麂皮进行复合增强处理。对于延伸性和幅宽尺寸要求比较高的顶棚用织造型超纤麂皮面料，常常采用添加部分高弹力的氨纶纤维以增强仿麂皮面料的延展性。超纤仿麂皮表面的绒感对温度和压力比较敏感，因此在低压注塑或热压成型工艺中，需要考虑温度和模具压力、间隙等因素对绒感的影响，同时可以通过调整绒毛的长短、疏密等工艺来改善表观质量，满足实际的设计需求。此外，在低压注塑或者模压成型过程中，需要根据实际需要在超纤仿麂皮面料背后复合不同规格的无纺布或者胶膜材料，满足其防渗、防溢出等要求，保证外观成型良好。

3.6 汽车内饰非织造布的制造工艺

非织造技术是 20 世纪 40 年代形成的一种纤维集合体材料加工方法，是一种区别于传统的机织或者针织等织造方法的纤维结构材料成型方法。传统纺织品的基本原理单元是纱线，而非织造布的结构单元是平面的纤维网。非织造布最大的特点是制造速度比任何织物形成速度都要快得多，同时可以将不同类型的纤维材料通过物理或者黏合剂的作用混合在一起，产品性能的覆盖性比较强，被广泛应用于汽车上。

非织造材料在汽车中的应用领域较多，主要作为过滤材料、内饰件隔声隔热材料及用于车门内饰、行李舱盖板、车顶、车厢地毯以及座椅靠背等，也可以用作各种内饰件表皮材料的背衬材料。某些特殊结构的非织造材料还可以用于特定的有较高强度要求的结构部件中。

非织造布的制造工艺主要由两个基本步骤组成，第一步是纤维成网，第二步是纤维网的加固。随着技术的发展，成网和加固工艺也可以一步完成。纤维成网的方法主要有机械梳理成网、气流成网、纺黏成网和熔喷成网等。汽车内饰用非织造布产品的加固工艺方法主要涉及针刺法、水刺法、缝编法、簇绒法以及黏合剂加固法、热加固法等。

3.6.1　汽车内饰非织造布常用纤维原料

汽车内饰非织造布常用的纤维原料以天然纤维和合成纤维两类为主。

内饰非织造布用天然纤维主要有：洋麻、大麻、亚麻、黄麻等麻纤维，棉纤维，椰壳纤维以及秸秆纤维，等等。天然纤维及其复合非织造布材料有其优势：如生长周期短、加工消耗能量小、无需化学胶黏剂即可与热塑性或热固性材料复合使用；可以部分替代化纤材料，减少对石化资源的依赖；可以生物降解，是环境友好型材料。此外，天然纤维及其复合材料，具有良好的隔热吸音性能和能量吸收能力，无脆性断裂、耐低温冲击且韧性较好。但是天然纤维存在易老化黄变、易吸湿、易发霉以及部分气味较大等缺点，也限制了其在汽车内饰表面材料中的应用。天然纤维主要用于热固性引擎盖隔声垫、热塑性地板、门板、衣帽架、横顶隔声垫及顶棚塑性基材等非织造材料中。

涤纶纤维是汽车内饰非织造布中应用最广的纤维材料，是车用非织造地毯面料、行李箱面层、非织造布顶棚面料，以及后排座椅背覆盖材料的纤维原料，以及地板隔声垫、前围隔声垫、挡泥板隔声件等产品的主要原料。同时，涤纶纤维还是汽车座椅织物、顶棚织物、立柱织物、仪表板织物、遮阳板织物等织物背衬非织造布的重要纤维原料。常用的涤纶纤维主要有常规涤纶、阻燃涤纶、中空涤纶、高强涤纶、高收缩涤纶及再生涤纶等。

丙纶和尼龙纤维在汽车内饰中应用也较多。丙纶纤维具有良好的可塑性、较低的密度和回收再利用性能，可用于车用模压簇绒地毯中。具有阻燃、抗老化、耐光照性能的丙纶短纤可以用于行李箱内饰表面非织造材料，也可以用于衣帽架覆盖用的针刺非织造材料中。尼龙纤维在中高端汽车地毯中应用较为广泛，以尼龙66短纤加捻纱为原料，经过簇绒和染色工序，制得风格细腻、纤维蓬松柔软的高档簇绒地毯。

汽车内饰用非织造布中还常常用到具有黏合特性的纤维材料。丙纶和乙纶等纤维属于易熔性纤维。此外，复合型热熔纤维也较为常用，主要有皮芯结构和双组分结构，如表层是聚乙烯、芯层是聚丙烯的皮芯结构 ES（ethylene-propylene side by side）纤维，PET/CO-PET、PA/PET 等双组分纤维。这些纤维在经过高温加热后，其表层的材料会发生熔融，形成具有高黏性的液体，可以与其他纤维黏合起到加固纤维网的作用，熔点较高的芯层纤维不会发生熔融，保持其原有性能。

除了以上纤维原料外，复合功能纤维、超细且纤维（橘瓣型、海岛型）、玻璃纤维，以及聚丙烯腈预氧化丝等在汽车内饰非织造布材料中也得到广泛应用，起到功能附加、结构增强、隔声隔热等重要作用。

3.6.2　汽车内饰非织造布的纤维成网技术

3.6.2.1　机械成网

机械成网是利用机械梳理作用形成纤维网的过程，纤维在梳理机上沿着机器加工的方向直接铺网或者垂直于机器加工方向进行铺网。机械梳理成网法是汽车内饰用非织造布的主要成网方法。机械梳理成网又可以分为平行铺网和交叉铺网两种。平行铺网中纤维与机器加工方向平行，形成的纤维网的纵横向性能差异明显，沿机器加工方向的拉伸强力较高、伸长率较小，但撕裂强力较低。而交叉铺网则是在一层平行纤维网上再铺上一层与之成一定角度的另一侧平行纤维网，调整交叉铺网时的铺设角度和平行纤维网中的纤维杂乱性，可以制得纵横向性能相当的非织造布产品。

近年来，汽车内饰中常使用一种新开发的3D结构垂直成网的非织造布产品，也称为3D直立棉，其主体纤维网不是水平方向排列的，而是垂直上下方向走向排列的。产品具有高回弹、高抗压、高透气性、质感轻等特点。产品的厚度为 10 ~ 55mm，面密度可达 120 ~ 3000g/m²。这种垂直成网非织造布产品常用于汽车座椅织物背衬材料及内饰保温材料、吸声降噪材料等。

3.6.2.2　气流成网

气流成网是将短纤维喂入气流中，再通过气流的作用将其沉淀到传送带或者多孔的滚筒上，形成随机排列的纤维网。气流成网对纤维长度的要求低，可以广泛使用再生纤维。由于纤维网中的纤维随机排列，纤维取向性差，所以纤维网的强度低。但是此方法形成的纤维网较柔软、密度低、压缩弹性好。气流成网非织造布比较适用于汽车内饰隔声减震材料。

3.6.2.3　纺黏法成网

纺黏法成网是将纺丝与成网两个工艺融合在一起的一种方法。纺黏法以树脂切片为原料，通过螺杆熔融挤出，经过喷丝板形成丝束后通过气流或者机械牵伸，使得纤维具有一定的取向度，再经过高速气流分丝成网，均匀地铺设在行进中的输送帘上形成纤维网。这种成网方法流程短、生产效率比较高。喷丝头可以旋转着以不同的花式铺放纤维，喷射的气流也可以使长丝纠缠成各种纤维网组合。纺丝的速度和输送网帘行进的速度决定了纤维网的厚度。

纺黏法采用长丝为原料，成网比较均匀，纤维网强度较高。纺黏法只适合生产较轻面密度的产品，一般为 10 ~ 200g/m²，且手感和外观不良，主要用于结构材料，如簇绒底部或零件的背衬，或经过整理或压花后应用于表面材料，如隔声毡的保护面层等。

3.6.2.4　熔喷法成网

与纺黏法相似，熔喷法成网也是以树脂切片为原料，直接进行熔融纺丝，刚喷出的长丝经过高速气流的剪切形成长短和粗细不一的短纤维，短纤维相互纠缠沉淀到传送带上形成纤维网。

熔融法形成的纤维网中，孔隙多且小，是良好的汽车过滤材料，但是其强度低、延伸变形大，限制了其应用范围。通过增加成网的厚度，调整纤维粗细和纤维网密度，可以制得结构疏松的絮状纤维网，其具有良好的吸声隔热效果。熔喷成网工艺能耗较大、产量相对较低，成本比较高，这种材料在汽车内饰中应用相对有限，仅在局部的声学缺陷处用作填充材料。

3.6.3　汽车内饰非织造布的纤维网加固技术

为了达到特定的强度和稳定的性能，纤维成网后需要对其进行加固，以满足实际使用的要求。汽车内饰用非织造布纤维网加固的方法主要有机械加固法、黏合剂加固法和热加固法三大类。其中机械加固法最为常用，主要有水刺法、针刺法、缝编法等。

3.6.3.1 水刺法非织造布

水刺法非织造布是利用高压微细水流对一层或者多层纤维网进行喷射加固，制出的一种具有一定强力的纤维集合体材料。高速水射流穿过纤维网后受托持网帘的反弹，再次穿插纤维网，使纤维受不同方向高速水流穿插的作用，纤维产生位移、穿插、缠结和抱合，从而将纤维网进行加固（见图3-99）。水刺法制得的非织造布重量较轻、手感柔软、弹性好。

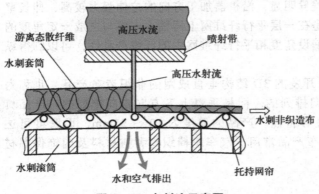

图 3-99 水刺法示意图

汽车内饰中水刺法非织造布主要用作汽车座椅、仪表板、门板、立柱、顶棚、遮阳板等内饰表皮材料的背衬材料，起到一定的支撑、衬垫、防渗透、改善手感及保证包覆成型外观质量等作用。常用的水刺非织造布的面密度范围一般为 $40 \sim 150g/m^2$，具体可根据实际的加工工艺需要和目标产品性能去选择。

3.6.3.2 针刺法非织造布

针刺法非织造布是汽车内饰材料中应用最为广泛的一种非织造布。针刺法是采用带刺的针对纤维网进行反复穿刺，使得部分纤维在穿刺的作用下相互缠结，从而起到加固纤维网的作用。针刺法非织造布的原料为短纤维，纤维粗细根据实际需要去选择，一般范围为 $2 \sim 220tex$，长度在 $20 \sim 70mm$。麻、棉等天然纤维，涤纶纤维，腈纶纤维等均可以用于汽车内饰中。

针刺法非织造布根据其外观不同，可以分为普通针刺毡型面料、起绒针织面料和特殊花型颜色效果的面料等。普通针刺毡型面料表面纤维排列杂乱，耐摩擦效果较差。采用起绒针刺工艺可以将纤维网中的纤维刺出并在纤维网表面形成毛圈结构，根据设备或工艺可以形成条形毛圈或者无规则的绒毛。Di-lour 针刺技术可以使面料表面达到比较高的绒毛含量和覆盖率，制得的非织造布耐磨性能提高。通过控制刺针的排列、纤维网输送的步距、纤维网的颜色等，可以制得具有条纹、点状或者网格等不同颜色图案的非织造面料产品。

汽车内饰中使用的针刺非织造材料主要用于地毯、顶棚、行李箱饰件、衣帽架以及部分隔声隔热减震材料中。针刺非织造布可以通过加热膜压等加工后作为内饰件的骨架材料使用，也可以切割或模压成特定形状的吸声减震材料。部分后排座椅也使用针刺非织造布作为其背后的包覆材料。此外，针刺起绒类非织造面料解决了针刺地毯耐磨性较差的问题，同时具有良好的性价比优势，在轿车地毯中的应用比例不断提升，针刺地毯代替簇绒地毯是一种趋势。针刺非织造材料还可以替代汽车座椅面料下层的聚氨酯泡沫，具有更好的透气性和较低的气味，同时避免了座椅面料与聚氨酯泡沫因材质不同所带来的回收困难问题，有利于内饰材料的回收再利用。

3.6.3.3 缝编法非织造布

缝编是将一排纱线或非织造布底布通过纱线以特定的方式缝合起来的工艺，它是在针织工艺基础上发展起来的一种非织造布成型技术。缝编非织造布主要有三类：普通型的马利瓦特（Maliwatt）缝编非织造布、Kunit/Multiknit 缝编非织造布、马利弗利斯（Malivlies）缝编织非织造布。

普通型马利瓦特（Maliwatt）缝编非织造布是以梳理制成的纤维网作为基布，通过缝线机构形成的线圈将纤维网缝合在一起制得（见图3-100）。其具有绒类的外观且较为平整，耐磨性能较普通非织造布要好，此工艺可以高速制得较重的缝编非织造布。其常用于汽车脚垫背面或者一些衬里材料表层。

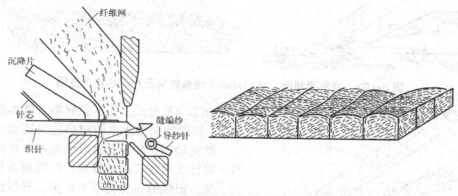

图 3-100　马利瓦特缝编机构及产品结构示意图

Kunit/Multiknit 缝编非织造布是一种采用 100% 纤维为原料，先后经过 Kunit 缝编机和 Multiknit 缝编机将纤维网正反面进行缝编固结，经过热定型处理而形成的一种类似间隔织物结构的、双面是缝编表面、中间是垂直绒毛层的非织造布材料（见图3-101）。这种材料可用于汽车内饰表面装饰材料或者替代内饰表皮材料背衬的聚氨酯海绵。

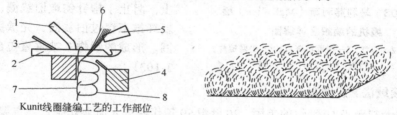

Kunit线圈缝编工艺的工作部位

1—脱圈沉降片；2—复合针；3—闭口针；4—支持针床；
5—摆动填充装置；6—轻质的纵向纤维网；
7—由纤维编织的线圈；8—毛圈

(a) Kunit

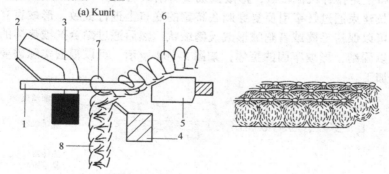

Multiknit缝编结构

1—复合针；2—闭口针；3—脱圈沉降片；4—支持原件；
5—反向握持元件；6—Kunit基本织物；7—半个线圈；8—Multiknit产品

(b) Multiknit

图 3-101　Kunit/Multiknit 缝编机构和产品结构示意图

马利弗利斯（Malivlies）缝编非织造布，为毛圈型织物，不使用缝线，在稀疏的底布上用缝编的方法形成毛圈，织物表面形成类似经编织物或毛圈结构的织物（见图3-102），这种材料可以用于汽车顶棚面料或者其他耐磨性能要求不高的内饰面料。

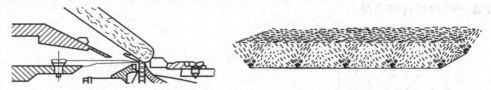

图 3-102　马利弗利斯（Malivlies）缝编机构及产品结构示意图

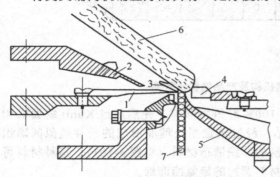

图 3-103　马利弗利斯（Malivlies）缝
编机的编织区详解图

1—槽针；2—弯针；3—脱圈沉降片；4—垫网梳片；
5—下挡板；6—纤网；7—织物

将交叉铺网机铺叠好的具有一定厚度的纤网6以45°角从上往下倾斜喂入缝编机，槽针1和弯针2做水平的前后往复运动，当1向前运动时，1上面的旧线圈被3挡住，此时弯针2也位于旧线圈中，纤网被下挡板5挡住，旧线圈由针钩移至针尖，导纱针的位置装有一垫网梳片可将纤维垫入针钩。当1从纤网中退出时，针钩直接从纤网钩取纤维束，针钩钩取纤维束后，槽针才闭口。槽针的闭口，也是借助弯针来实现的，当槽针钩取纤维束向后运动时，旧线圈正位于弯针上，阻止了槽针钩取旧线圈，从而顺利地将新纤维束穿过旧线圈，完成脱圈、弯纱与成圈。形成的织物7被垂直拉出缝编区（见图3-103）。

3.6.3.4　簇绒法非织造布

簇绒技术起源于19世纪的美国，20世纪50年代后进入商业化生产，主要用于制作家具、毛毯和家用地毯等产品。20世纪60年代以来，簇绒地毯以化学纤维为主要原料，通过在化学纤维织物底布上用排针机械裁绒，形成圈绒或者割绒毯面。

簇绒是将长丝束通过针牵引反复穿刺在特定的底布上进行裁绒，形成直立的整齐又密集的毛圈结构，可以保持毛圈或者割绒形成天鹅绒状，然后通过黏合剂或热熔的方式将底布与纤维的根部加以固结，形成牢固的整体，如图3-104所示。可以根据实际需要进行染色、剪绒或者印花等加工。

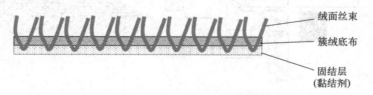

图 3-104　簇绒地毯截面图

家具、毛毯和家用地毯等产品中最常采用的底布为机织结构底布，因此也称为机织簇绒地毯。汽车内饰用簇绒地毯与传统机织簇绒地毯不同，它主要是采用非织造布作为底布进行簇绒加工，制得的簇绒地毯除了具有良好的装饰作用外，还有很好的塑性变形能力，可以满足后道加工成型工艺需要，耐摩擦性能以及弹性较好，在中高端汽车地毯、行李箱内饰件面料或者座椅靠背、副仪表板侧面装饰等区域应用较多。

汽车用簇绒地毯的绒面材料主要采用尼龙6、尼龙66纤维。考虑到材料成本和循环回收法规要求，采用聚丙烯纤维作为绒面材料的簇绒地毯在诸多汽车品牌车型中得到应用，此外也有部分产品采用聚酯短纤纱为绒面材料。汽车簇绒地毯多采用较大弯曲深度的模压成型，因此对底布的热塑性变形能力有着较高要求。因此，其多采用具有皮芯结构的双组分纤维（PET/COPET 或 PET/PA）为原料，通过纺黏法制得用于簇绒的非织造结构的底布。

汽车用簇绒地毯对绒毛的平整度、蓬松度以及紧密度等表面质量要求较高，因此在蓬松、剪毛、定型等整理工艺中需要特别予以关注。通过调节表面簇绒丝束的单纤数、线密度以及刺针的针距、步距等工艺参数，可以获得不同的表面风格。

3.6.4 汽车内饰非织造布的后整理加工

为了满足汽车内饰产品的技术质量要求，汽车内饰非织造布产品常常需要根据要求进行相应的后整理加工，主要包括常规的整理工艺及特殊的功能整理工艺两部分。

常规的整理工艺主要有热定型、染色、印花、压纹、起绒、涂层等；特殊的功能性整理主要有阻燃整理、抗静电整理、防紫外整理、防污易去污整理、硬挺或柔软整理等。

针刺非织造布作为顶棚内饰面料使用时，可以通过印花工艺赋予非织造布设定的颜色、花型图案、光泽等，为消费者提供更好的视觉美感体验，可以采用圆网印花或滚筒印花的方法进行。

为了改善非织造布材料的气味、雾化、有机物挥发等性能，有时需要对非织造材料进行水洗、干洗或者热烘烤等加工，去除油剂残留，改善相关性能。此外，在特殊的应用场景下，还需要对内饰用非织造布进行防污易去污整理或者光催化整理。为了满足阻燃性法规要求，可根据非织造布自身的阻燃性能，选择进行相应的阻燃整理加工。

3.7 汽车内饰纺织品的复合加工工艺

汽车内饰纺织品在使用过程中一般是以多层结构复合材料的形态出现（见图3-105）。通常为两层或者三层结构，特殊需要的时候也可以为三层以上的复合结构。用于与织物或者涂层织物或皮革进行多层复合的材料主要有聚氨酯海绵、3D mesh 间隔织物、非织造布、毛毡、薄膜、网布等。多层结构内饰材料常用的复合加工工艺主要有火焰复合、胶水复合、热熔膜复合、热熔胶复合、胶粉复合等，可以根据材料类别和具体技术要求来选择不同的复合加工工艺。

图 3-105 汽车内饰复合织物截面图

（图中标注：织物层、海绵层、底布层）

3.7.1 火焰复合

　　火焰复合加工工艺在 20 世纪 70 年代已经在欧洲、北美等发达地区广泛应用,我们国家在 20 世纪 80 年代末开始引进使用。经过三十多年的快速发展,火焰复合技术已经在我国汽车内饰纺织品中广泛应用。火焰复合工艺具有工艺相对简单、成本低、速度快、生产效率高、经济实用的特点。火焰复合制得的纺织品具有质地轻、弹性好、手感丰满、透气、保暖等多种功能。

　　火焰复合是目前汽车内饰纺织品中应用最为广泛的复合工艺。图 3-106 所示为火焰复合生产线及火口局部图。火焰复合一般是通过线型气体燃烧器快速燃烧形成的高温火焰,使得聚氨酯海绵表面轻微熔融,形成具有黏结性能的黏性薄膜,将用于复合的织物或者涂层织物等材料共同通过具有一定间隙的压辊之后黏结在一起,实现两层或者三层材料的层合(见图 3-107)。

图 3-106　火焰复合生产线及火口局部图(SCHMITT 公司)

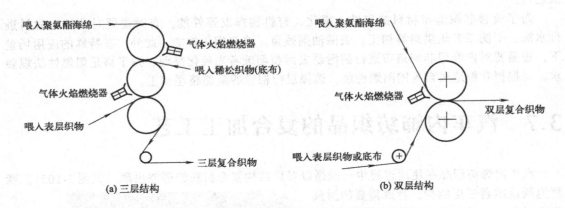

(a) 三层结构　　　　　　　　　　　　　　(b) 双层结构

图 3-107　三层结构和双层结构火焰复合示意图

　　火焰复合的黏结机理主要是利用火焰加热软质的聚氨酯海绵材料表面层,使其部分降解成为含有与聚合物结合的异氰酸酯基团(—NCO)的黏稠物,再与织物表面的羟基或氨基等发生化学反应,在两个表面间活性位置发生化学键合;同时,聚氨酯海绵中的黏合剂渗进被复合的基材中产生机械黏合力,最终使得聚氨酯海绵与织物黏结在一起。

　　火焰复合加工的工艺流程一般如图 3-108 所示。

　　火焰复合机的工艺技术参数和复合基材的性能,是影响火焰复合纺织品复合效果和产品性能的主要因素。

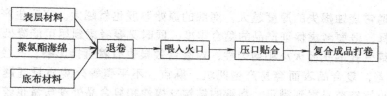

图 3-108 火焰复合加工工艺流程

3.7.1.1 火焰复合工艺参数

火焰复合的工艺参数主要涉及以下几个方面。

① 火口工艺：火焰温度和高度，它们可通过调节燃气与空气混合比及压力来控制。为了提高复合加工速度、减少聚氨酯泡沫材料消耗、提高黏结强力，一般通过高温热气浪向聚氨酯泡沫传递热量。这种形式一方面能一定程度地提高火焰温度，与此同时也确定了火焰高度；另一方面，减少了因火焰与聚氨酯泡沫直接接触而产生的材料消耗及性能劣化现象。

② 复合速度：火口工艺确定后一般不做频繁调整，实际生产过程中调整的参数更多的是复合速度。复合速度过快，聚氨酯海绵未能充分受热，不能产生足够的黏结层，复合黏结力会偏小；而速度过慢时，聚氨酯海绵受热时间过长，黏结层分子降解严重，黏结力也会减小，同时造成海绵的过度烧损，厚度会偏薄，如果是过薄的面料还会发生黏结材料渗出的风险，造成产品质量缺陷。实际复合过程中要根据贴合的材料及性能要求调整到最优的复合速度。

③ 轧距工艺：轧距的长短对复合牢度和复合品的成型会产生影响。轧距短时，被复合的材料与聚氨酯海绵受热后形成的黏结薄膜充分接触，复合黏结力会提高。但是轧距如果过短，则会造成软质聚氨酯海绵的严重变形，使得黏结强力不均匀和易产生褶皱等外观不良。轧距如果过长，各层材料在复合处的握持力不足，会产生张力不一致的问题，复合品出现褶皱或者脱胶等问题。

④ 张力工艺：聚氨酯海绵模量较低、比较柔软，与织物面料相比，更容易拉伸变形，因此在火焰复合过程中，需要控制各个材料的张力，以免影响复合品的成型与外观质量。如果各材料的张力协调控制不好，则复合品会容易出现褶皱、纬斜、卷曲等不良现象，也会对复合品的延伸性能、手感和柔软度等产生影响。

3.7.1.2 聚氨酯海绵材料性能

汽车内饰纺织品的火焰复合过程中使用的主要是聚氨酯海绵材料。根据成分的不同，常用的聚氨酯海绵又可以分为聚醚型和聚酯型两类，聚酯型主要用于门板、顶棚等饰件用纺织品中，聚醚型则主要用于座椅用纺织品中。因应用环境的特殊性，汽车内饰纺织品对阻燃性能有着非常高的要求，复合过程中一般选用具有良好阻燃性的阻燃型聚氨酯海绵，以确保复合产品的阻燃性能满足法规要求。

根据密度的不同，海绵材料可以分为轻泡、中泡和重泡三种。轻泡海绵的密度一般在 $25kg/m^3$ 以下，中泡海绵密度在 $25 \sim 35kg/m^3$，重泡海绵密度在 $35kg/m^3$ 以上。一般情况下，在其他条件相同的情况下，海绵的密度越高，火焰复合的牢度也会越大，主要是因为密度高的海绵在热降解时会产生更多的—NCO 基团，有利于海绵与织物更好地黏合。目前汽车内饰纺织品常用的聚醚型海绵密度范围主要为 $20 \sim 40kg/m^3$，聚酯型海绵的密度规格主要有 $29kg/m^3$、$35kg/m^3$ 和 $55kg/m^3$。通常情况下海绵双面烧蚀的厚度损失在 1.0mm 左右，即假定复合后海绵厚度为 3mm，则复合前选用的海绵厚度在 4mm 左右。海绵密度越低，为了保证黏合牢度，通常烧蚀损失的厚度越大，海绵的原始厚度也就越大。实际生产中对于海绵密度和厚度的选择，既要考虑保证产品的黏合牢度，同时又要考虑到尽可能降低成本。

此外，海绵气孔的孔径大小和均匀性，对复合效果也有着直接影响。孔径越大，海绵的压缩支撑性越差，复合品表面容易产生凹坑、麻点、不平整等外观质量问题；孔径小且均匀，复合牢度也比较容易得到满足，海绵的结构支撑性和复合品外观质量也较好。

除了复合工艺和海绵材料性能外，内饰纺织品自身的综合性能，如纱线原料、组织结构、后处理工艺等都会对复合加工过程及复合品性能产生影响，如面料经过三防整理或者涂层整理后，保证复合剥离牢度满足要求的难度就会增大。

3.7.2　胶水复合

胶水复合使用的胶水有两种，一种是溶剂基黏合剂，一种是水基黏合剂。由于溶剂基黏合剂在使用过程中存在环境、人体健康和安全等方面的问题，目前逐渐被水基黏合剂所取代。

与溶剂基黏合剂相比，水基黏合剂由于以水为分散介质，因此具有环保、成本低、不易燃烧、生产和使用安全、黏度易调控等优点，但是体系中的水分会使被粘织物收缩、起皱等。同时由于水的表面张力大，极性高，水基黏合剂对于非极性或弱极性材料的粘接性能较差。此外，水的比热容较大，挥发速度慢，因此胶层在固化时需要使用加热干燥设备。水基黏合剂的固含量为40%～80%，通过提高体系的固含量，可以在一定程度上提高胶层的固化速度。水基黏合剂的涂覆方式主要有刮涂、辊涂和喷涂等，在其中一层材料上涂覆黏合剂后经过红外预烘，再与另一层材料压合，通过烘箱后黏合剂中的水分得以蒸发后交联固化，冷却后完成材料的复合过程。

胶水复合法对环境污染小，复合面料不易燃且手感好，设备投入较小，但是其占地大，能耗高，产品在润湿性、渗透性、黏结强力还存在一定的不足。目前水基胶水复合工艺多用于对复合性能要求不高的低端产品中。

3.7.3　热熔复合

热熔黏合的复合工艺过程相对较为清洁，消耗的能量也更少，引发的健康和安全问题更少。热熔复合常用的黏合剂形式主要有薄膜、网、粉末或颗粒等，也有一些黏合剂是液体或者胶状的，含有近100%的有效物质，不含水或其他溶剂。

常用的化学黏合剂种类主要有聚烯烃类、聚酰胺类、聚酯类和聚氨酯类。聚烯烃类最经济，但是耐久性差一些；聚氨酯可以提供柔软、富有弹性和延展性的手感，也是这几类中最贵的一种。薄膜类和网状类的黏合剂比相同用量的粉末黏合剂成本要高；连续的薄膜黏合剂会使复合品的手感变硬。粉体黏合剂粒径大小的选择取决于所用的设备、基体材料的表面性能、目标产品的手感和物性等要求。

热熔复合的关键就是选择合适的黏合剂和加工工艺。车用内饰纺织品要求具有良好的耐久性、耐老化和耐候性，因此黏合剂的软化激活温度和熔融温度必须在车用环境承受的温度之上，这是热熔复合选择黏合剂时需要考虑的关键要素。黏合牢度、耐潮湿、耐水、耐老化、耐光和耐紫外等是黏合剂选择时需要关注的通用性能。此外，黏合剂的选择还要结合热熔复合工艺设备、被黏合的车用材料的性能和物理形态等因素去综合考虑后确定。

热熔黏合剂对织物的手感会产生很大影响，主要取决于两个方面：①黏合剂本身的物理性能，尤其是软硬度；②黏合剂渗入被黏合材料表面的程度，渗入得越多，复合品的手感会越硬，甚至会渗透到织物表面，形成外观不良。热熔黏合剂的熔融性、流动性和黏性也是影响热熔复合的重要因素。

热熔复合的加工方法主要有平板层压、喷涂、撒粉、圆网印花、干粉滚筒印花、凹版滚筒印花、缝口模头挤塑等。汽车内饰纺织品中常用的主要有三种，即平板层压、撒粉和凹版滚筒印花。汽车内饰纺织品常用的复合工艺比较如表 3-3 所示。

表 3-3 汽车内饰纺织品常用复合工艺比较

复合类型	适用黏合剂类型	优点	缺点
火焰复合	聚氨酯海绵 聚烯烃泡沫 热熔型黏合网或黏合膜	手感非常好，大量生产的前提下是一种经济的生产方法，生产方便	需定期清洁、火焰复合后的烟气需要净化处理，海绵燃烧对气味和 VOC 影响较大
平板层压热熔复合	热熔型黏合剂粉末、黏合网、黏合膜	灵活，产品厚度、尺寸大小适应性强，可裁片可卷材；可以间歇式加工也可以连续化生产；设备相对便宜，需要配套冷却设备	织物受到热损伤的风险较高，黏合网和黏合膜的价格在中高水平，可供选购的网/膜的质量和幅宽有限，织物手感易发硬，生产速度相对较慢
撒粉热熔复合	不同粒径的热熔粉末（0～800μm 或更大）	通常织物手感较好；粉末黏合剂的成本较为便宜；能够任意用量和任意宽度进行涂覆，浪费小，设备较为便宜，需要配套冷却设备	粉末可能会渗入基材内，例如海绵的空隙中，造成手感僵硬和粉末黏合剂的浪费
凹版滚筒印花热熔复合	热熔型黏合剂颗粒或粉末（需要熔体泵），湿交联聚氨酯（需要鼓形卸料器）	在涂覆量较低的情况下可控性很好，基布受热最少，织物手感好，生产速度适中，设备价格中等	清洁费力，如果黏合剂凝固需要停机进行清洁，湿交联聚氨酯的清洁较为容易；需要一定的熟化时间

3.7.3.1 平板层压热熔复合

平板层压复合机又称为轧光机，其在服装工业中应用已久。平板层压热熔复合加工的方法是将热熔型的黏合剂薄膜、网或者粉体放置于中间，上下两层为层压材料，然后将三明治结构的组合体输送喂入轧光机，利用轧光机中的加热装置将热熔黏合剂熔化，使三层材料黏合在一起，从而制得层压复合产品（见图 3-109）。

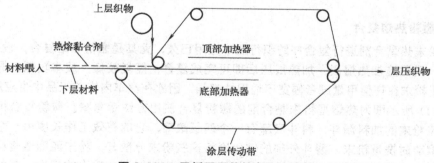

图 3-109 平板层压热熔复合示意图

平板层压热熔复合技术可以用于小尺寸的样品或者裁片复合，也可以用于大批量的连续式的卷料复合。平板层压热熔复合的技术关键是合理调控加热温度、轧辊压力及运行的速度等。轧光机通常采用电加热，其对热量控制的响应速度不如其他设备快。热量在散失到周围环境的同时，层压产品也会带走一部分的热量，因此加工过程中较重要的温度就是材料的黏合温度，即两层基材之间黏合剂的实际温度，并非控制面板设定或显示的温度。根据不同的层压基材的厚度及机器运行的速度，一般情况下设定温度比实际黏合温度要高 20～30℃，特殊情况需要根据实际黏合的效果去提高设定温度，保证黏合剂充分熔融并与被复合的基材充分黏合。

对于表面比较敏感的织物如绒织物，为了保持其表面风格和绒感，其轧辊的压力不宜过大，复合加工的温度也不宜过高。在满足黏合牢度的前提下，复合加工的温度低有利于保持被复合材料的性能；温度过高，可以提高生产速度，但是也会带来织物或者其他材料损伤的风险，高温带来的热冲击还会造成产品收缩或者黏合剂渗透等问题。增加加热区的长度，延长材料被加热的时间，可以通过温度的逐步上升，较温和地充分加热，有效避免上述问题。

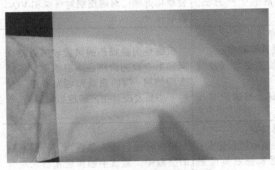

图 3-110　热熔黏合剂薄膜

对汽车内饰纺织品进行平板层压热熔复合时，最常用到的黏合剂为热熔薄膜（简称热熔膜，见图 3-110），这种工艺也称作热熔膜复合。热熔膜在常温状态下和普通薄膜没有太大区别，无黏性，但是一经高温压烫后即被激活，从而体现出其黏性，可以将被复合的基材快速黏合在一起，而且基本不留胶的痕迹。目前，热熔膜复合主要应用于汽车座椅、顶棚、门板、立柱、衣帽架等产品中，贴合的基材主要有海绵、皮革、织物、塑料、金属等材料。

热熔膜的原材料大致分为 4 大类：CO-PA 共聚酰胺、CO-PES 共聚酯、PO 聚烯烃、TPU 聚氨酯等。原材料不同，熔点温度和黏稠性也有所不同，黏合的材料也有所不同。根据实际工艺需要，热熔膜可带离型纸或带 PE 薄膜起到转移或衬背的作用。热熔膜的主要技术参数包括熔点、黏稠度、克重（厚度）、幅宽等。热熔膜最低熔点为 50℃，最高熔点温度可达到 200℃ 以上，最常见的在 80℃ 到 150℃ 之间。幅宽和克重可根据实际需求去定制，常用幅宽范围为 1300～1700mm，克重为 8～120g/m²。一般情况，热熔膜的克重越大，贴合牢度就越强。

3.7.3.2　撒粉热熔复合

采用粉末热黏合剂进行复合在纺织行业中应用已久，尤其是撒粉热熔复合，设备投资小，无需载体，只需施加热熔层，加热层压后即可完成复合，能耗较低，成本较低。撒粉热熔复合工艺由于粉末在任何用量或者幅宽下适用性都强，因此在汽车内饰纺织品中也应用较多。

图 3-111 所示即为热熔型粉末黏合剂的撒粉复合使用方法示意图。撒粉复合机通常有一个用于盛装粉末的加料漏斗，料斗底部有一个凹版滚筒，它的有效工作长度由一个挡板来控制，滚筒滚动时携带粉末，漏斗外部的钢丝刷将这些粉末分散开，粉末随即散落至下方移动的基材上。通过调节凹版滚筒的转速和基材的移动速度可以调节粉末的用量。基材经过红外线加热器后，黏合剂发生熔融，第二层基材放置于熔融的黏合剂上面，通过轧辊或者轧光机将两层基材黏合在一起。

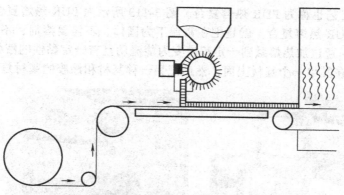

图 3-111　热熔型粉末黏合剂的撒粉复合使用方法示意图

在撒粉热熔复合工艺中,选择用于承载粉末的基材时需要考虑被复合材料的类型。当车用织物与泡沫层压时,通常是将黏合剂粉末散布在织物上;当层压织物为比较稀松的织物时,必须将黏合剂粉末散布到泡沫材料上,因为大部分稀松的织物结构太开放,不利于粉末的散布,但是粉末黏合剂也可能会落入泡沫的孔隙中,造成粉末的浪费。因此我们在选择黏合剂粉末时需要考虑粉末的粒径大小。粒径太小,造成浪费的同时,也会堵塞泡沫孔隙、降低泡沫的弹性。

撒粉热熔复合过程中,根据实际所用的基材和粉末黏合剂,将时间(加工速度)、温度和压力三个参数作为关键控制要素。压力过高和时间过长(速度过慢),黏合剂会过度渗入基材中,影响复合成品的外观质量,导致手感过硬问题;如果温度过低、速度过快或者压力过小,则复合品的黏合牢度将会很差。因此,平衡好以上三个关键要素的关系是做好撒粉热熔复合加工的关键。

3.7.3.3　凹版滚筒印花热熔复合

在这种复合加工中,热熔型粉末黏合剂贮料在槽中熔化或者通过加热管道传送至贮料槽中,通常情况下刮刀和凹版滚筒之间构成了"贮料槽",当滚筒转动时,刮刀刮去多余的黏合剂,凹版滚筒表面有点状的小坑或者其他花型纹理,根据涂覆量的要求,将黏合剂转移到基材上,然后与另外一种基材压合在一起,从而制得复合品(见图 3-112)。

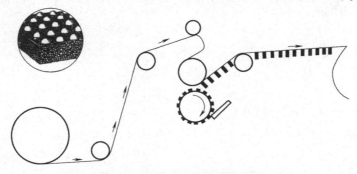

图 3-112　凹版滚筒印花热熔复合示意图

采用凹版滚筒印花热熔复合工艺加工汽车内饰纺织品时,最常用的热熔黏合材料为湿气固化反应型聚氨酯热熔胶,简称 PUR(polyurethane reactive),使用的设备常称作 PUR 复合机，这种复合工艺也称为 PUR 热熔复合。图 3-113 所示为 PUR 热熔复合生产线及关键设备结构示意图。PUR 热熔复合，就是把在常温下为固体、不需要溶剂、不含水分、100% 固体可熔性的 PUR，通过加热熔融到一定程度变为能流动且有一定黏性的液体黏合剂，再把流体状的 PUR 涂覆在其中一个基材上面，然后把另一种基材和涂胶的基材复合在一起。

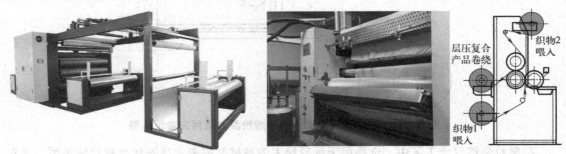

图 3-113　PUR 热熔复合生产线及关键设备结构示意图

因为是在湿态下进行化学交联的，这种 PUR 用较低的量即可以获得很强的黏合力。"开放时间"和"初始黏结力"是 PUR 的两个重要指标。"开放时间"指的是黏合剂从暴露在空气中开始到产生黏合的时间，不同的规格或者不同的供应商，其产品的"开放时间"也不同。在保证涂覆上胶过程正常进行的前提下，尽可能缩短 PUR 的开放时间，并提高初始黏结力，有助于缩短复合品的熟化时间，提高生产效率。

通过调整刮刀与滚筒之间的角度、压力和黏合剂黏度可以控制涂覆量。采用不同的滚筒可以改变涂覆面积的大小以及涂覆的花纹样式。PUR 价格比较高，在使用过程中，做好对黏合剂在基材中的渗透控制非常关键。

PUR 热熔复合具有以下特点：①低 VOC 挥发，高效，反应完全后强度高；②良好耐热性，良好耐候性，良好的耐溶剂性；③黏合材料广泛，低涂布量（相对溶剂胶和水胶）；④涂布方式清洁高效。PUR 热熔复合广泛应用于汽车座椅、门板、仪表板、卷阳帘、顶棚等部件用内饰纺织品中。

第 4 章
汽车内饰纺织品的染色与整理技术

4.1 染色与整理技术概述
4.2 染色技术
4.3 整理技术

4.1　染色与整理技术概述

汽车内饰纺织品是产业用纺织品的一个重要门类，伴随着我国汽车工业的发展，内饰纺织品行业也取得了长足的发展。汽车内饰纺织品作为重要的表皮覆盖材料，由于其使用环境的特殊性，产品的设计开发首先应考虑满足近乎苛刻的技术标准要求，如耐磨、耐老化、阻燃等指标，确保消费者使用过程中的安全与舒适；同时，作为汽车内饰重要的装饰材料，其产品的设计开发还需要满足整车的设计思想需要，符合内饰空间整体设计理念、色彩纹理搭配以及目标消费者个性化的需求等。

作为纺织品开发过程中必不可少的环节，染色和整理加工技术在很大程度上反映了产品研发创新能力和技术水平，在汽车内饰纺织品这个高新技术产品的设计开发中尤为凸显。内饰纺织品具有的两大作用，即装饰作用和附加功能作用，除了受到原材料、组织结构及搭配的影响外，染色和整理加工环节为内饰纺织品的装饰性和附加功能性呈现提供了更大的可能和更多的选择。汽车内饰纺织品中采用的纤维原材料以涤纶为主，锦纶、腈纶和羊毛纤维等少量使用，通过不同的染色工艺实现纤维或织物的着色，满足汽车内饰环境对纺织品颜色耐久性能的要求，并借助颜色的搭配与应用来呈现出内饰纺织品的设计美感。同时，多样化的整理技术既保证了内饰纺织品能够满足汽车内饰技术要求，又为绿色、生态、个性、时尚的高品质内饰环境的营造奠定了技术基础。

4.2　染色技术

4.2.1　汽车内饰纺织品的染色

目前，汽车内饰纺织品的颜色开发通常来说有两个技术路径，即采用原液着色有色纱线和染色工艺。纺织品的染色是一个非常复杂的加工过程，简单描述就是将纤维、纱线或者织物通过带有染料的水溶液，在一定的温度、压力和时间条件下，实现染料从水溶液中转移到纤维表面及内部，从而赋予纤维均匀一致的颜色和上染牢度。染色过程对水的消耗量比较大，尽可能少用水已经成为纺织品染色行业的重要课题。同时，染料的价格较高，染色过程中要尽可能保证染料被充分吸收，减少水中染料的残留，既经济又可以减轻对环境的影响。

汽车内饰纺织品的染色工艺，根据其染色形式的不同，主要分为筒子纱染色和匹布染色两种。以纱线筒子为染色单元的称为筒子纱染色，也简称为筒染。筒子纱染色工艺具有批量可调、色彩丰富、开发快、调色快等优势，适用于开发色织面料产品，例如巴士的纬编针织多颜色花型座椅、机织面料的色织花型等。筒子纱的染色工艺对于坯纱的均匀性要求较高，不同规格坯纱的得色量不一致容易造成色花，限制了面料开发中对纱线的选择，一些异形纱线、功能性纱线的广泛应用，推动了染色工艺的调整及改进。对织造后的织物坯布进行染色的工艺称之为匹布染色（匹染）。匹布染色工艺具有颜色均匀、布面紧致柔软、批量可调、开发快、调色快等优势，适用于开发经编面料产品，如乘用车经编顶棚、天窗或遮阳帘等，以及部分的纬编和机织面料。内饰纺织品中少量采用羊毛纤维为原料，其纤维的染色可以通过毛条染色、筒子纱染色或者织物染色来完成。

汽车内饰纺织品中随着纤维原料的不同，其染色过程中选用的染料类型也不相同。常用的染料多为有机分子材料，在呈现一定颜色的同时又与纤维之间产生亲和力。不同的纤维有不同的聚合物分子的定位，锦纶和羊毛纤维多采用酸性（阴离子）染料进行染色，腈纶采用碱性（阳离子）染料染色，涤纶对染料没有特殊的化学定位，它采用分散染料进行染色。

4.2.2 纺织品染色的基本原理

纤维特别是合成纤维，主要是由聚合物高分子长链组成。在聚合物网络的某些区域，分子长链紧密堆积并且相对平行排列，构成了聚合物的结晶区；有些区域的分子进行无规则的排列形成纠结、松散、紊乱的无定形区。聚合物中结晶区与无定形区的含量比例，直接影响纤维的染色：若纤维结晶度高，无定形区少，则结构紧密，染料不易进入，染料的平衡吸附量也少，得色较浅淡；结晶度低的纤维，相应的无定形区多，纤维结构松散，染料易于进入纤维，平衡吸附量高，纤维得色深浓。

无定形区松散的结构使得其更易于染料的渗透，当加热温度高于玻璃化转变温度（T_g）时，聚合物链能够自由移动并发生膨胀，利于染料分子进入结构相对紧密的结晶区，温度越高染料吸收得越快，这对于涤纶纤维来说尤为重要。

染料的上染，就是染料从溶液（介质）向纤维表面及内部转移，并将纤维透染的过程。上染的过程一般可以分为三个阶段：

① 染料从染液向纤维界面转移。靠染料自身扩散转移到纤维表面的液层，称为扩散边界层。加强染液的循环和提高染液的流速，尽量减小扩散边界层厚度是加快染色的重要途径之一。这样不仅可以加快染料到达纤维表面的速度，还可以提高匀染效果。

② 染料分子被纤维表面吸附。染料在扩散边界层中靠近纤维到一定距离后，染料分子迅速被纤维表面所吸附，染料分子和纤维表面分子间发生氢键、范德瓦耳斯力或库仑引力结合。中性盐的应用可以起到促染和缓染的作用；提高温度，可以增加染料分子的动能，有利于克服电荷引力，使染料分子易于到达纤维表面而上染。

③ 染料分子在纤维内部分散。染料吸附到纤维表面后，在纤维内外形成一个染料浓度差，因而向纤维内部扩散并固着在纤维内部。这是一个缓慢的过程，它是决定染色速度的最关键阶段。提高温度可以减少染料的聚集，并可增加染料分子的动能，有利于提高染料的扩散速率。此外，提高染色温度可促进纤维膨化，减少扩散阻力，加速上染过程，达到匀染透染。

4.2.3 前处理

前处理是指对纱线或织物在染色前进行一定的预处理，使得其洁净度、幅宽、尺寸稳定性以及表面形态等能够满足后道加工工艺的要求。根据目的和作用的不同，常用的前处理工艺类型主要有退浆精练（除油去污）、高温预缩、预定型以及碱减量处理等。

4.2.3.1 退浆精练

纱线和织物在加工过程中通常需要进行上油处理，以降低摩擦，减少静电，有利于后道变形加工、络筒加工成型，以及整经、织造等工序的生产效率。此外，加工过程中纤维或织物还会受到来自外部的杂质以及污染物黏附等，不利于后道的染色、印花、整理等，影响面料的着色均匀一致性及产品的外观质量。

退浆精炼目的是除去纤维制造时加入的油剂、浆料和着色染料，以及运输和贮存过程中沾污的油剂和尘埃等。汽车内饰纺织品多以涤纶、锦纶等合成纤维为主，油剂及杂质的去除相对较为容易。一般在染色前采用洗涤剂进行清洗，通常在染色设备中进行。喷射溢流染色机常用的退浆精炼工艺主要有两种。①碱性工艺：精炼剂 1g/L、纯碱 1～2g/L，浴比 (1∶12)～(1∶15)，温度 80℃，处理时间 20 分钟。②中性工艺：去油剂 0.5g/L，温度 60～80℃，浴比 1∶15，处理时间 15～20 分钟。两种工艺相比，碱性条件下精炼去油效果会更好。

4.2.3.2 高温预缩

汽车内饰纺织品开发过程中，为了达到设定的幅宽、手感及柔软度，减少染色过程形成的褶皱，保证面料的均匀收缩、尺寸稳定和良好的布面平整度，可以对织物进行染色前的高温预缩处理。

织物的高温预缩处理一般在染缸内以绳装形态进行，预缩的温度高于精练温度而低于染色温度。常用的高温预缩工艺：温度 110℃ 左右，处理时间 20 分钟，精炼剂 1g/L、纯碱 1～2g/L。

预缩是高温湿热状态下的前处理，除了可以去除织物上的浆料、油剂、污迹等杂质外，高温湿热的加工可以使织物的内应力得到充分消除，织物的门幅缓和收缩，最终使得织物尺寸稳定性增加，表面更加平整。通常情况下，涤纶机织强捻织物、弹力织物和短纤混纺毛织物都需要在染色前进行高温预缩。

4.2.3.3 预定型

预定型是指对坯布进行的预热定型，消除织物在前处理过程中产生的折皱及松弛，以稳定后续加工中的伸缩变化，保证加工过程中织物的尺寸稳定性，减少布面褶皱。预定型温度一般控制在 180～190℃。起绒、拉毛或者磨毛类的经编针织面料在染色前都需要进行预定型处理。海岛超细纤维机织或者针织面料在起绒磨毛前一般也需要进行预定型处理，以保证后道加工过程中的尺寸稳定。

4.2.3.4 碱减量处理

涤纶织物为了提高黑色的染色深度，也可以通过碱减量处理来提高染料的附着力，增加染料的上染率。涤纶大分子结晶度高，纤维结构紧密，折射率和表面反射率均高，纤维表面平滑，以镜面反射为主，用分散染料染得黑色后，大量的反射光由织物表面以白色光进入人的视线，因此深黑色较难获得。

经碱减量处理后，可以使涤纶产生刻蚀效应，原来光滑的表面变成粗糙表面，形成凹凸不规则的反射层，从而产生一定的深色效果，并且经碱减量处理后织物表面活动自由度增加，染料的附着力有所上升，也对染色深度的提升有着积极作用。

4.2.4 染料助剂

4.2.4.1 常用染料

染料一般都是有色的有机化合物，大多溶于水或者能够在水中均匀分散，它们与纤维发生物理或者物理化学的结合，使纤维得以着色，并具有一定的色牢度。色泽通常是由不同颜色的染料混合而成的，红色、黄色和蓝色三原色的混合最为常用。

纤维材料不同，染色时使用的染料也不同，汽车内饰纺织品中常用的纤维材料主要有涤纶、锦纶、腈纶及羊毛等。根据染料的化学性质及其与纤维的关系，通常汽车内饰纺织品使用的染料主要有以下几种。

① 活性染料。这类染料结构中含有一个或者多个活泼官能团，称为活性基团，在一定的条件下可以与蛋白质纤维等发生化学反应，获得坚牢的结合，具有较好的干湿摩擦色牢度。内饰用羊毛纤维材料的染色可以采用活性染料进行上染。

② 分散染料。是指不含有强水溶性基团，在染色过程中呈分散状态进行染色的一类非离子染料。分散染料的分子较小，结构上不含有水溶性基团，借助分散剂的作用在染液中均一分散而进行染色。分散染料主要用于涤纶及其混纺织物的染色。

③ 碱性染料。又称为阳离子染料，这类染料在分子结构上含有氨基，溶于水，在水溶液中电离生成带有正电荷的有色离子，染料的阳离子能与纤维或织物中的酸性基团结合而使纤维染色。碱性染料是腈纶纤维染色的专用染料，具有强度高、色牢度好、色光鲜艳等优点。改性涤纶纤维是在涤纶大分子上引入磺酸基或者磷酸基团，这些基团的存在使得其对阳离子染料具有较好亲和力，可以实现阳离子染料对改性涤纶的上染着色。

汽车内饰顶棚面料中常采用改性阳离子可染涤纶和常规涤纶为原料，通过常规涤纶与改性涤纶对阳离子染料的吸色程度不同，来实现面料丰富的视觉层次效果。

④ 酸性染料。又称阴离子染料，这类染料可溶于水，分子结构中含有磺酸基或羧基，可以与蛋白质纤维分子中的氨基以离子键形式相结合，在酸性、弱酸性或中性介质条件下使用。为了提高染色的日晒色牢度和湿态摩擦色牢度，常采用酸性媒染染料对羊毛纤维进行染色。这类染料在染色或者上染在纤维上以后，需要对织物进行媒染剂处理，才能获得更好的染色牢度。含有媒染剂的络合金属离子的酸性染料称为酸性含媒染料。

汽车内饰纺织品中最常用的涤纶纤维专用高日晒分散染料供应商主要有：德司达（DyStar）、亨斯迈（Huntsman）、昂高（Archroma）以及日本化药等。常用的高日晒分散染料系列主要有：德司达 AM 系列和 HLA 系列、亨斯迈 HL 系列和 NF 系列以及日本化药 KFL 系列等。

4.2.4.2 常用助剂

汽车内饰纺织品常用的助剂主要包括两部分：一部分是为了实现纤维或织物的染色所添加的化学助剂，主要是在染缸内添加；另一部分为实现纤维或者织物某些附加功能而采用的助剂材料，通常在后整理工艺中根据实际的需要进行添加。

纱线或者织物面料染色过程中使用到化学助剂的环节主要包括前处理工序、染色工序和后处理工序。前处理过程主要是对织物或者纤维进行预处理，去除生产过程中残留的油污和杂质等，使被染色材料保持良好的洁净状态，便于后道的染色，前处理常用的助剂主要有去油剂、精炼剂、碱性调节剂等。染色过程中用到的助剂主要有匀染剂、分散剂、酸性或碱性调节剂、消泡剂及缓染剂、固色剂、光稳定剂等，用于调整染色的酸碱度，增加染料的分散性、提高染色均匀度和牢度、消除过程中产生的泡沫等。后处理过程中的助剂主要有还原清洗剂、碱、分散剂、乳化剂等，主要作用是去除纤维表面的浮色，提高染色牢度。

为了提高汽车内饰纺织品的耐光色牢度，行业中常用的方法是在染色过程中添加各种光稳定剂，这些光稳定剂主要用于屏蔽紫外线或者吸收紫外线，从而减少光对染料及纤维的降解破坏，达到提高耐光色牢度的目的。常用的光稳定剂类型主要有：①紫外线屏蔽剂，如

TiO_2、ZnO、$CaCO_3$ 等无机化合物；②紫外线吸收剂，如二苯酮类、苯并三唑类及三嗪类等；③受阻胺光稳定剂等。光稳定剂的应用方法主要有：①采用光稳定剂分散液进行前处理；②采用光稳定剂与染料进行同浴染色；③织物染色后再用光稳定剂按照染色条件进行后处理。

后整理功能助剂主要有抗静电剂、抗菌剂、阻燃剂、三防处理剂、防水剂、防霉剂、柔软剂、硬挺剂、抗紫外助剂、抗皱剂、抗钩丝助剂、耐磨助剂、负离子功能助剂、芳香剂等。后整理助剂的使用方式主要有浸泡、浸轧、印花以及涂覆等。

4.2.5　染色工艺

汽车内饰纺织品的染色加工根据其形式主要有筒子纱线染色和织物匹染两种。为了保证内饰颜色的匹配一致性，一般情况下无论是纱线的染色还是织物染色，都需要按照标准的颜色样板进行配色并制定出染色配方，并在不同的光源条件下评估织物颜色与标准色板的一致性，尤其值得重点关注的是同色异谱问题。

4.2.5.1　染色工艺开发的过程

内饰纺织品染色工艺的开发过程基本上包括小样开发、中样试制以及放大样三个阶段。

① 小样开发。又称为小样染色试验，也是染色工艺开发过程中的核心环节。根据目标产品的颜色及性能要求，进行染料、助剂、设备的选择并制定出合适的染色工艺。打小样的过程一般都需要经过多次试验，试验的次数主要取决于实验室打样人员的技术能力、实际经验以及操作过程的准确性。

② 中样试制。按照实验室小样染色试验确定的染色工艺处方，在中样染色机上进行染色，一般中样染色的纱线数量为几公斤或者十几公斤，面料数量为十几米或几十米。中样试制是在正式放大样前对染色工艺实际情况的验证的过程，试制次数一般也是多次的，要充分验证小样处方的准确性和工艺可再现性，并结合设备工艺的条件的差异，不断进行优化调整。

③ 放大样。中样的染色试制结果获得确认后，即可进入放大样阶段。在进入大样生产前，一般需要进行再次复样，按照实际使用的染料、助剂及工艺条件，进行染色工艺处方的再现，确保再现的颜色色光准确性满足产品技术要求。

（1）染料的选用

染料的选用是染色工艺的核心，对于目标颜色的色相准确性、染色牢度、染色深度及生产效率等都有着重要影响。汽车内饰纺织品特殊的应用环境要求其颜色具有非常好的耐久、耐候、耐酸碱、耐摩擦等性能，一般需要选用具有高日晒牢度的染料系列。此外，匀染性、重现性以及对染色工艺参数变化的低敏感性，是选择染料的重要依据。

内饰纺织品的颜色一般是通过红黄蓝三原色的混合拼色来实现的，每一种染料都有其特殊染色性能，各个染料的配伍性要好，其上染曲线、固色曲线要相近，各项色牢度也需要基本一致，配方也尽量使用三原色拼色，减轻染料间的相互干扰，保证上色的均匀和稳定。配伍性差的染料会出现相互排斥，易导致染色性能差、染色不均匀以及严重的色差等问题。

（2）同色异谱现象

同色异谱现象，又称"跳灯"，是颜色评价过程中常见的问题。所谓同色异谱现象是指：在某一特定光源下观察时，两个物体的颜色一致性比较好；当光源条件改变时，这两个物体的颜色一致性就存在明显差异（见图4-1）。同色异谱现象的改善主要是通过染料的筛选和匹配来实现的，前提条件是建立起足够量的染料数据库，并熟练掌握其同色异谱性能，这样就可以根据目标产品的颜色标样，选择一组没有同色异谱或者同色异谱差异度较小的染料进行染色，必要情况下也可以改变常规的三色拼色的方式，改用四拼色，避免同色异谱造成的材料匹配问题和染色结果不理想。汽车内饰纺织品颜色评断的常用标准光源环境主要有 D65、TL84、F11、UV 等光源。

(a) D65光源下　　　　　　　　　　　　　　　(b) F11光源下

图 4-1　同色异谱现象

（3）电脑测配色系统

采用电脑测配色系统可以比较快速精准地确定小样的染色配方。通过对来样或者标准样板颜色的测色数据进行自动分析，计算出多个工艺配方，以及不同配方在不同光源条件下与标准样板或来样之间的色差情况，如深浅差异、色光偏移等。如果工厂内实现了测配色系统与染化料称取供给系统的连通，则选定的工艺配方可直接以数据形式通过网络传递至染化料系统。电脑测配色系统不受外界环境光源的影响，减少了人为主观因素的干扰，可以高效、快速、经济地制定出染色处方，实现色彩管理和质量检测的信息化和科学化。

4.2.5.2　筒子纱染色

筒子纱染色是纱线染色最常用的方式之一。筒子纱染色前，需要对纱线进行预准备工作，即将初始大卷装的纱线筒子通过络筒机进行松筒、分筒，分成质量在 $1 \sim 2kg$ 的小筒子，筒子纱线的内外层密度和张力要保持一致，外观成型良好，避免纱线在染色过程中发生收缩导致筒子变形，影响染色液的内外部循环流动，造成纱线的内外层染色不均匀。松筒时不仅要保证单个筒子密度要均匀一致，而且单个锭杆上的各个筒子之间的密度也要尽可能均匀，避免筒间和锭间出现色差。筒子纱松筒的筒管主要有镂空的弹簧钢丝筒管和带有均匀孔洞的塑料筒管两种（见图 4-2）。一般选择弹簧钢丝筒管，优点是孔径大，便于染液的扩散、渗透和内外部流动。弹簧管需要用无纺布包裹，防止络筒中摩擦损伤纱线，避免在压纱过程中对纱线造成二次损伤。

(a) 弹簧钢丝筒管　　　　　　　　　　　　　(b) 塑料筒管

图 4-2　弹簧钢丝筒管与塑料筒管

分筒完成的筒子按照工艺要求一个压一个地穿套在芯轴上，根据染缸的容量不同进行配缸，每一笼的芯轴数量也不相同，每个芯轴上穿套纱筒的数量也与筒子的类型及体积大小等有关。装笼压纱后即可放入染缸进行相关的前处理及染色加工（见图4-3）。

图4-3 筒子纱染色用染缸

4.2.5.3 织物染色（匹染）

匹染（piece dyeing）指的是对一定数量的织物进行染色的工艺。匹染也是汽车内饰纺织品中最常用的染色方式之一，主要用于内饰座椅、顶棚、遮阳板、遮阳帘等织物面料的染色。汽车内饰纺织品的匹染一般采用完全封闭的高温高压溢流染色机，由卧式高温高压染槽、导布辊、溢流口、溢流管、浸染槽、循环泵等组成（见图4-4）。

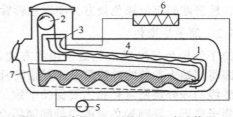

1—织物；2—导布辊；3—溢流口；4—输布管道；
5—循环泵；6—热交换器；7—浸染槽

(a)高温高压溢流染色机　　　　　　　　(b)溢流染色机结构示意图

图4-4 高温高压溢流染色机及其结构示意图

织物在密闭的高温高压容器中，由主动导布辊带动，以绳状松弛状态经过溢流口，送入倾斜的溢流管，然后进入浸染槽并以疏松堆积状态缓慢通过，再经导布辊循环运行。织物在导布辊和水流的作用下不断地在染液中回转染色，经过前处理、染色、后处理以及溢流水洗，完成整个染色加工过程。一般匹染的面料在染色前需要进行预定型处理，保证其尺寸稳定性，避免在染色过程中因松式绳状收缩导致布面形成皱印、外观不良。

4.2.5.4 涤纶染色

涤纶是重要的合成纤维之一，在汽车内饰纺织品中占有绝对优势，主要应用在座椅、顶棚、安全带、安全气囊等内饰零部件区域。

涤纶分子排列紧密规整，具有较高的结晶性，以至于要使分子链的热运动从冻结状态解脱出来，必须辅以较高的温度。此外，涤纶吸水性弱，是疏水性的合成纤维，结构中缺少像纤维素或蛋白质纤维那样能和染料发生结合的活性基团，使得涤纶在常规条件下染色比较困难。另外，涤纶纤维使用的分散染料不溶于水，而是以微小的颗粒分散在水中，在高温条件下向涤纶扩散形成对涤纶的上染，图 4-5 所示为涤纶织物分散染料染色工艺曲线图。涤纶没有特别的染料位点，对染料也没有特殊的亲和力，这就是涤纶需要在高温高压环境下进行染色的主要原因。目前也有一些技术，采用载体染色的方式，在较低温度下使得涤纶膨胀，可以实现染料的上染，但考虑到载体对环境的影响，这种工艺也很少使用。

分散染料对碱比较敏感，因此采用分散染料对涤纶进行染色时通常是在酸性环境条件下进行的。分散染料高温高压染涤纶时，纤维表面往往会聚集一些没有进入纤维内部的染料，形成一定程度的表层浮色，这些浮色的存在易导致染色不均匀，影响染色的光泽度和鲜艳度，降低纤维的摩擦色牢度、光照色牢度等性能。因此，涤纶染色后需要进行碱性的还原清洗，去除残留在纤维表面的浮色，保证纤维的染色光泽，提高耐光、耐洗和耐摩擦色牢度等性能。

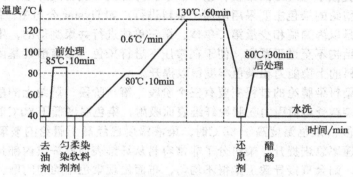

图 4-5　涤纶织物分散染料染色工艺曲线图

涤纶内部存在着因聚合反应形成的分子量相对较低的共生聚合物，即低聚物。低聚物主要有环形三聚体和线形聚合体两种。当涤纶或织物在高温高压条件下染色时，线形低聚物易向外扩散，除少数衬垫在染色机内，其余大部分黏附在纤维表面，影响染色效果和染色牢度。

为了降低涤纶染色过程中低聚物的影响，主要可以从以下几个方面着手。①对染色机进行定期清洗，减少低聚物沉淀的存在。②染色前对涤纶进行适当的碱性前处理。③染色过程中添加专用的低聚物防止剂。④缩短染色保温时间，高温条件下，染色时间的延长会使低聚物增加。⑤为防止低聚物的结晶，染色后的涤纶要尽可能在高温下淋洗。⑥染色后进行合理的还原清洗。

4.2.5.5　锦纶染色

锦纶是一种疏水性纤维。与涤纶相比，锦纶分子结构相对松散，具有较好的吸湿性能，约为涤纶的 10 倍。与羊毛纤维的结构相似，锦纶大分子链中含有大量的弱亲水性基团酰胺键，分子链两端有氨基和羧基亲水性基团存在，这使得锦纶具有较好的染色性能。锦纶取向度比较高，其玻璃化转变温度在 40～60℃，在水中的玻璃化转变温度在 45～50℃，纤维容易发生膨胀松弛。锦纶染色不需要在高温高压条件下进行，染色温度范围一般为 80～100℃。锦纶的等电点为 5～6，在低于此 pH 值时，有利于染料上染，因此锦纶染色一般在酸性条件下进行。上染率过快容易导致纤维上色不均匀，为了解决此问题，锦纶染色一开始可以在微碱性条件下进行，并控制升温速率至沸点，待染料大部分上染到纤维内部时，再通过加入乙酸调低染液 pH 值呈弱酸性，至染色完成。

锦纶特殊的分子结构使得其可以采用多种染料进行染色，如分散染料、酸性染料、中性染料及活性染料等，但是各有利弊。目前锦纶的染色通常以弱酸性染料为主，但是弱酸性染料上色快、移染性差，难以获得匀染性好的产品；分散染料对锦纶具有比较好的匀染性、染色质量较稳定及重现性好等特点，且可与中性染料或弱酸性染料同浴染色，以调整染色的色光及均匀性。分散染料在染浅色时，操作方便，纤维损伤小，染料间配伍性好，得色相对较深且色牢度也比较好，缺点是得色相对黯淡，不够鲜艳，不宜染浅艳色产品。

目前锦纶染色较为常用的技术方案为：①采用分散染料染色，以浅中色产品为主；②采用中性染料＋弱酸性染料＋活性染料等相拼进行染色，补齐色谱不全、遮盖性和匀染性差等缺陷，以中深色产品为主。

4.2.5.6　腈纶染色

腈纶是具有类似羊毛纤维的柔软、蓬松手感和弹性的一类合成纤维。汽车内饰纺织品中也有少量使用。腈纶的染色主要采用阳离子染料进行，如 Dystar 公司生产的 Astrazone 系列染料。腈纶主要是以丙烯腈和少量第二单体、第三单体进行共聚制得的，中性的第二单体的加入使得纤维的结构不至过于紧密，便于在常压下进行染色，带有酸性基团的第三单体的加入使得阳离子染料的上染能力和染色牢度得以提升。

采用阳离子染料染腈纶的过程主要有三个阶段。第一阶段：腈纶上的酸性基团在水中带负电荷，阳离子染料受电荷引力在腈纶纤维表面吸附，染色温度低于80℃时，染料的上染速率很低。第二阶段：染色温度高于80℃时，染液温度已经高于腈纶的玻璃化转变温度，阳离子染料的上染速率急剧提升，染料分子非常容易从纤维表面向纤维内部扩散，如果染液温度和浓度不均匀，则会直接导致上染得不均匀，布面出现染色不均匀问题。第三阶段：染色温度继续上升至沸点，染料分子在纤维内部进行充分扩散，纤维染色的均匀度得到提升。

结合阳离子染料染腈纶的特点，在染色过程中必须合理控制上染速率，逐步缓慢上染，才能实现均匀染色。为此，阳离子染料染腈纶时，可以在染浴中加入酸、电解质和阳离子缓染剂等，达到延缓阳离子染料上染速率的目的，实现腈纶的均匀着色。常用的缓染剂主要有季铵盐类、阴离子类如脂肪醇或芳烃的磺酸盐、无机类如硫酸钠和稀土等。

4.2.5.7　羊毛纤维染色

羊毛纤维一般使用酸性染料进行染色。根据染料分子的大小又可以分为匀染性酸性染料（又称强酸性染料）和耐缩绒性酸性染料（又称弱酸性染料）两种。强酸性染料分子结构简单，在水中电离后带负电荷，羊毛在强酸性条件下染色，纤维带正电荷，染料主要通过静电引力实现上染羊毛；弱酸性染料分子结构复杂，在水中电离后带负电荷，与纤维间的氢键和范德华力作用较强，羊毛在弱酸性条件下染色，弱酸性染料主要以氢键和范德瓦耳斯力上染羊毛。强酸性介质中染羊毛，色泽鲜艳，匀染性好；在中性或弱酸性介质中染羊毛，染色牢度较高，但匀染性和色泽鲜艳度不如强酸性染料。

除此之外，酸性媒染染料和酸性含媒染料也是羊毛染色的常用染料。酸性媒染染料除了具有酸性染料的基本结构外，还含有能与媒染剂铬离子生成络合联结的基团，染色水洗色牢度、日晒色牢度都优于酸性染料，但色泽较暗，染后需用重铬酸钾做媒染处理。酸性含媒染料的结构中已含有铬络合结构，染色时不需进行媒染处理，应用方便。

4.2.5.8　超细纤维染色

超细纤维在汽车内饰纺织品中应用前景广阔，主要用于织造类超纤仿麂皮、非织造类超纤仿麂皮及超细纤维合成革产品的开发。超细纤维的染色也是汽车内饰用超纤材料开发过程中极为重要的环节。超细聚酯纤维是汽车内饰超纤材料的主要原料。

超细纤维具有巨大的比表面积，这也为染料分子提供了巨大的吸附表面，超细纤维对染料的吸附速率远远大于普通纤维，在较低的染色温度下超细纤维依然能够吸附大量的染料。因此，超细纤维的着色不易扩散均匀，染色的深度通常相对较浅。此外，超细纤维有着巨大的暴露表面，当受到外部光、热、洗涤或者摩擦时，染料分子容易发生迁移，表现为日晒、水洗或者摩擦色牢度的降低。提高超细纤维的染色性能，一般从降低初染温度、升温速率以及添加相关助剂等方面去改善。

超细聚酯纤维染色通常选用染色饱和值高、亲和力大、提升性好、发色能力强和染色牢度好的专用分散染料。采用含有氰基的单偶氮结构的分散染料，有利于提高染深性和染色牢度；色相接近、化学结构大体相同的多组分分散染料，其染色牢度性能和应用性能均优于单一组分分散染料，对超细涤纶纤维上染饱和值有一定的加和性，可以使上染的染料总量增加，可以得到较深的颜色，提高染料的固色率和提升率，对提高染色牢度和应用性能有增效作用。

超细聚酯纤维同常规纤维一样，采用高温高压法进行染色。常规聚酯纤维在 90℃ 以下基本不会上染，而超细聚酯纤维在 80℃ 后上染速度很快，因此超细聚酯纤维的上染初始温度要低一些，升温速率要尽量减慢，同时分步加入染料，控制其初染速率，提高染色均匀性，同时在染色过程中还需要加入分散剂、匀染剂、润滑剂及固色剂等助剂，以提高其染色效果。超细聚酯纤维的染色工艺一般选择 40～50℃ 开始染色，以 0.5℃/min 的速率升温至 110℃，再以 1.0℃/min 的速率升温至 130℃，保温 60 min 确保染料有足够的时间移染，然后以 1.5℃/min 的速率降温至 80℃ 排液，再经过热洗、水洗、还原清洗等去除表面残留的染料，完成染色。

4.3　整理技术

整理（finishing）对纺织品来说非常重要，它是纺织品满足终端的商用性能如外观、光泽、手感、悬垂感、丰满度及使用性能等要求的重要环节。几乎所有的纺织品在使用前都需要进行一定的整理。对于不同的产品，其整理技术也是不同的、多样的。整理技术的多样性主要取决于以下几方面的因素：①纤维材料的类型以及在纱线或者织物中的分布；②纤维材料自身的物理性能；③纤维材料耐化学的能力；④纺织材料对于化学改性的敏感程度；⑤纺织品使用过程中需要满足的性能，这也是最重要的一点。

纺织品整理技术是指对纤维、织物、非织造布等纺织材料进行后道深加工整理的工艺，它主要是通过物理机械、化学以及两者综合处理的方式进行。后整理技术的应用可以改善纺织品的质量，赋予产品新的表观风格及附加功能等。消费需求的不断变化催生了纺织品整理技术的进化和迭代创新，从基础的整理技术如水洗、预缩、热定型等，到特种功能整理如三防、阻燃、抗菌等，纺织品整理技术的矩阵不断扩大，尤其是材料、机械装备以及工艺技术的不断进步，为纺织品整理技术的快速发展提供了有力的技术支撑。按照工艺性质，纺织品整理技术可分为物理整理技术、化学整理技术及物理与化学综合整理技术；按整理加工目的，则可分为常规性整理及特殊功能整理；按照整理过程中纺织品的状态，又可以分为干态整理和湿态整理。

作为汽车零部件的表面覆盖材料，汽车内饰用纺织品通过其自身组织结构、色彩纹理以及材质工艺的多样性和适用性，对高品质内饰空间环境的营造起到关键的视觉装饰与美观作用。同时，通过功能材料和整理技术的创新应用，可以赋予内饰用纺织品特殊的触感、舒适性及环保、健康、安全等功能。作为汽车内饰用纺织品装饰性和功能性附加的关键技术路径，整理技术发挥着极为重要的作用，内饰用纺织品的色彩纹理设计感和质地、柔软度、摩擦触感、透气透湿、阻燃、易清洁、耐日晒等性能很大程度都是依靠整理技术的应用来实现的。

4.3.1 整理技术的分类

4.3.1.1 按整理技术工艺性质分类

（1）物理整理技术

采用物理的方式对纺织品进行整理的技术叫作物理整理技术，其加工过程中无须添加化学药剂，只是借助于一定的压力、温度或水的作用，达到改良产品外观、手感、结构稳定性及内在性能的目的。常用的轧光、起绒、磨毛、剪毛、空气洗、汽蒸预缩、热烫印压纹、热定型等都属于物理整理技术。

（2）化学整理技术

采用化学手段对纺织品进行整理的技术称为化学整理技术。该加工过程中通过化学药剂的引入，依托物质间的化学反应，对纺织品进行改性并赋予新的功能，如三防整理、阻燃整理、抗菌抗病毒整理等。多数情况下，化学整理也是需要与物理整理过程相结合来完成的，比如诸多化学整理后需要对纺织品进行烘干热定型整理。

（3）物理与化学综合整理技术

物理与化学综合整理技术是将化学整理与物理整理相结合的一种综合整理工艺。此整理过程是物理与化学相结合的综合作用，如纺织品树脂整理后再进行热烫印压纹整理。

4.3.1.2 按整理加工目的分类

（1）常规性整理

使纺织品获得如克重、幅宽、光泽、外观、手感、弹性、尺寸稳定性等常规基础性能的整理技术，称为常规性整理。

（2）特殊功能整理

特殊功能整理，一般指的是能够赋予纺织品某一种或多种特殊功能的整理技术。

4.3.2 汽车内饰纺织品常用整理技术

根据整车技术要求，汽车内饰纺织品的设计寿命基本要与整车寿命同步，各项性能能够在使用生命周期内不发生失效，关键的性能主要包括阻燃、耐磨、耐刮擦、耐光老化、耐候性及色牢度等。其次，由于整车造型的需要，内饰零部件通常存在较大的形态变化，要满足大曲度、大拉伸的工艺成型加工条件，对纺织品延展性、弹性变形能力提出了较高要求。此外，人们对汽车内饰纺织品的品质要求不断提升，越来越注重设计美感和细节品质，更加追求舒适安全的内饰环境。整理技术的应用已经成为汽车内饰纺织品创新赋能的重要途径。

汽车内饰纺织品的常用整理技术，根据实际的需要主要可以分为常规整理、功能附加整理和感官价值附加整理三类。

① 常规整理：指的是针对汽车内饰纺织品的尺寸稳定性、触感、弹性延伸性以及光泽

等基础性能进行优化改善所应用的整理加工技术，主要有热定型、汽蒸预缩、水洗、干洗以及轧光、磨毛等常规整理。

② 功能附加整理：指的是能够赋予汽车内饰纺织品特定附加功能的一类整理技术，主要有抗菌、抗病毒、抗静电、柔软、硬挺、阻燃、防水、防污、易去污、负离子、芳香、防蚊、防霉等功能整理。

③ 感官价值附加整理：指的是利用CMF（color色彩，material材质，finishing工艺）设计手段对汽车内饰纺织品进行特殊的加工整理，赋予其高品质的感官价值。常用的附加整理技术主要有热烫印、压纹、高频焊接、膜复合、数码印花、丝网印花、激光镭雕、化学蚀刻、绗缝、绣花、打孔、植绒等。

4.3.2.1 常规整理

（1）热定型

热定型是纺织品整理加工中最常用的，也是必不可少的环节。一般是采用平幅式拉幅定型机（见图4-6），纺织品通过一定长度的烘箱，依靠热对流的方式，使其中含有的水分得到蒸发，得到干燥的纺织品；同时，受热后纺织品制造过程中的内应力得到充分消除，产品结构和尺寸稳定性提升。热定型过程中水分从纺织品中蒸发的速率主要取决于两个因素：纺织品的温度和通过纺织品的空气量，一般通过设定温度和上下风量两个关键参数进行控制。

汽车内饰纺织品通常在拉幅定型机上进行最终的热定型整理，以确保最终产品的一致性和满足特定幅宽要求。部分产品在进行染色加工前也需要对坯布进行预定型，以满足产品风格和性能要求。此外，大部分的特殊功能整理也需要借助热定型工艺来实现功能附加，满足产品风格及性能要求。在热定型过程中，纺织品受到张力作用会发生结构变形甚至损伤、破坏，选择合适的定型设备，控制好张力、超喂率、门幅等工艺参数是热定型工艺中必须重视的一个重要环节。

图4-6　平幅式拉幅定型机（Monfongs官网）

（2）汽蒸预缩

汽蒸预缩整理是利用纤维受热后易发生收缩的原理，在一定压力和温度的高温蒸汽的湿热作用下，对内饰纺织品实施无张力状态的整理，实现纺织品的预收缩，释放其在整经、织造等加工过程中的内应力，收缩后的面料经冷却后形态稳定下来。常用的设备是连续式汽蒸预缩机（见图4-7），其工作特点就是在不加压和不拉伸面料的前提下进行预缩。

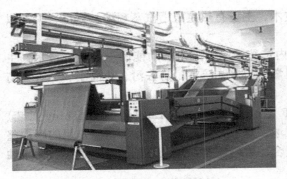

图 4-7　连续式汽蒸预缩机

一般情况下在进入汽蒸预缩机前，需要对纺织品进行预先给湿处理，使织物处于相对湿态，在水或者蒸汽的作用下，纤维与纤维之间的间隔距离缩短，纱线充分恢复到原始的平衡弯曲状态，达到消除织物内应力、减少收缩的目的，使织物尺寸稳定，手感和拉伸弹性得到改善。汽蒸预缩的主要工艺参数是选择合理的蒸汽压力、控制合适的蒸汽定型温度以及预缩整理的时间（纺织品的运行速度）等。

汽蒸预缩整理可以改善内饰纺织品定载荷下的静态延伸率、弹性和手感以及丰满度、外观等性能，在汽车内饰用机织纺织品中应用较多。此处理工艺制得的面料具有较好的延伸弹性，可用于汽车门板、仪表板等对延伸弹性要求比较高的内饰零部件包覆。

（3）机械预缩

机械预缩整理的基本原理是利用机械物理方法改变织物中经向纱线的屈曲状态，使织物的纬密和经纱屈曲增加，织物的长度缩短，具有松弛结构，从而消除经向的潜在收缩。

与汽蒸预缩不同，机械预缩是通过对经过预先给湿的织物，施以挤压、搓动等机械力的综合作用，强制使织物中的纤维发生位移和收缩，实现其内应力的消除，达到织物结构收缩松弛到稳定状态的目的。

机械预缩一般是采用一种可以压缩的弹性物质如呢毯或者橡胶毯等作为材料，将织物压紧在该弹性物质表面，在弹性物质受力弯曲时，它的外弧增长而内弧随之收缩。当弹性材料再往反向弯曲，即原来伸长的一侧变为压缩，原来收缩的一侧变为伸长，织物从弹性物质的外弧转向内弧，即从拉伸部分转入收缩部分。织物随着弹性物质的收缩而挤压产生收缩，从而使织物中大部分内应力得以消除。

机械预缩对于改善内饰面料的柔软度和经向延伸率起着重要的作用。汽车内饰纺织品的机械预缩整理常用三辊式橡胶毯机械预缩机。目前，在三辊式橡胶毯机械预缩机的基础上，开发出的高效机械预缩整理联合整理机为内饰纺织品的机械预缩整理提供了新的设备解决方案。图 4-8 所示为高效机械预缩整理联合机的结构示意图，基本工艺流程为：平幅进布→喷雾给湿→橡胶毯预缩→呢毯烘干→落布。织物预缩效果与橡胶毯厚度、压力直接相关，同时跟预缩整理前织物含湿状态以及承压辊筒的温度也有关。

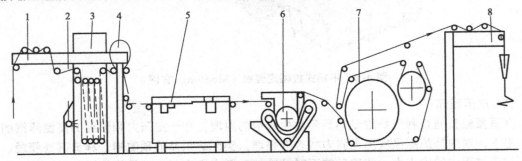

图 4-8　高效机械预缩整理联合机结构示意图

1—进布装置；2—给湿装置；3—汽蒸室；4—烘筒；5—拉幅装置；6—橡胶毯预缩装置；7—呢毯整理装置；8—出布装置

（4）空气洗

空气洗指的是气流式柔软整理技术，其工作原理是：高压风机产生高压气流，通过文丘里管转换为高速气流，利用强大的高温气流压力，使织物做高速抛物运动，产生循环多次的撞击、拍打、揉搓等机械作用，降低纤维及织物的刚度，使得纤维产生应力松弛，释放掉加工过程中因受到拉伸而产生的内应力，织物结构得到充分舒展，增加织物表面的丰满度和蓬松度，从而获得更加柔顺、松软的织物手感。图4-9所示为意大利 Biancalani AIRO 24 气流柔软整理机。

图 4-9 意大利 Biancalani AIRO 24 气流柔软整理机

气流式柔软整理的基本过程主要包括：①在一定区域，高速气流对织物进行剧烈抖动，织物之间相互摩擦，气流对织物产生相对摩擦；②织物突然失压，产生急剧蓬松，纤维自由伸展，刚性降低，织物加工过程中的内应力得到迅速释放；③失压状态的织物高速撞击气流机内部的栅栏，织物的动能转化为纤维和织物的变形能，然后自由落入布槽，再经过提布辊重新进入气流喷嘴进行下一循环的整理。织物的线速度、气流风量、气流温度以及整理时间等工艺参数是影响织物气流式柔软整理效果的关键因素。

汽车内饰面料进行空气洗，主要是用来改进面料的手感、柔软度和延伸性，一般情况下机织面料应用此工艺较多。空气洗对织物面料的耐磨性能及抗钩丝性能会有一定的影响，确定空气洗相关工艺参数时要综合考虑。

（5）起毛整理

起毛整理也是汽车内饰纺织品中常用的整理工艺，用于满足外观风格、手感及性能等要求。最常用的有拉毛和磨毛两种技术加工手段，它们的共同点都是使织物面料在表面形成均匀细腻绒毛。

拉毛工艺一般是采用金属针布插入织物内部，将纱线中的单纤维勾出，在织物表面获得绒毛的加工技术。拉毛工艺广泛适用于拉舍尔经编织物、特里科经编短绒织物、机织拉绒织物等。拉毛机的基本原理结构如图4-10所示，为行星式结构，一般有24辊或者36辊，包裹有拉毛针布的起毛辊在锡林上呈圆周分布，出布辊的线速度大于进布辊的线速度，使得织物以一定的张力贴伏在起毛辊表面，起毛辊在自转的同时，随着锡林进行公转，拉毛针布的针尖与织物产生一定的速度差，将织物表面的纤维钩起，从而产生起毛的作用。

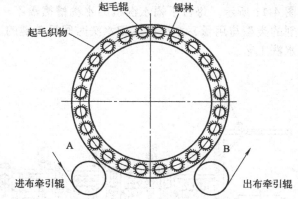

图 4-10 拉毛机的基本原理结构

织物在拉毛机上的起毛过程是一个动态的物理变化过程，起毛风格及质量取决于针布类型、拉毛辊转速、起毛时的织物张力、锡林转向和转速、拉毛辊直径及拉毛辊数量等工艺参数的设定与控制。

利用尖锐锋利的磨料摩擦织物表面，高速运转的砂磨辊（带）与织物接触，磨料刀锋棱角将织物中的纤维拉出并切断，经过高速磨削，在织物表面形成短而密绒毛的工艺过程，称之为磨毛整理，又称为磨绒整理。常用的磨料主要有：带有金刚砂粒或金属磨粒的砂皮辊（带）、碳素纤维辊或者陶瓷纤维辊。

磨毛机按照工艺分为干磨毛机和湿磨毛机；根据结构特点又可以分为单辊筒式和多辊筒式，多辊筒式还可以分为立式、卧式和行星式等。汽车内饰纺织品领域应用较多的是立式或者卧式多辊筒磨毛机。一般磨毛机配置有4根或者6根磨砂辊，根据织物的不同，选择包覆不同号数规格的砂皮，以达到预期的磨毛效果。磨毛效果的影响因素主要有磨粒规格、磨毛辊转速、车速、砂辊数量、布身含潮率，包覆角，张力、织物组织结构、密度、捻度及后整理工艺条件等。

采用高收缩长丝或者海岛纤维为原料织成的针织或者机织面料，经过磨毛处理，可以制得仿麂皮绒织物。采用超细海岛纤维制成的非织造结构的基布，经过浸轧聚氨酯树脂和碱减量开纤后，进行磨毛处理，可以制得超纤仿麂皮。

根据内饰织物风格、触感及性能要求，可以选择不同的起毛工艺。磨毛和拉毛处理前，一般都需要对内饰织物进行前处理，使用的助剂为起毛油。影响起毛效果的因素主要有：车速、磨砂辊目数、张力、包角、钢针密度和弯曲角度及纤维自身的线密度、孔数、捻度等。内饰机织面料和超纤仿麂皮面料中多采用磨毛工艺，单针床经编针织面料多采用拉毛工艺。

（6）水洗与干洗

汽车内饰纺织品多以合成纤维材料为原料，在合成纤维纺丝成型过程及织造加工过程中常伴有油剂、油污及杂质的存在，为了满足后道加工的需要及成品品质洁净的要求，常采用洗涤的工艺对纺织品进行去污除杂整理。洗涤的工艺根据所用介质的不同，可以分为水洗和干洗两类。水洗顾名思义就是以水为介质，通过加入一定的洗涤剂，对纺织品进行洗涤整理；而干洗则是采用四氯乙烯对纺织品进行洗涤整理的工艺。

汽车内饰纺织品的水洗整理一般采用平幅水洗机完成。平幅水洗机主要是由进布架、平洗槽、扩幅装置、小轧车、线速度调节装置、传动设备和出布架等组成，如图 4-11 所示。每台平幅水洗机的水洗槽格数不一，因工艺而定，一般采纳 6 ～ 10 格。除油剂的类型与用量、水洗温度和水洗时间是关键的工艺参数，可以根据产品的不同选择不同的水洗工艺。

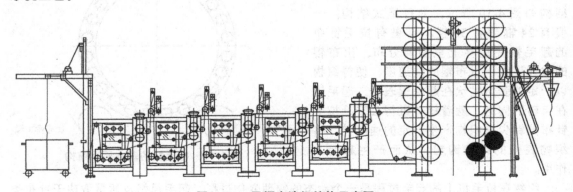

图 4-11 平幅水洗机结构示意图

干洗整理工艺多用于汽车内饰机织面料产品中，相对于水洗工艺，采用四氯乙烯进行干洗整理，最大的优点就是去污力强。干洗的过程主要包括洗涤、脱干、烘干和溶剂蒸馏再生等过程。干洗时间、烘箱温度和烘箱风量等是干洗工艺的关键控制参数。图4-12所示为内饰纺织品干洗整理机。

图4-12　内饰纺织品干洗整理机

（7）轧光整理

轧光整理是一种物理机械整理，也是常用的织物表面整理技术，主要是利用辊筒的压力和温度共同作用于织物的表面，使得织物中纱线更平整、织物结构更为紧密，从而起到改善织物表面的平整度、粗糙度、光泽度以及手感，去除织物表面的褶皱和收缩等作用。

轧光整理工艺一般采用多辊筒轧光机进行整理，主要由机架、轧辊、加压装置、传动装置、加热系统及进出布装置等组成（见图4-13）。轧辊可以分为硬辊和软辊两种，软辊为纤维纸、聚酰胺或者织物制成，硬辊一般为金属轧辊，辊筒材质由铸铁和钢等金属制成。加热辊为金属辊，加热方式有电加热、蒸汽加热和热油加热等形式。常用的辊筒数量为3～5根，三辊立式轧光机中，上辊为加热镜面钢辊，中辊为软辊，下辊为镜面钢制托辊。

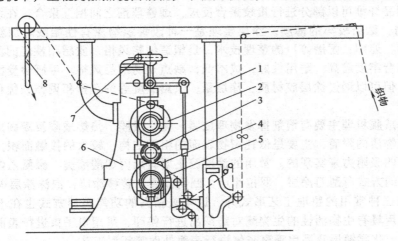

图4-13　三辊筒轧光机示意图

1—进布装置；2、5—纤维轧辊；3—主动铸钢辊；4—安全压布小辊；6—机架；7—蜗杆蜗轮加压装置；8—落布装置

汽车内饰纺织品中为了减少布面毛羽对织物手感以及后道加工的影响，提高布面的平整度和光泽度，常需要对面料进行轧光处理。轧光处理的工艺选择对织物的风格和性能有着直接影响，对织物进行轧光整理时需要考虑轧光的目的、织物的材质及组织结构特性等，配置合适的轧辊，选用相适应的工艺参数。辊面的材质和纹理、轧辊的压力和温度、轧辊的间隔、轧辊运行速度等是影响织物表面的轧光效果的主要因素。

4.3.2.2　功能附加整理

汽车内饰纺织品作为一种跨界应用的纺织材料，在满足纺织专业领域相关技术要求的前提下，最重要的还是要符合汽车行业的应用需求和技术条件。随着汽车内饰纺织品的消费升级，越来越多的附加功能成了内饰空间的消费需求，通过新的材料和工艺技术的应用，赋予汽车内饰纺织品附加功能成了产品开发的趋势，对内饰纺织品进行特殊的功能附加整理也是实现功能附加的重要技术路径。

（1）功能整理的工艺形式

汽车内饰纺织品功能附加整理的常用工艺形式主要有浸渍法、浸轧法、涂层法等。

① 浸渍法。这种工艺主要适用于水溶性或者溶剂可溶性的功能整理剂；通过浸渍的方法将功能液渗透到纺织品纤维之间的空隙中，与纤维表面形成分子间表面吸附，附着于纺织品上。这种方法操作简单，易生产，成本低，织物手感受功能液的影响不大，但是功能整理剂与纺织品的结合方式为物理吸附，作用力比较弱，黏结牢度差，耐久性差。

② 浸轧法。这种工艺主要适用于可以在水或者溶剂中形成一定黏度但黏度不大的功能整理剂；纺织品先浸入功能整理液中，再经过轧辊轧压使得功能助剂被挤压到纺织品纤维缝隙中，除去多余的溶液，再经过烘焙即可完成整理过程。浸轧法工艺也比较简单，成本相对较低，对织物的手感和外观颜色风格会产生一定的影响，整理剂与纺织品的结合方式也是以物理吸附为主，耐久、耐磨及耐洗涤等性能均不高。阻燃、抗菌、抗静电、柔软及硬挺等功能整理多采用此方法。

③ 涂层法。这种工艺主要适用于黏度比较高的黏流体或者黏滞性半流体的整理剂。在织物表面均匀涂覆一层或多层功能整理剂（也称为涂层胶），之后进行焙烘，在烘焙过程中，整理剂与纺织品纤维可以部分进行接枝聚合反应，或整理剂之间相互聚合，在纺织品表面形成均匀一致的、黏结较牢的薄膜。涂层整理是一种改善织物原有性能或附加新功能（如阻燃、防水透湿、遮阳、耐磨等）的整理技术，是塑造织物风格、质感和性能的重要途径。这种整理法的结合牢度较高，耐用性好，成本低；缺点是纺织品风格、手感会受涂层整理剂的影响非常大，但可以通过涂层胶材质、涂层量、烘焙温度等的选择和调整去优化、改善织物手感。

涂层胶的成膜机理主要有溶剂挥发物理成膜、化学成膜、热熔成膜及凝固成膜等。涂覆的高聚物薄膜物质的附着，主要是依托织物表面的粗糙结构、较大的接触面积，以及涂层胶材料与织物间的吸附力来实现的。常用的涂层胶主要有聚丙烯酸酯类、聚氯乙烯类和聚氨酯类。涂层整理的方式有刮刀涂层、罗拉涂层、圆网涂层、转移涂层、泡沫涂层等。

除了上述三种常用的整理工艺形式外，近年来新兴的功能整理方式也在不断发展和推广应用，如采用具有生物活性的生物酶对纺织品进行整理、采用电子束进行表面辐射改性整理、物理溅射、化学镀层及采用等离子体进行表面处理等新型工艺。

（2）阻燃整理

阻燃整理，又称防火整理，通过添加一定量的阻燃剂，实现纺织品遇火不易燃烧或者离火自熄的阻燃效果。常用的阻燃剂有无机类阻燃剂（铝系、镁系、锑系）及有机类阻燃剂（卤素系、磷氮系）等。

纺织品阻燃的机理较为复杂，一般有以下几种解释。①改变纤维受热分解进程，引发纤维脱水炭化，阻碍可燃性挥发物质产生。②阻燃剂发生热解，释放不可燃气体，稀释可燃气体浓度并隔绝空气阻碍氧气供应，达到阻燃目的。③阻燃剂或者其受热裂解产生的物质遮盖在纤维表面，阻止其继续燃烧。④高温下阻燃剂熔融或升华吸热，改变了纤维的受热环境，或者是通过阻燃剂的添加，提升纤维迅速散热的能力，破坏发生燃烧的条件。

纺织品阻燃性能的表征指标主要有：燃烧（水平燃烧、垂直燃烧）速度、极限氧指数、烟密度、烟毒性及熔融滴落等。

阻燃性能是汽车内饰纺织品的强制检验要求，关系着驾驶者与乘客的生命和财产安全。汽车内饰纺织品阻燃整理工艺有三类。①涂层法：将含有阻燃剂有效成分的阻燃胶涂覆于内饰纺织品表面，提升面料阻燃性能。②浸渍法：将纺织品置于含有阻燃剂的溶液中，一定时间后取出烘干，也可以在染浴中添加阻燃剂。③浸轧法：纺织品通过装有阻燃整理液的水槽，经过轧辊轧压后再进行烘干定型，这是目前使用最多的整理工艺。常用的阻燃整理剂一般为有机磷氮系。

（3）柔软整理

除了利用物理或机械的方法对纺织品进行柔软处理外，采用柔软剂进行柔软整理也是目前技术较为成熟、应用较多的整理工艺。通过柔软整理可以减少纺织品内纱线之间、纤维之间的摩擦阻力，降低纺织品与人手之间的摩擦阻力，从而赋予纺织品优良的柔软感、丰满感及悬垂性，柔软性能的改善有利于纺织品的剪裁与缝纫加工等。

常用的柔软剂可以分为四类：非表面活性类、表面活性剂类、反应型和高分子量聚合物乳液型。①非表面活性类：早期以矿物油、石蜡、天然油脂为主，高级脂肪醇、高级脂肪酸及高级脂肪酸酯具有良好的柔软性和高速平滑性，也可作为柔软剂的配合原料进行使用。②表面活性剂类：主要包括阳离子型、阴离子型和非离子型，其中阳离子型柔软剂容易吸附在纤维表面，结合能力较强，能耐高温、耐洗涤，被广泛用于涤纶、锦纶、腈纶等织物中。③反应型：也称活性柔软剂，柔软剂分子能与纤维素纤维羟基直接发生反应形成酯键或醚键，耐磨、耐洗性好。④高分子量聚合物乳液型：主要有聚乙烯和有机硅两大类，应用较多的主要是有机硅柔软剂。

对纺织品进行柔软整理前一般需要进行充分的清洗处理，以保证纺织品的充分洁净，提高柔软整理的效果。汽车内饰纺织品的柔软整理，除了考虑柔软效果外，还需要评估柔软整理对内饰纺织品颜色、光泽、染色牢度、气味性及耐磨耐久性能等方面的综合影响。

（4）抗静电整理

纺织品静电的产生是一个非常复杂的物理过程。一般认为两个物体之间接触或者摩擦后分离，就会产生静电。汽车内饰纺织品中多采用合成纤维作为原料，合成纤维和金属件或者合成纤维之间相互摩擦而发生接触与分离过程后，造成了电荷在物体表面之间的转移，从而产生了静电。涤纶纤维是目前汽车内饰纺织品的主要原料，由于其吸湿性较差，极易产生静电现象，也比较容易吸附灰尘等，影响内饰纺织品使用时的舒适性和安全性。

为了解决这一问题，除了可以开发抗静电纤维或者在织物产品结构设计中引入导电纤维材料外，通过后整理工艺对内饰面料进行抗静电处理也是比较常用的。水具有非常高的介电系数，是非常好的导电介质。纺织品静电问题的解决主要是通过改善纤维或者织物的导电性能来实现的。通常添加吸湿性比较好的抗静电剂，使纺织品中的水以连续相的形式存在于纤维表面，从而提高其导电效率。

汽车内饰纺织品的抗静电整理一般可以通过在高温高压染浴中或者拉幅热定型前的浸轧水槽内添加抗静电剂来实现。抗静电整理分为非耐久性整理和耐久性整理两种，耐久和非耐久是相对来说的。纺织品常用的非耐久性抗静电剂一般为具有亲水性基团的表面活性剂，主要为阳离子型抗静电剂和两性型抗静电剂。织物的抗静电整理一般是在拉幅定型前进行浸轧整理。环境温湿度对非耐久性抗静电整理后的织物抗静电性能影响较大。耐久性抗静电整理使用的抗静电剂多为含有吸湿基团的高分子量聚合物，主要的整理方法有高温高压法（即染色同浴法）和热熔法，一般来说高温高压法制得的织物抗静电效果较好，耐久性也比较好。热熔法的工艺流程一般为: 两浸两轧 (轧液率 70% ～ 80%) →烘干 (100℃左右) →焙烘 (190℃, 2min) →温水洗 (40℃) →水洗→烘干。

(5) 抗菌抗病毒整理

纺织品通常具有疏松的组织结构, 汗液、油脂等污染物容易在表面吸附和残留, 汽车内饰空间的密闭、热湿环境条件有利于细菌等微生物的存活, 影响着驾乘人员的身体健康与生命安全。新冠疫情发生以后, 具有抗菌、抗病毒功能的汽车内饰纺织品成为行业发展的新热点, 已有汽车厂的量产车型中应用了抗菌功能纺织品, 如上海汽车集团股份有限公司荣威 RX5 MAX。抗菌抗病毒整理是赋予内饰纺织品良好的抗菌抗病毒功能的常用技术路径。

常用抗菌剂主要有: 银、锌、铜等金属型无机抗菌剂, TiO_2 和 ZnO 等光催化型无机抗菌剂, 季铵盐类、卤化物类有机抗菌剂, 壳聚糖类和植物源类天然抗菌剂。抗菌整理是通过在纺织品表面负载有效的抗菌剂成分, 使细菌失活, 达到抗菌抑菌的目的。对纺织品进行抗菌整理主要有浸渍、浸轧、涂层及印花等方式。纺织品抗菌性能表征的指标主要是抑菌值或抑菌率, 常用的试验菌种为金黄色葡萄球菌、白色念珠菌和大肠埃希菌。

常用的抗病毒功能材料主要有金属元素类无机材料 (如 Ag 和 Cu) 和光催化类的无机材料, 如 TiO_2。抗病毒功能材料的抗病毒机制主要有以下几种: ①对病毒的机械性吸附和固定作用, 阻止病毒与宿主细胞的吸附, 从而显示出较强的抗病毒活性; ②阻止病毒进入宿主细胞, 抑制病毒与细胞受体结合, 从而阻止病毒对宿主细胞的感染; ③与病毒核酸结合, 使病毒 DNA 或者 RNA 结构改变, 影响 DNA 或 RNA 的复制, 使病毒失去活性; ④释放出来的金属离子直接对病毒具有破坏作用。纺织品抗病毒性能表征的指标主要是抗病毒活性值, 常用的试验病毒种类为流感病毒、猫杯状病毒等。

汽车内饰纺织品的抗菌抗病毒整理主要是通过浸轧、焙烘的方式进行, 一般采用一浸一轧工艺。为解决抗菌抗病毒性能的耐久问题, 可以预先对内饰纺织品表面进行接枝改性或等离子体处理, 或者通过与黏结剂、交联剂共混共用等方式, 以提高抗菌抗病毒助剂负载量和黏附力, 从而提高其抗菌抗病毒效能和耐久性。抗菌抗病毒整理会对内饰纺织品的外观和手感等产生一定的影响, 抗菌抗病毒整理剂的筛选和整理工艺优化尤为重要。

(6) 拒水拒油整理

拒水拒油是以有限的浸润为条件的, 通常采用接触角 θ 来表示润湿程度, 图 4-14 所示为液滴在固体表面上的平衡状态与不同接触角状态。从拒水拒油的角度来说, 接触角越大越有利于液滴的滚动流失, 液滴在固体表面的浸润就会越小。

纺织品的拒水拒油整理就是通过三防整理剂的引入, 在纺织品表面建立微观物理结构, 降低纺织品的临界表面张力至油污表面张力之下, 阻止液体污物的浸润、渗透和铺展, 实现拒水拒油功能。纳米仿生技术也是实现纺织品拒水拒油功能的又一创新技术, 是目前研究的热点, 它主要是通过在纺织品上构建如荷叶般的乳突结构, 使纤维表面粗糙程度达到或接近纳米级水平, 实现高效的拒水拒油功能。此外, 还可以通过对纺织品进行等离子体处理来赋予其拒水拒油功能。

汽车内饰纺织品容易黏附脏污并且不容易清理, 很大程度上影响了纺织品在汽车内饰领域的应用。防水防油防污问题, 是汽车内饰纺织品行业亟待解决的技术难题。通用汽车在行业内较早提出了三防整理的需求, 主要是针对明度 L 值大于 31 的浅色面料。汽车内饰纺织品三防整理剂的选用要考虑其耐久性、耐磨性、工艺便利性以及成本等多方面因素。汽车内饰纺织品的三防整理多采用浸轧＋焙烘的方式进行, 应用的三防整理剂多为有机氟碳类化合物，以 C_6 基的产品居多，杜邦、大金、3M 及昂高、鲁道夫等都有适合于汽车内饰纺织品的三防整理剂产品。汽车内饰纺织品拒水拒油性能常用的评价指标有：淋水性能、抗渗水性能、耐水压性能、防污等级等。

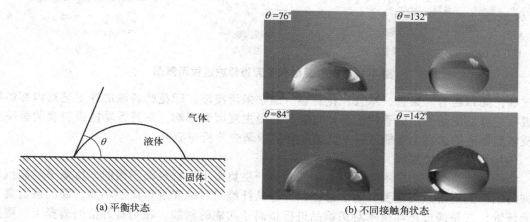

(a) 平衡状态　　　　　　　　　(b) 不同接触角状态

图 4-14　液滴在固体表面上的平衡状态与不同接触角状态

（7）硬挺整理

硬挺整理主要是利用有机高分子物质的成膜性能对纺织品进行整理。硬挺整理一般采用浸轧烘焙工艺，将待整理的纺织品浸入高分子材料制成的硬挺剂水溶液中，经过轧辊轧压，去除多余的功能溶液，使得硬挺剂附着于织物的表面，再经过高温烘焙干燥成膜，即可完成硬挺整理过程，从而赋予织物平滑、硬挺、厚实、丰满的手感。

常用的合成硬挺剂类型主要有：聚氰胺树脂、脲醛树脂、聚丙烯酸酯、聚乙酸乙烯酯、聚乙烯醇和淀粉等，以及它们的改性产品。乳液型聚丙烯酸酯类化合物由于其价格低廉、合成方便、性能稳定等，优点在纺织印染工业已得到广泛应用。

汽车内饰纺织品中的车窗遮阳帘面料、车顶卷阳帘以及后备箱遮物帘面料中常常需要进行硬挺整理，以满足使用过程中因反复卷拉对面料结构、尺寸稳定性及外观品质的要求，避免面料褶皱、变形及卷拉不畅等问题出现。三聚氰胺树脂和聚丙烯酸树脂是汽车内饰纺织品中常用的硬挺剂。

（8）芳香功能整理

芳香功能整理是制备香味纺织品的常用技术。它是采用微胶囊香精为功能材料，通过涂覆或者浸轧的方式附着于纺织品的表面，在使用过程中通过摩擦、挤压或受热等外部作用，微胶囊内的香味缓慢释放，从而制得具有芳香味道的纺织品。微胶囊技术是利用高分子物质或共聚物（囊壁材料）将固体、液体或者气体物质（囊芯材料）包裹成直径 $1 \sim 1000 \mu m$ 的微粒，外观呈粒状或者圆球形，如图 4-15 所示。一般来说芳香微胶囊的粒径在 $3 \mu m$ 左右最佳，可以使整理后的芳香织物具有持久的香味。

汽车内饰的感知质量是多维度的，其中嗅觉感官质量也是汽车消费中备受关注的热点。目前中高端汽车中多配置香氛系统，为消费者提供多样化、差异化的嗅觉体验。此外，从材料本身出发，根据顾客消费需求，进行内饰表皮材料气味的正向开发也是提升嗅觉感官体验的路径之一，长城汽车在行业内率先应用了香氛功能涂层面料。

利用微胶囊技术对内饰纺织品进行芳香功能整理，可以开发出满足消费者需求的目标设

图4-15 微胶囊结构及芳香释放过程示意图

计气味,如草药香、果香、木香、花香等。通常采用浸渍、印花或者涂层等工艺对内饰纺织品进行芳香功能整理。因香味的感知与评价易受主观因素影响,在芳香功能微胶囊的香味类型及浓烈程度的选择上需要进行充分的顾客需求调查分析与研究。

(9) 负离子功能整理

纺织品的负离子功能主要是通过添加能够产生负离子的材料来实现的。负离子功能汽车内饰纺织品的制备方法主要有两个途径:一是从纤维材料端实现负离子功能,即制备负离子涤纶纤维;二是通过整理技术对纺织品进行负离子功能的附加。在制备方法的选择上,要兼具实际使用要求和经济性:如座椅面料对耐久性和耐磨性要求较高,宜采用负离子纤维法;像顶棚面料这些接触摩擦机会较少的产品,则可以考虑采用负离子功能整理技术进行制备。

目前研究的负离子发生材料主要有以下几种。①含有微量放射性物质的天然矿物质。②晶体材料,如电气石、蛋白石、奇才石等,其中电气石应用较多。这些材料主要成分都是无机硅酸盐类的多孔物质。③光触媒材料,也叫光催化材料。目前应用较多的是二氧化钛（TiO_2）材料。④海洋类珊瑚化石、沉积物、海藻炭等无机多孔物质。

负离子功能整理就是将负离子产生材料通过研磨制备成超微颗粒,与相关助剂如分散剂、黏合剂等混合分散均匀,制成负离子功能整理剂,通过浸轧、涂层的工艺路径对纺织品进行功能整理,开发出具有负离子功能的纺织品。与负离子功能纤维纺丝法相比,负离子功能整理法的负离子释放量受外部环境影响较大,耐久性和持续性相对较差,会发生一定的衰减。

4.3.2.3 感官价值附加整理

汽车内饰空间环境中,纺织品所营造的装饰美感可以带给人们多维度的感官体验。利用CMF设计手段,对汽车内饰纺织品进行感官价值的附加,越来越受到消费者的关注。汽车内饰纺织品常用的感官价值附加整理工艺主要包括热烫印压花、激光镭雕、丝网印花、数码印花、高频焊接、绗缝、绣花、打孔透色以及膜复合、表面蚀刻、静电植绒等。

(1) 热烫印压花

热烫印压花工艺,是借助压花板、压花辊等工装模具,在高温和压力的作用下,在纺织品表面实现平滑细腻或立体凹凸的压花纹理。热烫印压花根据设备及模具的不同,又可以分为平板压花和辊筒压花两类,图4-16所示为辊筒式压花机和平板式压花机。

辊筒式压花机一般有三根辊筒,上辊筒为钢制镜面辊,中辊筒为雕刻有花型纹理的辊筒,下辊筒一般为软辊（羊毛辊、尼龙辊或橡胶辊）。中辊筒为加热辊,加热方式一般为导热油加热或者电加热,上辊筒根据需要可以选择加热或者不加热。辊筒压花机可以进行整门幅纺织品的压花加工,常用的工作幅宽一般在 $160 \sim 200cm$,特殊需要可以进行定制,辊筒压花机可以实现整幅宽面料的连续生产,生产效率相对较高,缺点是压花的立体效果不如平板压花。

(a) 辊筒式压花机   (b) 平板式压花机

图 4-16　辊筒式压花机和平板式压花机

平板式压花机的压花板一般采用电加热方式，面料在压力和温度作用下，保温保压一定时间后，即可完成面料的立体压花。平板式压花机比较适合片状材料的压花，呈现的立体感更强，一般设备配置两个工作位交替工作，以提高生产的节拍和效率。

压花工艺在汽车内饰纺织品中应用较为广泛，适用于内饰织物面料、仿麂皮面料以及PVC人造革、PU合成革等不同材质的加工。压花的效果可以根据实际需要进行单层面料的压花，也可以进行不同海绵厚度复合面料的压花，花型层次上变化多样，如常规的单一高度的压花、高低不同的双层压花以及有坡度和斜面的立体压花等。压花类的纺织品可以在汽车座椅、门板以及扶手、仪表板等零部件区域使用（见图 4-17）。

（2）激光镭雕

激光镭雕整理是以激光为介质对纺织品进行整理的过程，它是利用激光束的光能在纺织品表面雕刻出痕迹或者烧蚀掉部分材料，从而呈现层次丰富和细节多样的表面外观效果。

图 4-17　压花内饰座椅面料

汽车内饰纺织品中常用的激光镭雕工艺根据其发生介质的不同，可以分为两种，一种是CO_2激光雕刻，也称为热加工，另一种是紫外激光雕刻，也称为冷加工。CO_2激光雕刻是将CO_2气体激光器发射的高能量密度激光束照射在被加工材料的表面，产生热激光使得材料表面温度升高并出现形态变化、熔融和烧蚀等现象。紫外激光雕刻则是利用紫外线光子的高负荷能量对材料或周围物质的化学键进行破坏，过程中不产生热烧蚀，实现化学键的冷剥离。紫外激光镭雕机的聚焦光斑极小、运行稳定度高、定位精度高，适合镭雕精度要求比较高的产品，如超细的线条或者清晰干净的边缘等。

激光镭雕的花型纹理可以根据内饰设计需要进行定制化设计。激光镭雕处理具有快速高效、灵活易操作等优点，一般适合表面有细密绒毛的纺织品，如针织磨毛面料和超纤仿麂皮面料。近两年，在汽车内饰PVC和PU革产品表面进行激光镭雕整理成了流行趋势。与织

图 4-18　镭雕内饰面料

物、超纤仿麂皮面料不同，对合成革产品进行激光镭雕处理需要更高的精度，且材料对热量比较敏感，应减少加工过程中热量的产生，因此多采用紫外激光镭雕机进行整理。图 4-18 所示即为激光镭雕面料在汽车座椅中的应用。

（3）印花（丝网印花、数码印花、热转移印花）

印花工艺是纺织品常用的整理工艺之一。为了提高汽车内饰纺织品的设计感、美观体验以及某种功能要求，常需要对内饰纺织品进行印花整理。根据印花方式的不同，可以分为滚筒印花、平网印花、圆网印花、热转移印花和数码印花等，其中圆网印花、平网印花和数码印花在汽车内饰纺织品的设计开发中应用越来越多。

平网印花的产品适用性比较强，花型循环尺寸较大，花型精细度高，制网费用相对较低。圆网印花的印花网为圆筒形，更适合完整幅宽的卷材印花，具有生产效率高、成本低等特点。圆网印花和平网印花可以通过胶浆材质的选择来实现不同颜色、光泽及触感的汽车内饰纺织品的开发。

数码印花工艺是近几年发展最为迅速的新工艺。它是将设计方案以图像数据形式输入计算机，通过喷墨印花机直接将不同颜色的印花墨水按照比例混合后喷射到纺织品上，从而印出所需图案。与传统印花工艺相比，数码印花加工流程短、印花精度高、色彩纹理实现能力丰富、无需制版、灵活便捷、生产速度快、无污染物或"三废"排放，可实现清洁化生产。图 4-19 所示即为比亚迪概念车 X-dream 门板区域应用的印花仿麂皮面料。

图 4-19　印花内饰面料

（4）高频焊接

高频焊接，也称为高周波焊接，它是利用频率高于 100kHz 的电磁波产生的高频磁场使得材料内部分子间相互激烈碰撞产生高温，达到焊接和熔接的目的。高频焊接工艺应用较为广泛，在汽车内饰纺织品领域，主要利用其进行不同材料的黏合和焊接，最终实现不同色彩、材质、光泽及触感间的对比，满足汽车内饰纺织品个性时尚的设计美学需求。

常用的高频焊接设备主要包括高频振荡器和加热机构两部分，焊接所需的模具需要根据实际的需要去定制化设计，模具的材质一般为黄铜和铝材。常用的焊接材料主要有 PVC 人造革、PU 合成革或 TPU 膜、矽利康等材料；焊接所用的基材主要有织物面料、超纤仿麂皮面料以及 PVC 革、PU 合成革等。图 4-20 所示为高频焊接机及汽车座椅中使用的高频焊接织物面料产品。

（5）绗缝和绣花

绗缝和绣花工艺是采用手工或者机器在多层复合材料上缝制出装饰性的缝线或绣线，使得复合材料呈现出一定的花型图案和凹凸立体效果。通常表层为织物、仿麂皮或者皮革材料，中间为一定厚度的海绵或者无纺布层，下层为底衬织物或无纺布。根据被加工材料的形式不同，可以选择不同类型的设备分别进行整幅宽卷状材料和片状材料的绗缝和绣花加工。

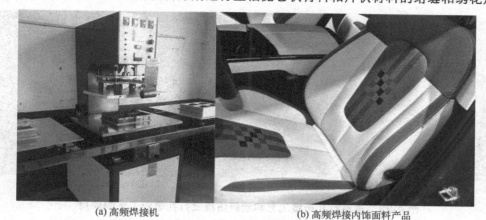

(a) 高频焊接机   (b) 高频焊接内饰面料产品

图 4-20　高频焊接机及高频焊接内饰面料产品

汽车内饰设计的家居化是发展趋势，采用绗缝和绣花的工艺对汽车内饰纺织品进行后道加工，可以赋予其家居化的设计感和舒适感，在汽车内饰纺织品的创新开发中应用较多。图4-21 所示即为绗缝和绣花内饰面料的应用场景。

图 4-21　绗缝与绣花工艺的应用

（6）打孔

为了营造时尚个性的视觉效果和舒适高级的内饰风格，同时满足通风加热等功能性需求，汽车内饰材料中常采用打孔工艺。适用于打孔的内饰材料主要有真皮、PVC 人造革、PU 合成革、PU 超纤革以及超细纤维仿麂皮面料等。

常用的打孔工艺主要有两类，一类是机械冲压式打孔，一类是激光雕刻式打孔。机械冲压式打孔机是利用机械冲压的力作用于被加工材料上，根据冲压模具的孔型、花纹及循环次数，实现冲孔的效果。目前最新的数码打孔机集成了先进的数控技术、电子技术和软件技术，不需要使用常规的机械模具，当改变花型图案的设计时，只需要通过软件和冲针改变即可实现，冲孔速度快、精度高、智能化程度高。冲孔孔型一般为圆形，孔径范围在0.6 ～ 1.2mm，可以根据实际需要选择使用椭圆形、菱形、三角形、长方形等异型孔冲针。

激光雕刻式打孔工艺的可加工自由度更高一些，一般用于超纤仿麂皮面料和部分合成革材料，可以通过雕刻实现不同的图案纹理，也可以通过多层材料复合的工艺同时实现内饰材料的打孔和透色、透纹理等特殊需求。图 4-22 所示为皮革打孔绗缝工艺和超纤仿麂皮打孔透色工艺的实际应用。

(a) 皮革打孔绗缝

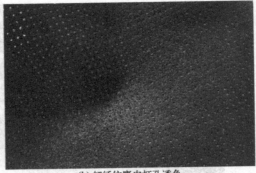
(b) 超纤仿麂皮打孔透色

图 4-22　皮革打孔绗缝工艺和超纤仿麂皮打孔透色工艺的应用

图 4-23　膜复合内饰纺织品

(7) 膜复合

膜复合工艺主要是利用热黏合技术将具有一定花型纹理、颜色、光泽和手感的薄膜材料黏合在织物、超纤仿麂皮及合成革等材料的表面，制成具有特殊外观风格、触觉品质和功能的多层复合材料，如图 4-23 所示。

常用的薄膜材料为热塑性聚氨酯弹性体薄膜（TPU 膜）。根据实际的需要，可以选择用不同颜色、纹理、透明度及手感的薄膜材料。膜复合加工工艺可以实现整门幅卷材全覆盖式的覆膜；也可以采用刀模冲裁或者激光切割的方式将薄膜材料制成不同的花型图案，在内饰纺织品表面实现局部的膜复合。膜复合内饰纺织品可以用于汽车座椅、门内饰板、中央扶手、仪表板等零部件区域的包覆。

(8) 静电植绒

静电植绒是利用电荷"同性相斥、异性相吸"的特性，将绒毛放在带负电荷的容器中，使得绒毛产生极化和驻极从而带上负电荷，被植绒的基材处于零电位或者接地状态，容器与被植绒的基材间形成高压电场，带有负电荷的绒毛受到异电位被植绒基材的吸引，做直立定向运动，依靠电场力而植入涂有黏合剂的基材表面。图 4-24 所示为静电植绒工艺示意图。

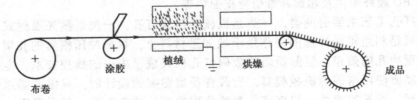

布卷　　涂胶　　植绒　　烘燥　　成品

图 4-24　静电植绒工艺示意图

静电植绒产品具有绒毛立体感强、颜色鲜艳、手感柔和、豪华高贵、温馨舒适、保温防潮、不易脱绒、耐摩擦、平整无隙等特点。汽车内饰静电植绒纺织品中以静电植绒织物为主，主要应用于汽车座椅主料或门饰板面料等区域。

4.3.3 后整理技术的发展趋势

随着法律法规的逐步健全完善，以及消费者对于内饰空间需求的变化和升级，人们对内饰纺织品的功能性、舒适性、生态环保性以及美学感官体验等要求越来越高，这也对内饰纺织品的设计开发提出了新的挑战。同时，随着科学技术的不断发展，染整加工的技术创新也得到了长足发展，为内饰纺织品的研发升级和迭代创新提供了更多的新方法新路径。

汽车内饰纺织品的后整理技术已从单一的功能整理向多维度、多重感官价值附加的复合功能整理发展。生态环保高效能的功能整理剂的开发、后整理过程的绿色清洁低碳的管控、自动化和智能化整理技术的研发等成了后整理技术未来的发展趋势。此外，跨学科领域、跨行业的交叉融合也将为汽车内饰纺织品的后整理技术的创新发展提供新的思路和方向。

4.3.3.1 功能复合化

汽车内饰纺织品兼具装饰性和功能性两方面的属性，两种或者多种功能复合化的整理技术使得内饰纺织向着多功能、高性能、高端化和高附加值方向发展。内饰纺织品功能的复合化，不仅可以克服纺织品自身存在的不足和缺陷，还可以赋予产品更多维度的、多重感官价值的功能体验。常用的功能组合有：抗菌＋抗病毒、凉感＋阻燃＋三防、负离子＋三防＋抗菌等。

4.3.3.2 绿色生态化

全球气候变化是当今世界面临的重大挑战之一。在"碳达峰"和"碳中和"的国家政策推动下，纺织产品的绿色生态化已经成为大势所趋。在保证产品品质的同时降低能耗，走生态、环保、可持续发展之路，是纺织行业发展的必由之路。高效安全的新型整理剂、等离子体表面处理技术、生物酶技术、微波技术及微胶囊技术、纳米杂化技术等的应用，为后整理加工的低污染、低能耗、绿色环保和生态安全提供了技术基础。

4.3.3.3 科技智能化

通过微胶囊技术、新型涂层及层合加工技术的创新应用，开发满足车规级技术要求的智能调温、智能变色、柔性触控与显示、电致发光等科技智能化的新型内饰纺织品将成为趋势。此外，3D打印、5G、人工智能、物联网及电子信息技术的迅速发展，也推动了后整理技术的转型升级和创新发展。智能化后整理装备、在线数据采集与自动控制技术、制造企业生产过程管理系统（MES）和制造资源计划管理系统（ERP）等新技术新装备的推广和应用，可以实现加工过程的自动化、信息化和智能化，大大降低生产成本，在提升生产效率的同时，可以有效提高产品品质。

第5章
汽车内饰纺织品的产品应用

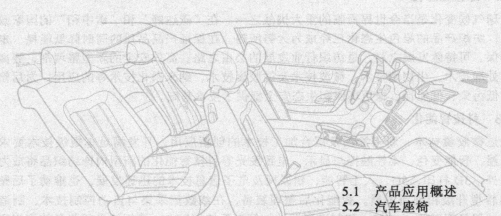

5.1 产品应用概述
5.2 汽车座椅
5.3 汽车车顶
5.4 汽车门内饰板
5.5 汽车仪表板
5.6 天窗遮阳帘
5.7 汽车立柱
5.8 汽车遮阳板
5.9 敞篷车软顶
5.10 汽车声学部件
5.11 汽车安全带
5.12 汽车安全气囊
5.13 其他零部件

5.1 产品应用概述

汽车是一个非常复杂的工业产品，其结构主要由底盘系统、动力系统、电子电器系统以及车身系统等多个部分组成。随着汽车工业的发展，各家汽车制造商之间的竞争日趋激烈。汽车的品牌价值和自身的产品竞争力成为市场竞争的关键。此外，随着经济社会的发展和人们生活水平、消费能力和审美品位的不断提升，对汽车产品的消费需求也呈现出了新的变化。汽车产品已经超越了简单的代步工具层面，成了集驾乘、娱乐、运动、休闲、商务等于一体的第三生活空间。汽车的外观颜值与内部空间设计美感、舒适性和安全性等成了市场消费关注的重要方面。

为了满足这些多样化和高品质的需求，各大汽车主机厂都在不断进行产品的设计和制造创新，迎合不同消费者的多样化需求。相较于底盘、动力、电子电气等系统而言，汽车车身的内外饰设计带给消费者的体验和感受最直接，设计创新的潜力和空间非常大，也有很好的经济可行性，是影响汽车消费选择的重要因素，越来越受到主机厂的重视。尤其是内饰设计，扮演的角色越来越重要，设计美感、安全感和舒适感、高级感等成为消费者购车时考虑的重要因素。汽车内饰纺织品作为集科技和艺术于一身的多功能材料，对汽车品牌价值的呈现、内饰风格的设计塑造、内饰空间环境的营造和内饰空间的环保安全等起到至关重要的作用。

汽车制造商尤其是新能源汽车制造商对于内饰设计开发的关注度不断提升，内饰材料的创新研发和应用也在发生着快速变革，内饰纺织品的设计和研发创新为打造更加舒适、安全的健康座舱和时尚、高级的美学空间提供了更多的可能。

随着新材料、新技术和新工艺的不断涌现，纺织品在汽车内饰空间中的应用也在发生着变化，主要表现为内饰纺织品材料的品类呈现多样化和纺织材料的应用区域随着整车设计及消费功能的变化而得到进一步拓展。内饰纺织品材料由以往的织物面料为主，演变为织物、PVC 人造革、PU 合成革、超纤 PU 革以及超细纤维仿麂皮面料等多种材料混合搭配使用。纺织品应用的区域范围除了常见的汽车座椅、门内饰板、车顶、立柱、遮阳板、安全带和安全气囊外，在声学部件、仪表板、头枕、敞篷车软顶、遮阳帘、遮物帘等零部件区域也开始逐渐应用。

5.2 汽车座椅

5.2.1 汽车座椅的结构组成

汽车座椅是汽车内饰中最重要的部件之一，它也是消费者打开车门后最先看到和触摸到的内饰部件，直接关系着驾乘者的驾乘体验，舒适性、健康性、安全性是关注的重点。汽车座椅主要由坐垫、骨架、靠背、弹簧和头枕等部分组成（见图 5-1）。

目前汽车座椅的制造方法主要是根据座椅的造型设计需要将内饰复合材料通过裁剪和缝制成面套，再将面套与座椅坐垫和靠背部分的发泡、骨架套装并固定在一起。汽车面套和座椅的加工制造过程多

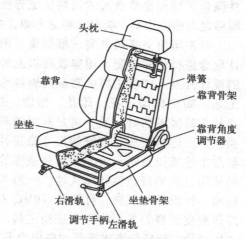

图 5-1 汽车座椅结构示意图

头枕
靠背
坐垫
弹簧
靠背骨架
靠背角度调节器
坐垫骨架
右滑轨
调节手柄 左滑轨

为劳动密集型，人为因素影响较大，工艺步骤复杂，生产加工周期较长。目前行业内也在尝试采用立体针织技术，直接实现从纱线到座椅面套的过程，减少了中间的制造环节和人为因素的影响，保证了产品质量的稳定性，但是立体针织技术在生产效率、不同座椅造型的适用性、产品品质以及成本等方面还存在一些问题，限制了其在汽车座椅中的应用。

5.2.2 纺织品在汽车座椅中的应用

纺织品在汽车座椅中主要用在其表层的座椅面套上，也是目前汽车座椅面套的最主要材料，以5座轿车为例，每辆车座椅面套材料的用量为 $10 \sim 12m^2$。内饰纺织品在汽车座椅中的应用形态以多层复合结构出现（见图5-2），常见的为三层结构：表层纺织品、中间层聚氨酯泡沫和底层衬布。表层纺织品主要为织物、合成革（PVC革、PU革和超纤PU革）和超纤仿麂皮面料（非织造型和织造型）；中间层聚氨酯泡沫（俗称海绵）主要有聚醚型的聚氨酯泡沫和聚酯型的聚氨酯泡沫，性价比较高且应用最多的是聚醚型聚氨酯泡沫；底层衬布多为针织网布（如经编和纬编），也

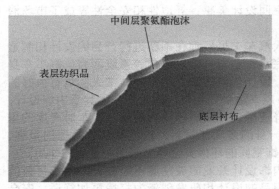

图5-2 汽车座椅三层复合面料

可以根据需要选择使用针刺或水刺非织造布，头枕部分为了满足一体成型发泡的需求，底层材料一般选用 TPU 薄膜。

汽车座椅用纺织品根据其应用部位的不同，其材料的性能要求和外观设计风格等通常也存在着明显的差异。一般情况下，根据汽车座椅的型面分块设计不同，座椅面料可以分为主料、辅料两种，也有部分主机厂将其分为主料、辅料和边料三种（见图5-3）。其中用于座椅坐垫和靠背中间区域且与人体直接接触的主要材料称之为座椅主料；其余区域使用的材料统称为座椅辅料，再细分出座椅靠背两侧的装饰性飘带区域和坐垫凸起的两翼区域等使用的材料称之为座椅边料，有时也称之为第二主料。

汽车座椅主料通常要求根据整车内饰的设计理念进行色彩搭配、图案纹理以及外观风格的设计开发，同时主料中常应用到特殊的整理工艺，如热烫印压花、印花、绗缝、打孔等。座椅主料区域的材料除了满足基本的车用技术要求外，还需要具有较好的尺寸稳定性、耐磨耐刮擦性能以及透气性、热湿舒适性等，以保证使用过程的舒适性和耐久性。一般机织提花

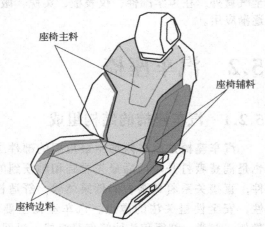

图5-3 纺织品在汽车座椅中的应用区域分布

织物、针织提花织物、打孔革（PVC人造革、PU合成革和超纤PU革、硅胶革等）以及超纤仿麂皮面料等多用作汽车座椅主料，目前国内座椅主料70%以上为合成革材料，织物的占比较少，超纤仿麂皮面料的应用趋多。

汽车座椅辅料多采用单一色调的材料与主料搭配使用，其中织物多为基础的组织结构，如平纹、斜纹、缎纹以及方平、网眼等；合成革材料多为普通颜色和纹理的耐磨革材料，一般不进行后道的特殊工艺处理。超纤仿麂皮材料仅在一些中高端车型中的辅料区域少量使用。座椅辅料一般要求具有比较好的延展性和拉伸弹性以满足座椅辅料区域的凹凸型面需要，同时具有非常好的耐磨、抗起毛起球、耐钩丝等性能，确保满足模拟人体进出和行驶过程中的颠簸蠕动等整椅试验的技术要求。以马丁代尔耐磨测试为例，座椅主料一般要求在12kPa 压力下，35000 次摩擦试验后无纱线断裂，磨损面对比度≥3 级，而座椅辅料的要求一般为 50000 次，无断纱，磨损面对比度≥3 级。

除此之外，汽车座椅辅料还要求具有良好的降噪防异响功能，这是因为在使用过程中，座椅中存在着多处接触面，主要有织物与织物、织物与塑料件、皮革与塑料件、织物与皮革等之间的接触，材料之间产生摩擦易造成噪声和异响，皮革与塑料间的摩擦异响尤为严重。因此在皮革材质的座椅面套与旁侧饰板塑料件易产生摩擦异响和噪声的区域中，缝制织物面料起到降噪防异响的作用。这类织物多质地柔软且表面平滑细腻，一般常称之为降噪布或者防异响面料。

汽车座椅边料一般与座椅主料的设计风格相呼应，形成座椅主料、辅料和边料的三种材质的色彩、纹理、视觉层次的对比，通过细节的变化体现整椅设计的品质感和高级感。座椅辅料也可以采用撞色或者对比鲜明的设计，来呈现座椅的个性化和运动感、时尚感。图 5-4 所示为纺织品在汽车座椅不同区域中的应用。

图5-4　不同区域的汽车座椅内饰纺织品

5.2.3　汽车座椅中的其他纺织品

汽车座椅中除了用于制作面套的纺织品外，还有一些纺织品材料用于座椅的结构支撑、衬垫或者替代某些材料，主要有用于替代座椅面套中聚氨酯泡沫的纺织品、替代座椅发泡材料和金属弹簧的纺织品、缝制面套的缝纫线及面套中的毛毡衬布等。

5.2.3.1　用于替代座椅面套中聚氨酯泡沫的纺织品

座椅面套中采用的三层结构复合面料，其中间层常用的为聚氨酯泡沫。近年来，随着材料成型工艺技术的发展和车企对内饰材料可回收再利用的重视，部分聚氨酯泡沫已经开始被特殊结构的纤维材料所替代。这些替代材料主要有：采用回收聚酯纤维制成的非织造结构织物，如 Kunit 缝编织物、Multiknit 缝编织物、Struto 织物等，以及针织结构间隔织物。间隔织物是一种由垂直于织物表面的纱线将织物上下两个面层连接形成的织物，主要是采用双针床经编机或纬编双面机制成。Kunit 织物和 Multiknit 织物都是采用马里莫缝编技术将

纤维网直接制成的织物，两者的区别在于：Kunit 织物是由一个带有毛绒的缝编层组成，Multiknit 则是由毛绒连接起来的两个缝编面层组成。Struto 织物则是一种新型结构织物（见图 5-5），它是在垂直方向进行纤维铺网层叠形成的立体结构织物，最初由捷克人在 20 世纪 80 年代发明。Struto 织物中纤维独特的垂直取向结构提供了吸收大量噪声、液体和热量的能力，也可以通过黏合并模塑成型，使其具有更强的保持伸缩弹性的能力。以上几种替代材料的应用，需要重点考虑其压缩

图 5-5　Struto 织物

变形、弹性回复、厚度损失和永久变形等特性，尤其对厚度较大的产品。

5.2.3.2　用于替代座椅发泡材料的纺织品

汽车座椅发泡材料主要是聚氨酯泡沫塑料，近年来也有替代材料被开发出来并应用。杜邦公司采用具有蓬松卷曲结构的聚酯纤维束，将其放置在金属模具中，通过热空气的作用使纤维束相互黏结在一起，可以制成座椅靠背和坐垫材料，质量比传统的聚氨酯发泡减轻 30%～40%，该材料具有易分解和再生的特点，透气性和舒适性也得到改善。奔驰 S 级座椅中尝试采用环保的椰壳纤维复合材料进行模压成型取代聚氨酯泡沫塑料，大大减少了气味和 VOC 排放，又可节省一部分结构空间，方便座椅通风按摩加热等系统集成（见图 5-6）。座椅通风加热系统中也有部分纺织品的应用，如 3D mesh 通风网布及用于发热丝绗缝的非织造布。

帝人公司开发出了一种由新型弹性聚酯纤维（PET）材料制成的高性能纤维构造体 ELK，可用于替代传统的聚氨酯泡沫塑料，用于座椅靠背和坐垫的支撑材料。该材料具有良好的透气性、耐久性和阻燃性能，同时具有了聚氨酯弹性体（PUE）泡沫塑料的抗压性，在同样的压缩回弹力前提下，ELK 的质量要轻 30%，可以回收再利用。

图 5-6　椰壳纤维复合材料制成的座椅靠背及功能集成

5.2.3.3　用于替代座椅金属弹簧的簧架织物

随着汽车座椅轻量化需求的增长，采用高性能纺织材料代替坐垫和靠背骨架中的金属弹簧，可有效地减轻座椅重量，提高座椅材料的循环再利用比例。杜邦公司推出了一种 Dymetrol® 的材料，其为机织织物结构，采用杜邦 Hytrel® 弹性体单丝和常规的聚酯纱线交织形成（见图 5-7）。该材料的优点是：回弹性能好、无蠕变、轻量化、舒适性高、成本低、易安装、降噪、操作方便等。目前该材料已经成熟应用在各类汽车座椅中。

图 5-7　座椅簧架高性能织物

5.2.3.4　缝纫线

缝纫线也是汽车座套生产制造过程中的重要材料，用于各种裁片、塑料件及辅料的缝合加工（见图5-8）。缝纫加工过程中对缝纫线的性能有着非常高的要求，缝纫线要经得住瞬间的加速和穿过多层材料时的拉伸力，满足高速缝纫过程中耐热性要求等。因此汽车内饰座套用缝纫线必须具有高强度、高耐磨、耐热、耐光老化等特性。

缝纫线的材料以高韧性的尼龙66为主，也有少量的涤纶缝纫线。通常缝纫线为股线，

图 5-8　车用缝纫线

3根合股较为常见。为了满足高速缝纫过程中合股缝线结构的稳定、防止散线，一般需要对合股缝纫线进行加绑处理，采用树脂将多根单纱黏结在一起起到保护作用，减少缝线的磨损。同时，缝纫过程中还需要加入适当的润滑剂，降低缝纫针的温度和缝纫线穿过多层材料时的阻力。汽车座椅中常用的缝纫线规格范围为450～2100dtex，需要根据具体的用途和被缝制材料类型去选择合适规格的缝纫线。

5.3　汽车车顶

汽车车顶内衬对内饰空间的吸声隔声、降噪、隔热、减震以及改善内部结构和外观有着重要作用。车顶内饰也是内饰纺织品应用比较大的区域，以5座轿车为例，其车顶内饰纺织品的用量一般在 $3m^2$ 左右。

5.3.1　汽车顶棚内衬的结构

常用的汽车顶棚主要有两种——软质顶棚和硬质顶棚（见图5-9），其中以硬质顶棚最为常见，软质顶棚主要用于敞篷车的车顶。硬质顶棚是具有一定刚性和立体形状的内饰件。硬质顶棚内衬主要是由多层结构材料复合构成，每层材料分别具有外观、隔声隔热、减震或者提供结构支撑等不同功能。图5-10所示为典型的多层结构车顶内衬材料。

(a) 硬质顶棚   (b) 软质顶棚

图 5-9 汽车硬质顶棚和软质顶棚

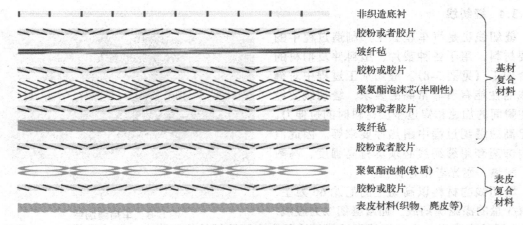

非织造底衬
胶粉或者胶片
玻纤毡
胶粉或胶片
聚氨酯泡沫芯(半刚性)
胶粉或者胶片
玻纤毡
胶粉或者胶片

基材复合材料

聚氨酯泡棉(软质)
胶粉或胶片
表皮材料(织物、麂皮等)

表皮复合材料

图 5-10 典型的多层结构车顶内衬材料

根据顶棚加工过程中各层材料的形态来分，车顶内衬主要是由两部分组成，即用于内衬结构成型的基材和用于表面包覆的表皮材料复合层。表皮材料复合层一般有织物、非织造布、皮革、超纤仿麂皮等材料；基材由热塑性或者热固性板材组成，用于保持顶棚的挺括，使顶棚不易变形。表皮复合材料和基材通过模压工艺复合成一个复合汽车内饰顶棚钣金特殊形状的整体，再通过水切割等工艺进行边缘修剪和开孔处理，安装附件，制成汽车内饰顶棚总成。

热塑性基材加热软化后在常温磨具中成型，投资小，能耗低，目前被广泛应用。常用的热塑性材料主要有热塑性树脂与连续玻璃纤维复合材料（GMT 材料）、天然木粉与聚丙烯塑料（木粉板材料）、麻纤维与聚丙烯塑料（麻纤板材料）、聚氨酯泡沫与短玻纤加强复合材料（PU 基材）等。PU 基材的基材是指非织造布 / 玻纤 / 胶膜 / 热塑性聚氨酯泡沫 / 玻纤 / 胶膜复合成的多层复合材料。PU 基材具有强度高、质量轻、优秀的吸声隔声效果、隔热性能好等特点，同时用于顶棚材料时可使用干法、湿法加工，选择范围广，成本相对较低，已得到广泛应用。热固性基材主要是掺混有酚醛树脂等材料的麻纤维、木纤维和纺织废料等，其成型工艺多为冷料热模。

5.3.2 汽车顶棚内饰纺织品

汽车顶棚用内饰纺织品作为重要的表皮材料，一般是以两层及三层复合结构形式出现。常用材料以针织面料为主，轿车中多采用经编针织面料，卡车等商用车的车顶多采用纬编针织面料，部分卡车和低端轿车内饰顶棚也有采用非织造布材料。在豪华品牌或中高端车型中，超纤纤维仿麂皮面料也被用于内饰车顶，来彰显其舒适感和高级感（见图5-11）。

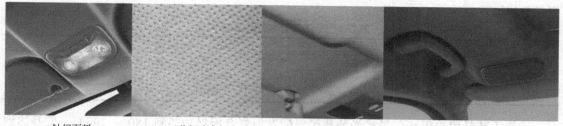

| 针织面料 | 非织造布 | PVC人造革 | 仿麂皮面料 |

图5-11　车顶内饰常用的表皮材料

作为汽车内饰重要的组成部分，汽车顶棚用纺织品在外观品质、拉伸性能、散发性能、老化性能等方面有着比较严格的要求。一般要求顶棚用纺织品具有比较好的防水防污性能，以保证使用过程中的干净清洁和易打理。拉伸性能也是顶棚纺织品的关键性能，直接影响着成型的外观品质及耐候耐久性能，对于弯曲深度和变形较大的结构造型，需要选用延伸性能比较好的产品，以保证顺利成型，不出现起泡、破损以及脱壳等问题。

顶棚内衬表皮材料的结构主要有四种：①单层面料＋聚氨酯海绵＋水刺非织造布；②单层面料＋聚氨酯海绵；③单层面料＋针刺或水刺非织造布；④单层非织造布。一般根据最终产品的品质、工艺技术及成本等方面的要求，综合考虑去选择相应的材料结构形式。目前应用最多的结构形式为：单层面料＋聚氨酯海绵＋水刺非织造布的三层复合结构，以及单层面料＋聚氨酯海绵的两层复合结构。

① 单层面料＋聚氨酯海绵＋水刺非织造布：此材料结构主要用于干法顶棚，能有效改善顶棚表面的平整度，底层的非织造布能加大与基材的黏结力；如果用于湿法顶棚上，由于面料的延伸率低和随形性差，在扶手窝等变形大的地方容易产生褶皱。

② 单层面料＋聚氨酯海绵：该结构的面料静态延伸率大，随形性好，主要用于湿法顶棚；如果用在干法顶棚上，由于海绵与基材之间的剥离力差，不易达到汽车厂的要求。

③ 单层面料＋针刺或水刺非织造布：面料与非织造布的复合时表面容易有麻点等缺陷，掩盖性较差。由于成本便宜主要适用于干法顶棚。

④ 单层非织造布：以缝编非织造布为主。缝编非织造布是利用经编线圈结构对纤维网进行加固制成。该材料具有针织面料的纹理，成本又比针织面料便宜。缺点是视觉和触觉品质感差，易吸附灰尘、不易打理。

顶棚内饰表皮材料采用的海绵多为聚酯型聚氨酯海绵，常用的海绵密度为 $29kg/m^3$ 和 $35kg/m^3$，海绵的厚度根据表层面料的厚度以及实际技术需求去确定，为了满足模压成型工艺及外观质量需要，一般厚度范围在 $2.5 \sim 3.5mm$。

5.3.3　汽车顶棚内衬的成型工艺

汽车顶棚内衬主要是通过模压成型完成的。成型加工的主要设备有：模具、加热设备、液压机和高压水切割机等。模具是成型的核心部件，按照模具的材质可分为金属模具和树脂模具。金属模具的优点是使用寿命长，可达20万模次以上，一般选用铝合金或钢质材料。树脂模具的使用寿命较短，一般为1万模次左右。但金属模具加工时间比较长且造价高；树脂模具的加工时间短，造价低，可按产品设计寿命和实际需要来选择模具材质。

汽车顶棚内衬常用的成型工艺主要有两种：干法工艺和湿法工艺。表 5-1 所示为两种成型工艺的比较。

表 5-1　干法工艺和湿法工艺对比

项目	干法工艺	湿法工艺
优点	工艺简单，容易掌握，易操作	成本低，尺寸稳定性高，隔声吸声好，手感饱满、轻量化
缺点	原材料成本高，克重大	VOC 高，有污染；工艺连续性管控难
适用范围	结构简单和拉伸深度小的顶棚	结构相对复杂和拉伸深度大的顶棚

干法工艺又叫冷模法，是将半硬质聚氨酯发泡复合板材加热到 180～200℃，使其达到塑性状态，然后将其放在模具内，与表皮复合材料同时压制成型。干法工艺的特点是片材加热，模具不加热，在冷模条件下压制成型，如图 5-12 所示。

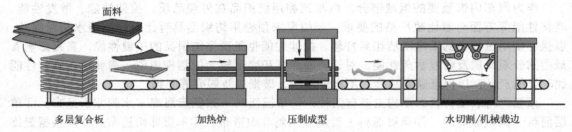

面料　　多层复合板　　加热炉　　压制成型　　水切割/机械裁边

图 5-12　顶棚内衬干法生产工艺流程图

湿法工艺又叫热模法，它是在半硬质聚氨酯泡沫板材上、下面滚胶（热固性聚氨酯胶黏剂），然后分别铺玻璃纤维毡和无纺布，在加热模具里压制成型。湿法工艺的特点是加热模具，片材不加热，在冷片材条件下压制成型。湿法工艺又分为一步法、两步法和浸胶法：一步法是所有材料进入热模具，实现基材骨架和表皮材料的同步成型，如图 5-13 所示；而两步法是板材进入热模具先完成基材骨架的成型，再将表皮材料与预先成型的骨架一起进入热模具，完成骨架与面料的贴合成型，如图 5-14 所示。

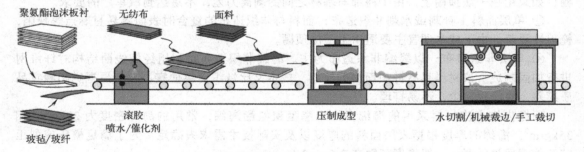

聚氨酯泡沫板衬　无纺布　　面料　　滚胶 喷水/催化剂　　压制成型　　水切割/机械裁边/手工裁切
玻毡/玻纤

图 5-13　湿法一步法生产工艺流程图

湿法工艺在顶棚的轻量化、耐高温尺寸稳定性、隔声/吸声性能和成型稳定方面具有优势，随着技术的进步，适用于湿法工艺的水性胶黏剂已经开发完成并逐渐获得应用，其 VOC 挥发甚至将低于干法工艺，成为未来顶棚主要的生产工艺之一。顶棚原料的轻量化也是新的发展趋势，如低密度发泡产品的开发应用。此外，顶棚从原材料到生产工艺向可再生、可回收和绿色环保方向发展，如麻纤维等生物性的、可再生的增强材料取代玻璃纤维，同时生产工艺向环境友好和安全健康方向发展。

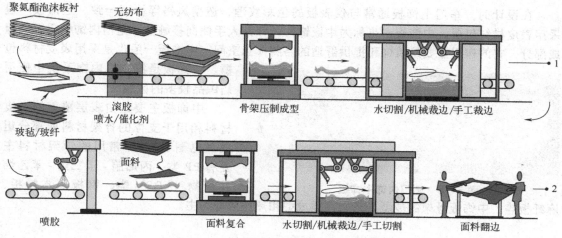

聚氨酯泡沫板衬　　　无纺布

滚胶
喷水/催化剂　　　骨架压制成型　　水切割/机械裁边/手工裁边

玻毡/玻纤

面料

喷胶　　　　　面料复合　　水切割/机械裁边/手工切割　　　面料翻边

图 5-14　湿法两步法生产工艺流程图

5.4　汽车门内饰板

汽车门内饰板（也称护板）总成的主要功能是覆盖在车门钣金上，与仪表台等内饰风格相协调，具有一定的储物、隔声隔热、降噪等功能，为驾乘人员提供安静、舒适的内饰环境。同时，在发生侧碰时，具有一定的吸能作用，以减少碰撞对驾乘人员的伤害。

5.4.1　汽车门内饰板的结构

汽车门内饰板是车门总成的重要组成部分，主要由上饰板、中饰板、扶手、下饰板本体及储物盒、装饰条、车门开关手柄等零部件组成（见图5-15）。

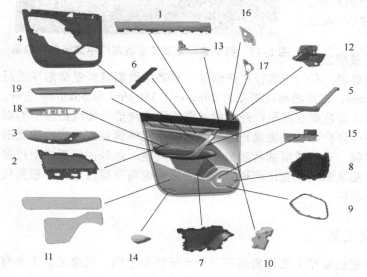

No.	零件名称
1	上饰板
2	中饰板
3	扶手
4	下饰板本体
5	把手盖板
6	把手安装座
7	储物盒
8	低音扬声器网罩
9	低音扬声器装饰圈
10	防撞块
11	隔声垫
12	内开启手柄总成
13	内开启手柄盖板
14	门灯灯罩
15	门内饰扬声器品牌标识
16	前门内饰角饰
17	高音扬声器安装支架
18	开关面板
19	INS装饰条

图 5-15　车门内饰板系统的构成

在设计时，车门上饰板通常与仪表板的色彩纹理、造型风格等协调一致。上饰板一般采用表皮材料包覆。中饰板，也称为中嵌饰件，作为人手侧向接触件，是门内饰板重要的组成部分，它的作用主要是装饰和提供舒适的胳膊休息空间，中饰板一般也是采用表皮材料包覆。中饰板是汽车门内饰系统中使用纺织品较多的区域。

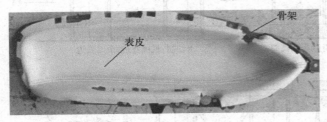

图 5-16　车门内饰中饰板

中饰板主要是由表层覆盖的表皮材料和用于支撑的骨架材料两部分组成（见图 5-16）。常用的骨架材料主要有 PP 类、丙烯腈 - 丁二烯 - 苯乙烯共聚物（ABS）类、钢板及木粉板、麻纤板等。中饰板骨架的成型工艺以注塑成型和热压成型为主。

5.4.2　车门中饰板用纺织品

车门中饰板用纺织品一方面是起到装饰美观的作用，另一方面是增加使用过程中的舒适感。常用的车门中饰板用纺织品主要包括机织织物、针织织物、超细纤维仿麂皮面料以及 PVC 人造革、PU 合成革等。车门中饰板用纺织品通常以多层复合体形式出现，常用结构为：表层面料 + 聚氨酯泡棉双层结构，或者表层面料 + 聚氨酯泡棉 + 水刺非织造布三层结构。

汽车车门中饰板区域采用的纺织品，其设计风格和材料的选用一般与座椅、仪表板等区域相呼应，构成视觉连续的整体空间环境。根据不同的设计风格需求，车门中饰板用纺织品可以采用多样化的表面处理工艺，如提花、热烫印压花、丝网或数码印花、打孔镂空、绗缝、绣花等（见图5-17）；也可以采用不同材料的拼接，实现不同材质、光泽、块面和颜色的对比，如 PVC 人造革与仿麂皮搭配、PVC 人造革与织物搭配等。

图 5-17　特殊表面处理工艺的车门中饰板用纺织品

为了满足车门中饰件的包覆成型工艺需要以及对柔软触感、舒适感的要求，车门中饰板用纺织品一般采用聚酯型聚氨酯泡沫进行复合，复合后泡沫厚度在 3 ～ 4mm，常用的泡沫密度为 $29kg/m^3$、$35kg/m^3$ 和 $55kg/m^3$ 三种。

选用车门中饰板用纺织品时，在色彩纹理设计开发的前期就需要考虑门饰板造型结构以及对包覆加工过程中的变形量进行分析评估，确保开发出的纺织品能够满足实际的拉伸变形需要，不至于出现受力后拉伸破裂、无法成型或者起泡、脱壳等问题。此外，包覆成型过程中的拉伸变形对内饰纺织品纹理图案的尺寸变化和视觉效果的影响也需要提前考虑，避免尺寸变化过大导致明显的视觉外观不良。

5.4.3　车门中饰板的成型工艺

车门内饰纺织材料是通过一定的成型工艺包覆到车门中饰板骨架上的。成型工艺主要有低压注塑、热压成型、手工包覆、真空吸覆、压边工艺等。

5.4.3.1 低压注塑成型工艺

低压注塑成型工艺是车门中饰板常用的成型工艺之一，它是需要先将表皮材料如 PVC 人造革、织物、仿麂皮等，预先嵌入模具型的腔内，再将受热熔化的熔体材料注射到模具型腔中，热熔体与表皮材料能够在模腔内部紧紧地结合在一起，从而实现了车门中饰板骨架的注塑成型和表皮材料的黏合包覆两个工艺过程的一次成型（见图 5-18）。低压注塑使用的模具一般为铝制材料制成。

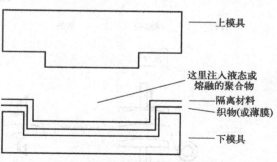

图 5-18 低压注塑成型工艺示意图

低压注塑成型工艺生产的零件容易出现表面褶皱、面料击穿、样件缺料或溢料等质量缺陷。注塑压力、注塑温度、注塑时间以及保压压力、时间等是关键的成型参数。低压注塑的压力相对较低，一般控制在 30 ~ 50MPa，以 PP 为主要基材的骨架，注塑温度范围在 190 ~ 240℃。

此外，用于低压注塑的表皮材料的拉伸弹性、厚度以及隔离防护层的材料类型等也是影响产品一次成型的关键因素。用于低压注塑的表皮材料一般为表层材料＋聚氨酯泡沫＋底层材料的三层结构，其中底层材料多采用平方米克重较大的非织造布（范围在 100 ~ 150g/m²），起到防护或者屏蔽作用，防止高温熔融的树脂渗入表皮材料的表面或者背后的泡沫里，影响表观质量。

低压注塑成型工艺的加工过程中不需要使用到胶黏剂，能够极大地提高工作的效率，减少加工的成本，降低产品的过程不良率。在模腔内部，低压注塑能够将塑件与表皮材料有效地结合在一起，成型过程中不会对环境造成污染。注塑成型的产品黏合性比较好，不会轻易地开裂、脱落。

5.4.3.2 热压成型工艺

热压成型工艺也是车门中饰板常用的工艺之一，工艺操作简单、便捷。在成型后的中饰板骨架表面喷涂具有特殊活性的胶黏剂，通过加热的方式使得骨架材料表面的胶黏剂受热激活，通过模具的合模和压机的施压，实现骨架与表皮材料的热压黏合包覆成型。表皮材料与骨架接触的一面根据实际需要也可以进行胶黏剂的喷洒处理，提高黏合的牢度和耐久性。

中饰板的热压成型工艺主要有两种：一种是在骨架成型完成后再进行表皮材料的黏合包覆，即两步法，比较常用（见图 5-19）；另一种是直接将制作骨架的板材与表皮材料一同通过模具热压实现一体成型，即一步法。

热压成型工艺中胶黏剂的选择至关重要，直接影响零件成型的外观效果、耐久性、耐热性等。选择胶黏剂时重点要考虑的性能主要有活化温度、黏结牢度及气味、VOC 散发等。

5.4.3.3 手工包覆成型工艺

手工包覆成型工艺在高端品牌车型中应用较多。它是先把表皮材料裁剪成需要的形状和尺寸，然后在骨架表面上进行喷胶，采用烘枪进行加热，同时通过手工的方式将表皮材料的裁片包覆黏合到零部件骨架上，最终完成包覆成型。

手工包覆适用于结构和造型较为复杂的车门中饰板的包覆成型。对受热、受压等较为敏感的表皮材料，为了保持其外观风格，也常采用手工包覆成型工艺。但是手工包覆成型工艺

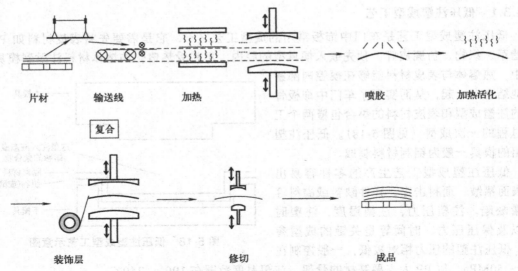

片材　　　　输送线　　　　加热　　　　　　　　喷胶　　　　加热活化

复合

装饰层　　　　　　　　修切　　　　　　　　　　成品

图 5-19　热压成型工艺（两步法）流程示意图

具有耗时较长、占地面积大、生产效率相对较低、加工成本比较高、产品品质的一致性差等缺点。尤其是近年来，门饰板中采用增加缝纫线的方式来增强外观效果，为了减少手工包覆过程造成的表皮变形、缝线位置偏差较大等问题，可以考虑采用特殊的定位工装来确保各点位置的精准度和包覆成型的外观品质一致性。

5.5　汽车仪表板

5.5.1　汽车仪表板的结构

仪表板（instrument panel，IP），别称仪表台（见图 5-20）。简单说，仪表板就是指介于前排座椅及前风挡玻璃之间，集安全性、功能性、舒适性与装饰性于一身，并对安全气囊、仪表、音响、开关、风口等各类机能件起安装搭载、遮质作用的内饰件总成。

从仪表板的选材出发，大致可以划分为硬质仪表板和软质仪表板两大类。其中硬质仪表板其结构较为简单，且主体部分多为改性 PP 制造而成，较多使用在载货汽车、客车等低端车型中，通常不需要采用表皮材料，可以通过直接注塑成型。软质仪表板结构主要是由仪表板骨架、衬垫支撑材料和表皮材料三部分组成，从上到下依次分别为表皮材料、衬垫支撑材料、骨架。

汽车仪表板是内饰环境中较为特殊的零部件，它是受太阳直射的主要区域，对表皮材料的耐光、耐热以及耐老化性能等要求较为苛刻；同时表皮材料还需满足安全气囊区域的点爆要求。因此，目前织物在这些区域应用偏少，随着内饰空间家居化风格的流行

图 5-20　汽车仪表板

以及消费者对表皮材料品质感和高级感的追求，纺织面料也越来越多地被应用到仪表板的软包覆成型中。

5.5.2　仪表板用内饰纺织品

根据感知品质要求、造型及成本的不同，软质包覆的仪表板的表皮包覆材料主要有真皮、合成革（PVC 革、PU 革）、织物（针织、机织）、超纤仿麂皮等。

目前，仪表板包覆用织物占比较大的主要是纬编针织面料，这是由纬编针织面料的各向延伸性都较好的特点决定的。图 5-21 所示为 Smart 车型中采用针织面料包覆成型的仪表板。随着汽车内饰空间感知质量的提升和消费需求的升级，针织面料自身的结构特点，使得其感知品质的提升受到一定限制，机织面料以及超纤仿麂皮面料也逐渐开始在仪表板包覆上得到应用。

图 5-21　Smart 车型中采用针织面料包覆成型的仪表板

仪表板用内饰纺织品一般采用表层面料 +PU 泡沫材料或者 PP 泡沫材料或者非织造布的双层复合结构。衬垫支撑的材料多采用聚氨酯泡沫或者 3D mesh 立体织物。仪表板包覆用织物的纹理以经典的基础组织和图案纹理为主，通常为细腻小组织的平布、颗粒感较强的小网眼结构以及仿棉麻混纺质感的织物面料等，颜色可以根据内饰设计的整体色彩风格进行调整搭配。

对于宽度大于 1400mm、贯穿式的整体包覆的仪表板，弯曲面变形量较大的，一般建议采用弹性较好的纬编针织面料；组合式或者相对较为平缓的造型，可以考虑采用机织面料包覆；非织造结构的超纤仿麂皮具有比较好的包覆成型适用性。仪表板区域通常有多处空调出风口分布，出风口孔洞区域拉伸变形较大，要防止包覆成型过程中渗胶、露底和拉破等情况出现，因此，在选择贴合的材料类型和面料整理工艺时需要特别谨慎。

延伸率、耐污性、老化性能和断裂强度是仪表板用内饰纺织品的关键性能。延伸率包括静态、动态和永久延伸率；耐污性主要考虑使用过程中的防水、防油和防污能力；老化性能主要评价光老化和高低温气候交变老化性能；断裂强度主要考虑局部的弱化以满足安全气囊的点爆要求。剥离牢度也是影响仪表板包覆成型和老化后外观质量的重要影响因素。此外，表皮材料的表面光洁度和光泽度也是影响驾驶安全的关键因素，选用较低光泽和表面光洁度的内饰纺织品，尽可能减少在前挡风玻璃上形成反射光线的机会，降低驾驶过程中因反光导致的安全风险。

5.5.3　仪表板表皮的成型工艺

汽车仪表板表皮常用的成型工艺主要有阴模真空成型和包覆成型两种。

5.5.3.1 阴模真空成型

IMG（in mold graining）工艺即阴模真空成型，是一种热成型技术，在汽车行业中多用于软质化仪表台和车门内饰板的生产加工。该工艺由真空成型设备（提供成型所需真空力、上下台面动作、表皮框动作、表皮上料、表皮加热等功能）、镍壳真空模具、骨架以及附带有背胶的表皮材料等组成。阴模真空成型是一项涵盖了设备、模具、材料的复杂工艺技术，日系品牌汽车的仪表板成型中多使用此工艺。

阴模真空成型的工艺流程如下：①先对仪表板骨架和表皮材料进行预加热；②将骨架安装在真空模具的下模凸腔上，与受热延展的表皮材料一起在镍壳真空模中合模；③通过真空负压将上模凹腔镍壳上的预制皮纹转印到表皮上，同时表皮材料的背胶与骨架因负压和锁模压力而紧紧黏附在一起，从而制得有表皮材料包覆的仪表板产品。阴模真空成型的工艺原理如图 5-22 所示。

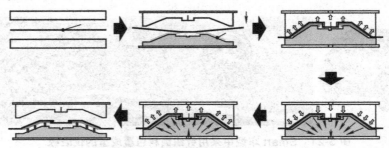

图 5-22　阴模真空成型工艺原理

5.5.3.2 包覆成型

包覆成型也是汽车仪表板产品比较常用的成型工艺（见图 5-23），主要是采用人工或机械手将 PVC 人造、真皮、织物等表皮材料包覆在塑料件骨架上。包覆成型工艺尤其是手工包覆的应用比较广泛，但生产节拍慢、人工成本高、废料多。包覆成型适用的表皮材料主要有 PVC 人造革、PU 合成革、真皮和针织面料，其中以 PVC 人造革和针织面料应用最为广泛。表皮材料一般都带有背泡材料，即复合在 PVC 人造革或针织面料背部的一层聚氨酯泡沫，厚度一般在 1～4mm 不等，背泡的硬度可以根据需求进行小幅调整，背泡材料的厚度越厚、密度越大则包覆后仪表板成品的手感就会越好。

包覆工艺主要包括以下步骤。

① 表皮材料的冲切和缝纫：根据汽车仪表板尺寸进行表皮材料的冲切并缝纫制成蒙皮，再将蒙皮进行背面喷胶并烘干备用。

② 在骨架上贴合衬垫支撑材料层：将具有三维结构的衬垫支撑材料贴合在仪表板骨架上，并进行表面整体喷胶、烘干；常用的衬垫支撑材料为 3D mesh 织物、非织造材料及聚氨酯泡沫材料等。

③ 表皮材料与骨架的预贴合：将蒙皮与贴合完三维结构衬垫支撑层的仪表板骨架组合体进行精准定位和预贴合。

④ 合模包覆包边：将预贴合完成的仪表板放入热压成型机的模具下模中，合模热压后完成仪表板的包覆成型。人工包覆则是依靠人工按一定的顺序手动去将蒙皮与骨架粘贴妥当，确保表皮与骨架贴附服帖，无鼓包、气泡等不良现象，然后放置到恒温烘箱中烘干即可；最后利用剪刀或壁纸刀将反包的多余的表皮材料去除，完成最后的裁剪修边。

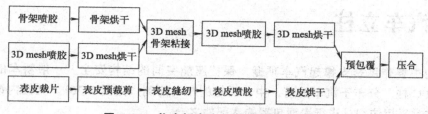

图 5-23　仪表板表皮包覆成型工艺流程

5.6　天窗遮阳帘

天窗遮阳帘产品，也称卷阳帘（见图 5-24），是近年来兴起的一种新型的汽车内饰纺织品，主要应用于汽车大尺寸天窗或者全景天窗区域，起到遮蔽阳光、保护隐私、装饰及一定的隔热等作用。

天窗遮阳帘系统主要包括导轨、卷帘、定位杆、复位弹簧、端塞、电机运动机构等。根据遮光的效果不同，天窗遮阳帘主要分为两种，一种是半遮光遮阳帘，一种是全遮光遮阳帘。

图 5-24　天窗遮阳帘

其中，半遮光遮阳帘应用较多，全遮光遮阳帘主要在高端品牌或较高配置的车型中使用。

半遮光型天窗遮阳帘一般为单层结构，多为轻薄型的经编单针床针织面料。全遮光天窗遮阳帘一般为 3 层复合结构（见图 5-25），表层织物为经编单针床针织面料，中间层为黏结层为胶黏剂，底层为轻薄细密的机织面料。不同材料之间的贴合可以采用撒粉复合、反应型聚氨酯（PUR）热熔胶复合或者热熔胶膜复合等工艺进行。

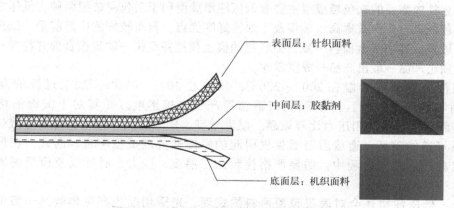

表面层：针织面料

中间层：胶黏剂

底面层：机织面料

图 5-25　全遮光天窗遮阳帘结构示意图

为了保持顶饰类天窗遮阳帘在各种环境条件下收放和卷取过程中的平整性和顺滑性，不出现布面褶皱和异响等问题，对天窗遮阳帘面料的关键参数如厚度、刚软度、弹性、挺括性、折痕等方面都提出了苛刻的要求。

5.7 汽车立柱

立柱的主要作用是支撑起汽车顶棚，保护座舱空间的结构安全。一般轿车的座舱有 A 柱、B 柱和 C 柱，分布于汽车的前、中、后舱的左右两侧（见图 5-26）。立柱内饰面也是汽车内饰中常常采用纺织品进行表面包覆的零部件之一。

立柱内饰面的表面包覆材料一般与顶棚、遮阳板区域使用相同的材料，其颜色、纹理以及面料风格上也基本一致。汽车立柱用内饰纺织材料主要为针织面料、超纤仿麂皮面料和非织造材料等，其中以针织面料应用最广泛，超纤仿麂皮仅少量使用在中高端车型中。常用的立柱包覆用针织面料多为经编单针床针织面料，纬编针织面料的应用偏少。为了保证立柱包覆成型和柔软触感要求，立柱包覆用的纺织品多以复合结构存在，一般为表层面料＋水刺非织造布双层结构，贴合加工一般采用粉点复合或者 PUR 热熔胶复合，水刺非织造布常用的克重为 120 ～ 140g/m²。

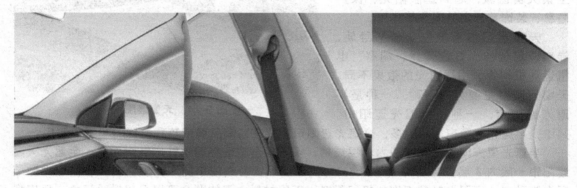

图 5-26　汽车立柱（A 柱、B 柱和 C 柱）

汽车立柱内饰面的软包覆成型主要有低压注塑成型和手工包覆成型两种。低压注塑相比传统手工包覆具有生产效率高、环保及一致性好等优点，具有较好的应用前景。低压注塑的主要工艺过程：抓取复合面料→复合面料在动模上预挂并定位→动定模合模并注料→保压冷却→开模顶出产品→取出产品→成型零件。

低压注塑的温度一般在 200 ～ 220℃，压力在 30 ～ 50MPa，加工过程的高温和压力会对面料的表面风格、外观颜色和手感等产生直接影响。尤其对于绒面的仿麂皮面料，其表面对工艺温度和压力比较敏感，温度过高、压力过大等都比较容易导致仿麂皮绒毛发生不可逆的破坏，造成因表面受损引起的零部件外观成型不良。因此，在低压注塑成型的立柱产品加工过程中，需要严格控制加工温度、压力、时间以及模具间隙等工艺参数。

此外，低压注塑还会对表层包覆面料的纹理、光泽和颜色产生影响，一般低压注塑成型后面料的纹理会变平、颜色会变浅、光泽度会变高，为了保证顶棚与立柱成型后产品的外观颜色和光泽的协调匹配，一般立柱用的表皮材料其原始状态要比顶棚面料的颜色深一些、光泽度低一些。手工包覆成型的立柱一般对表皮材料表面质量的影响会更小一些。

5.8　汽车遮阳板

遮阳板位于车顶前部，它主要是用来为驾乘人员遮挡来自迎面和侧面的太阳光、强光等刺眼光线的。遮阳板的基本构成为本体骨架和表皮材料两部分。遮阳板的本体材料一般为PP、PU和发泡聚丙烯（EPP）等。遮阳板的表皮包覆材料一般有PVC和针织面料或超纤仿麂皮面料，可根据内饰风格和车型定位去选择。

汽车遮阳板的表面包覆也会用到纺织材料，如针织面料、超纤麂皮面料等。为了提供柔软舒适的触感，一般遮阳板用的表皮材料其背后贴合一定厚度的聚氨酯海绵或者非织造布。遮阳板包覆用的材料一般与顶棚面料的颜色、纹理、风格等一致。

汽车遮阳板的包覆加工主要有手工包覆、高周波热合、超声波焊接等。对于PVC表皮一般采用高周波热合的方式进行包覆。对于针织面料或超纤仿麂皮面料手工包覆，一般有两种：①将裁切好的面料裁片通过反面缝制后，将毛边翻折在里面，留有一侧开口，将遮阳板本体套入缝制好的面套中，最后将面套的开口处通过缝纫收口或者直接塞进遮阳板前后片的夹层中，利用本体自身的结构将面料加紧，完成包覆成型；②根据遮阳板的尺寸大小，将面料对折后裁切，在遮阳板本体上喷胶，再将本体放置在对折后的面料中间，通过胶黏剂实现面料与本体的黏合，最后将边缘折进两片式本体的中间，完成包覆。目前，遮阳板的包覆自动化程度也不断提高，将面料裁片后，通过超声波焊接工艺将面料与遮阳板本体焊接在一起，再将贴合好面料的两片式本体进行对合即可完成包覆。

5.9　敞篷车软顶

敞篷汽车的车顶根据材质的不同可以分为硬质顶和软质顶两种。其中，软顶具有质轻、易于折叠、体积小的优点。用于软顶的材料一般都是由高性能的织物面料制作而成，大大节约了车顶成本（见图5-27）。

敞篷车软顶用高性能面料的结构一般为三层：①表层为斜纹结构机织面料层，使用的原材料为具有高日晒性能的有色腈纶纤维；②中间层为弹性橡胶体材料，赋予软顶面料优异的弹性手感

图5-27　敞篷车软顶面料的应用

和防水防渗功能；③内层也为织物面料，使用的纤维原料为涤纶纤维，内层织物的花型纹理可以根据具体需求进行个性化设计与开发。也有部分软顶面料为双层结构，表层为压有花纹的PVC材料，内层为织物面料。撕裂强度、耐老化性能、耐磨性能、耐污易清洁性能、弯折性能以及防水性能等是软顶面料的关键性能。

5.10　汽车声学部件

汽车声学部件中使用织物材料包覆在近几年的新能源汽车和中高端品牌车型中开始成为趋势。在以特斯拉 Model 3、高合汽车 HiPhi X 以及雷克萨斯 LC500 等为代表的车型内饰中，其前挡风玻璃下的高音喇叭格栅区域中均有织物面料的包覆应用（见图 5-28）。

图 5-28　雷克萨斯 LC500 中声学织物应用

声学织物指的是具有良好透声功能的汽车内装饰织物材料。厚度和孔隙率是影响声学织物透声效果的关键参数。

声学织物多以网眼织物或者结构相对疏松的颗粒感较强的平织物为主。针织结构的织物面料因其厚度较薄且孔隙率较大，具有非常好的透声性能，在汽车内饰中应用偏多。声学织物的颜色可以根据设计的需要进行搭配，纯色、撞色或者棉麻混色的面料应用较多；在材质上，可以采用常用的涤纶纤维或者涤纶与羊毛混纺纤维。此外，声学织物的光泽度是重要考量因素，一般选用低光泽度和低表面光洁度的织物，以避免因反光导致的驾驶安全风险。

总谐波失真测试（THD 测试）和声压水平测试（SPL 测试），是声学织物透声性能的常用的表征方法。音响在无织物／有织物包覆前后的声压水平一致性及总谐波失真情况，是判断声学织物是否具有非常好的声音品质的关键。

5.11　汽车安全带

汽车安全带是重要的被动安全件，起着约束位移和缓冲作用。当碰撞事故发生时，安全带通过内部锁止机构锁紧，从而将乘员"束缚"在座椅上，减少乘员发生二次碰撞的危险，同时避免乘员在车辆发生滚翻等危险情况下被抛离座椅，起到防护、防止乘员受到严重或致命伤害的作用。以轿车为例，每辆车至少配备 4 条腰肩式安全带，每条安全带的长度约为 3.2m，带宽为 47.5 ～ 48.5mm，质量大约 250g。

汽车安全带一般为机织多层结构的斜纹织物或者缎纹织物，可以使得纱线在一定的带宽内达到最大的紧密程度，制得的安全带表面光滑，重量轻且柔软，从而获得更高的强度、更好的耐磨性能及可以更顺滑地卷取和退绕。最早的安全带主要采用尼龙长丝制成，但尼龙的抗紫外线降解的性能相对较差，因此，目前安全带一般选用原液着色的高强聚酯长丝作为原料，根据应用区域的不同，可以选择低伸长型和高伸长型涤纶工业长丝。也有部分安全带根据实际需要而采用染色工艺进行特定颜色的着色，这对染色的耐光色牢度、抗高湿脱色以及耐汗渍色牢度等性能提出了极高的要求。

5.12　汽车安全气囊

汽车安全气囊也是一种能够有效保护司乘人员安全的被动安全防护装置。随着国家对于汽车产品安全相关法规的完善以及消费者对汽车被动安全系统认识的增强，安全气囊、安全气帘的用量逐渐增多（见图 5-29）。

汽车安全气囊系统由冲击传感器、气体发生器、气袋和诊断系统等组成。安全气囊布一般为机织物，原材料以尼龙 66 为主，要求具有优良的耐冲击强度、耐高温耐久性、耐磨性以及轻薄柔软、摩擦阻力小等。安全气囊织物一般需要进行涂层处理，第一代安全气囊采用氯丁橡胶涂层，日本在 20 世纪 80 年代将有机硅涂层引入气囊织物中。通过增加经纬纱的密度，采用特殊的后整理加工，可以提高非涂层气囊织物的阻气性能，降低制造成本。安全气囊袋的成型主要还是通过裁剪成片后再进行缝合成型，非涂层气囊织物的裁切一般采用激光切割方式和特殊的缝合技术，以减少虚边、脱丝等问题的出现。

图 5-29　安全气囊和安全气帘

随着技术的发展，一种新型的气袋成型工艺（one-piece woven，OPW）应运而生，该工艺通过大提花织机一次成型，袋子形状由电脑控制，气袋的缝合是由机台织造完成的，减少了裁剪、缝制过程中人为因素的影响，尺寸偏差小，缝合强度相对稳定。

5.13　其他零部件

除了上述零部件区域外，地板和行李舱内也有大量纺织材料的使用。地毯作为汽车地板的重要覆盖材料，起着重要的保暖、隔热、防湿、防尘和降噪的作用。汽车地毯常采用绒类纺织品，原材料主要有羊毛、尼龙、聚丙烯等。纯羊毛绒的地毯一般用于高级汽车中；普通轿车多采用尼龙与聚丙烯材料。根据绒毛的形状可以分为圈绒、剪绒以及针刺绒等。

行李舱内的遮物帘主要是用于遮盖隐藏存放在行李舱内的物品，起到美观、保护隐私的作用，同时也可以防止物品从行李箱中冲撞到前舱，增加高速行驶过程中的安全性。此外，遮物帘的应用还可以提高座舱内的密封性，减少部分的空调能量损失，节省用车成本，如图 5-30 所示。

图 5-30　行李舱遮物帘

早期的遮物帘以 PVC 人造革材料为主，相对比较厚重，气味性也较大。目前，行李舱的遮物帘多采用织物面料代替 PVC 人造革材料，既轻薄便捷、易于卷曲退绕，又可以根据需要进行图案花型的定制，具有良好的耐热性能和色牢度。

第6章
汽车内饰纺织品的技术标准与性能检测

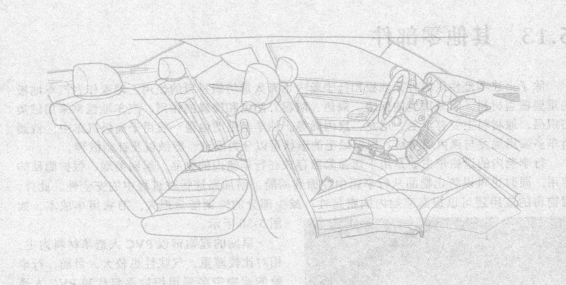

6.1 汽车内饰纺织品的质量保证
    体系
6.2 汽车内饰纺织品的技术标准
6.3 汽车内饰纺织品的试验验证
6.4 汽车内饰纺织品的性能检测

内饰纺织品作为汽车这个复杂工业产品的重要组成部分，其在汽车内饰空间中的作用越来越重要。为消费者提供安全、健康、舒适、美观的内饰环境，已经成为了汽车内饰设计开发的重要方向和落脚点。汽车内饰环境和应用条件的特殊性，决定了其对产品质量有着近乎苛刻的技术标准和性能要求。近年来，随着汽车内饰纺织品行业技术水平和创新能力的不断提升，内饰纺织品的技术标准体系得到日益完善，产品性能的检测方法、检验技术和测试验证能力等都取得了长足的进步。

6.1　汽车内饰纺织品的质量保证体系

6.1.1　质量保证

质量保证（quality assurance，QA）是指为使人们确信产品或服务能满足质量要求而在质量管理体系中实施并根据需要进行证实的全部有计划和有系统的活动。质量保证是比质量控制更宽泛的一个管理术语。汽车行业的质量保证体系和质量评估体系覆盖了产品计划、产品设计研发、原料采购和检验、制造加工工艺、成品试验验证、量产交付和售后服务等各个环节，形成一个完整的闭环体系。

IATF 16949: 2016 是汽车行业全产业链中最为常用的质量管理体系标准，其全称为《汽车生产件及相关服务件组织的质量管理体系要求》，于 2016 年 10 月 1 日发布第一版，代替 ISO/TS 16949: 2009。此标准在 ISO 9001: 2015《质量管理体系要求》的基础上加入汽车行业的特殊要求，考虑七项质量管理原则（以顾客为关注焦点、领导作用、全员参与、过程方法、改进、循证决策、关系管理）并将五大工具［即产品质量先期策划（APQP）、生产件批准程序（PPAP）、潜在的失效模式及后果分析（FMEA）、统计过程控制（SPC）、测量系统分析（MSA）］贯穿其中，应用过程方法实现在汽车供应链中合理策划开发、持续改进、强调缺陷预防、减少变差和浪费的管控目标。

每一家汽车供应链上的企业都必须按照 IATF 16949: 2016 标准要求，建立起完善、有效的质量管理体系，并取得相应的资质认证，同时接受定期的随机抽查和监督审核，确保质量管理体系的有效运行，为产品和服务质量满足客户需求提供体系保证。

6.1.2　产品检验

产品检验是质量保证体系中的重要环节，贯穿于产品设计开发以及批量生产的全过程。产品必须经过检验，主要有两方面的原因。首先是经过检验才能确定合适的进一步加工工艺，保证后道加工的及时进行，避免因质量问题影响后道加工的正常进行；其次是通过检验可以模拟使用环境条件下产品的实际质量表现。执行产品检验对供应链安全和保障上有重要意义。产品检验有助于从源头上控制产品质量，避免因产品缺陷而导致的质量损失、客户损失、信誉受损等。

汽车内饰纺织的产品检验工作主要分布在产品的前期开发阶段、小批量试制阶段以及量产阶段。根据阶段的不同，产品检验的主要内容也不同。产品检验的项目、频次、样本数量和检验方法等需要与主机厂客户技术部门进行确认，并签署相关的试验大纲、验证计划等技术文件。

根据加工工艺以及产品应用场景的特殊性要求，汽车内饰纺织品的检验涵盖了外观质量、基本结构特征、加工性能、内在理化性能以及安全性能等。除了通过检验来验证产品性能能否满足技术标准要求外，还需要考虑生产制造过程产品质量的稳定性、一致性和可靠性等。

汽车内饰纺织品的产品检验过程中有两个非常重要的阶段试验，即设计验证（design verification，DV）和过程验证（process verification，PV）。DV 的主要工作是对前期设计的结构、材料、功能、性能等进行综合评估，同时暴露设计过程中的问题点，并进行相应的整改以满足设计开发的全部要求。PV 是过程验证或产品确认，对正式工装制作的样件进行功能、可靠性和稳定性测试，确定是否满足客户的使用要求。DV 时的产品可以是手工件或者模具件。PV 则必须是模具件，并且是从供应商的量产生产线上做出来的零件。一般情况下，PV 所做的试验项目可比 DV 少，因为 DV 阶段已经把前期产品设计上的潜在问题已经表现出来，并进行过一轮或多轮整改，所以 DV 是一份比较全面的试验报告，而作为过程验证的 PV 试验，主要针对批量生产的产品关键性能或者客户关注度比较高的性能进行验证。

除此之外，汽车内饰纺织品的产品检验还需要根据实际情况进行相关的型式试验，如工程更改、生产场地变化、正式量产后或者国家监督机构提出要求等。正常量产过程中，一般还需要根据主机厂或者一级汽车供应商（Tier1）的要求进行每批次产品的常规检验，涉及的检验项目主要有颜色、厚度、幅宽、阻燃性能、静态延伸率、剥离牢度等。

6.1.3　加工性能质量

加工性能质量指的是影响后道加工过程的产品性能质量。汽车内饰纺织品最终应用到汽车上，需要经过多道加工工序，如复合、裁剪、缝制以及装配等。产品的可加工性能直接决定了后道加工的节拍、效率以及产品质量，也会给企业带来直接或间接的质量损失。

汽车内饰纺织品的加工性能主要包括：厚度和幅宽的一致性、弹性、延伸率、尺寸稳定性、卷边性能、剥离牢度以及耐热老化性能等。幅宽的一致性会影响到裁剪过程中的效率及材料利用率，产品厚度的均匀性对需要进行热烫印压花或者高频焊接加工的成品厚度有着直接影响；内饰纺织品的延伸率性能对于座椅面套的包覆成型和外观质量会产生影响。这些后道加工工序决定了内饰纺织品的可加工性能必须满足相关技术标准要求。

6.2　汽车内饰纺织品的技术标准

6.2.1　技术标准现状

汽车内饰纺织品的技术标准体系中，目前绝大部分还是以主机厂的技术标准进行产品的设计开发。汽车工业最早起源于国外，汽车内饰纺织材料的技术标准也最早源自欧美及日韩。外资品牌及合资品牌主机厂在不同的国家地区，一般是采用统一的标准，直接将国外原有的技术标准体系引入并推广应用，因此各大主机厂的技术标准体系呈现出多样化、差异化的特点，检测标准、检测设备和试验方法也各不相同。对于汽车内饰纺织材料的供应商来说，要满足诸多不同主机厂的技术标准要求其难度比较大。国内自主品牌主机厂对于汽车用内饰纺织材料的技术要求，最初阶段多借鉴合资品牌主机厂技术标准。但是，随着近二十年自主品牌汽车的快速发展和技术进步，国内品牌的主机厂也已经建立起自己的技术标准体系，并根据研发和生产实践的需要进行逐步修订与完善。

伴随着汽车工业的发展，汽车内饰纺织材料行业的企业技术标准体系也逐步建立和完善起来。国内主要的汽车用纺织材料供应商基本建立了内部的企业标准和管控体系。经过多年的发展，积累了大量丰富的技术经验，可以基本满足不同主机厂、不同技术标准体系对于内饰纺织材料的性能要求。部分企业建立自己的研发中心和实验室，积极开展前瞻技术研究、技术标准体系建设工作，为新产品研发设计及生产过程中的技术质量问题的解决提供支撑。同时，汽车内饰纺织材料的领军企业也积极参与到国内自主品牌主机厂的内饰纺织材料技术标准体系策划、标准要求验证、测试能力比对以及相关标准修订工作中来，并参与部分合资品牌主机厂全球技术标准的修订及新技术要求出台前的技术验证等工作。

在地方、行业及国家层面，也越来越重视汽车内饰纺织品的技术标准建设工作。目前，我国已经建立起了涵盖企业标准、团体标准、地方标准、行业标准以及国家标准等不同层次的汽车内饰纺织品技术标准的基本架构体系。

6.2.2　国家标准及行业标准

目前，汽车内饰纺织品相关的行业标准和国家标准体系也在不断完善。现有的国家标准主要有：GB 8410—2006《汽车内饰材料的燃烧特性》、GB/T 33389—2016《汽车装饰用机织物及机织复合物》、GB/T 33276—2016《汽车装饰用针织物及针织复合物》及 GB/T 35751—2017《汽车装饰用非织造布及复合非织造布》以及 GB/T 32011—2015《汽车内饰用纺织材料 接缝疲劳试验方法》，其中 GB 8410—2006《汽车内饰材料的燃烧特性》为强制标准，其余四项国家标准为推荐标准，均已正式发布实施。此外，GB 24407—2012《专用校车安全技术条件》中对于专用校车中内饰材料的阻燃性能做了具体要求；GB/T 32086—2015《特定种类汽车内饰材料垂直燃烧特性技术要求和试验方法》中对运载超过 22 名乘客的 M1 类汽车内饰用窗帘、遮阳帘、其他内部悬挂材料的阻燃性能做了明确要求并介绍了如何试验；GB/T 32088—2015《汽车非金属部件及材料氙灯加速老化试验方法》定义了内饰非金属材料的氙灯老化性能试验方法；GB/T 30512—2014《汽车禁用物质要求》规定了汽车整车及零部件产品中禁止使用的物质；GB/T 27630—2011《乘用车空气质量评价指南》用于评价乘用车内空气质量，规定了车内空气中苯、甲苯、二甲苯、乙苯、苯乙烯、甲醛、乙醛、丙烯醛的浓度要求。

汽车、纺织、交通以及出入境检验检疫等行业也建立一些涉及汽车内饰纺织品的行业标准，主要有：QC/T 236—2019《汽车内饰材料性能的试验方法》、QC/T 216—2019《汽车用地毯》、FZ/T 60045—2014《汽车内饰用纺织材料 雾化性能试验方法》、JT/T 1095—2022《营运客车内饰材料阻燃特性》、HJ/T 400—2007《车内挥发性有机物和醛酮类物质采样测定方法》及 SN/T 4449—2016《汽车内饰材料耐刮擦试验方法》等。

6.2.3　地方标准及团体标准

在没有国家标准、行业标准的情况下，地方为了统一产品的技术标准，特制定了地方标准。如重庆市质量技术监督局在 2003 年就主导编制了汽车内饰材料的第一版地方标准，后来更新为 DB 50/144.1—2010《汽车内饰材料技术规范 第 1 部分：纺织品》、DB 50/144.2—2010《汽车内饰材料技术规范 第 2 部分：人造革》。与此同时，我们的一些社会团体根据自己掌握的经验，也积极主动地制定了一部分团体标准，如已发布的 T/JSTES 4—2021《汽车用纺织品及其他内饰材料 散发性有害物质的测定 第 1 部分：甲醛》，T/JSTES 5—2021《汽车用纺织品及其他内饰材料 散发性有害物质的测定 第 2 部分：气味》。等待发布的团体标准有《汽车用纺织品及其他内饰材料 散发性有害物质的测定 第 3 部分：雾化》《汽车用纺织品及其他内饰材料 散发性有害物质的测定 第 4 部分：挥发性有机物（顶空进样法）》《汽车用纺织品及其他内饰材料 散发性有害物质的测定 第 5 部分：挥发性有机物（捕集袋法）》。

6.2.4 汽车主机厂企业标准

汽车主机厂的企业标准和试验方法通常是以其所在国的国家标准、国际标准或者专门机构的标准等为基础进行展开和完善的，如英国标准（BS）、德国标准（DIN）、美国材料与试验协会标准（ASTM）以及日本工业标准（JIS）等。不同的汽车主机厂采用的技术标准或者试验方法均有差异，汽车内饰纺织品企业要获得不同主机厂的认可并进行配套供货，就必须满足其相应的技术标准要求，否则将无法获得供应商资格。

目前全球范围内，主要的汽车主机厂标准大致可以分为三大体系：北美标准体系，以通用、福特为代表；日韩和东南亚标准体系，以丰田、本田、现代等为代表；以及欧洲标准体系，以大众、奔驰、宝马等为代表。在我国，由于外资或者合资品牌的引进和发展，我国自主品牌的标准体系在很大程度上受到以上三个地区标准体系的综合影响，执行的技术标准也相对较为复杂。汽车内饰纺织品供应商要满足不同品牌汽车主机厂的要求，就必须具有适用于多品牌技术标准体系的设计开发能力及试验验证能力。

6.3 汽车内饰纺织品的试验验证

汽车内饰纺织品的试验验证工作主要是依托有资质的实验室，按照主机厂客户的技术标准要求对产品进行相关的检验和测试。有条件的汽车主机厂一般都建有内饰纺织材料相关的测试实验室，用于供应商产品的测试验证和认可。尚未建立内部测试验证能力的主机厂，一般指定具有其认可资质的第三方实验室或通过主机厂认可的供应商实验室进行产品的测试验证。

对于内部已建立完善的试验验证能力和管理体系的内饰纺织品材料供应商，主机厂会对供应商实验室进行审核认可，并定期进行复评审。获得主机厂审核认可的供应商，可以在其内部实验室完成产品 DV 和 PV 阶段相关试验验证及年度型式试验工作，出具的报告主机厂予以认可，认可范围内的测试项目，一般不需要委托到第三方实验室进行测试验证。

6.3.1 试验验证的实验室条件

实验室应有固定的检测场所和自主的设备，并按照 ISO/IEC 17025 建立实验室管理体系，拥有独立的实验室管理手册，能够组织和管理实验室的相关检测活动。对实验室的人员、设施和环境、设备和标准物质、检测方法、样品、报告和记录、分包、校准等方面进行有效的管控。在申请实验室认可之前，实验室应按照建立的质量体系运行六个月以上，同时已获得主机厂相关领域的项目和标准。

6.3.2　试验验证的资质认可

实验室认可机构对实验室有能力进行规定类型的检测和（或）校准所给予的一种正式承认。它表明实验室具备了按 ISO/IEC 17025 准则或主机厂的质量体系要求开展检测的技术能力，实验室为顾客所提供的检测服务是符合标准要求的。通过资质认可能够有效地提高实验室的管理水平，保证实验室出具的检测数据公正有效，能够向顾客充分展示实验室的检测能力和公正性，提高市场占有率和客户满意率，缩短产品开发进程，保证产品质量。

实验室的资质认可一般分为两个部分：管理体系和技术能力。在初期先进行文件资料审核，在文件资料通过审核的基础上才进行实验室现场评审。在现场评审过程中，除了对质量体系进行全面审核外，还需要进行现场试验，只有在现场试验都满足标准要求时，才会颁发认可范围的实验室认可证书。

获得资质认可的实验室，需要定期进行比对试验，以保证实验室的技术能力持续有效。除了内部比对试验外，还需要参加主机厂或者中国合格评定国家认可委员会（CNAS）举行的实验室比对试验。根据纺织品实验室的特点，感官评价和手工操作的检测人员每六个月至少进行一次感官评价校对和统一操作手法活动。

6.3.3　测试实验室管理体系

中国合格评定国家认可委员会是我国唯一的实验室认可机构，承担我国所有实验室 ISO/IEC 17025 标准的认可。所有的校准和检测实验室都可以使用和实施 ISO/IEC 17025 标准。根据国际惯例，通过 ISO/IEC 17025 标准的实验室提供的所有数据均具有法律效力，并得到国际认可。

主机厂的实验室认可资质，是在该车厂的范围内适用。实验室依托 ISO/IEC 17025 建立相应的管理体系，同时根据主机厂的要求，建立满足主机厂要求的实验室体系。

实验室经过外部认可机构系统的、规范的技术评价和持续监督，有助于实验室实现自我改进和自我完善。通过获得这些认证，充分体现了实验室的权威性、公正性、独立性、规范性、统一性。

6.4　汽车内饰纺织品的性能检测

根据产品工艺特征、应用环境需要及产品功能作用等综合考虑，汽车内饰纺织品的性能检测项目主要包括织物规格、物理力学性能、耐污易清洁性能、色牢度、安全性能、环境耐久性能、功能性等。

6.4.1　织物规格

汽车内饰纺织品的织物规格检验主要包括外观、幅宽、织物密度、单位面积质量、厚度以及颜色等项目。

6.4.1.1　外观

汽车内饰纺织品的主要作用是零部件装饰功能，因此产品的外观也是非常重要的，必须首先保证其外观品质满足客户的需求。织物表面应匀整、清洁，无编织缺陷、疵点、色斑、污斑、起毛、起球、断纱、水渍、油渍、褶皱等现象。

汽车内饰纺织品的外观检验主要有花型纹理尺寸、纱线经纬密度、弓弧纬斜、布面疵点以及绒毛毛向与高度等。此外，经过特殊整理的产品还要检验其工艺特殊性能，如热烫印压花面料，需要检验压花面料成品的立体感、厚度均匀性以及压花边缘的清晰度与精准度等。

6.4.1.2　幅宽

汽车内饰纺织品的幅宽也是客户关注的重要项目，幅宽的大小是根据客户的要求以及产品工艺的实际去确定的，幅宽大小对于客户后道裁剪加工过程中的排版、物料利用率以及物料成本等有着直接影响。内饰纺织品在出货前，幅宽是必检项目，幅宽范围一般采用上偏差进行控制。

6.4.1.3　织物密度

织物密度是指在无折皱和无张力下，单位长度所含的经纱根数（线圈数）和纬纱根数（线圈数）。一般以根 /10cm 表示。机织物按照 GB/T 4668—1995《机织物密度的测定》，针织物按照 FZ 70002—1991《针织物线圈密度测量法》。

6.4.1.4　单位面积质量

单位面积质量是指织物单位面积所具有的质量，一般采用每平方米织物具有的质量进行表示，即 g/ m²。GB/T 4669—2008《纺织品　机织物　单位长度质量和单位面积质量的测定》是汽车内饰纺织品单位面积质量常用的测试标准。试样测试前需要在标准温湿度环境中进行调湿处理。

6.4.1.5　厚度

厚度也是汽车内饰纺织品的重要性能之一，直接影响着零件包覆时服帖性和感知的舒适性。汽车内饰纺织品的实际应用多以复合成品（带有海绵或者非织造布）形式出现，因此，在进行厚度检测时，主要检测复合后的成品厚度。GB/T 3820—1997《纺织品和纺织制品厚度的测定》是目前常用的检测标准。

6.4.1.6　颜色

汽车内饰纺织品的颜色是产品的关键性能。颜色检验主要的目的是确认颜色差异性满足客户的标准要求。色差控制能力对汽车内饰纺织品企业来说至关重要，批量产品的质量管控中色差控制是重点管控项目，也是产生索赔较多的项目。

汽车内饰纺织品颜色的检验通常需要在标准的光源下进行。一般都会以标准色板或者客户签署的标准封样或者标准样品的颜色数据作为基准，进行颜色差异的评判。评判的方法主要有目视法和仪器测量两种。对于纯色、无明显花型的内饰纺织品，一般采用测色仪进行颜色评判，必要时结合标准灰卡进行目视评判；对于有明显花型纹理、有两种以上颜色的内饰纺织品，采用测色仪测试色差比较困难，对于这类产品多采用标准灰卡进行目视评判。一般情况下，内饰纺织品的颜色需要满足不同光源环境下的颜色一致性，常用的标准光源主要有D65、F11、TL84、CWF 等。

汽车内饰纺织品颜色测量一般是利用 CIE*Lab* 色彩模型来表示色差范围：该颜色模型由三个要素组成，一个要素是亮度 *L*，*a* 和 *b* 是两个颜色通道。*a* 包括的颜色是从深绿色（低亮度值）到灰色（中亮度值）再到亮粉红色（高亮度值）；*b* 是从亮蓝色（低亮度值）到灰色（中亮度值）再到黄色（高亮度值）。计算出试样在各轴向上的差值，采用 ΔL^*、Δa^*、Δb^* 表示色差值。如大众汽车对内饰材料的色差范围控制标准为 ΔL^*：±0.7；Δa^*：±0.3；Δb^*：±0.3。

采用标准灰卡进行目视评判的产品，一般要求被测样品与标准样品比较，色差等级 ≥ 4～5 级，量产阶段每批次间的色差控制要求通常要 ≥ 4 级。

6.4.2 物理力学性能

汽车内饰纺织品的物理力学性能主要包括织物的耐磨性能、强力性能、伸长率、透气性、表面摩擦系数、起毛起球性、抗钩丝、低温落球、耐曲折、黏滑性能、尺寸稳定性等。

6.4.2.1 耐磨性能

作为重要的零部件表面包覆材料，汽车内饰纺织品的耐磨性能至关重要。汽车内饰纺织耐磨性能要求的高低，取决于其应用的区域和部位，不同零部件区域使用的纺织品其耐磨性能要求也不同。对于接触面积大或者摩擦机会比较多的座椅面料，其耐磨性能要求最高，顶棚用内饰纺织品的耐磨性能要求相对比较低。

汽车内饰纺织品的耐磨试验通常是以其在汽车上实际应用的形式来进行的，即多数以带有海绵的复合结构状态进行测试，特殊情况下可以进行单体面料的耐磨测试。同一状态的材料，复合状态的耐磨性能一般比单体状态的要好，主要是因为复合加工使得内饰纺织品与海绵间紧密贴合，对内饰纺织品中的纤维纱线起到了固着作用，一定程度上提高了其耐磨性能。

汽车内饰纺织品耐磨性能试验方法主要有马丁代尔（Martindale）耐磨、邵坡尔（Schopper）耐磨、泰伯（Taber）耐磨、平面磨损及 MIE 耐磨等。这几种耐磨试验方法在设备结构、工作原理、磨料选择、适用材料类型（织物、合成革、仿麂皮）、摩擦次数及评价指标（起毛起球、外观变化、重量损失以及颜色变化等）方面均有所不同，具体要求根据主机厂技术标准执行其中一项或者几项。目前大众汽车标准中对于纺织品的要求需要考核马丁代尔耐磨、邵坡尔耐磨；标致雪铁龙的标准中需要考核马丁代尔耐磨、MIE 耐磨；通用汽车标准中则涵盖了马丁代尔耐磨、邵坡尔耐磨、泰伯耐磨三种方式，但是根据不同面料类型和加工工艺，只需选用相对应的测试项目进行试验即可。

马丁代尔耐磨是最常用的耐磨试验方法，也是适用性最广泛的耐磨测试方法，其测试方法依据 ISO12947-1、ISO12947-2、ISO12947-3 进行（见图 6-1）。马丁代尔耐磨是采用轴对称运动轨迹，按李萨如（Lissajous）曲线运动进行互相摩擦，选用的磨料为标准机织羊毛织物。马丁代尔耐磨试验模拟的磨损情况与实际应用过程中的磨损最接近，但是试验耗费的时间也最

图 6-1　马丁代尔耐磨试验仪（James Heal 公司）

长，一般进行 50000 次耐磨试验需要 16 小时左右。马丁代尔耐磨的评价主要从表面磨损情况和颜色对比度等级两个方面进行。一般要求完成规定的摩擦次数后，观察试样表面无断纱、无脱线、无明显绒毛产生、无严重粗糙面、无明显发白等现象，颜色对比度的灰度等级 ≥ 3 级。

邵坡尔耐磨是在一定压力下，采用旋转摩擦的方式将试样与磨料摩擦规定转数后，测定试样的重量损失、磨损面外观和变色等级（见图 6-2）。磨料为防水碳化硅砂纸。每摩擦 100 次（可设定）更改旋转方向。重量损失结果一般精确至 0.001g，磨损面外观主要检查有无出现断纱、起球、起毛、磨白等现象，同时用标准变色灰卡（GB/T 250—2008）对试样表面的磨损面进行变色等级评价。

泰伯耐磨试验是将待测材料试样放在转盘上，在相应压力和砂轮的作用下运行规定转数，由此产生的磨损痕迹和重量损失，作为评判（见图 6-3）。砂轮的安装方式应确保在与旋转试验样品接触时，向相反方向旋转。一个研磨轮向外摩擦样品，另一个向内摩擦中心。试验中采用橡胶／氧化铝磨料粒子做成的摩擦轮，完成规定的转数后取出试样，观察试样的磨损情况，比较试样试验前后的重量损失。泰伯耐磨常用于有背面涂层的内饰织物。

图 6-2 邵坡尔耐磨试验仪

图 6-3 泰伯耐磨试验仪

图 6-4 平面耐磨试验仪

平面磨耗主要应用于丰田汽车内饰材料耐磨性能的测试（见图 6-4）。该方法采用 JASO M403/88 要求的设备。采用符合 JIS L3102 要求的 6# 棉帆布包裹在 R10 的摩擦头表面，在 1kg 或 2kg 的负荷下和固定在试验台上的试样进行直线往复摩擦运动。试验完成后评价试样表面的磨损情况：断纱、起毛、起球、发白等。如果是印花织物则要评价花纹磨损情况。摩擦头、行程、负荷可以根据需求进行更换，用于测试胶卷、薄膜、钣金涂漆面、涂层布等。

MIE 耐磨主要应用于标致雪铁龙和雷诺集团的内饰材料耐磨性能测试，适用于检查机织、针织、合成织物、涂层织物和装饰皮革的摩擦磨损强度。采用 MIE 耐磨试验仪进行测试（见图 6-5）。MIE 耐磨测试依据的标准为 D44 1073—2000《内饰材料摩擦磨损》。MIE 耐磨的摩擦方式为"往返式双向摩擦"，使用的磨料为标准羊毛织物，对于织物面料和合成革材料，采用的标准磨料在材料成分和织物组织结构上存在差异。试验结果的评价主要记录试样的表面磨损变化情况：如毛绒塌陷呈毡状，纤维断裂产生的起毛、起球、发白、发亮等情况。

汽车内饰纺织品的耐磨性能受织物结构、纱线原料、后整理方法和涂层工艺等多方面因素的影响。一般来说，粗的纱线比细的纱线耐磨性好，变形度低的纱线比变形度高的

图 6-5　MIE 耐磨试验仪

纱线耐磨性稍好一些。制造过程中存在过多的湿态加工、过长的染色工序或过度的还原清洗，都会降低其耐磨性；原液着色的纱线比相同颜色的染色纱线耐磨性能会好一些；组织结构对织物表面耐磨性能影响非常大，组织结构中浮线较长或凹凸较为明显的区域，其摩擦应力相对集中，通常表现出较差的耐磨性能。对内饰纺织品进行助剂整理或者涂层整理可以在一定程度上改善其耐磨性能，但是助剂整理或涂层整理也会带来织物雾化或者有机物挥发的风险，因此需要谨慎使用。另外，后整理加工也会对内饰纺织品的外观、延伸弹性、手感以及复合牢度等产生影响。

6.4.2.2　强力性能

（1）断裂强力

断裂强力指的是在规定条件下进行的拉伸试验过程中，记录试样产生断裂时的最大力。常用的设备为万能拉伸试验机。试验条件所涉及的试样的尺寸大小、夹距和拉伸速度等参数的设置需依据不同的试验标准进行。目前业内常用的标准为国际标准 ISO 13934-1：2013《纺织品　织物拉伸特性　第 1 部分：使用条样法测定最大受力和最大受力时的伸长率》和国家标准 GB/T 3923.1—2013《纺织品　织物拉伸性能　第 1 部分：断裂强力和断裂伸长率的测定（条样法）》。除此之外，各主机厂相应的标准中对于断裂强力的测试条件、取样尺寸以及不同织物类型的限值要求均有所不同。汽车内饰纺织品断裂强力的限值要求与应用的部位、织物类型等密切相关，应用在座椅区域的材料其断裂强力要求最高，顶棚、门板等内饰件区域的纺织品其断裂强力要求一般比较低。

（2）撕裂强力

汽车座椅、门板以及车顶等部位的内饰面料在其使用过程中，存在着遇到尖锐物体时发生撕裂的情况，因此抗撕裂的能力也是衡量汽车内饰面料的一项重要指标。针对不同的织物类型，测试方法常用的有梯形撕裂（适用于机织物）和裤形撕裂（适用于针织物）两种（见图 6-6）。

汽车内饰纺织品的撕裂强力受纱线规格、织物组织结构、织物密度及后整理工艺等因素影响。纱线的规格主要包括线密度、长丝或短纤维、捻度以及断裂伸长率等。在其他工艺条件相同时，三原组织中的平纹组织的撕裂强力最低，缎纹组织最高，斜纹组织介于两者之间。磨毛、拉毛、涂层等后整理工艺也会对撕裂强力产生较大影响。

（3）接缝强力和接缝疲劳

汽车内饰纺织品的后加工过程中涉及裁剪和缝纫工序，材料经缝纫后接缝区域的性能非常重要，直接影响缝纫的成型及使用过程受力拉伸的耐久疲劳，尤其对于汽车座椅用内饰纺织品，涉及的材料缝制加工较多。汽车内饰纺织品接缝性能的评价项目主要有接缝强力和接缝疲劳两种。由于内饰纺织品经纬向结构和性能的差异，接缝强力和接缝疲劳这两个指标通

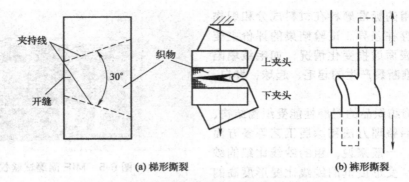

(a) 梯形撕裂　　　　　　　　　　(b) 裤形撕裂

图 6-6　梯形撕裂与裤形撕裂加持方法示意图

常需要对经向和纬向分别进行取样测试。

接缝强力主要考察的是面料缝制后，沿垂直于缝线方向进行拉伸直至发生接缝破坏时所产生的最大力。常用的试验标准为 GB/T 13773.1—2008《纺织品　织物及其制品的接缝拉伸性能　第 1 部分：条样法接缝强力的测定》，等同于国际标准 ISO 13935-1：2014 *Textiles- Seam tensile properties of fabrics and made-up textile articles—part 1：Determination of maximum force to seam rupture using the strip method*，常用的测试设备为万能拉伸试验机。

图 6-7　接缝疲劳试验机

接缝疲劳试验是通过模拟一定载荷条件下，对试样进行周期性的定负荷拉伸和恢复，测定接缝处针孔最大伸长值，以评价接缝的耐疲劳性。常用的试验标准为 GB/T 32011—2015《汽车内饰用纺织材料　接缝疲劳试验方法》。将待检试样夹持在接缝疲劳试验机上（见图 6-7），在规定的负载下（一般为 3kg），经过规定次数（一般为 2500 次）后，测量出缝迹处最大针孔尺寸并记录织物接缝处纱线发生滑移或脱散的情况。

（4）剥离强力

汽车内饰纺织品在实际使用过程中多以层压复合的状态出现，如表层材料＋海绵＋底布或表层材料＋非织造布等。多层材料之间的黏合牢度对后道加工有直接影响，也会影响实际使用的耐久性。根据具体情况，剥离强力试验的对象状态主要包括常态下、光老化后以及湿热老化后等不同样品状态。剥离强力的测试标准采用较多的为 GMW 3220—2016《层压结合牢度》、DIN 53357—1982《塑料带和薄膜测试 - 膜层剥离试验》等主机厂标准。剥离强力的试验主要采用万能拉伸试验机完成，不同的标准其差异主要在取样尺寸、拉伸速度以及限制要求等方面。

影响剥离强力的主要因素有表层材料结构与自身特性、复合工艺、海绵规格、底布规格等。一般情况下，对表层材料进行背面起毛处理，对增加其与海绵或者其他复合材料的结合力有着积极作用；增加背涂或者三防整理会降低其剥离牢度；在其他条件相同时，使用密度高的海绵其剥离牢度会高一些，采用密度高的底布其剥离强力会提高。

6.4.2.3　伸长率

汽车内饰纺织品在包覆成型加工过程中，为了实现表皮材料与零部件骨架造型比较好的贴合，要求内饰纺织品必须具有合适的拉伸变形能力。伸长率过大，使用过程中易出现袋状变形或松弛起褶；延伸率过小，易造成包覆成型困难、不易贴附、起泡脱壳等问题。

伸长率是表征内饰纺织品拉伸变形能力的重要指标，根据实际的需求，主要包括定载荷伸长率（也称静态伸长率）、动态伸长率以及永久伸长率。定载荷伸长率和永久伸长率多采用延伸架进行测试，动态伸长率一般采用万能拉伸试验机进行测试。

定载荷伸长率指的是在一定载荷下保持一定时间后，试样上标线长度在负载前后的变化率。一般取样的尺寸为200mm×50mm，夹具间初始距离为150mm，试样上标线长度为100mm，在一定负载下保持一定时间，测量并记录标线长度，计算该负荷下静态定载荷伸长率。然后将载荷卸掉，静置一段时间后，再次测量并记录标线长度，并计算永久伸长率。

定载荷伸长率 E 按下式进行计算：

$$E = \frac{L_k - L_0}{L_0} \times 100\%$$

永久伸长率 E_s 按照下式进行计算：

$$E_s = \frac{L_s - L_0}{L_0} \times 100\%$$

式中　L_0——负载前的标距长度，mm；
　　　L_k——负载一定时间后的标距长度，mm；
　　　L_s——卸载后静置一定时间的标距长度，mm。

动态伸长率指的是试样在进行动态拉伸时，拉伸强力达到某一数值时所对应的伸长率，主要用来表征动态拉伸过程中产品的变形能力。汽车内饰纺织品一般记录25N、50N、100N以及试样断裂时的伸长率数值。

汽车内饰纺织品的伸长率主要由纱线原料、组织结构及后整理工艺等因素决定。

6.4.2.4　透气性

内饰纺织品的透气性好坏对于驾乘人员的热湿舒适性有着重要的影响。汽车内饰纺织品的透气性通常按照 ISO 9237—1995《纺织品和织物的透气性测试》进行，在规定的 200Pa 压差条件下，测定一定时间内垂直通过试样给定面积 20cm^2 的气流流量，计算出透气率 R。采用的试验设备为透气性测试仪（见图6-8）。

$$R = \frac{q_u}{A} \times 167$$

式中　q_u——平均气流量，dm^3/min，或 L/min；
　　　A——试验面积，cm^2；
　　　167——由 dm^3/(min·cm^2) 换算成 mm/s 的换算系数。

不同的主机厂针对不同种类的织物设定的透气性标准限值也不相同。织物的组织结构、涂层或者三防整理等后整理工艺、织物孔隙率、紧密程度、纤维原料等是影响织物透气性的重要因素。

图6-8　透气性测试仪

6.4.2.5 表面摩擦系数

汽车内饰纺织品的表面摩擦系数关系到使用过程中的舒适性和安全性。尤其是汽车座椅用内饰纺织品，要求其具有一定的摩擦阻力，以保证在行车期间刹车或急转时，座椅面料与乘坐者保持着一定的摩擦阻力，减少人体的下滑程度，避免因臀部下滑导致无法完成制动动作等安全风险的出现。

测试纺织品表面摩擦系数的测试仪见图 6-9。其工作原理为：将参与摩擦系数试验的试样和标准磨料一个平铺在试验台面上，另外一个固定在一定质量的滑块上，试样和标准磨料的表面平放

图 6-9　表面摩擦系数测试仪

在一起，并保持一定的接触压力，使两表面相对移动，记录所需的摩擦力。用所测试力除以滑块的质量即为表面摩擦系数值。纺织品的表面摩擦系数与织物组织结构、表面光滑度、蓬松程度、纱线捻度及后整理工艺等直接相关。

6.4.2.6 起毛起球性

内饰纺织品的起毛起球：主要是在使用或清洁过程中纺织品表面受到摩擦、揉搓等外力作用后纤维被拉出或拉断，导致的纤维自由端裸露出表面，从而产生起毛现象；纤维不能及时脱落或清除，纤维绒毛进一步相互纠缠交织形成诸多的小圆球状丝束，即产生了起球现象。起毛起球也是汽车内饰纺织品使用过程中常见的问题，影响内饰的外观美感和舒适感。

一般来说，合成纤维更易起毛起球，短纤纱织物比长丝纱织物更容易起毛起球。可以通过化学整理、提高纱线线密度、采用高捻度纱线及对织物进行磨毛或剪毛处理等减少起毛起球问题。汽车座椅区域受外力摩擦的机会较多，对内饰纺织品的抗起毛起球性能要求比较高。

汽车内饰纺织品的起毛起球性能测试主要有起球箱法（见图 6-10）、随机翻滚法（见图 6-11）以及改型马丁代尔法。大众汽车采用改型马丁代尔法和随机翻滚法进行测试。改型马丁代尔法使用的标准磨料为粘胶布，试验次数 2000 次，根据试样表面的起毛起球情况，与标准评级图片对比后进行评级，要求 ≥ 4 级。随机翻滚法适用于割绒织物，试验操作同 GB/T 4802.4—2020 基本一致。GB/T 4802《纺织品　织物起毛起球性能的测定》系列标准中定义了包括了圆轨迹法、改型马丁代尔法、起球箱法和随机翻滚法等四种不同测试方法。

图 6-10　起球箱法测试仪

图 6-11　随机翻滚法起球测试仪

6.4.2.7 抗钩丝

当尖锐的物体或者粗糙的表面与纺织品接触时，容易造成织物中的纤维或者纱线被钩起，使得纤维凸出织物表面或者被钩断，导致织物表面受损或者起毛起球，这种现象称之为钩丝。纺织品的抗钩丝性能与组织结构、纱线类型（毛羽、捻度）、织物紧密度以及后整理工艺密切相关。一般情况下浮线越长、结构越松散的织物越容易钩丝；纱线加捻、增加背涂等有利于改善织物的抗钩丝性能。

汽车内饰纺织品的抗钩丝性能测试方法主要有两种。一种采用钉锤式钩丝测试仪（见图6-12），利用带尖的金属球与织物表面进行一定时间的相对运动和摩擦，评价试验后织物表面的钩丝程度，一般采用1～5级进行评定。另外一种则是采用马丁代尔耐磨仪，使用尼龙搭扣作为标准磨料，在一定的压力下，对纺织品表面进行规定次数的摩擦，对试验后织物表面的钩丝程度进行评定，评价等级一般也是采用1～5级制，通用汽车的搭扣耐磨标准采用1～10级制进行评价。两种方法都有标准评级图片用于判定试验结果。

图 6-12　钉锤式钩丝测试仪

6.4.2.8 低温落球

低温落球试验主要是考察汽车内饰合成革材料在低温环境下受冲击后的性能表现，评价内饰材料表面是否有开裂、断裂、表皮脱落及其他外观恶化现象，采用的试验设备为低温落球试验装置（见图6-13）。大众汽车 PV 3905—2015《有机材料　落球试验》中规定，车辆内部使用的部件低温环境条件为 -30℃ ±1℃，试样老化时间为 22h±2h，落球为不锈钢球，落球质量为 500g±5g，落球直径为 50mm±0.03mm，落球高度的设定可选择 200mm、230mm、300mm 等不同距离。

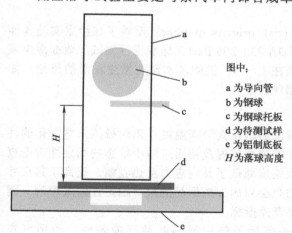

图中：
a 为导向管
b 为钢球
c 为钢球托板
d 为待测试样
e 为铝制底板
H 为落球高度

图 6-13　低温落球冲击试验装置示意图

6.4.2.9 耐曲折

耐曲折性能是衡量内饰合成革产品质量的重要基础指标之一。内饰合成革材料使用过程中，在常温或者低温条件下，若没有很好的耐曲折性能，就会出现裂纹（裂浆或裂面）等质量问题，影响材料的使用寿命。

汽车内饰合成革材料的耐曲折性能通常需要测试常温和低温两种状态，主要是模拟内饰材料在不同季节、不同地区气候条件下的耐用情况。该方法主要是通过一定频率和幅度（弯折角度）来屈挠试样，模拟在曲折过程中对合成革材料的屈挠作用。试验结束后，在良好的光线下目测观察和用放大装置检查，通过观察内饰合成革材料表面破裂及裂纹（包括裂浆或裂面）的方式判断出其耐曲折性能。DIN EN 1876-1:1998《橡胶或塑料涂层织物　低温检

验 第 1 部分：弯曲试验》、QB/T 2714—2005《皮革物理和机械试验耐折牢度的测定》和 GB/T 18426—2021《橡胶或塑料涂覆织物 低温弯曲试验》是常用的试验标准。部分主机厂需要对老化（湿热老化、高温老化、低温老化、耐光老化等）后产品的耐曲折性能进行测试。

6.4.2.10 黏滑性能

黏滑（stick slip）指的是两种材料在表面接触的情况下，发生相对运动的过程中，周期性交替出现黏滞和滑动的情况。黏滑现象被认为是产生噪声的原因，如材料之间相互运动发出的吱吱声。汽车内饰合成革材料在实际应用过程中存在着合成革与合成革、合成革与其他材料（麂皮、塑料件、金属件等）的表面接触，会产生一定的黏滑现象，产生令人不悦的噪声。黏滑性能的测试采用黏滑性能试验机进行，图 6-14 所示为其工作原理示意图。

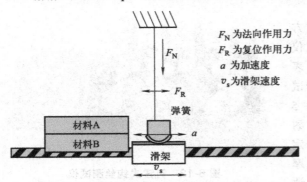

F_N 为法向作用力
F_R 为复位作用力
a 为加速度
v_s 为滑架速度

图 6-14　黏滑性能试验机工作原理示意图

测试原理：下方滑动平台上固定测试材料 B，滑动平台相对于固定有测试材料 A 的弹性元件（测试头，在最后附件有测试头几何参数）做相对运动。载荷由如图 6-14 中 F_N 方向加载，速度由滑动平台确定，做往复运动。弹性元件（测试头）的运动特性（由测试头测加速度传感器测定），即黏滞 - 滑动过程，表明了黏滑现象发生的倾向。

黏滑试验的评价结果以风险等级值 RPN（risk priority number）反映了在给定实验条件下发生黏滑现象的风险大小，目前主要按照 VDA 230-206 Part 3 标准进行测试，该标准中采用 1 ～ 10 等级来区分。对于评定等级 RPN 值在 1 ～ 3，说明基本没有发生黏滑的风险。如果 RPN 值大于 6，说明有人耳可以听到的黏滑噪声。

6.4.2.11 尺寸稳定性

尺寸稳定性是指内饰纺织品在受浸渍或清洗后以及受较高温度作用时抵抗尺寸变化的性能。内饰纺织品的尺寸稳定性对于汽车内饰件的成型包覆及使用过程中状态的稳定性有着直接的影响。尽管纺织品在热定型加工中已经大幅度降低了其内应力及热收缩，提高了其尺寸的稳定性，但是后道加工如复合过程中的张力也会对内饰纺织品的尺寸稳定性造成影响。因此，尺寸稳定性也是主机厂对内饰材料的重要管控指标。

汽车内饰纺织品的尺寸稳定性测试一般包括干热和湿热两种环境条件。通用汽车 GMW14231—2021《汽车内饰织物》中要求测试干燥、潮湿以及耐汽车环境循环（加热、加湿、冷温和室温等）三种条件下的尺寸变化情况。GB/T 41415—2022《纺织品 干湿热条件下尺寸变化率的测定》规定了不同试验条件下的纺织品尺寸稳定性的测试方法。

6.4.3 耐污易清洁性能

耐污易清洁性能主要是通过将污染物泼洒或者黏附在汽车内饰纺织品表面，利用特定的清洁剂进行擦拭清除后，对纺织品的表面污染程度进行评价。常用的标准污染物主要包括：缝纫机油、咖啡、番茄酱、盆栽土、可乐、牛奶、橄榄油、凡士林、记号笔、靛蓝牛仔布、酱油等。常用的清洁剂主要有：去离子水、石脑油、肥皂、乙酸、氨水、异丙醇等。

耐污清洁试验过程一般包括两部分：耐污性测试和清洁度测试。耐污性试验主要是将标准污染物用在试样上，并保留规定的时间，用给出的清洁剂清除试样上的污染物，再进行试样表面的污染程度进行评价。清洁度试验主要是利用摩擦色牢度仪，将浸润了清洁剂的白棉布与试样表面进行摩擦，检查白棉布的颜色转移情况，利用灰卡对白棉布沾色、试样变色程度进行评价。

汽车内饰纺织品的耐污易清洁性能可以通过三防整理、易清洁整理、等离子体表面改性以及功能纤维材料的应用等工艺技术进行改善和提高。

6.4.4　安全性能

6.4.4.1　阻燃性能

汽车内饰纺织品应用环境的特殊性决定了其必须具有良好的阻燃性能，以保证驾乘人员的生命安全。1987 年我国出台的最早的汽车内饰材料燃烧测试强制性标准 GB 8410—1987《汽车内饰材料的燃烧特性》，并于 1994 年和 2006 年进行了两次修订，其中 2006 年的修订参照了美国 FMVSS 571.302《汽车内饰材料的燃烧性能》标准。近年来，随着汽车工业和经济社会的快速发展，我国汽车内饰材料燃烧性能的标准体系不断完善。目前，汽车内饰纺织品的阻燃性能的表征指标主要有：水平燃烧速度、垂直燃烧速度、极限氧指数和烟密度等。我国汽车内饰纺织品的阻燃性能检测多采用国家标准和行业标准。

（1）水平燃烧

采用水平燃烧速度表示内饰纺织品水平方向的燃烧特性。国家强制标准 GB 8410—2006《汽车内饰材料的燃烧特性》中要求，水平燃烧速度必须满足 ≤ 100mm/min，采用水平燃烧试验仪进行测试（见图 6-15）。针对特种车辆，其水平燃烧性能有更高的要求，GB 24407—2012《专用校车安全技术条件》中规定，内饰材料的水平燃烧速度 ≤ 70mm/min，测试方法按照 GB 8410—2006 执行。JT/T 1095—2022《营运客车内饰材料阻燃特性》中窗帘、遮阳帘等悬挂材料水平燃烧速度要求满足 A-0mm/min[1]，座椅及其他用材料要求不低于 B[2]。

图 6-15　水平燃烧试验仪

（2）垂直燃烧

汽车内饰纺织品发生燃烧时不仅有水平方向的燃烧也有垂直方向的燃烧，尤其是针对客车、商用车等特定种类车型。垂直燃烧速度采用垂直燃烧试验仪进行测试（见图 6-16）。GB 32086—2015《特定种类汽车内饰材料垂直燃烧特性技术要求和试验方法》规定内饰材料的垂直燃烧速度 ≤ 100mm/min。JT/T 1095—2022《营运客车内饰材料阻燃特性》中窗帘、遮阳帘等悬挂材料垂直燃烧速度要求满足 0mm/min，座椅及其他用材料要求 ≤ 100mm/min。

---

[1] 如果式样暴露在火焰中 15s，熄灭火源试样仍未燃烧，或试样能燃烧，但火焰达到第一测量标线之前熄灭，无燃烧距离可计，则被认为满足燃烧速度要求，结果均记为 A-0mm/min。

[2] 如果从试验计时开始，火焰在 60s 内自行熄灭，且燃烧距离不大于 50mm，也被认为满足燃烧速度要求，结果记为 B。

（3）极限氧指数

极限氧指数（LOI）是指支撑燃烧时氧氮混合气体中的最低氧浓度（以体积分数表示），是材料燃烧行为重要的表征指标，氧指数＞27%属难燃材料，常用测试设备为极限氧指数试验仪（见图6-17）。汽车内饰纺织品的极限氧指数测试，按照GB/T 5454—1997《纺织品　燃烧性能试验　氧指数法》进行。JT/T 1095—2022《营运客车内饰材料阻燃特性》中规定窗帘、遮阳帘等悬挂材料LOI≥30%，座椅及其他用材料要求LOI≥28%，而2019年颁布的强制性国家标准GB 38262—2019《客车内饰材料的燃烧特性》中则要求窗帘和遮阳帘等悬挂材料极限氧指数≥30%，座椅用及其他纺织材料极限氧指数≥27%。

图 6-16　垂直燃烧试验仪　　　　图 6-17　极限氧指数试验仪

（4）烟密度等级

纺织品燃烧时会伴随着烟雾产生，产生的烟雾直接影响消防救援和灭火。烟密度采用烟气中固体尘埃对光反射而造成的光强度衰减量来表示。汽车内饰纺织品烟密度测试一般按照GB/T 8627—2007《建筑材料燃烧或分解的烟密度试验方法》进行，JT/T 1095—2022《营运客车内饰材料阻燃特性》和GB 38262—2019《客车内饰材料的燃烧特性》中都引用了此标准规定的试验方法，只是两个标准的限值要求不同，JT/T 1095—2022《营运客车内饰材料阻燃特性》中要求烟密度等级≤50，而GB 38262—2019《客车内饰材料的燃烧特性》中要求烟密度等级≤75。

6.4.4.2　散发性能

（1）气味性

气味的检测是主观的判断，靠检测人员的鼻子去嗅辨的，具有很强的主观性。为了减少主观因素的影响，需要对气味评定员进行定期的培训和比对校准实验。气味嗅辨评价一般以小组的形式进行，通常为3～6人。气味评定员无吸烟、浓妆、嚼口香糖等习惯，无慢性鼻炎史为佳。标定/评价当天不食用大蒜、大葱等重口味食品。气味测试根据状态的不同可以分为干态和湿态两种，根据使用条件（温度）的不同通常分为23℃、40℃、80℃。气味评价主要从两个维度去考虑，即气味的类型和气味的浓度。

目前内饰纺织品气味的检测基本都是按照各个汽车厂自己的标准去执行的。不同的汽车厂气味试验方法和限值要求都存在一些细微差异，但主要的评价方法基本相同：按照规定的尺寸取样后放入气味瓶或气味袋中并密封，将气味瓶或气味袋存放在标准温湿度房间或烘箱内按照标准要求的温度保持一定时间后，进行气味等级的嗅辨和记录。大部分主机厂的气味评价等级都分为 1.0 ～ 6.0 级，等级越高表示气味越差，通常主机厂对内饰纺织品气味等级的要求是：≤ 3.5 级或者≤ 3.0 级。

（2）甲醛

在密闭的座舱空间内，内饰材料中甲醛挥发量严重影响驾乘人员的生命健康和安全。因此，甲醛是汽车内饰纺织材料散发性能重要的管控指标之一。

目前国内有关汽车内饰纺织品材料中甲醛挥发量的检测标准，主要是 HJ/T 400—2007《车内挥发性有机物和醛酮类物质采样测定方法》等。德国汽车工业协会标准 VDA 275《改良烧瓶法测定汽车车内空气中的甲醛》、大众汽车标准 PV 3925—2021《聚合物材料 甲醛散发性能测定》以及通用 GMW 15635—2022《车内装饰材料醛酮类物质散发测试方法》是行业内常用的主机厂标准。国内品牌主机厂的甲醛挥发量测试标准也多参照以上主机厂标准进行制定。

甲醛挥发量的测试方法主要有分光光度法、色谱法、电化学法以及化学滴定法等。分光光度计法是目前比较常用的测试方法（见图 6-18），主要原理是将样品固定悬挂在装有蒸馏水的密闭聚四氟乙烯瓶内，保温一定时间后，将水吸收液进行显色处理，然后分光光度计测定得出样品中甲醛的含量，一般要求甲醛挥发量≤ 10mg/kg。

（3）雾化

雾化性能考察的是汽车内饰材料在高温下易挥发性物质遇冷凝结在前挡风玻璃或者车窗上，影响行车安全和驾乘者健康。

图 6-18　紫外 - 可见分光光度计

常用的雾化性能测试方法主要包括光泽度法和重量法。试样在试验杯中被加热，蒸发出的物质冷凝在低温玻璃板或者铝箔上，对玻璃板冷凝前后的光泽度值或雾度值，或者冷凝前后铝箔的重量变化进行计算。常用的测试设备为雾化性能测试仪（见图 6-19）。

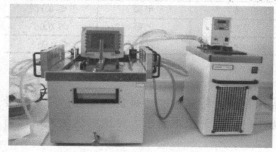

图 6-19　雾化性能测试仪

常用测试标准有如下几种。国际标准 ISO 6452: 2021 *Rubber-or plastics - coated fabrics -Determination of fogging characteristics of trim materials in the interior of automobiles*、我国纺织行业标准 FZ/T 60045—2014《汽车内饰用纺织材料 雾化性能试验方法》、德国标准 DIN 75201—2011《汽车内部装饰材料的雾化特性测定》、大众汽车标准 PV 3015—2019《汽车内饰材料的雾化性能 可凝结组分测定重量法》及丰田汽车技术标准 TSM 0503G—2022《非金属材料的雾度试验方法》等。不同主机厂标准的测试方法和雾化性能限值要求也各不相同。

（4）VOC

内饰纺织品挥发性有机化合物（volatile organic compound，VOC）的测试方法有袋子法、立方舱法等，其中袋子法最常用。

袋子法是将一定量的汽车内饰材料置于密封的采样袋中，模拟材料在车内的使用情况，

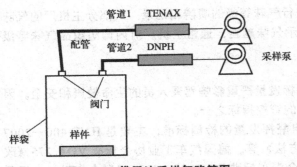

图 6-20　袋子法采样气路简图

在采样袋中通入适量的氮气，根据需要进行温度和时间的调节，一般为 65℃，高温存放 2 小时，使挥发性有机化合物挥发至采样袋中，然后再利用 TENAX 管和 DNPH 采样管采集一定量的气体样品，再分别用热脱附气相色谱质谱联用仪 TD-GC-MS 和高效液相色谱仪 HPLC 对苯烃类物质和醛酮类两类物质进行定量分析（见图 6-20）。

袋子法是目前国内 VOC 检测主要的方法，在合资品牌和自主品牌主机厂中均被广泛采用。根据被测样品的尺寸不同，可以选择不同大小的袋子，常用的有 10L、50L、100L、1000L、2000L 等。袋子法简单易操作，可同时进行苯系物类物质和醛酮类物质的检测，数据代表性高；但袋子法中采样袋及 DNPH 吸附管等耗材费用较高，检测成本相对较高。

立方舱法是将待测零部件放入一个体积约 1m³ 的密闭试验箱内，在一定的温度、相对湿度和空气交换率条件下对样品进行处理，然后抽取试验箱内的空气进行定性和定量分析。该方法检测成本高，一般适用汽车主机厂和第三方检测机构，主要用于测定汽车内饰组件或零部件的 VOC 浓度，对于尺寸较大的零件需要进行切割后测试。

GB/T 27630—2011《乘用车内空气质量评价指南》明确规定了车内空气中八种常见挥发性有机物浓度的限值（见表 6-1），在一定程度上对车内空气质量的检测具有指导意义；试验方法按照 HJ/T 400—2007《车内挥发性有机物和醛酮类物质采样测定方法》进行，但不同主机厂对内饰纺织品中这八项挥发性物质的限值要求亦各不相同。

表 6-1　车内空气中有机物浓度限值要求　　　　　　　　单位：mg/m³

序号	项目	浓度要求	序号	项目	浓度要求
1	苯	≤ 0.11	5	苯乙烯	≤ 0.26
2	甲苯	≤ 1.10	6	甲醛	≤ 0.10
3	二甲苯	≤ 1.50	7	乙醛	≤ 0.05
4	乙苯	≤ 1.50	8	丙烯醛	≤ 0.055

6.4.4.3　抗微生物性

现有的汽车内饰材料技术标准中，无论是国家标准、行业标准还是企业标准，几乎都没有专门涉及抗菌抗病毒方面的技术要求。参考纺织品的相关技术要求，分别对抗菌抗病毒纺织品技术标准与测试方法进行介绍。

（1）抗菌性

评价纺织品抗菌性能的主要方法分为两大类，即定性法和定量法。

① 定性法。评价纺织品抗菌性能的定性法，主要用于衡量和验证产品是否具有抗菌性能。与定量法相比，其测试相对简单，周期也较短。我国的国家标准、纺织行业标准和美国纺织化学师与印染师协会标准及日本工业标准中都有对应的定性法评价纺织品抗菌性能，如 GB/T 20944.1—2007《纺织品　抗菌性能的评价　第 1 部分：琼脂平皿扩散法》、FZ/T 73023—2006《抗菌针织品》中的晕圈法、AATCC 147：2016《纺织材料抗菌活性评价：平行划线法》及 JIS L 1902：2015《纺织品　纺织产品抗菌活性和功效的测定》中的抑菌环法等。

② 定量法。定量法可以确切地测定某种纺织品的抗菌性能，也是目前纺织品行业评价产品抗菌功能应用最多的测试方法。采用定量测试法的相关标准有我国的国家标准 GB/T 20944.2—2007《纺织品　抗菌性能的评价　第 2 部分：吸收法》、GB/T 20944.3—2008《纺织品　抗菌性能的评价　第 3 部分：振荡法》，以及国际标准 ISO 20743：2007《纺织品　纺织品抗菌活性的测定》、美国纺织化学师与印染师协会标准 AATCC 100—2012《抗菌纺织品的评价方法》、日本工业标准 JIS L 1902：2008《纺织品　纺织产品抗菌活性和功效的测定》等。

GB/T 20944《纺织品　抗菌性能的评价》系列标准中的吸收法和振荡法是常用的两种纺织品抗菌性能评价方法。表 6-2 比较了这两种方法。

表 6-2　吸收法与振荡法的比较

项目	吸收法（GB/T 20944.2—2007）	振荡法（GB/T 20944.3—2008）
适用范围	羽绒、纤维、织物和制品等各类纺织品，尤其适用于溶出型抗菌纺织品	羽绒、纤维、织物及特殊形状的制品等各类纺织产品，尤其适用于非溶出型抗菌纺织品
试样规格	剪成适当大小，（0.40±0.05）g	5mm×5mm 的碎片，（0.75±0.05）g
试验菌种	金黄色葡萄球菌；大肠杆菌或肺炎克雷伯菌，任选一种	金黄色葡萄球菌；大肠杆菌或肺炎克雷伯菌，根据需要选一种；白色念珠菌
培养温度、时间	（37±2）℃，培养 18 ～ 24 h	（24±1）℃，恒温振荡器转速 150r/min，振荡 18h
结果表示	抑菌值或抑菌率	抑菌率
抗菌效果判定	抑菌值≥1 或抑菌率≥90%，表示试样具有抗菌效果 抑菌值≥2 或抑菌率≥99%，表示试样具有良好抗菌效果	金黄色葡萄球菌及大肠杆菌抑菌率≥70%，或白色念珠菌抑菌率≥60%，表示试样具有抗菌效果

（2）抗病毒性

纺织品的抗病毒功能需求是近些年来才被人们所关注，抗病毒纺织品的开发较抗菌纺织品的开发晚很多年。目前为止，我国还没有纺织品抗病毒性能评价的国家标准。国家标准计划 20204791-T-608《纺织品抗病毒活性的测定》由 TC209（全国纺织品标准化技术委员会）归口，TC209SC1（全国纺织品标准化技术委员会基础标准分会）执行，目前已经完成了标准的起草、征求意见、审查等工作，正在批准程序中。

2014 年 8 月，国际化标准组织（ISO）发布了 ISO 18184《纺织品　纺织产品抗病毒活性的测定》，于 2019 年进行了更新发布。在标准中（见表 6-3）规定了纺织品对特定病毒的抗病毒性能的测试方法，适用范围包括机织物、针织物、纤维和纱线等。该标准中用于测试的病毒主要包括：包膜病毒（流感病毒，人体感染该病毒后可致呼吸道疾病）；非包膜病毒（猫杯状病毒，人体感染该病毒后可导致肠胃疾病）

表 6-3　ISO 18184：2019《纺织品　纺织产品抗病毒活性的测定》

适用范围	机织物、针织物、纤维、纱线等
试样规格	织物：约 20mm×20mm，（0.40±0.05）g； 纤维及纱线：长度约 20mm，（0.40±0.05）g
试验病毒类型	流感病毒（包膜病毒）；猫杯状病毒（非包膜病毒）
培养温度、时间	25℃，培养 2h
结果表示	抗病毒活性值 M_v
抗病毒效果判定	$3.0 > M_v ≥ 2.0$，表示样品具有抗病毒效果；$M_v ≥ 3.0$，表示样品具有全效的抗病毒效果

（3）防霉性

汽车座舱空间的湿热环境适合霉菌的繁殖，汽车内饰纺织品与人体接触较多，更容易产生霉变现象，严重影响车内空气质量及驾乘人员的身体健康与安全。

防霉性能的测试方法主要有培养皿法和悬挂法。防霉性能的测试原理：将试样与对照样分别接种霉菌孢子，并放置在适合霉菌生长的环境条件下培养一定时间后，观察霉菌在试样表面的生长情况，根据试样表面长霉程度来评价纺织品的防霉性能。防霉性能测试常用的菌种主要有黑曲霉、青霉、球毛壳霉、绿色木霉等。

国内外现有的纺织品防霉标准主要有以下几种。GB/T 24346—2009《纺织品　防霉性能的评价》、FZ/T 60030—2009《家用纺织品防霉性能测试方法》、AATCC 30—2017《纺织品材料上抗真菌活性的测定：防霉防腐》、ASTM G21—96（2002）《合成聚合材料防霉（耐真菌）性能测试标准》、BS EN 14119—2003《纺织品测定　微生物作用的评价》、JIS Z 2911：2010《耐霉菌活性测试方法》。表 6-4 所示为 GB/T 24346—2009 防霉等级评价。

常用的主机厂标准有通用汽车标准 GMW 3259—2021《抗霉菌生长性的测定》、标志雪铁龙标准 D47 1217-06—1999《在潮湿环境中的特性 - 抗微生物性》。

汽车内饰纺织品一般要求常态下、氙灯老化处理后及摩擦耐久后的防霉等级要求满足 0 级或 1 级，具有良好的防霉功能。

表 6-4　GB/T 24346—2009 防霉等级的评价

防霉等级	长霉情况
0	在放大镜下无明显长霉
1	霉菌稀少或局部生长，在样品表面的覆盖面积小于 10%
2	霉菌在样品表面的覆盖面积小于 30%（10%～30%）
3	霉菌在样品表面的覆盖面积小于 60%（30%～60%）
4	霉菌在样品表面的覆盖面积达到或超过 60%

6.4.4.4　抗静电性

汽车内饰纺织品多以合成纤维材料为原料，吸湿性相对较差，其在使用过程中受环境影响或者摩擦受力等导致静电的产生和积聚，吸附灰尘，影响人体的舒适性，降低电子元件的灵敏度，此外大量的静电积聚还可能会引发火灾，严重影响行车安全。

汽车内饰纺织品的抗静电性能测试方法主要有：半衰期测定法、摩擦带电电压测定法、摩擦带电电荷量测定法、表面阻抗测定法、静电吸附性测试法、静电衰减时间测定法、行走（模拟步行）测试法、吸灰测试法等。目前，日系品牌主机厂如马自达、丰田、本田和日产等对汽车内饰纺织品有明确的抗静电性能要求并规定了具体的检测方法。常用的测试标准有国标 GB/T 12703《纺织品　静电性能试验方法》系列标准和日本工业标准 JIS L 1094：2008《机织物与针织物静电学性能测试方法》。

6.4.4.5　禁限用物质

为了消费者的身心健康和提高汽车报废后的材料回收再利用效率，欧盟 ELV 2000/53/EC 法令及中国《汽车产品限制使用有害物质和可回收利用率管理办法》中都对汽车在设计生产时禁用有毒有害物质和破坏环境的材料，减少并最终停止使用不能再生利用的材料和不利于汽车环保的材料做了明确要求。对于汽车内饰纺织品来说，法规要求限制使用镉、汞、铅、六价铬、多溴联苯（PBB）、多溴联苯醚（PBDE）等有害物质。具体限值参见表 6-5。

表6-5 在所有部件和材料中禁用组分的限量

序号	项 目	浓度要求 %	序号	项 目	浓度要求 %
1	镉 (Cd)	≤ 0.01	4	六价铬 (Cr VI)	≤ 0.1
2	汞 (Hg)	≤ 0.1	5	PBB 多溴联苯	≤ 0.1
3	铅 (Pb)	≤ 0.1	6	PBDE 多溴联苯醚	≤ 0.1

6.4.5 环境耐久性能

6.4.5.1 耐摩擦色牢度

在使用过程中汽车内饰纺织品与人体及衣物接触摩擦的机会较多，受力摩擦后纺织品的颜色牢度及颜色转移情况非常重要，直接影响座舱空间的美观性和驾乘人员的舒适感。

耐摩擦色牢度是指有色织物经过摩擦后的掉色程度，是考核纺织品着色性能对外界机械摩擦作用的抵抗能力，一般分为干态摩擦和湿态摩擦两种。摩擦色牢度的测试方法就是将规定尺寸的纺织试样用夹紧装置固定在摩擦色牢度试验仪平台，在一定的压力作用下分别与一块干摩擦白棉布和一块湿摩擦白棉布进行摩擦，摩擦次数一般为 10 次，最后对照标准灰色分级卡，评判白棉布的沾色程度，一共分 5 个等级，等级越大，表示摩擦色牢度越好。汽车内饰纺织品的干、湿摩擦色牢度的限值要求一般为 ≥ 4 级。

6.4.5.2 耐汗渍色牢度

耐汗渍色牢度是反映纺织品与碱性或酸性汗液接触后，在一定压力、温度的共同作用下，纺织品自身变色和对贴衬织物的沾色情况。耐汗渍色牢度的检测是将试样与标准贴衬织物缝合在一起，放在酸性、碱性两种汗渍液中分别处理后，去除试液后，夹在耐汗渍色牢度仪的两块平板间，负载一定的压力，然后在烘箱中恒温放置一定时间，再分别干燥试样和贴衬织物，用标准灰色分级卡或仪器评定试样的变色和贴衬织物的沾色。

耐汗渍色牢度常用的测试标准为国标 GB/T 3922—2013《纺织品 色牢度试验 耐汗渍色牢度》、国际标准 ISO 105-E04: 2013《纺织品 色牢度试验 耐汗渍色牢度》。

6.4.5.3 耐光色牢度

汽车内饰纺织品受光线照射的影响，其性能也会发生变化，尤其在现代汽车中大量玻璃的应用，使得光线进入汽车座舱的机会大大增加。

在极端的环境下，车内最高温度可以超过100℃，封闭的空间在温度下降后还会产生一定的湿气，这些光、热、湿条件对内饰材料的性能尤其是色牢度和耐老化性能影响较为严重。因此，耐光色牢度也是汽车内饰纺织品的一个非常重要的评价指标。

目前汽车内饰纺织品的耐光色牢度多采用氙灯老化试验箱进行测试（见图6-21），日系车企偏好于使用碳弧老化试验箱。氙灯老化试验箱以氙灯作为辐照光源，模拟日光照射环境，通过自动控制辐照度、黑板温度/黑标温度、箱体空气温度和箱内相对湿度等参数条件，对试样进行加速老化试验，

图 6-21 Atlas CI4000 氙灯老化试验箱

评价其耐光色牢度。一般是将测试试样与不同牢度级数的蓝色标准羊毛织物一起放在规定条件下（温湿度、辐照度、辐照时间周期）进行氙灯老化测试，试验结束后将试样与蓝色羊毛织物进行对比，评定耐光色牢度，蓝色羊毛标准织物级数越高耐光色牢度性能越好。根据使用部位的不同，内饰纺织品的耐光色牢度性能要求也不相同。通常汽车座椅、立柱、仪表板和遮阳板等光照直射到的部位，对纺织品的耐光色牢度要求最高，顶棚等非直射区域要求相对偏低。

  不同汽车主机厂的汽车内饰纺织品耐光色牢度试验方法也各不相同，主要的差异点在于辐射光的波长、辐照强度、试验时间、温度、喷淋、湿度以及标准羊毛织物等。比较有代表性的标准有：GB/T 32088—2015《汽车非金属部件及材料氙灯加速老化试验方法》、SAE J1885—2008《汽车内饰件氙灯加速老化试验》、PV 1303—2021《非金属材料汽车内饰零件的光热老化试验》以及 GMW 3414—2019《汽车内饰材料人工老化的标准测试方法》等。

图 6-22　气候交变循环老化试验箱

6.4.5.4　气候交变循环老化

  气候交变循环老化试验是利用气候交变循环老化试验箱模拟环境条件（温度、相对湿度）循环变化的情况，对内饰纺织品老化后的外观及性能变化进行评价（见图 6-22）。一般气候交变试验完成后，需要对试样进行外观变化和性能评价，主要测试性能包括断裂强力、断裂伸长率、撕裂强力、阻燃及剥离强力等。外观变化一般要求试验后试样无明显变色、变形、翘曲、龟裂以及光泽变化等。

  不同主机厂采用的气候交变试验条件不同，主要区别在于温度、相对湿度、存放时间、单个周期时间以及循环周期总时间等参数的设定上。此外，各自评判的标准和方法也存在差异。大众汽车标准 PV 1200—2019《车辆零部件　抵御环境循环测试 (+80/-40)℃》中规定，一个循环周期过程：23℃，30%（相对湿度，下同）→ 60min；升温至 80℃，80% → 80℃、80%（保持 240min）→ 120min；降温至 -40℃ → -40℃（保持 240min）→ 60min；升温至 23℃，30%。一个周期时长合计 720min。根据不同产品的需要去选择试验周期数，对于门 / 后侧饰边板总成（ASSY），一般需要进行 8 个周期循环交变试验，总计时长 96h。

6.4.5.5　其他人工加速老化

  除了气候交变循环老化试验外，汽车内饰纺织品的老化性能还包括湿热老化、热老化以及氙灯老化后产品外观及力学性能的变化等。如丰田汽车标准要求对内饰织物产品进行湿热老化处理，温度 80℃，相对湿度 95%，存放时间 400h 后，测试其剥离强力；同时还要求对光老化和热老化（110℃，400h）后的织物进行撕裂强力的测试。大众汽车 VW 50105 座椅织物标准中要求氙灯老化后对织物的断裂强力进行测试。通用汽车 GMW 14231 标准中要求对光老化后的纤维降解性能进行评价。

6.4.6　安全带和安全气囊性能测试

6.4.6.1　安全带性能测试

  安全带是指具有织带、带扣、调节件以及将其固定在车内的附件，用于在车辆骤然减速或撞车时通过限制佩戴者身体的运动以减轻其伤害程度的总成，该总成一般称为安全带总成，它包括吸能或卷收织带的装置。

汽车安全带的试验方法：作为强制性国家标准，GB 14166—2013《机动车乘员用安全带、约束系统、儿童约束系统和 ISOFIX 儿童约束系统》对汽车安全带、约束系统、儿童约束系统和 ISOFIX 儿童约束系统的定义、技术要求和试验方法作了详细规定要求，其中织带的抗拉载荷试验是安全带性能的重要测试项目。

国家强制标准中规定了安全带织带在温湿态处理、光照处理、低温处理、高温处理、浸水试验以及磨损处理后的 6 种不同状态下的断裂强力、断裂伸长及宽度变化等要求（见表 6-6）。

表 6-6 汽车安全带织带不同状态的处理条件

序号	处理状态	具体处理条件
1	温湿态处理	织带应在温度为 20℃ ±5℃、相对湿度为 65% ±5% 的环境中至少保存 24h
2	光照处理	应采用 GB/T 8427—2019 推荐的设备；织带暴露在光照之下，其时间相对应于使蓝色羊毛标准 7 级褪色到灰色样卡 4 级所用的时间；光照处理后，织带应在温度为 20℃ ±5℃、相对湿度为 65% ±5% 的环境中至少保存 24h
3	低温处理	织带应在温度为 -30℃ ±5℃ 的低温箱内的平面上至少存放 1.5h，然后，将织带对折，并在对折处压上预先冷却到 -30℃ ±5℃ 的 2kg 重块，在同一低温箱内放置 30min，除去重块，断裂载荷应在织带从低温箱中取出后 5min 内测量
4	高温处理	织带应在温度为 60℃ ±5℃、相对湿度为 65% ±5% 的加热箱中保存 3h；断裂载荷应在织带从加热室中取出后 5min 内测量
5	浸水试验	织带应完全浸泡在温度为 20℃ ±5℃ 且已加入少量湿润剂的蒸馏水中保存 3h，可采用任何适用于被试织带纤维的湿润剂；断裂载荷应在织带从水中取出后 10min 内测量
6	磨损处理	所有同刚性件接触的织带均应进行磨损处理，样品应在温度为 20℃ ±5℃、相对湿度为 65% ±5% 的环境中至少保存 24h，在进行磨损处理时，实验室温度应在 15 ～ 30℃ 之间

标准中要求：①在进行规定的抗拉载荷试验过程中测量，在 9800N 载荷下，织带的宽度不得小于 46mm；②两条经温湿态处理后的织带其抗拉载荷不得小于 14700N，两件样品拉断载荷值的差别不得超过所测得的抗拉载荷较大值的 10%；③进行特殊处理的两条织带样品，其拉断载荷不得小于按标准温湿态试验中测得的载荷平均值的 75%，且不得小于 14700N。

6.4.6.2 安全气囊性能测试

汽车安全气囊织物多为机织织物，根据实际需求有涂层和非涂层两种，安全气囊织物的原料主要是聚酰胺 6、聚酰胺 66、聚酯及聚丙烯等纤维。作为被动安全部件的重要材料，汽车安全气囊织物的性能有着严格的要求。

气囊织物材料的主要技术要求是：①强度高，能够承受高压充气、高速或者高温气流的冲击，以及发生撞击时人体与气囊的巨大冲击力；②密度小，可以降低充气时使气囊膨胀所需的能量，降低撞击时气囊对人的冲击；③摩擦系数小，降低气囊展开式的摩擦阻力，减轻人体与气囊摩擦受力；④弹性好、伸长率高、初始模量低，便于气囊收缩和展开；⑤熔点高，防止气囊爆破时温度升高造成气囊织物的烧穿破损；⑥气密性好，精确控制透气率，避免因透气率太小导致袋中的气体不能及时释放；⑦化学稳定性、热稳定性高，保证长期储存不变形、不退化，保持良好的使用性能。

安全气囊织物常用的透气性测试标准主要有 ASTM D737—2018《纺织品透气性测试方

法》、ISO 9237：1995《纺织品织物透气性的测定》、GB/T 5453—1997《纺织品织物透气性的测定》和 JIS L1096：1999《纺织品透气性测试方法》。其中，GB/T 5453—1997 等效于 ISO 9237：1995。

断裂强力的常用标准有 ISO 13934-1：2013《纺织品　织物的拉伸性能　第 1 部分：条样法》、GB/T 3923.1—2013《织物拉伸性能　第 1 部分：断裂强力和断裂伸长率的测定（条样法）》和 ASTM D5035—2006《纺织品　断裂强力及伸长率测试——条样法》。

阻燃性能测试标准主要为 GB 8410—2006《汽车内饰材料的燃烧特性》和 GB/T 5455—2014《纺织品　燃烧性能　垂直方向损毁长度、阴燃和续燃时间的测定》。

表 6-7 所示为汽车安全气囊织物的常用技术指标。

表 6-7　安全气囊织物的常用技术指标

序号	测试项目	限值要求
1	克重 / (g/m^2)	≤ 260
2	织物厚度 /mm	< 0.4
3	撕裂强力 /N	经向 > 110，纬向 > 110
4	透气率（织物两面压差 500Pa）/ [L/ ($dm^2 \cdot min$)]	朝司机一面的安全气囊织物透气率 < 5　朝方向盘一侧的安全气囊织物透气率 < 10　乘客用安全气囊织物的透气率为 10 ～ 15
5	断裂强力 /N	经向 > 2500，纬向 > 2500
6	断裂伸长率 /%	经向 > 22，纬向 > 22
7	抗热能力	耐 100℃高温，难燃
8	抗冷能力	-30℃，可折叠可弯曲
9	抗老化能力	在 100℃环境温度和最大压力下存放 7 天，在 45℃和 92% 相对湿度下存放 5 天，不得有任何变化
10	抗弯折强度	10 万次弯曲

第 **7** 章

汽车内饰纺织品的设计开发流程

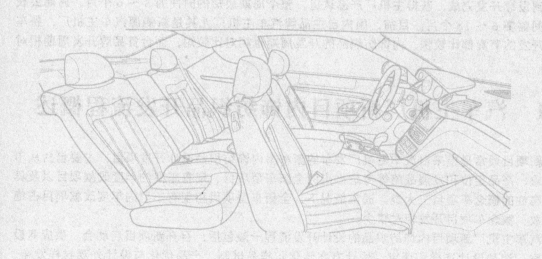

7.1 汽车主机厂新项目内饰纺织
　　品开发流程概述
7.2 汽车内饰纺织品的设计开发
　　步骤

随着社会的进步和人们生活水平的提高，汽车越来越多地走进了千家万户。与此同时，人们对汽车的需求已经不仅仅停留在"代步工具"层面，在美学、舒适性、安全性等方面的需求也在不断提升。高雅舒适、时尚美观、绿色环保、安全的内饰空间已成为人们对汽车产品更高的品质要求。

　　汽车内饰纺织品作为汽车内饰设计的颜值担当和硬核科技的重要体现，越来越受到汽车 OEM（original equipment manufacturer）主机厂的重视。目前，各大汽车主机厂无论是外资品牌、合资品牌还是中国自主品牌，经过多年的发展，基本都已经组建了专门的色彩面料设计开发团队，建立起了一套完善高效的汽车内饰纺织品设计开发体系与工作流程，进行新车型项目内饰纺织品的设计开发、量产转化以及前瞻设计研究等。

　　汽车内饰纺织品是集科技与艺术完美融合于一身的高新技术产品，其设计开发是以纺织、高分子材料相关技术为基础，以艺术设计为手段，同时要满足汽车工业技术标准要求的多学科、多领域交叉融合的一项工作。

　　汽车内饰纺织品的设计研发既要满足近乎苛刻的技术标准要求，如耐磨、耐老化、阻燃等指标，确保消费者使用过程中的安全与舒适；同时，作为车用重要装饰材料其产品设计开发还必须满足整车的设计思想需要，符合内饰空间设计理念、色彩纹理搭配以及目标消费者个性化的需求等。

　　汽车内饰纺织品的设计开发工作是一项比较复杂的工程，工作量较大、耗时也比较长，不同汽车主机厂的设计开发流程、开发周期有所不同，一般情况下，汽车内饰纺织品从项目启动到设计开发完成，获得主机厂产品认可，整个周期最短的时间为 3～6 个月，周期最长的时间需要 6～18 个月。目前，国内自主品牌汽车主机厂尤其是新能源汽车主机厂，整车设计开发的节奏都比较快，内饰纺织品的开发周期也相对比较短，而合资品牌开发周期相对较长。

7.1　汽车主机厂新项目内饰纺织品开发流程概述

　　新项目通常是指来自汽车主机厂发布的新车型内饰纺织品设计开发项目，主要包括从市场需求、产品定位和发展战略等考虑推出的全新车型项目、现有车型的年度改款项目以及具有前瞻性的概念车项目三大类。通常情况下，全新车型项目和现有车型的年度改款项目占绝大多数，概念车项目开发相对较少。

　　汽车主机厂新项目内饰纺织品的设计开发流程一般包括：召开新项目启动会、供应商设计提案、造型设计选样和评审、设计方案转化和样品试制、产品优化与设计外观封样发布、供应商竞价和定点、产品性能认可和工程标准封样发布、零部件级试验验证、量产交接及持续优化等多个工作阶段，如图 7-1 所示。

　　新项目内饰纺织品设计开发工作一般是由主机厂的采购部门或者造型设计部门负责牵头工作，根据年度整车的开发计划，组织质保部、内外饰工程部、市场部等相关部门以及采购体系内的合格供应商，参加新项目内饰纺织品的设计开发启动会。主机厂造型设计部门负责汽车内饰纺织品设计概念和提案意向的发布、设计选样、设计评审和设计认可等工作；内外饰部门或质保实验室负责产品性能的认可以及工程标准封样的发布工作；采购部门负责供应商询价、比价以及采购定点等工作；一级供应商如座椅厂、门板厂等负责模型包覆、零部件试制开发以及零件级别性能测试验证等工作；汽车内饰纺织品供应商则负责按照客户要求进行内饰纺织品的设计与开发。在项目开发过程中，内饰纺织品企业供应商的设计、技术、项目、商务及质量等关键部门，与主机厂及一级供应商（Tier 1）的各相关部门进行密切的工作沟通、联系和对接（见图7-2）。

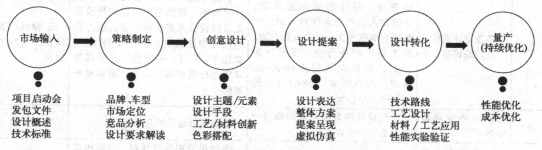

图 7-1　汽车内饰纺织品设计开发流程

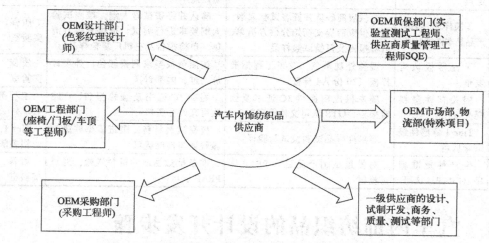

图 7-2　汽车内饰纺织品设计开发工作对接关系图

不同主机厂相关部门的设置、人员的配置、职能划分等各不相同，供应商在内饰纺织品的设计开发过程中需要根据主机厂要求的开发流程和接口推进内饰纺织品的设计开发工作。但总的来讲，各大汽车主机厂其内饰纺织品的设计开发流程和步骤基本是一致的，只是在个别流程、时间节点安排、设计开发要求或者对应的接口部门等方面存在一些细微的差异。表 7-1 所示为主机厂新车型项目内饰纺织品的设计开发基本程序和工作内容，涉及主机厂及Tier 1 的相关部门。

表 7-1　汽车内饰纺织品的设计开发基本程序与工作内容

序号	程序	主要工作输入（主机厂）	主要工作输出（供应商）	配合部门或单位
1	项目启动会（一般由采购部主导）	①主机厂设计部门发布项目启动（kick off）文件（设计主题、配置等）；②采购、工程及质保部门发放要求规范（SOR）文件包（采购目标价、工程及质保技术标准、项目进度计划、市场容量等）	①根据客户文件召开产品设计开发启动会；②现有样品库选样，新产品方案的设计开发	造型、工程、市场等部门及质保、材料实验室

序号	程序	主要工作输入（主机厂）	主要工作输出（供应商）	配合部门或单位
2	造型设计选样及阶段评审	①供应商送样（A4 样件）的初评审、设计意见沟通反馈；②确定入选的色彩纹理方案，一般每个供应商 2～3 个入选方案；③工程可行性分析，技术评审（TR）；④油泥模型及 mini seat 评审；⑤终评审（DRC）（一般为 2～3 个方案）	①提交设计提案、样品和相关设计效果图，根据客户反馈的修改意见进行设计方案优化；②入选方案的关键物性摸底；③准备 TR 资料参加 TR 汇报；④提供零部件模型评审用样品材料；⑤设计方案财务核价	工程部门及质保、材料实验室
3	设计外观样板发布	造型设计部发布外观样板（一般为 2～3 个方案）	制作提供设计外观样板	造型部门
4	竞价及供应商定点	供应商报价与竞价	参加报价和竞价谈判，争取供应商定点	采购部门
5	工装样件（OTS）产品基本性能认可	与供应商确认并签署试验大纲；要求供应商提交初始分供方清单、自检报告及复检试验样品	确认并签署试验大纲，按照试验大纲要求进行测试；提供分供方清单、自检报告及主机厂复检样品	质保、材料实验室
6	工程样板认可发布	调整外观颜色，发布工程标准样板（20 份 A4 样板）	按照色板要求调整颜色，外观评价通过；内部封样	质保、材料实验室
7	相关文件资料提交	要求供应商提供 3C 证书及强检报告、OTS 认可文件等资料	提交 3C 证书及强检报告、OTS 认可文件等资料	工程部门及 Tier 1
8	Tier 1 零部件级试验认可	零部件样品试制及试验验证	提交试制材料，跟进零部件级试验验证与性能认可	Tier 1 相关部门
9	生产件批准程序（PPAP）认可	对批量试制产品进行 PPAP 认可测试	准备批量生产的材料送检，通过 PPAP 认可	质保、材料实验室

7.2　汽车内饰纺织品的设计开发步骤

7.2.1　设计输入及 kick off 文件解读

汽车内饰纺织品的设计开发工作是基于客户的设计需求信息的输入进行展开的。通常情况下，主机厂通过召开新项目启动会（kick off meeting）的方式发布设计需求，同时以 kick off 文件（PPT 文件或者 PDF 文件）的形式将设计开发需求输入给内饰纺织品供应商。新项目启动会的召集一般由采购部门组织，参加对象一般有：内外饰部、品牌市场部、质保部、材料或者质保实验室等主机厂相关职能部门人员，以及内饰材料供应商的商务、项目与设计开发相关人员等。供应商根据项目启动会和 kick off 发包文件输入的需求信息开展后续的产品设计开发工作。因此，全面了解、准确把握主机厂新项目的设计需求是新车型内饰纺织品设计开发的关键所在，而 kick off 文件的精准解读则是设计开发的首要工作。

7.2.1.1　kick off 文件

新项目的 kick off 文件基本概括了主机厂新车型内饰纺织品设计开发的总体要求，主要内容包括以下几项。

①项目概要：项目名称、车型信息、产品定位、生产地、市场容量、竞品车型（内饰

纺织品）等。

② 造型要求及设计指示：用户画像、设计概念、设计主题、意象图、关键词、内饰颜色与纹理、工艺要求等。

③ 产品开发信息：拟开发材料类型、零部件造型及分区配置图、各区域的材料应用与搭配、裁片尺寸、复合规格等。

④ 物性要求：产品技术标准、关键特性说明、试验认证计划、物性摸底测试要求等。

⑤ 项目总体开发日程：里程碑时间节点、提案送样时间、色彩方案评审、色彩模型评审、造型冻结、设计签样、OTS 认可时间、标准操作程序（SOP）时间等。

⑥ 报价要求：采购目标价格、单车用量、生命周期总采购量、报价基础条件等。

⑦ 开发过程中提交物要求：各阶段提交样品的形式、数量以及相关技术文件等。

⑧ 项目开发窗口联系信息：主机厂各部门对接联系人及 Tier 1 相关信息。

7.2.1.2　项目背景调查分析

在进入正式的设计开发前，一般需要对新项目的设计开发背景进行充分的调查和分析，以便更好地开展设计开发工作。

项目背景的调查分析内容主要是包括品牌文化理念、产品定位、车型目标消费群体、用户画像及需求特点、设计与技术创新及未来发展趋势等。这些背景信息关系到设计开发出的产品能否充分体现品牌的文化理念，是否满足目标消费者群体的审美价值和消费需求，是否代表了设计的前瞻性和技术的创新性，更关系到未来产品推向市场后的消费接受度、销量以及客户满意度等。只有清楚地做好项目背景信息的了解，才能够准确把握项目开发的方向，使得设计开发的最终产品既能够满足消费者的实际需求，又能够符合品牌发展理念和主机厂的企业发展战略。

项目背景的调查分析主要通过相关人员交流、用户访谈、主机厂官方发布的产品和市场战略信息研究、行业内针对此项目的介绍资料分析等多种形式进行。

7.2.1.3　竞品车型内饰纺织品分析

福特公司在 20 世纪 80 年代提出了基于 Benchmarking 数据库进行新车型产品研发，并提出相应的技术指标要求，能有效应用于车型设计及开发，已经成为汽车行业的通用做法，获得了良好的市场反应。竞品车型内饰纺织品的分析有助于提高产品市场竞争力、有效控制整车研发成本、缩短开发周期、提升产品开发管理水平。整车开发过程中，竞品车型内饰纺织品分析主要包括：市场分析、结构分析、质量分析和性能分析等。市场分析方面重点涉及竞争对手、消费需求偏好、目标市场研究、产品战略发展等方面的内容；结构分析主要关注整车内饰纺织品的结构设计和布置；质量分析重点关注质量控制和质量保证；性能分析重点关注整车相关内饰纺织品的动静态技术性能指标等。

竞品车型内饰纺织品分析的主要步骤有：了解行业信息、明确分析的目标、选定合适的竞品、竞品的对比分析和复盘总结等。

① 了解行业信息：收集行业中的竞品信息，了解行业背景、发展现状、行业动态、焦点事件以及消费市场需求、产品定位、市场反应、未来趋势等信息。

② 明确分析的目标：这是竞品分析前最为关键的一个环节，分析目标的确立直接关系后续竞品选择、分析思路和最终结论的输出。明确分析的目标就是明确自己想要通过竞品分析获得什么，如资讯、知识、行动方案等。分析目标一般选择处在开拓期、成长期和成熟期

的产品进行分析。处于产品生命周期末端的产品一般不作为竟品分析的对象。

③ 选定合适的竞品：在充分了解行业信息和明确分析目标的基础上，通过"二八原则"选定合适的竞品，在核心竞品中选择头部的 1 ～ 2 个，在重要竞品和其他竞品中选择较为优秀的 1 ～ 2 个，尽可能缩小竞品范围进行有针对性的分析。

④ 竞品的对比分析：它是对原始信息进行整理、归纳、推理，使信息转化为有价值结论的过程。一般围绕产品、功能、价格、用户体验和服务等方面进行，竞品分析的目标不同，对比的侧重点也不同。

⑤ 复盘总结：对整个竞品分析工作进行复盘、梳理和总结，得出概括性的、多维度的、全面的竞品分析结论。

竞品车型内饰纺织品分析也是汽车内饰纺织品设计开发中必不可少的重要环节。通过竞品分析工作，可以清楚地了解市场端和顾客端对内饰纺织品的消费新需求，可以对目前市场中主要竞争车型的内饰纺织品设计和应用特征（如造型风格、设计语言、材质应用、色彩搭配、工艺应用、车型配置以及成本结构等信息）等进行更系统的分析和把握，可以借鉴头部竞品车型产品内饰纺织品设计中好的经验和方法，同时可以更好地了解到其他内饰纺织品供应商产品的竞争优势和市场表现。

竞品车型内饰纺织品信息的收集可以通过新车发布会、4S 店现场和城市展厅走访调查、官方网站信息收集以及消费者使用评价调查分析等多种方式进行。汽车内饰纺织品设计开发过程中的竞品车型内饰纺织品的选定主要是根据主机厂新项目启动会议输入市场定位和竞争信息进行的，在客户没有明确的竞标车型内饰纺织品信息输入时，则需要内饰纺织品供应商根据自身能力、经验以及对市场的精准分析和把握而自行选取确定。

竞品车型内饰纺织品分析工作的重点内容包括：品牌理念、市场定位、销售价位、目标产品（座椅、门板、仪表板、顶棚或立柱等区域的内饰纺织品）、产品要素（颜色、花型纹理、材质、工艺以及搭配等）以及用户体验（视觉、触觉、嗅觉、听觉等多重感官）、价格成本等。

图 7-3 所示为竞品车型的汽车座椅织物面料信息收集分析。

7.2.1.4 成本评估

成本评估是新项目开发可行性评审中的必需环节。产品设计的科学性和合理性在很大程度上决定了产品的生产技术、质量水平和成本消耗。产品的设计成本估算主要有比例法和综合估算法两种。比例法是根据产品的成本构成比例，分别确定各项成本的估算方法，主要构成包括材料成本、人工费用和制造费用三个部分。比例法多适用于有同类产品设计成本资料的产品设计成本估算。综合估算法是根据新产品设计方案所产生的成本，直接地概算出该种产品成本的方法。综合估算法一般适用于全新产品的设计成本估算。部分复杂产品或者成本风险较大的产品，可以通过财务部门进行更为详细的产品成本核算。

汽车内饰纺织品设计开发过程中的成本评估，通常是根据客户输入的设计开发需求、技术标准和目标价格，对目标产品的原材料成本、制造成本以及特殊工艺加工、工装模具、包装运输、产品测试等的成本费用进行综合评估，识别出产品开发过程中成本管控的关键环节，制定相应的成本管控初步策略，涵盖设计端、采购端和制造端等。

产品的成本构成始于设计初期的方案策划，一般来说，前期设计开发决定了产品后期生产中 70% 以上的成本。因此，提高设计端的成本意识和管控有效性尤为重要，产品成本的管控工作必须前移到设计环节，让产品在设计方案阶段就能做到最经济和更高的性价比。

车型		福克斯 2021款猎装版	大众 POLO2023款科技版	雪铁龙 C3-XR-2021款致尚版	日产 骐达2020款酷动版
价位		12.5万～15.3万	8万～11.5万	8.9万～11.5万	8万～13万
材料 与工 艺	座椅 主料	机织多臂/压花贴膜 皮革	机织多臂/高频焊接 皮革	机织多臂/绗缝 皮革	经编/压花 经编
	座椅 辅料				
花型		字母和定位窄条的 结合,彩色贴膜,简 洁时尚	均匀的条状排列,穿 插着不同的彩条,富 有凹凸效果	简约大气的曲线排列	利用不同大小的几何排 列出渐变的整体趋势
色调		黑色为主,彩色条 状点缀,偏冷色调	整体深灰色和白色拼 接,灰色调偏冷	深灰色混纺搭配哑光 PVC,以彩色线条做点缀	利用压花的工艺,将面 料形成哑光和亮光的对 比效果
特点		冷蓝调的深灰混纺, 搭配浅蓝色的条状 PVC,设计感强	大面积的高明度撞色, 强调座椅分区,时尚 个性	简约浪漫,低对比度的 深灰混纺,手感细腻平 滑,外观富有光泽感	细腻舒适,搭配渐变感 的压花,细节丰富,立 体感效果明显

图 7-3 竞品车型的汽车座椅织物面料信息收集分析

  汽车内饰纺织品设计端的成本考量主要是将概念设计和产品提案中涉及的纹理、颜色、材质和特殊工艺应用等纳入重点策划范围,对目标设计产品进行初步的成本核算。采购端需要对关键原材料、工装模具以及特殊材料的采购成本进行管控。制造端要对制造过程的成本构成进行提前策划并落实管控措施。通过设计、采购以及制造过程的综合成本管控,可以确保目标产品的成本构成在激烈的竞争形势下具有较好的竞争力,在满足顾客价格要求的同时又符合企业自身的发展利益。

7.2.1.5 设计策略制定

设计策略是产品设计开发的依据和工作开展的方向，是达成设计目标的有效抓手和切入方式，是设计目标落地的第一步。设计策略的侧重点在于如何着手，从多维度和多方面去系统思考并制定产品设计实施路径。

汽车内饰纺织品的设计策略制定的前提和根本遵循是主机厂客户的产品需求，制定新项目产品设计策略的基础则是产品的本征属性。汽车内饰纺织品的本征属性包括了其外观颜色、组织结构、花型纹理、制造工艺、创新技术及理化性能等。一般情况下，新项目产品的设计策略主要内容包括：目标消费群体画像、目标产品总体设计思路（理念、主题、关键词）、具象化的 CMF 设计触点和工艺路径展开、情景化设计呈现指南等。

制定产品的设计策略首先要对目标消费群体进行准确画像，再结合车型品牌理念、市场定位等确定产品设计的总体思路，萃取出设计概念、主题、关键词，并围绕色彩、材质、纹理、工艺以及搭配等多个维度的设计要素进行深入展开，形成设计作业指导文件如 image board 意象板等（见图 7-4），指导后续的产品设计创意和提案工作。

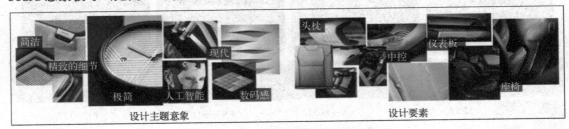

图 7-4　内饰表皮材料设计主题意象板

7.2.2　产品创意设计与设计提案

7.2.2.1　产品创意设计

结合目标车型内饰纺织品设计策略中确定的设计主题、设计意向和关键词等，进行内饰纺织品的创意概念设计，工作内容包括：设计要素识别与分析、设计元素提取、图案纹理设计、色彩搭配、材料选择和工艺应用等。创意设计的输出文件为黑白图稿、设计效果渲染图以及设计方案说明等。创意设计阶段一般也需要进行多次设计评审，对创意方案与设计主题的契合度、工艺及成本可行性等进行综合评价，筛选出满足新项目设计要求的方案进入下一阶段的主机厂提案准备。

7.2.2.2　产品设计提案

产品设计提案是内饰纺织品设计开发过程中非常重要的步骤，它是对前期概念和创意设计的呈现，也是产品设计策略在产品层面的展开，更是与主机厂设计师进行交流沟通并确认设计概念或设计意象理解转化的符合程度的过程。产品的设计提案工作需要严格按照主机厂新项目开发计划中的时间节点进行推进。

一般汽车内饰纺织品的设计提案内容主要包括：①目标车型内饰纺织品的 CMF 设计策略分析，主题、意向和关键词的设计表达与解读；②具体的产品设计方案，如设计故事及设计方案说明；③零部件包覆及情景化空间环境渲染效果展示，即根据目标零部件造型或者空间环境进行色彩、纹理、材质和工艺的整体搭配，可以通过静态或者动态的方式进行展现；

④部分风格实物样品、新技术工艺产品或者纱线原料、皮纹等（见图7-5）。

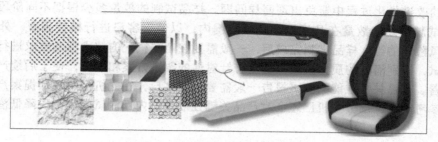

图 7-5　内饰表皮材料设计提案

产品设计提案的呈现方式主要有PPT、视频文件以及实物状态的提案展板等。数字化虚拟仿真是产品设计提案工作的重要环节，它是产品情景化设计的重要平台和载体，主要工作包括零部件数字模型的构建、不同材质库的搭建、设计方案的渲染与展示等。

通过多次的产品设计提案和交流，建立起与主机厂设计师的双向沟通机制，展示推介设计方案的同时听取主机厂客户的改进意见，进行设计提案的不断优化，最终实现设计需求和解决方案的完美契合。

7.2.3　设计转化、样品试制与评审

经过前期的设计提案与交流，通过主机厂客户确认的设计方案即可进入设计转化、样品试制与评审阶段。一般情况下，主机厂设计师会发放内饰纺织品试制开发的标准色板或者颜色参考样品如真皮、合成革或其他材料样块，用于指导试制产品的颜色方向。

通过设计方案的工程可行性评估、开发工艺设计、技术路线制定、原材料的选择和准备、工装模具的设计开发、特殊工艺的应用和产品的试验验证等，完成设计方案从概念化、数字化到实物样品的转化。在转化过程中，颜色开发和产品性能试验验证是两个比较重要的环节。

7.2.3.1　设计转化

设计方案的转化需要根据具体的产品或者材料类别进行工艺文件的制作。内饰纺织品的试制工艺文件主要包括：设计方案的试制开发指导书、基础材料工艺文件及特殊加工工艺文件三部分。其中，设计方案的试制开发指导书概述了产品的基础材料构成、特殊工艺应用以及重点关注的细节等；基础材料工艺指的是织物、合成革或者超纤仿麂皮类纺织品的制造成型工艺，如纤维材料开发、整经织造、染色整理、涂层、表处、压纹以及复合加工等工艺；特殊加工工艺指的是压花、印花、绣花、绗缝、镭雕等表面处理工艺。通常来说，设计方案的试制开发指导书和特殊加工工艺文件的编制由产品设计师来完成，基础材料工艺文件则是由产品工程师来编制完成。

7.2.3.2　样品试制

样品在正式试制前需要进行相关的准备工作，主要包括纱线原料的开发及采购、织造机台的准备、工装模具的开发以及特殊工艺资源的确认等。完成相关准备工作后即可按照下发的工艺文件进行产品的试制开发工作。试制过程的工艺参数及变更点等需如实记录在产品试制履历卡中，确保试制工艺条件的可追溯性。

通常设计师和产品工程师需要跟进试制过程，了解试制中出现的问题，及时予以解决或在后续的改进优化过程中避免出现同样问题。样品试制的数量多少根据不同阶段的需求而定，一般试制初期的数量在几米到十几米范围内，以便于客户进行模板包覆、外观评审或关键性能风险评估等。样品试制完成后，一般需要按照主机厂的技术标准要求进行关键性能的摸底测试，识别潜在的质量风险，制定有针对性的改进方案和措施，便于后续产品性能的优化和改善。产品关键性能的测试报告一般需要提交客户，在主机厂对设计提案产品进行评审时作为参考使用，部分主机厂还会对产品关键性能进行内部测试验证，以降低潜在质量风险。

7.2.3.3　样品评审

样品试制完成后，一般由负责项目开发的设计师组织项目小组评审会进行样品评审。评审的主要内容主要包括：产品工艺、设计风格、颜色纹理、组织结构特性，以及品质、手感等方面的相符性，其中外观颜色、设计风格及产品的品质感是评审的重点。在向主机厂设计师进行送样提案前，内部的评审至关重要，目的就是筛选出符合客户设计需求的样品。

样品评审一般要求在标准的环境条件下，对不同光源下的产品外观风格和颜色进行目视评判，部分产品可以使用测色仪器对颜色符合性进行判断。多数情况下采用目视和仪器测色相结合的方式对产品颜色进行综合评价。

内部设计评审筛选出的样品，即可按照客户要求的尺寸、规格和形式进行样品提交。主机厂设计师会对所有供应商提案的样品组织进行不同阶段的设计评审，并将评审意见和结果反馈给供应商，便于产品后续的设计优化与调整。在新项目开发过程中，设计初审阶段一般每家供应商的提案产品会确定2～3个方案入选，之后进行工程可行性技术评审（technical review，TR）、包覆模型评审等，最后进入终评审（design rule check，DRC），评选出并冻结的设计方案一般为2～3个，进入最后的设计定点阶段。

7.2.4　产品优化、性能验证与认可

7.2.4.1　设计优化及外观认可

根据客户评审的反馈意见，供应商对样品的颜色、纹理、工艺等做优化调整，并进行新一轮的试制开发、内部评审、样品提交及主机厂客户评审等，最终获得设计方案的外观认可。外观认可重点锁定了产品的颜色、纹理、风格及手感等外观质量状态。主机厂造型设计部门会材料供应商及工程、质保等相关部门发放签字认可的标准外观封样。后续所有的优化改进都要基于不改变外观风格状态的前提下进行，若发生显著的变更，则需要再次提交造型设计部门进行重新认可程序。

7.2.4.2　产品性能验证

经过采购竞价成功获得定点后，则进入了产品的性能验证阶段。性能验证的工作主要包括两个方面：材料级别的验证和零部件级别的验证。一般需要根据主机厂输入的技术标准编制并签署产品试验大纲，并准备相应的样品进行全性能验证试验。

一般材料级别的产品全检试验需要在有主机厂认可资质的实验室内进行，供应商自有实验室如已获得主机厂认可，也可以在内部实验室内完成。部分特殊试验项目，如阻燃性能强制性检验、VOC、禁限用物质及主机厂特定要求的测试项目，则需要委托到主机厂认可的

第三方实验室进行相关性能测试。测试完成后，提交全部试验的测试报告至主机厂工程、质保、材料等部门。

零部件级别的性能验证主要是验证内饰纺织品材料在包覆零部件后的整体性能表现。零部件级别的验证一般由一级供应商如座椅厂、顶棚厂等来完成，测试的项目根据主机厂零部件试验大纲进行。内饰材料供应商需要跟进零部件试验的进程，关注试验进度和试验结果，如发现不符合项目，需要配合一级供应商进行失效原因分析，并开展有针对性的材料级别的优化和改进工作。

7.2.4.3 产品工艺优化及工程认可

产品性能验证工作完成后，需要对产品暴露出的质量风险或者不符合项问题进行原因分析，制定详细的改善对策并实施改善计划。产品优化的前提要保证外观风格满足设计封样的要求。改善后的产品需要再次进行全性能验证，确保满足主机厂技术标准要求及零部件级别试验验证的有效性、可靠性。

拥有内饰纺织品性能检测能力的主机厂，通常要求材料供应商提交性能合格的材料进行全性能复测，并出具相应的材料性能认可报告，完成工程认可工作。工程认可完成后通常需要制作工程标准样板，用于量产过程的产品检验和质量控制。一般由内饰材料供应商按照主机厂标准要求制作一定数量的工程标准样板，由质保实验室或材料认可部门签发至造型设计部门、内外饰部门、材料供应商以及零部件供应商等相关部门和单位。

7.2.5 转入量产

7.2.5.1 量产工艺文件发放

正式量产前，主机厂相关部门会对内饰材料供应商进行 PPAP（production part approval process）认可，用于 PPAP 认可的产品必须取自有效的生产过程，采用与生产环境同样的工装、量具、过程、材料和操作工进行生产。完成 PPAP 认可后，产品的设计图纸、工艺文件及过程控制计划等进入锁定状态。产品工程师编制量产工艺文件，经审核批准后受控发布至设计、技术开发以及生产制造等各相关部门。

7.2.5.2 量产交接

正式量产前，产品设计和开发部门将召集采购、生产、技术、物流、质量等相关部门进行新项目产品的量产交接会议。交接会议的内容主要涉及产品设计开发的履历、顾客的特殊关注点、项目开发过程中的过往经验、设计及工程更改情况、潜在质量风险管控点识别、产品关键性能等。量产交接后，产品正式由设计开发阶段转入批量生产阶段。通常情况下，负责此产品的设计师和工程师会跟踪量产产品前 3 ～ 5 个批次的生产交付和产品品质情况，确保转产过程的顺利进行。

7.2.5.3 量产产品的持续优化

进入量产过程，通常直接向零部件一级供应商会提出产品优化的需求。这些需求主要是配合零部件批量生产过程而进行的。优化的前提是保证不改变产品外观色彩纹理和不造成产品内在基本性能恶化。优化的需求点包括产品的幅宽、延伸率、接缝性能、卷长及包装形式等方面。这些优化改进点与生产效率、材料利用率、成本等密切相关。

第 8 章

汽车内饰纺织品的 CMF 设计

8.1 CMF 设计概述

8.2 CMF 设计团队搭建

8.3 汽车内饰纺织品 CMF 设计的
主要内容

8.4 汽车内饰纺织品 CMF 设计
中的数字化设计技术

8.5 汽车内饰纺织品 CMF 设计
常用工具

汽车内饰纺织品的 CMF（色彩、材料和加工工艺）设计是利用产品的色彩、材料（材质、纹理图案）以及加工工艺等属性配置，赋予产品丰富多样的设计风格、多重感官的美学体验及硬核科技的内在功能，并通过产品设计传递给消费者人性化的情感价值，实现产品形象与情感归属的完美结合。

8.1　CMF 设计概述

8.1.1　CMF 设计的发展历程

从现有的研究资料来看，尚无法确认首次提出 CMF 概念的人物和国家。CMF 设计的发展历程是个逐渐拓展、延伸和完善的过程（见图 8-1）。包豪斯时期（1919—1933）伊顿在教学中涉及材质与设计的类似内容，二战后英国艺术设计预科教程"F course"中也有相关内容。

图 8-1　CMF 设计的发展历程

到 20 世纪 60 年代，时尚界开始关注流行色对产品设计的影响，1963 年国际流行色委员会成立，流行色的影响力不断扩大，在各行业产品设计中的作用越来越受到重视。20 世纪 80 年代后，随着电子产品制造业的快速发展，产品设计在家用电器、汽车及消费电子类产品领域的作用发挥逐渐凸显，色彩、材料和工艺等成为产品的重要流行元素。汽车行业和电器行业是比较早对色彩、材料和工艺的市场表现进行关注和研究的。20 世纪末，以荷兰飞利浦、美国摩托罗拉和韩国三星为代表的企业开始建立了色彩和材料两个维度的 CM 设计团队。2000 年，CMF 的概念开始在三星、索尼等亚洲巨头企业中正式提出。

随着全球制造中心的转移，中国开始成为全球制造工厂，自 2004 年开始，CMF 概念也被引入中国，海尔、联想等企业率先组建了 CMF 部门，设置 CMF 设计师岗位。2005 年杨明洁先生创建了 YANG DESIGN CMF 创新实验室，研究 CMF 设计理论及未来 CMF 流行趋势，推动 CMF 设计方案的落地应用等。随着 CMF 设计的发展，企业对 CMF 设计人才的需求也推动了 CMF 教育的发展。2008 年，北京服装学院率先开设了 CMF 设计课程。2016年，中国 CMF 设计军团成立，搭建了 CMF 设计知识传播和 CMF 设计资源的共享平台。2017 年军团创办了首届国际 CMF 大会，并创立了全球首个专注于 CMF 的专门奖项"CMF DESIGN AWARD"。2019 年 CMF 设计军团又提出了 CMFPES（色彩、材料、加工工艺，图纹、感官与情感）理论模型，构建了从工学到美学再到心理学三个层级的 CMF 设计体系。目前，CMF 设计已经在汽车、家电、消费电子产品、涂料、建材、家居等诸多行业中快速发展、落地生根，在推动产品创新设计和品质提升中发挥着越来越重要的影响力。CMF 作为一门不断发展与更新的综合学科，目前其概念范围也不断扩展，从 CMF 到 CMFP 再到 CMFPS，为了便于研究和应用，行业内基本统一采用 CMF 的表述。

8.1.2　CMF 基本术语与概念解读

CMF 是英文单词 color（色彩）、material（材料）、finishing（加工工艺）的首字母缩写，其含义是指针对产品设计中有关于产品"色彩、材料和加工工艺"进行专业化设计的知识体系和设计方法。CMF 是一种方法论，是产品创新的思维工具，也是一个专业技能岗位，要求从业者有跨行业的专业知识背景与丰富的产品经验，从而设计研发和提供更加符合消费市场的产品和服务。

在工业产品造型设计开发过程中，赋予产品材料、结构、形态、表面处理、色彩、装饰等以提高产品的品质感。除了 ID 设计、UI 设计、平面设计、包装设计、环境设计等不同的设计分工外，CMF 设计已经发展成了一个专注于从"色彩、材料和加工工艺"维度进行产品设计的创新的、独立的设计工作分支，并深入融合到了各大行业的产品设计体系中。

CMF 设计除了色彩、材料和加工工艺三要素外，图案纹理 P（pattern）也成了设计过程中不可忽视的关键要素，这就构成了现代 CMF 设计的四要素：C、M、F、P。在色彩、材料、加工工艺以及图案纹理四大核心要素的设计开发中，既涉及艺术、美学及设计学专业领域，也涉及工程科学、社会学、心理学、经济学、商学等多个学科领域。因此，CMF 设计是一种以艺术学（美学）、设计学、工程学、社会学等学科交叉型知识为背景的融合趋势研究，立足产品 CMF 创新理念，依托消费者心灵情感认知，追求产品人性化表情的设计方法。CMF 设计的切入点是"物"所涉及的四大属性：色彩、材料、工艺和图案纹理。

CMF 设计四大核心要素之间的关系是相互制约和相辅相成的。

在人的五感中，视觉是最为敏感的，而色彩（color）则是视觉体验中最显著的要素。因此，色彩构成了产品外观效果呈现的首要属性（见图 8-2）。颜色带给消费者丰富多变的视觉体验，也是产品 CMF 创新设计过程中具有广阔发展空间的领域。许多备受消费者青睐的产品，赢就赢在色彩的设计和应用呈现上。色彩的魅力呈现离不开材料的基础支撑，色彩成就了材料之美，材料奠定了色彩美的基础。

图 8-2　不同色彩在产品设计中的呈现

材料（material）是产品外观效果和内在功能实现的物质基础，离开了材料去讨论产品的色彩、图纹、加工工艺及性能等，都是没有意义的。材料是色彩、图纹呈现及加工工艺应用的前提和先决条件。新材料的研发应用以及材料的创新应用为产品的 CMF 设计带来了广阔空间（见图 8-3）。

图 8-3　不同材料在产品设计中的应用

加工工艺（finishing）是方法、路径和手段，它是产品成型、外观效果展现以及内在功能构建过程中不可或缺的。加工工艺与材料相辅相成，构成了产品的基础（见图 8-4）。加工工艺也在很大程度上影响产品的颜色和图案呈现。

图 8-4　3D 曲面成型屏幕的应用

图案纹理（pattern）是产品外观的重要组成部分，是产品美学价值的重要体现，是产品精神符号的外观显现。产品通过外观的图案纹理传递着文化内涵和精神品质。纹理的呈现同时也受制于材料、工艺和色彩（见图 8-5）。

8.1.3　CMF 设计的价值属性

图 8-5　不同纹理在产品设计中的应用

CMF 设计的价值属性可以从不同的维度去分析和研究。CMF 设计具有其学术属性、商业属性、方法论属性和实践经验属性。

从 CMF 四大核心要素维度去研究产品品质与人的多重感官体验之间的对应关系是其学术属性所在。以市场趋势和消费需求为导向，从 CMF 四要素出发寻找解决方案，构建产品的市场竞争力，带来更高的经济效益和社会价值，这是 CMF 设计的商业属性所在。CMF 设计是实现产品品质的重要方法、路径和手段，是融合了科学、艺术、未来趋势及实践经验的一种综合性设计方法。此外，CMF 设计离不开大量的产品设计实践和丰富的经验积累，这也决定了 CMF 设计具有其实践经验属性。

8.1.4　CMF 设计在行业中的发展应用与作用意义

8.1.4.1　CMF 设计在各行业的发展

CMF 设计经过多年的快速发展，目前已经在汽车、3C 产品、家电、家居、服装、包装、化妆品、医疗器械、家装、装备制造、材料等行业中广泛应用（见图 8-6），尤其在汽车、手机及家电三大行业，CMF 设计的作用发挥得到充分展现。

图 8-6 CMF 设计在各行业领域中的应用

CMF 设计的发展和应用贯穿了整条产业链的各个环节，主要包括品牌产品端、设计服务端、加工制造端、零部件端及原材料端等。品牌产品端是 CMF 设计渗透最深和应用最广泛的核心环节，一般非常重视 CMF 设计在产品设计中起到的作用，拥有专业的 CMF 设计团队，以色彩、材料、工艺和纹理设计为触点，积极推动产品的迭代创新，提高产品竞争力。设计服务端主要是以品牌或者主机厂需求为导向，提供基于 CMF 的产品设计方案和技术支持的企业。加工制造端主要是负责终端产品的整机装配制造，拥有 CMF 设计能力的加工制造端能够更好地与品牌端或设计服务端进行无缝对接，保证最终的产品符合设计要求。零部件端包括模具、工装、部件、表面处理以及包装等企业。材料端是产品 CMF 设计过程中的基础企业，如油漆、色粉、塑胶、织物、皮革、玻璃、膜片等加工制造企业。

目前，材料端企业对 CMF 设计的重视程度也是空前的，尤其在汽车、手机及家电三大行业中，材料供应商在 CMF 设计团队建设、CMF 流行趋势研究、CMF 设计提案，以及落地转化应用等方面都取得了长足发展，形成自身的设计优势。

8.1.4.2 CMF 设计的作用和意义

CMF 设计是一种可以用最小的设计成本获得最大的产品价值的设计方法。CMF 设计在企业产品研发和迭代创新中起到的积极作用越来越凸显。概括起来讲，CMF 设计的作用和意义主要有以下几个方面：

① CMF 设计构建了产业链不同层级之间新的沟通体系。围绕产品的设计开发与制造，通过 CMF 设计的工具和方法作用，可以推动上下游企业形成互锁联动、精准高效、同频共振的设计合力。

② CMF 设计可以增强企业的市场竞争力。CMF 可以在不改变产品结构造型及工装模具或生产线的前提下，对产品的外观颜值及内在功能进行创新设计，为消费者提供耳目一新的体验，设计开发成本更低、周期更短，这对产品的及时更新换代是非常有利的，也是 CMF 设计的魅力所在。此外，CMF 设计可以围绕市场新需求和消费新趋势，以色彩、材料、纹理、工艺为触点，提供满足消费者多样化需求的高品质产品，实现产品与消费者情感的共鸣。

③ CMF 设计是提升企业前瞻设计研发能力的重要抓手。依托 CMF 设计，对行业和专业领域的前瞻趋势、创新技术、市场需求等情报信息进行收集整理、分析研究，为企业发展战略尤其是市场和产品战略的制定提供第一手的信息参考。通过 CMF 设计趋势的前瞻引领作用，为客户提供覆盖全流程的、更专业的、更优质的设计服务，扩大企业在行业中的品牌力、影响力和竞争力，这也是 CMF 设计对于企业的重要价值所在。

CMF 的设计不仅仅表现在宏观层面，它对产品细节如纹理清晰度、表面凹凸感、光泽度、色彩、触感等的精准呈现起着至关重要的作用，同时对 CMF 要素所反映的文化内涵、品牌调性以及绿色可持续设计理念等有着更深层次的设计考量。

8.1.4.3 CMF 设计在汽车设计中的应用

汽车设计主要包括整车总体设计、总成设计和零件设计。CFM 设计是整车总体设计中不可缺少的环节。CMF 设计在汽车行业中的应用最初起源于欧洲汽车品牌。汽车 CMF 设计工作最初称为 Color & Trim 设计。第一次世界大战后，法国 PSA 集团意识到汽车设计师在汽车配色和内饰创意设计上存在的短板后，聘请了时尚设计师和纺织品设计师进入汽车设计领域，负责整车的内饰设计，重点在汽车色彩以及座椅门板的裁剪设计等工作上，法国 PSA 集团的这一举动为汽车设计带来了巨大的成功。欧洲各大汽车品牌纷纷引入纺织品设计师和时尚设计师进入汽车行业，负责内外饰色彩和材料剪裁设计。

大众、奥迪、奔驰、宝马、通用等汽车品牌来到中国合资办厂后，Color & Trim 设计也随之进入中国，从合资企业开始慢慢在国内发展起来，名称也由最初的 Color & Trim 设计逐渐转变成了 CTF 设计以及现在的 CMF 设计。目前，汽车行业内已经比较一致地称之为 CMF 设计，而从事 CMF 设计工作的设计师即为 CMF 设计师。CMF 设计师工作职责是保持汽车材质、颜色、纹理统一协调。

汽车 CMF 设计师的日常工作主要涉及的内容包括：①内饰设计，即色彩、纹理、织物面料、皮革、缝线、表面处理、材料、背光颜色、字符颜色、智能氛围等设计；②外饰设计，即车身色、纹理、灯具、轮辋、格栅效果、天窗等设计（见图 8-7）。

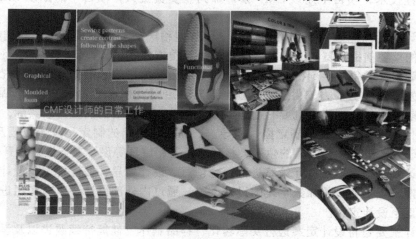

图 8-7　汽车 CMF 设计师的日常工作

8.2　CMF 设计团队搭建

CMF 设计团队是推进 CMF 设计落地生根的主力军。CMF 设计团队的搭建因所属行业、企业规模、发展战略、产品类型、组织架构、流程制度、人才队伍，以及专业能力等方面实际情况的不同而存在一定的差异。品牌端与供应商链端对 CMF 设计团队的定义也是不同的。

8.2.1　职能定位

　　CMF 设计团队搭建的基础和前提是 CMF 设计工作在企业产品设计开发中的职能定位。着力于满足市场和顾客对 CMF 流行趋势、CMF 创意设计、创新技术以及全流程、一揽子 CMF 设计解决方案等诸多方面的需求，为企业发展注入设计推动力，是建立 CMF 设计团队的目标所在。而企业的实际情况，如人员架构、发展战略、产品开发流程、设计策略、产品矩阵、服务能力以及创新能力等，是搭建 CMF 设计团队的基础条件。

　　CMF 设计团队的搭建也不是一成不变的，长期来看其是一个动态发展和不断完善的过程。根据顾客需求和企业实际，不断调整和优化 CMF 设计团队的职能定位，这是提供满足顾客和市场需求的产品解决方案的前提和基础。

　　在产品设计开发过程中，CMF 设计工作贯穿了整个项目的前期、中期及后期（见图 8-8）。根据项目开发不同阶段的任务侧重点不同，CMF 设计的岗位又可以细分为 CMF 设计师和 CMF 工程师两类，他们在专业上形成互补，工作中相互依赖、相互

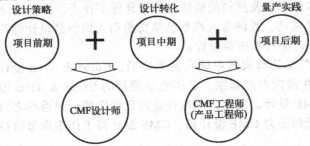

图 8-8　CMF 设计在产品设计开发中的职能定位

支撑。项目前期和 CMF 设计师的工作内容偏前瞻设计与创意，CMF 工程师的工作内容偏设计转化与工程技术。项目中期以 CMF 设计师为主要负责人，项目中后期以 CMF 工程师为主要负责人。

　　前期设计包括前瞻趋势研究、新项目设计策划和产品设计策略制定。前瞻趋势的研究是产品开发的重要前提和基础。市场需求分析、消费方式解读、设计触点捕捉、技术创新洞察、供应链解析、竞争对手剖析、未来设计趋势展望等都是前瞻趋势分析与研究的内容。具有全流程研发设计服务能力的供应链企业，通常会定期发布未来 2～3 年的产品 CMF 流行趋势报告。前瞻趋势研究工作既要有前瞻性和预见性，又要结合消费需求实际，为新项目的设计开发工作和产品设计策略制定提供指导。产品设计策略的制定是基于市场及客户需求，并结合趋势研究成果，围绕产品的色彩、材料、工艺和纹理等设计要素进行展开的。

　　中期设计则是根据产品设计策略进行概念创意、设计构思、设计提案、设计呈现、虚拟仿真等。中期阶段主要是依靠数字化的设计手段，通过内外部设计评审与沟通进行方案的优化和改进，直至设计定案。

　　后期设计主要是将设计定案进行实际转化、样品制作、性能持续改进以及设计封样，最后转入量产阶段。这一阶段涉及原材料的开发、组织结构设计、试样制造工艺流程设计以及上机试制、工艺改进优化、产品性能测试认证等系列工作。

8.2.2　功能模块

　　CMF 设计团队在企业中的职能定位决定了团队各功能模块的构建。不同的功能模块承担不同的职责和任务，但它们又是整个 CMF 设计团队的有机组成部分，功能模块之间相互支持、协同配合，共同完成产品的设计开发任务。

　　具有全流程 CMF 设计服务能力的企业其功能模块的配置也相对较为健全。通常来说，

CMF 设计团队的主体功能模块包括：前瞻设计模块、色彩纹理设计模块、创新研发（材料、工艺）模块、产品工艺模块、产品测试模块以及数字化设计模块等（见图 8-9）。除此之外，还有部分辅助支持功能模块，如项目管理、知识产权管理、设计采购等。

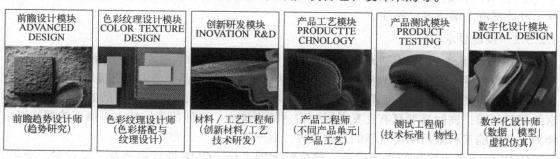

图 8-9　CMF 设计功能模块的构建

前瞻设计模块负责 CMF 设计趋势的研究、前瞻创意设计、消费者需求分析、设计创新与技术创新洞察以及市场设计情报收集等工作。色彩纹理设计模块的主要职责就是围绕产品的设计思想，进行色彩的搭配设计和纹理的创意设计。创新研发模块紧紧围绕新材料、新工艺和新技术的研发与应用，从材料和工艺两个要素维度为产品提供创新基础和支持。产品工艺模块是产品从概念创意到实物产品转化的重要环节，是产品对设计的精准呈现的关键；在尽可能忠实于创意设计方案的前提下，围绕产品技术标准和关键性能等选择合适的原材料，制定工艺路线，配置合适的工艺参数，完成产品的试制转化。产品测试模块承担着目标产品质量与性能的试验验证工作，同时为产品的设计开发提供技术标准分析、潜在质量风险评估以及产品优化建议等支持工作。数字化设计模块是近些年快速发展起来的新的设计功能模块，采用数字化的技术和手段为产品的 CMF 设计提供创新支持，主要工作内容涵盖数据建模、数据分析、材质库创建、仿真渲染以及视频制作等。

8.2.3　CMF 设计师

8.2.3.1　职责描述

CMF 设计师的职责在不同的企业中是存在一定差异的，这主要是基于企业实际需要以及设计师的能力情况，但是共同点都是围绕 CMF 开展相关设计工作。通常来说，CMF 设计的职责主要是负责产品 CMF 流行趋势的研究、CMF 设计策略制定以及 CMF 创意设计及有效落地转化。部分企业根据不同的工作阶段和设计师的专业特长，设置有各专门领域的 CMF 设计师，如前瞻设计师专门从事 CMF 前瞻流行趋势调查研究和分析工作，CMF 色彩设计师专门从事色彩的设计、搭配、优化以及色彩管理工作，创新设计师专门从事新材料、新技术和新工艺的推广和应用。

概括来说，CMF 设计师的职责主要有以下几个方面：

① 负责市场情报收集、消费需求分析及 CMF 设计流行趋势研究工作。

② 负责以市场和顾客需求为导向，基于 CMF 设计核心要素色彩、材质、纹理和工艺，制定设计策略，进行产品方案设计，跟进实施 CMF 设计方案的转化及持续优化工作。

③ 负责 CMF 设计的管理工作，如设计外观标准制定、色彩管理（色板制作、封样签发、颜色认可等）、设计样板的管理等。

④ 负责新材料、新技术和新工艺应用的可行性评估、供应商考察及产品设计开发导入等工作。

⑤ 负责产品的设计营销相关工作，依托 CMF 设计的专业技能，在客户端进行产品推荐、设计交流，增强客户黏性。

8.2.3.2 技能要求

CMF 设计师是企业产品外观形象的缔造者、产品外观标准的制定者、产品色彩的管理者、产品情感的直接传递者、创新材料工艺的引进者，也是提升产品竞争力最直接的表达者。

一个优秀的 CMF 设计师需要长时间的培养，需要经过大量的项目实战的历练，积累丰富的项目经验，同时需要具有交叉学科知识的综合能力、良好的表达能力、缜密的逻辑思维能力、深厚的工科底蕴和高水平的艺术眼界，缺一不可。

CMF 设计是一项复杂程度较高、挑战较大的工作。CMF 设计中涉及了设计学、美学、色彩科学、材料科学、工程技术、质量管理、心理学和社会学等多个学科领域，是一项跨界交叉融合的工作。因此，对从业的 CMF 设计师来说，需要具备多学科交叉综合知识基础和专业能力。

CMF 设计工作中会有非常频繁的内外部的交流和沟通，要求设计师必须具有良好的沟通和表达能力。无论在前瞻趋势发布推介、新项目设计提案还是日常的项目交流中，准确传递设计信息、精准理解客户需求或者建议，有利于产品更好地去设计、项目更好地去推进。

缜密的逻辑思维能力也是 CMF 设计师所需要具备的基本素质。CMF 设计工作涉及面比较广、复杂程度高、工作量也比较大，具有缜密的逻辑思维能力的设计师思路清晰，做事严谨，可以使得复杂的工作化繁为简，善于发现问题并进行问题分析、改善和总结。

CMF 设计中无论是色彩、材质、纹理还是工艺都离不开工程技术的支撑。色彩的实现与所用材料、工艺密不可分；新材料的研发和应用就是一门复杂的工程科学；纹理的实现与工装模具、材料表面处理等息息相关。因此，CMF 设计师需要具有深厚的工科底蕴。

作为 CMF 设计师，最重要的专业素质就是要具有高水平的艺术眼界。很多时候，设计水平的高低在于眼界之高低。CMF 设计师不能局限于自身专业，更不能故步自封，需要积极走出去，多听多看多学（见图 8-10），自觉主动地培养和提升自身的审美能力，不断拓展自己的眼界，破除固有思维，进行跨界融合的思考，并将其渗入产品设计中去，这样设计出的方案和产品才能高度贴合和引领用户高品质的生活需求，才会获得消费者青睐。

图 8-10　CMF 设计师的能力培养

8.2.4　团队管理

CMF 设计团队的管理主要包括设计工作的管理、设计团队表现的管理和设计个人能力的管理三个维度。

① 设计工作的管理：设计策略的策划、评估和完善工作，设计流程的制定、贯彻和优化工作，以及设计工作完成的品质、工作量以及时间效率等方面。

② 设计团队表现的管理：设计情报资讯的收集、分析和导入工作，设计的产出工作如色彩、纹样、工艺及技术的设计应用，以及设计情景的构造工作如提案方式、搭配形式以及应用部位。

③ 设计个人能力的管理：从敏感度、品位、眼界以及思考问题的深度等进行设计悟性的评价；从表达能力、捕捉信息的能力以及发散的能力等方面对设计沟通能力进行评价；从设计任务完成的质量、时效及业绩等方面评价设计的执行情况。

8.3　汽车内饰纺织品 CMF 设计的主要内容

汽车内饰纺织品的设计主要是围绕着 C（color，色彩）、M（material，材料）、F（finishing，工艺）、P（pattern，纹理）等四大核心要素进行的，也就是我们所说的 CMF 设计。色彩是内饰纺织品外观效果的首要元素，材料是内饰纺织品外观效果实现的物质载体，工艺是内饰纺织品成型与外观设计实现的重要手段，纹理是内饰纺织品所要表达的产品精神符号的外观显现。

汽车内饰纺织品自身的结构特点，决定了其具有非常大的设计可塑性。依托纺织品材料的结构优势，可以赋予其多彩的颜色、丰富的图案纹理、多变的纤维材料搭配以及灵活的工艺加工处理等特点。汽车内饰纺织品的 CMF 设计主要从风格设计、色彩设计、纹理设计、材质选择、工艺设计等方面展开。

8.3.1　风格设计

汽车内饰纺织品的风格设计主要与整车的定位息息相关。面向什么样的消费群体，什么样的车型及市场定位，什么样的整车设计理念，是想要营造自然舒适的家居风格、极简复古的轻奢风格、时尚个性的运动风格，还是硬核未来的科技风格等（见图 8-11），这些是我们在做内饰纺织品设计时必须提前考虑的。

首先要制定色彩应用搭配策略，选择内饰纺织品的主色调，把握产品的协调性和整体性。只有确定了内外饰色彩总的倾向，才能保证汽车内外饰风格的一致性。汽车是一个整体的产品，在内饰设计的时候要把握整车统一的造型语言，

图 8-11　汽车内饰纺织品的设计风格

使内饰的造型搭配外观造型，给消费者带来观感上的统一。

其次是设计元素要符合汽车品牌的文化内涵和消费人群的需求。汽车内饰纺织品 CMF 设计师要能读懂和把握所设计车型的文化内涵，在设计方案中体现出相应的文化符号，保证设计主题与汽车品牌的文化相符；同时要认真了解消费群体及其习惯、爱好等，运用相应的设计概念和元素，确保符合消费者的消费心理需求。

再次是注重形质色艺的协调统一。汽车内饰的美观取决于造型、材质、色彩和工艺设计的统一。因此，在汽车内饰纺织品色彩纹理的设计时，要充分考虑内饰件的造型、使用区域划分、所采用的工艺、与之相呼应的其他内饰件的色彩纹理等诸多因素。同样的座椅造型或中嵌件造型，纺织品划分的使用区域不同，对于纺织品花型纹理的设计要求也不同。

最后，内饰纺织品的色彩纹理设计还要结合色彩纹理的流行趋势及新材料新工艺进行不断地创新应用，除了传统的安全需求，消费者对于汽车内饰更多关注它的舒适度、驾乘体验、人性化审美、科技智能感受、时尚氛围、文化内涵及精神情感的需求。

8.3.2 色彩设计

8.3.2.1 汽车内饰色彩的多元化

20 世纪 90 年代以前，汽车内饰的颜色大多为黑色和灰色。但是消费体验时代的今天，随着汽车消费群体的年轻化、消费需求的多元化、品牌的多元化以及色彩工具与技术创新的不断发展，汽车内饰色彩的多元化设计已经成为一个显著的特点，冷色和暖色、无彩色和彩色、纯色和拼色、主色调与点缀色之间的搭配层出不穷（见图 8-12），为汽车内饰的色彩设计提供了无限可能。

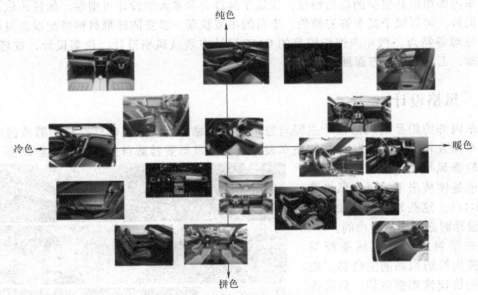

图 8-12 汽车内饰色彩的多样化设计

8.3.2.2 色彩与汽车内饰纺织品风格

汽车内饰纺织品的色彩设计应遵循整车内饰空间的色彩设计策略，做到色彩设计与应用的协调统一。色彩设计时要考虑汽车品牌DNA、车型定位、文化背景以及流行色等因素的影响。由于内饰空间的有限性和封闭性，汽车内饰纺织品中的色彩多以黑、白、灰的中性色为主色调，根据内饰纺织品风格设计的需要搭配不同明度、色相的彩色系作为点缀，色彩的对比可以是同类色的弱对比，也可以是视觉冲击力较大的强对比。

低调奢华风格注重内饰纺织品的轻奢和细节品质感，以庄重的檀木黑、复古的古铜色、雅致的棕色、高贵的香槟金、酒红色、暗金色，以及深棕、浅棕、橙棕、鹅黄、浅咖等色彩为主色调（见图 8-13）。

极简的舒适家居风格的内饰纺织品主要以高级的黑、白、灰为主色调做衍生设计，黑白灰的对比及拼色设计，麻灰、毛呢质感的混色系，少许暖色系／裸色系的应用，来营造自然惬意、舒适雅致、轻松自由充满质感的内部空间（见图 8-14）。

图 8-13　低调奢华风格

图 8-14　极简舒适家居风格

个性时尚风格推崇向往自由、彰显自我、个性时尚的运动生活，内饰纺织品的颜色以黑色／灰色为主色调，选取运动感较强的彩色系，如欢快活泼的黄色、热情奔放的红色、轻盈明快的亮橙色、动感十足的荧光色等作为点缀色使用，撞色应用实现了视觉的强烈对比，这些颜色自信活泼、彰显个性却不喧宾夺主，作为配色也是不二选择（见图 8-15）。

硬核科技风格的内饰纺织品则选用更能代表未来与科技感的颜色，如电子蓝色、航天银灰、未知蓝绿色、竞技黄、神秘紫，尤其在新能源车中应用较多（见图 8-16）；纯白和纯黑色内饰表皮材料设计在概念车中应用趋多。

图 8-15　个性时尚风格

图 8-16　硬核科技风格

流行色就是流行的风向标，掌握了流行色的风舵，就能引领潮流方向。流行色的预测和发布通常是由权威机构经过大量的数据分析和总结归纳而来的。这种流行色一般会先从时装行业开始，并逐步扩展到纺织、印刷、建筑、广告设计、汽车工业等诸多行业。汽车色彩设计师就会根据相关的流行色趋势，选择性地将一部分流行色应用到汽车内饰和车身颜色的设计开发上，而汽车内饰纺织品设计师也须有前瞻眼光和敏锐洞察力，结合原材料和工艺实现方式将流行色应用到内饰纺织品的设计开发上（见图 8-17）。这些流行色的应用在每年度的国内国际车展上均会找到其应用车型，一般都会率先在概念车上使用。

8.3.2.3　色差管控与颜色开发

颜色开发过程中，颜色调整的精准度一般用色差来评价，采用的评价方法主要是目视

图 8-17　流行色在汽车内饰纺织品中的应用

法（标准灰卡）与测色法（色差测试仪）两种。因为汽车应用环境的复杂性，内饰纺织品与整车内饰件的颜色匹配问题尤为重要。通常，要评价内饰纺织品在不同光源环境下颜色的一致性（如，D65、F11、TL84 等不同标准条件下），利用 *Lab* 色彩模型来表示色差范围：该颜色模型由三个要素组成，一个要素是亮度（L），a 和 b 是两个颜色通道。一般主机厂对汽车内饰纺织品的色差控制范围为：$|\Delta L^*| \leqslant 0.7$，$|\Delta a^*| \leqslant 0.3$，$|\Delta b^*| \leqslant 0.3$。此外，内饰纺织品的同色异谱问题仍然是色彩设计和开发过程中比较难以解决的问题，需加以重视。汽车内饰纺织品设计过程中还要做好色彩管理工作。

通常情况下，根据输入的标准色板进行原材料的颜色以及纺织品颜色的开发和调整，调色的过程比较复杂，周期也相对比较长。一般情况下，染色纱线的调色周期相对较短，基本在一周时间，而有色纱线每次的颜色调整，都需要从源头色母粒的颜色调整开始，因此其调色工艺比较特殊，每一轮调色周期通常在 2～3 周。通常情况下，颜色校正调整到位需要 3～5 轮的调色开发时间，整个调色周期时长为 2～3 个月。

8.3.3　纹理设计

纹理是产品精神符号的外在表现，能直接影响人的视觉以及触觉等感官体验。汽车内饰纺织品的 CMF 设计过程中很大一部分工作都是围绕纹理展开的。纹理与色彩共同构成了产品的附着形式，相辅相成，紧密结合，是产品设计美学最直观的外在呈现。

8.3.3.1　内饰纺织品纹理设计的基本原则

图案纹理的设计应用不是简简单单的图案堆砌，而是要遵循一定的原料和规则，符合工艺加工的要求。内饰纺织品作为汽车内饰零部件重要的表皮材料，在其表面纹理的设计开发时需要遵循以下几个基本原则。

① 忠实于整车品牌设计理念：不同的汽车品牌受其所在区域、文化、企业精神等差异，其设计理念、设计风格都是不同的。汽车内饰纺织品的纹理设计一定要与品牌所传递的精神和理念相一致，与品牌的家族化设计语言相契合，用合适的纹理去诠释品牌理念。

② 基于车型定位和内饰风格：汽车内饰纺织品的纹理设计还要与目标车型的设计定位、内饰风格相一致。如主打年轻运动风格的车型，其纹理与主打家居舒适风格的车型，即便是在同一品牌下，其纹理的设计和选用上也会有着显著的区别。

③ 符合汽车内饰空间实际：汽车内饰纺织品的应用主要涵盖了座椅、门板、仪表板、遮阳板、车顶等区域，纹理的设计要充分考虑应用位置的大小、尺寸比例的协调性以及纹理的层次与对比等因素，符合汽车空间的实际需要。

④ 满足工艺技术可行性要求：汽车内饰纺织品纹理的实现与采用的工艺技术密不可分。纹理的设计要满足制造工艺技术的要求，如线条粗细极限、角度范围以及倒角大小等。

⑤ 纹理不是孤立存在的：纹理与色彩、材质和工艺是密不可分、相辅相成的。在进行汽车内饰纺织品的纹理设计时，必须将色彩、材质和工艺同时考虑进去。色彩赋予了纹理丰富的外在表现，材质是纹理实现的载体，工艺是纹理实现的路径和方法。

8.3.3.2 汽车内饰纺织品的常用纹理

汽车内饰纺织品常用的纹理分类方法主要有以下几种。

① 按纹理尺寸大小细分：汽车内饰纺织品的纹理可以分为经典规则或者无规则的小花型纹理、有序或无序的大花型纹理及超大花型纹理。

② 按纹理的感知意象细分：自然纹理、科技纹理、极简纹理、复古纹理、流行时尚纹理等。

③ 按纹理的尺寸维度细分：2D 平面纹理和 3D 立体凹凸纹理。

④ 按纹理的分布细分：二方连续或四方连续纹理、独幅定位纹理（对称/非对称/渐变）。

⑤ 按纹理的元素类型细分：点阵、直线、曲线、块面、几何图形等单独或者组合构成的纹理。

⑥ 按纹理实现的工艺细分：织造纹理（基础小组织纹理、大提花纹理）、压花纹理、印花纹理、镭雕纹理、绣花纹理、膜复合纹理、绗缝纹理、打孔纹理等。

⑦ 按产品应用的部位细分：座椅用纹理、仪表板用纹理、中控台纹理、门板用纹理、立柱纹理、天窗遮阳帘纹理等。

汽车内饰纺织品中最常应用的图案纹理主要有：经典规整的小花型纹理、简约的线条纹理、柔美的曲线纹理、参数化几何渐变科技感纹理、无规则的自然纹理（如大理石纹、木纹、叶脉、沙丘、山水、水墨等）以及定位非对称的个性时尚纹理等（见图 8-18）。纹理的设计手法有参数化设计、留白设计、对称设计、非对称设计、定位设计等。图案纹理依托于色彩、材质和工艺处理来表达其内在的设计精神。

图 8-18　汽车内饰纺织品常用纹理

8.3.3.3 内饰纺织品纹理的实现路径

纹理的实现一般是从二维的平面图（黑白稿）开始的，然后通过效果模拟图的形式渲染在内饰零部件上，待设计方案评审确定后，再通过特定的制造工艺技术进行实物的制作。

汽车内饰纺织品纹理的实现主要通过两种方式（见图 8-19）。一种是通过内饰纺织品自身的织造工艺形成的组织结构与花型纹理，如机织平机/提花工艺、纬编单面/双面提花、经编单针床/双针床等；另一种是通过对内饰纺织品进行后道加工整理的方式赋予其图案纹理，根据其加工工艺的不同，又可以分为：增材制造的方式（如高频焊接、印花、绣花、绗缝等）和减材制造的方式（如镭雕、压纹、打孔等）两种。

8.3.3.4 内饰纺织品图案纹理流行趋势

（1）极简轻奢家居风格纹理

汽车是一个可移动的封闭空间。对于很多人来说，除了家、办公室，第三个相处时间最长的空间就是交通工具，多年来汽车内饰都以工业风为主，缺少休闲、娱乐、舒适的感觉。家居风格确实是受到更多消费者的青睐。极简轻奢家居风格的纹理多为经典的几何纹理、纤细干练的极简线条、组织点单元构成的小颗粒、经典的小格纹、千鸟格、人字纹、细腻哑光的磨砂纹理等，纹理节奏均匀，韵律统一，细节精致且有变化，整体感比较强，雅致不张扬，这样的纹理给人一种高级、精致、舒适的家居感觉（见图 8-20）。织物的磨砂质感也可以叠加特殊工艺压烫，精致、干净且内容丰满。

图 8-19　汽车内饰纹理的不同实现方式

图 8-20　极简轻奢家居风格纹理的应用

（2）自然朴实风格纹理

人们对自然朴实生活的崇尚和追求一直没有改变。汽车内饰空间的设计中，自然的纹理质感，增添空间诗意，不仅赏心悦目，给内饰增添宁静气息，更能给人一种柔和、轻松、愉悦、回归本真和静谧安然的感觉。汽车内饰纺织品中常用的自然朴实风格纹理主要有：天然木纹、岩石纹理、大理石纹理、仿生纹理、自然腐蚀纹理、动物皮毛纹理、水墨晕染纹理、龟裂纹理、羽毛材质纹理、水波纹、沙丘纹理以及叶脉纹理、软木纹理等（见图 8-21）。这种风格纹理的特点是无序排列，拥有自然秩序的美，难以抗拒，不可以复制。

（3）年轻潮酷风格纹理

汽车消费进入年轻化时代，以"95 后""00 后"为代表的"Z 时代"年轻人逐渐成为汽车消费的主力军，他们年轻有活力、个性张扬，敢于表达自己的想法，钟情于颜值与个性时尚，拒绝寡淡，消费群体的年轻化趋势推动了汽车品牌和产品设计朝着年轻化方向发展。年轻、时尚、潮酷的设计风格在汽车内饰中备受青睐。汽车内饰纺织品中常用的年轻潮酷的纹理主要有：个性的非对称纹理、定位分布且有张力感的折线纹理，时尚流动的韵律曲线纹理、多块面的拼接纹理、撞色彩条纹理、融合时代元素的 IP（知识产权）形象纹理、机械纹理、不规则机械外框纹理及交错重叠的线性纹理等（见图 8-22）。

图 8-21　自然朴实风格纹理的应用

图 8-22　年轻潮酷风格纹理的应用

（4）本土文化风格纹理

本土文化并非单纯的传统文化，它是各种文化经过本民族的习惯和思维方式沉淀的结晶，重新阐释的文化，具有独特性、民族性与纯粹性，是本土独创的一种文化形式，它是传统文化进行整合发展的一种文化形式。汽车内饰纺织品的设计开发也需要考虑不同区域、宗教、文化等特点，将本土文化融入汽车产品中去，可以更好地与消费者产生精神和文化共鸣。本土文化更多地承载了大众愈发强烈的文化认同感、包容性和民族自豪感，成为用户喜爱风格之一。如中国元素的应用也得到了中国消费者的青睐，这一风格的图案纹理多包含中国传统的回字纹、窗格纹、民族绘画艺术元素（敦煌壁画、朝代代表艺术品、故宫文化等）、民族元素、禅意元素、剪影纹理、浮雕纹理、文字符号元素、图腾花卉纹理等（见图8-23）。

（5）赛博朋克风格纹理

由于汽车消费用户持续年轻化，产品设计风格呈现多样化。赛博朋克风格具有更强的沉浸体验性、更强的代入感与参与感，受到年轻消费群体的喜爱。灰暗的灯光、街头的霓虹元素、街牌标志性广告及高楼建筑是构成赛博朋克风格的要素，具有很强的视觉冲击效果，通常搭配色彩是以黑、紫、绿、蓝、红、黄、白、粉为主。赛博朋克风格的汽车内饰纺织品常用的图案纹理主要有：光影交织的线性纹理，光影渐变纹理，镭射纹理，金属风格纹理，模糊拉丝纹理，尖锐的几何纹理，网眼格纹理以及包含流体元素、朦胧迷幻元素、透明字母元素、电竞元素等的纹理（见图8-24）。

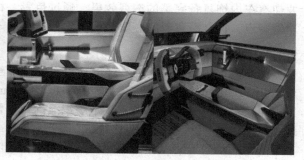

图8-23　本土文化风格纹理的应用　　　　图8-24　赛博朋克风格纹理的应用

（6）未来科技风格纹理

未来科技风和赛博朋克风格的区别是空间的变化。结合一些星星、圆环、线框等辅助元素装饰，形成一种强烈的对比，给人一种科技感、未来感。图形化作为一种装饰手段，可以产生很强的空间感，能在一瞬间起到抓人眼球的作用。未来科技风格主要是以蓝色、银色为主色调，设计元素的使用更是呈现多样化，常用的设计纹理主要有：数码点阵元素构成的纹理、三角形纹理及其变化纹理、3D立体几何纹理、有张力感的粗线条纹理、光线散射纹理、参数化纹理、太空星际元素以及空气囊元素的纹理等（见图8-25）。其中参数化纹理在汽车内外饰中应用较为流行，2D平面或者3D立体变化的参数纹理具有渐变、渐消、流动、缓逝的视觉体验，以及随着角度变化而变化的视觉效果，让内饰呈现出未来科技感。

（7）温暖复古风格纹理

温暖的色调容易给人带来心灵上的调和，复古风格而又带着历史温度的情感关怀，尤其是伴随自动驾驶时代的到来，温暖复古风可以为人们驱散科技带来的冰冷，给人以舒适和温暖。温暖复古风格的设计元素稍微复杂，主要有大格子纹、宽条纹、编织纹理、波点纹理、米字纹理、矩形纹理、菱形纹理、奢华纹理等，包含水晶元素、木纹元素、绲边元素、动物元素等元素，这些带着时光记忆的纹理，彰显出尊贵典雅的气质，又有着岁月的沉淀，更有着掩饰不住追求创意和变化的热情（见图8-26）。

8.3.4　材质选择

汽车内饰纺织品的色彩、纹理不是单独存在的，它与所用材质以及制造工艺是息息相关的。材质、工艺与色彩、纹理之间有着相互的影响，而层出不穷的新材料又给我们带来新的色彩表现和感受，因此，可以通过科技创新来创造时尚。一个成功的汽车内饰色彩设计就是

图 8-25　未来科技风格纹理的应用　　　　图 8-26　温暖复古风格纹理的应用

要使汽车内饰具备完美的造型效果，通过色彩、材质搭配和工艺来更好地体现车型和自身的功能特点，符合消费者的心理需求。

8.3.4.1　常用的材质

汽车内饰纺织品常用的纱线原料以涤纶低弹丝（drawn-textured yarn，DTY）、涤纶空变丝（air-textured yarn，ATY）、涤纶全拉伸丝（full drawn yarn，FDY）为主，涤纶短纤纱线则应用较少。部分纺织品为了满足纺织品的设计需要，也使用涤纶单丝、雪尼尔纱线、植绒纱、涂层纱和 TPU 纱线等特殊原料。

为了满足内饰纺织品的手感和质感要求，异收缩、细旦高孔、超细海岛、加捻高密的纱线与组织结构的巧妙搭配，大有光纱线的点缀、高光与哑光的对比也越来越多地被采用。另外，在新材料的运用上，一些功能性的材料也被运用到汽车内饰纺织品中，如抗菌纱、导电纱线、光纤材料、夜光纱线、可回收涤纶纱、咖啡炭纤维、金属纱线或皮质纱线等。

8.3.4.2　汽车内饰纺织品的材质特征

汽车内饰纺织品的材质特征是由其特殊的应用环境、功能作用、传递情感以及加工过程等共同决定的。材质的特征也是进行产品 CMF 设计创新的基础，是材料选择和应用的前提和依据。汽车内饰纺织品常用材质的特征主要包括物理特征、化学特征、加工工艺特征、感性特征及经济特征等。合理利用材质的特征在产品 CMF 设计中至关重要。

（1）物理特征

汽车内饰纺织材料的物理特征主要包括颜色、光泽、结构、熔点、断裂强力、静态伸长率、耐磨性能、阻燃性能等。汽车纺织品的物理性能主要是由材料的物理性能决定的。在产品 CMF 设计开发中，对材料物理特征的准确把握是进行产品技术创新的基础。

（2）化学特征

汽车内饰纺织材料的化学特征主要指材料参与化学反应的活性和能力，如耐酸碱、耐汗渍、耐腐蚀性、催化性能、离子交换性能、变色性能、化学黏合、光固化等。汽车内饰纺织品的热敏变色、光敏变色、复合牢度等与材料的化学特征密切相关。

（3）加工工艺特征

汽车内饰纺织材料的加工工艺特征是指材料适应生产制造及后道加工处理等工艺要求所表现出的产品能力。熔点、黏度、可纺性、延展性、硬度、热塑性、黏弹性等都是汽车内饰纺织品常用材料的加工工艺特征。充分挖掘和利用材料的加工工艺特征，是汽车内饰纺织品创新设计开发的重要基础。

（4）感性特征

材料的感性特征是指材料在人体的感官系统中所呈现出的综合印象。这些综合印象主要包括材料在视觉、嗅觉、触觉、听觉，以及味觉等方面给人刺激后产生的生理、心理感受。材料的感性特征对产品的 CMF 设计至关重要，它是构建用户多重感官体验的重要组成部分。触感柔软性与舒适性、气味性和有机物挥发性、摩擦噪声性能、视觉美观性等都是汽车内饰纺织品关注的重要感性特征。

（5）经济特征

材料的经济特征是指材料所表现出来的成本、价格等相关经济指标。经济特征也是汽车内饰纺织品 CMF 设计需要考虑的前提条件。通常产品设计开发可行性评估时，对材料的经济特征进行分析评估是必要的、不可缺少的。从设计端考虑材料的经济性，是控制产品设计开发和制造成本的关键，也是提高产品市场竞争力的重要手段。

8.3.4.3　材质与汽车内饰纺织品风格

材质是产品风格塑造的重要载体和基础，汽车内饰纺织品风格的塑造与材质的选用息息相关。不同材质的固有属性对产品风格的设计有着重要的影响。选择合适的材料对产品风格设计至关重要。随着消费需求的多元化，汽车内饰纺织品的材料种类也呈现出多样化的特点。织物面料、PVC 人造革、PU 合成革以及超纤 PU、超纤仿麂皮面料等材料为汽车内饰风格的设计提供了更多可能。

超纤仿麂皮面料具有高级触感，风格丰满、手感细腻、柔软亲肤、有韧性，表面具有柔和的光泽感，透气性优异，在豪华轿跑汽车内饰中应用广泛，目前已经成为汽车内饰豪华、高级、运动和轻奢风格设计中最常用的材料之一（见图 8-27）。

混纺织物一般采用黑白灰颜色或者彩色，两种或两种以上颜色的涤纶纤维，通过纺纱、并捻或者空气变形工艺，制备出混色纱线，再进行面料织造。面料具有天然棉麻混纺的外观风格，光泽柔和，织物表面可呈现均匀分布的芝麻点、雨丝、金属拉丝以及无规律的黑白混色或者彩色混色视觉效果，给人一种舒适、自然和高级的质感，是营造舒适自然的家居风格内饰的常用材料，也可以搭配使用羊毛纤维，尤其在新能源汽车内饰中多有应用（见图 8-28）。

图 8-27　超纤仿麂皮材料的应用　　　　图 8-28　混纺织物材料的应用

PU 合成革具有柔软、细腻、亲肤的触感，在丰田、本田等日系品牌汽车及中高端新能源汽车品牌中应用较多（见图 8-29）。

通过 PVC 产品工艺配方的筛选和表面纹理的设计，赋予 PVC 人造革高级的触感，如仿麂皮般软糯的触感或细腻丝滑金属拉丝触感以及细密颗粒的磨砂触感，常用于营造科技、轻奢的内饰风格；碳纤维编织纹理的 PVC 人造革常用于硬核科技感的内饰风格塑造（见图 8-30）。

采用 TPU 材料与织物进行高频焊接，实现不同材质、颜色、光泽以及手感的多重对比，同时通过个性化的纹理设计，彰显出内饰的时尚与个性（见图 8-31）。

图 8-29　PU 合成革材料的应用

图 8-30　磨砂触感和碳纤维纹理 PVC 人造革的应用

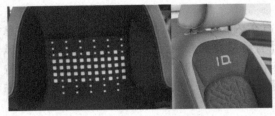

图 8-31　TPU 材料的应用

8.3.4.4　材质选择的基本原则

汽车内饰纺织品设计开发过程中，材质的选择也很关键。材质的属性特征很大程度上决定了最终产品的特性。材质的选择对于产品设计风格的营造、制造加工过程、实际使用要求以及产品的经济性与竞争力等有着直接的影响。因此，材质的选择一般要遵循以下基本原则。

① 符合目标产品设计风格的要求：材质的选择对产品设计风格的塑造和设计理念的表达影响较大。一般要根据目标产品所要呈现出的设计风格和感官体验，去选择合适的材质作为设计表现的载体和介质。例如，要体现出汽车内饰纺织品的高级、柔软、细腻的触感，可以选择超细纤维作为材料进行织造制得亲肤触感的仿麂皮材料。

② 满足加工制造过程的需要：汽车内饰纺织品的制造过程一般对材料端都有着比较高的要求，制造过程中的受力、受热或者受化学药剂处理等都是材料选择过程中需要提前考虑的因素。例如，为了满足最终产品包覆时的拉伸弹性要求，保证包覆成型良好不发生脱壳、起泡等问题，常采用高弹性的纱线材料进行织造。

③ 满足产品实际使用的需要：汽车内饰纺织品实际使用过程中对产品的耐磨、耐光、耐候以及阻燃、耐化学品等方面的性能要求较为苛刻。为了满足产品的实际使用需要，材质的选择作为产品开发最前期的一项工作，尤为重要。例如为了满足营运客车对内饰纺织品阻燃性能的强制要求，可采用高氧指数高阻燃性能的阻燃纱线进行面料的制造，或者采用高阻燃性能的非织造缝编布作为基布进行复合。

④ 符合经济性原则：不同的材料其价格差异也较大，在进行产品设计开发时，材质的性价比考量是必不可少的，选择时要兼顾性能与经济性两方面因素，符合经济性原则，这是产品保持较好的市场竞争力的前提和基础。比如：非织造结构的超纤仿麂皮材料其成本较高，多用于中高端豪华车型内饰中；而同样采用超细纤维为原料，采用机织或者针织工艺织造制得的仿麂皮面料则性价比较高，普适性较好。

8.3.5　工艺设计

工艺设计是汽车内饰纺织品 CMF 设计过程中的重要环节之一，工艺是产品成型、内在性能以及外观效果实现的重要手段。通过不同的工艺设计和应用，可以在相同原材料基础上得到不同造型、性能以及外观表现的产品。

CMF 设计师对工艺的熟悉、了解和掌握，直接影响着其利用材料进行产品设计创意、风格塑造的能力。只有充分了解各种工艺的特点及对设计的具体要求，才能使得产品的创意设计有的放矢，才能保证设计的可转化可实现性。此外，工艺设计对产品的成本有着重要影响，根据实际需要选择合适的工艺进行产品实现，有利于成本的管控。

汽车内饰纺织品的工艺设计主要包括两方面：加工制造工艺（或称成型工艺）和表面处理工艺。

8.3.5.1　加工制造工艺

加工制造工艺主要是指汽车内饰纺织品从原料到最终产品的生产加工流程，主要涉及机织织造工艺、针织织造工艺、非织造工艺、压延工艺、涂覆工艺以及染色工艺、后处理工艺等。加工制造工艺的设计需要根据目标产品的实际需求进行选择、组合和应用，正确地选择合适的加工制造工艺有利于成本管控、生产效率提升以及产品性能保证等。

8.3.5.2　表面处理工艺

表面处理工艺是在汽车内饰纺织品加工制造工艺的基础上进行表面再加工的工艺，使其内在性能品质和外观风格（色彩、纹理）表现力得以提升，如采用数码印花或丝网印花的方式对内饰纺织品进行颜色、纹理、触感的丰富。常用的表面处理工艺主要有印花、镭雕、压花、焊接、绗缝、绣花、打孔等。随着技术和工艺的不断创新，新的表面处理工艺也层出不穷，选择合适的表面处理工艺对于提升产品的表现力和竞争力尤为重要。

8.4　汽车内饰纺织品 CMF 设计中的数字化设计技术

随着数字技术的发展，产品设计与数字化技术深度融合，为产品的 CMF 设计开发提供了新载体、新技术和新路径。数字时代依托计算机以及信息网络的支持，打破了传统设计效率低和不可逆性的限制，提高了设计师的工作效率，使得产品设计更加便捷化。同时，数字媒介打破了二维空间的限制，提供更加多维、交互、数字可视化的设计新载体。

汽车内饰纺织品 CMF 设计中的数字化设计技术的应用场景主要包括花型纹理设计、组织结构设计、织物结构 3D 仿真、零部件造型数据建模、不同材质库的建立、目标产品实际应用效果的渲染、产品提案展示等。

8.4.1　常用软件

汽车内饰纺织品数字化设计常用的软件涵盖了从纤维材料、组织结构到应用效果虚拟仿真等多个环节。不同的环节使用的软件也各不相同。

织物结构和工艺设计常用的软件有 EAT 纺织设计软件，适用于机织多臂和提花织物的组织结构设计、工艺设计、虚拟仿真等（见图 8-32）。常用的平面设计软件主要有 Photoshop、Adobe Illustrator、CorelDRAW、EAT 等，主要用于花型纹理的设计、图像编辑以及简单的贴图等。常用的数据建模软件主要有 UG 软件和 CATIA 软件，适用于座椅、门板、仪表板等零部件的造型设计、座套曲面的展开等。内饰纺织品在零部件上的实际包覆效果常采用 3D 仿真渲染软件进行设计，常用的软件有 Keyshot、Rhino、Patchwork、P3D 等，适用于汽车零部件表面的色彩、花型、纹理、光泽、缝线等设计应用的实时仿真渲染。

图 8-32　织物设计软件 EAT 操作界面

8.4.2　数据建模

在汽车内饰纺织品的 CMF 设计开发过程中，常常需要将产品设计方案通过数字化设计技术呈现在零部件上。数字化仿真渲染的前提是基于零部件的数据模型（见图 8-33）。汽车内饰纺织品作为重要的表皮材料，进行效果渲染时主要关注的是零部件的 A 面数据，即 A 级曲面，也就是汽车设计里面常说的 CAS（class-A-surface），因此，用于渲染的数据模型的建立，也主要考虑 A 级曲面造型及分块。

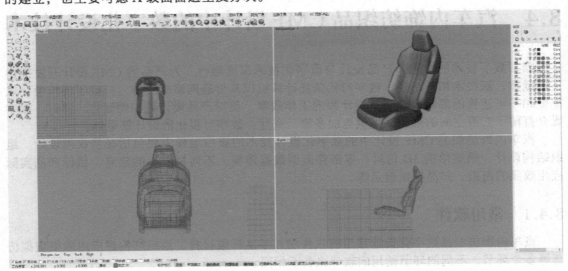

图 8-33　座椅数据模型的建立

8.4.3　数字化渲染

为了评估产品设计方案的实际效果，更直观地进行产品设计提案，为客户提供情景化的设计方案展示，更好地提高与主机厂设计师沟通的效率，数字化渲染技术常被用于汽车的内饰纺织品的 CMF 设计开发中。

数字化渲染是用数字化软件从数据模型生成虚拟仿真图像的过程，是产品 CMF 设计开发过程中非常重要的工序。基于设定的数据模型，依托于强大的色彩、材质和纹理数据库，将数字化的内饰纺织品设计方案在数模上进行实际应用的仿真渲染（见图 8-34）。输出的图像是数字图像或者位图像，也可以通过视频的方式进行输出。

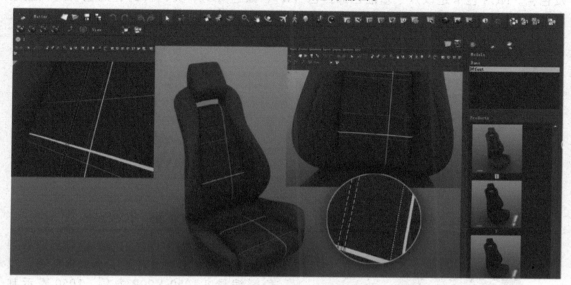

图 8-34　汽车内饰纺织品应用的数字化仿真渲染

8.5　汽车内饰纺织品 CMF 设计常用工具

汽车内饰纺织品 CMF 设计师的工作是比较复杂的，涉及的面比较广，进行产品设计时常用的工具也比较多，主要有：色卡、色差仪、光泽度仪、标准光源箱、放大镜、取色仪、照相机、照布镜、各色水笔、美工刀、卷尺、游标卡尺、标准色板或者样板、剪刀等。

8.5.1　常用色卡

色卡是 CMF 设计师最常用的、最重要的工具之一，主要用来选色、配色、对色等。它是一种标准工具，通过色卡可以建立色彩的标准，色卡作为统一的、标准的参照物，可以降低设计开发过程中的沟通障碍。常用的标准色卡品牌主要有美国的潘通（PANTONE）色卡、德国劳尔（RAL）色卡、瑞典的 NCS 色卡、日本 DIC 色卡，中国的 Coloro 色卡等。

8.5.1.1　PANTONE 色卡

PANTONE 色卡来自美国，应用最为广泛，其产品应用涉及制图艺术、纺织、服饰、室内家居、塑胶品、建筑和工业设计等领域。根据色卡基材可以分为纸质色卡、塑料色卡和纺织色卡等。PANTONE 色卡中常用的色卡类别主要有 C 色卡、U 色卡、金属色卡、RGB&CMYK 色卡、TPG 色卡、TCX 色卡、TSX 色卡等（见图 8-35）。

8.5.1.2　NCS 色卡

　　NCS 色卡是来自瑞典的色彩设计工具（见图 8-36），它以人的眼睛看颜色的方式来描述颜色。NCS 色卡可以通过颜色编号来判断出颜色的基本属性，如：黑度、彩度、白度以及色相。NCS 色卡是以六个基准色即白色（W）、黑色（B）、黄色（Y）、红色（R）、蓝色（B）、绿色（G）为基础的。

图 8-35　PANTONE 色卡

图 8-36　NCS 色卡

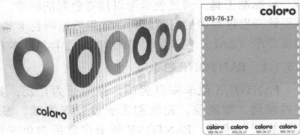

图 8-37　RAL 色卡

　　NCS 色彩编号描述的是人的眼睛所看到的颜色与这 6 个基准色之间的对应关系。以色彩编号 S 1050-Y90R 为例，1050 表示其黑度和彩度，纯黑占 10%，纯彩色占 50%。Y90R 表示色相，也就是色相为 90% 红色和 10% 黄色。

8.5.1.3　RAL 色卡

　　劳尔色卡来自德国，在国际上广泛通用，又称 RAL 国际色卡或欧标色卡（见图 8-37）。主要有 K、E、D 三大系列，另外还有 P 系列的塑胶色卡。K 表示经典系列，D 表示设计体系，E 表示实效系列，P 表示塑料色卡。K 系列主要包括 K1、K5、K6、K7、K9、840-HR、841-GL 等。D 系列包括 D2、D4、D6、D78、D9。E 系列包括 E1、E3、E4。P 系列包括 P1 和 P2。

8.5.1.4　Coloro 色卡

　　Coloro 色卡是中国纺织信息中心研发，与全球最大的流行趋势预测公司 WGSN 共同推出的具有革命性的色彩应用体系。每个颜色由 7 位数字编码呈现在 3D 模型色彩体系中。每个编码代表一个点是色相（hue）、明度（lightness）和彩度（chroma）的交集。Coloro 色彩体系可定义 160 万个颜色，由 160 个色相、100 个明度和 100 个彩度组合而成。例如，Coloro093-76-17，表示色相值为 93、明度值为 76、彩度值为 17 的颜色（见图 8-38）。

图 8-38　Coloro 色卡

8.5.2 常用仪器

汽车内饰纺织品的外观品质是消费者首要的关注点，在产品设计开发以及量产质量保证的过程中，对于外观品质的管控至关重要，主要是对颜色、纹理、光泽等视觉感知较为敏感的要素。在设计开发和品质管控过程中，常常需要借助相关仪器设备进行评估和判断。这些设备主要包括取色器、测色仪、光泽度仪、标准光源箱等。汽车内饰纺织品外观颜色的评价主要有两种方法：一种是目视法，借助标准光源箱提供的各种环境标准光源，对产品的颜色进行评价，还可以对产品的花型纹理、基本结构等进行评判；另外一种是测色仪法，借助于电脑测色仪对样品颜色与标准颜色进行比较并做数据处理，自动显示颜色偏差的数据，如 ΔE、ΔLab 等数值。

图 8-39 Datacolor ColorReader 取色器

8.5.2.1 取色器

取色器可以将看到的或者喜欢的颜色进行获取识别，然后进行分析，得到该颜色的具体信息的仪器（见图 8-39），数据类型包括 Lab、RGB、CMYK、LCH 等格式。

8.5.2.2 测色仪

测色仪的主要作用是测试产品的颜色差异数据，确保色差的范围满足客户要求或者标准要求。根据不同的应用场景要求，测色仪主要有台式光谱测色仪、台式分光测色仪、便携式色差仪等。台式光谱测色仪体积相对较大，精度最高但价格也最昂贵；台式分光测色仪比较精准且价格适中（见图 8-40）；便携式色差仪是 CMF 设计师最常用的测色设备，最便宜也最方便携带。

台式光谱测色仪和台式分光测色仪都是根据分光测量光谱原理进行设计的，台式光谱测色仪可以测试所有波段，而分光测色仪则仅限于测试可见光谱。与台式光谱测色仪、台式分光测色仪不同，便携式色差仪不是按照单波长拆分色谱，而是模拟人眼设计的红、绿、蓝三基色滤光片＋三基色传感器的结构，其原始数据只有三个，精度上比光谱仪要低得多。便携式色差仪一般用于精度要求不高的入门级别的色差测试，可以用在汽车、新材料、新能源、塑胶、皮革、五金、纺织、食品、药品研发、航空等行业的颜色测量上（见图 8-41）。

8.5.2.3 光泽度仪

光泽度仪是测量物体表面光泽度的专用仪器。光泽度作为物体的表面特性，是在一组几何规定条件下对材料表面反射光的能

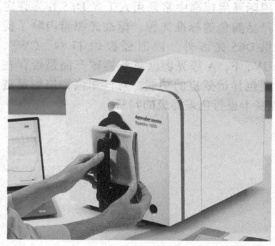

图 8-40 Datacolor Spectro 1000 分光测色仪

力进行评价的物理量，具有方向选择的反射性质。光泽度的大小取决于表面对光的镜面反射能力。

光泽度仪按照测量的角度不同又可以分为高光泽、中光泽和低光泽三种类型。常用的三个测量角度分别为 20°、60° 和 85°。光泽度数值越低，物体的光泽就越低。对于通用材料，一般选择 60° 通用光泽度仪（见图 8-42）。对于高光泽的材料，一般选 20° 光泽度仪。对于低光泽的材料，一般选 85° 光泽度仪。对于不确定光泽的，一般选用三角度光泽度仪。

图 8-41　美能达 CM-2500C 便携式色差仪

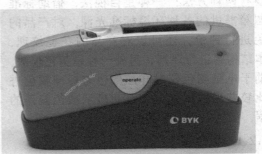

图 8-42　BYK 60° 光泽度仪

8.5.2.4　标准光源箱

因为不同光源拥有不同的辐射能量，在照射到物品上时，会显现不同的颜色，因此对产品颜色的评价必须基于相同的标准光源环境。标准光源箱广泛应用在纺织品、印染、印刷、塑胶、颜料、油漆、油墨、摄影等颜色领域，用于准确评估产品的外观及颜色品质。

图 8-43　爱色丽 SpectraLight QC 标准光源箱

汽车内饰纺织品的外观品质和颜色的评价多依赖于先进的标准光源灯箱，其具有不同的光源，包括自然过滤的日光，可轻松满足任何规格的色彩评估要求（见图 8-43）。国际通用标准中常采用人工光 D65 作为评定产品颜色的标准光源。标准光源箱内除了提供 D65 光源外，同时还提供 TL84、CWF、UV、F、A 等光源，具备测试产品是否存在同色异谱效应的功能。对汽车内饰纺织品进行颜色和外观评估时，常需要配合使用标色等级灰卡进行色差等级的判断。

第9章

汽车内饰纺织品的多重感官设计与品质评价

9.1 多重感官设计概述

9.2 汽车设计中的感知质量评价
     与多重感官设计策略

9.3 汽车内饰纺织品的产品形态
     与多重感官设计

9.4 汽车内饰纺织品的多重感官
     品质评价

随着汽车工业的发展和汽车消费的升级，消费者对于汽车的需求已经远远超出代步工具的范畴，人们在汽车内部空间停留的时间也越来越多，汽车已经成为集驾乘、工作及休闲娱乐为一体的第三空间，成为当下人们生活不可或缺的重要组成部分。内饰设计作为汽车设计的重要环节，除了满足内饰空间基本的功能需求外，如何通过进行内饰舒适性、座舱环境、空间氛围、色彩材质等方面的设计来满足消费者更深层次的感知体验和情感需求并引发消费者与产品的共鸣，已经成为摆在汽车设计师面前的一个重要课题。

汽车内饰纺织品作为内饰空间的重要材料，在很大程度上决定了汽车内饰设计的调性和品质，消费者通过自身的感官系统对产品进行认知并形成相应的感官体验。汽车内饰纺织品的感官品质直接影响着消费者对整车感知质量的评价，也影响着顾客的购车意愿和用车体验满意度。因此，在进行汽车内饰纺织品的设计开发过程中，基于消费者多维度的消费需求，需要从视觉、触觉、嗅觉、听觉等不同感官维度进行产品的多重感官设计，为消费者提供更加全方位的主观感知和产品体验，从而获得消费者对产品的精神认同和情感共鸣。

9.1　多重感官设计概述

9.1.1　多重感官设计的概念

多重感官设计策略，顾名思义它是一种设计策略，是指在产品设计开发过程中，突破传统的、单一的视觉设计所带来的局限性，从人体的视、听、味、嗅、触感等多重感官系统入手，通过多角度多功能的产品设计，多维度、多层次地刺激消费者的感官机能，带给消费者更加真实、全面、有效的产品体验，满足消费者对产品的多重需求，从而引导消费。

多重感官设计策略建立了物的产品形象与人的情感归属之间的联系（见图9-1）。设计师通过多重感官设计策略从 C（color 色彩）、M（material 材质）、F（finishing 工艺）、P（pattern 图案纹理）四要素对目标产品的视觉、触觉、嗅觉、听觉和味觉等感知品质进行综合设计，并通过产品来传递设计意向；而消费者借助于自身的多感官系统的感知通道，形成自己对产品属性、功能和价值的多重感官体验信息，从而获得和理解设计师的设计意图，实现情感的沟通和心理的共鸣。

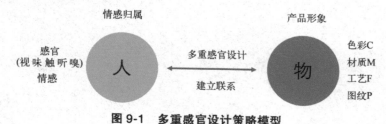

图 9-1　多重感官设计策略模型

9.1.2　多重感官设计的重要性

当下，人们对产品的消费进入体验消费时代。体验是一种能够有效地调动人的不同感官系统、心理特点和情感体验的重要活动。感官是产品体验的根本，离开感官去谈体验是没有意义的。消费者通过自身感官系统来感受产品所传递的基本信息，通过体验对产品形成初始感受，进一步形成心理上的认知，随着认知的积累，演化成消费者对产品的情绪反馈，随着情绪反馈的积累，最终这种情绪演变成为人们对产品的特定情感。因此，情感体验、归属和心理共鸣都是来源于人体的感官系统，对产品进行多重感官的综合设计是非常必要的。

大量的实验研究和成功案例表明，多种感官条件下所获取的信息量要比某种单一感官所获取的信息量要多数倍，尤其在当下信息快速传播的 5G 时代。产品的多重感官设计不仅给消费者带来更加全方位多维度的信息量和感官体验，也是产品与消费者之间情感沟通和心理共鸣的一种有效的综合表达手段。以消费者需求为导向，依靠多维度的产品开发手段，注入丰富多元的感官元素，传递多方位的心理、生理及情感信息，这是多重感官设计策略的内涵所在。无论是在品牌传播、广告设计、包装设计还是产品推广，多重感官设计已经在当下诸多产品领域得到广泛应用和实践。

9.2　汽车设计中的感知质量评价与多重感官设计策略

9.2.1　汽车设计中的感知质量评价

感知质量（perceptual quality）指的是消费者在自身的使用场景下，按照自己的使用目的和使用需求，对产品或服务质量的主观感知印象或者感受，它是人们利用自身的丰富感官系统去认知、感受和体验而获得的对一种产品或者服务所做的抽象的主观评价，包括视觉、嗅觉、触觉、听觉、味觉等多个维度。

随着汽车产品的消费升级，人们对于汽车产品感知质量的要求也越来越高。感知质量已经成为消费者选择汽车产品的一个重要考量要素，也是汽车主机厂提升产品质量和市场竞争力的重要途径。汽车设计开发中的感知质量评价主要是从产品的视觉质量（外观、色彩、纹理等）、触觉质量（手感、触感）、嗅觉质量（气味、有机物挥发等）及听觉质量（声音）等方面进行的。

感知质量的评价贯穿于项目的各个阶段，通过早期策划、过程管控、后期验证等有效的跟踪措施实现车辆感知质量的提升。感知质量的评价一般有目标设定评价、模型评价、数据评价和实车评价等几种形式。感知质量的评价有静态和动态两种，即分别聚焦非行驶状态下和动态行驶状态下为顾客提供的汽车品质的感知价值水平和感知体验。

汽车设计中的感知质量评价是一项复杂的、系统性、专业性的工作，是基于消费者的需求角度去审视和评判整车开发中的产品品质，发现问题并解决问题，从而提升车辆感知质量。

9.2.2　多重感官设计策略在汽车设计中的应用

9.2.2.1　视觉感官设计

视觉感官质量指的是通过人眼直接识别出的对汽车整体设计感、美感、细节品质感、表面精致度、空间布局等方面的主观感受，它是顾客感性认知的一个最关键因素，直接关系到消费者的购车意愿和用车满意度情况。汽车产品对于视觉感知质量的关注度最高。

汽车设计中的视觉感官设计主要是从产品的造型、色彩、材质、图案纹理和工艺等方面进行的。视觉感官设计主要从设计美学、匹配性和整车视觉协调性等进行考虑的；设计美学考量的是符合产品的设计理念和风格，考虑的因素主要有色彩、材质以及图案纹理等；匹配性主要考虑不同零部件之间的搭配一致性问题，考虑的因素有颜色深浅、色相的差异、纹理形态搭接的协调性等；整车视觉协调性主要是指整体设计上的视觉和谐度及一致性。

9.2.2.2 触觉感官设计

触觉感官质量是汽车内外饰感官质量中的重要组成部分，它是人接触零部件表面时的主观感受。触觉质量的评价包括静态和动态两个维度：静态是指手触动物体时皮肤的感知，如软硬度、黏滑感、冷暖感、质地纹理、细腻粗糙等；动态触觉质量指的是操控过程按键、旋钮等带来的触觉感知，如操作的平顺性、合适的行程和操作力、反馈时间等。

触觉感官质量与使用的材质密切相关。随着汽车消费的升级，驾乘人员对经常接触到的内饰件表面触感提出了更高的要求，亲肤、柔软、细腻、舒适的高级触感成为新的设计需求。

9.2.2.3 嗅觉感官设计

近些年越来越多的消费者更加关注汽车的嗅觉感官质量，各大汽车主机厂也在如何改善整车气味和提升整车嗅觉质量上做了大量的工作。嗅觉质量包括嗅觉期待和气味和谐，内饰材料以及总成零件的嗅觉质量是产品设计开发中关注的重点，直接关系到整车气味的和谐性和可接受程度。主机厂、零部件和材料供应商都已经组建了专业的嗅辨团队研究分析车内气味及散发物质问题，提出改善方向和解决方案。

在对内饰零部件气味性进行有效管控的前提下，还可以通过气味正向开发的方式增加新型气味的介入途径，如香氛系统、香味内饰材料等，提高消费者对于嗅觉感知质量体验的愉悦度。另外，车内的气味性具有动态性、不易检测性和用户个人的差异性等特点，因此需要对内饰材料和零件从设计到制造全部环节落实管控措施，并进行持续改进和优化提升。

9.2.2.4 听觉感官设计

听觉感官质量主要是从主观角度去感受整车使用过程中所表现出的产品声音效果质量，如娱乐音响系统的声音、开闭门声音、降噪隔声效果、不同操作所带来的声音、是否有异响等。在实际使用过程中，有些声音是伴随着一定的动作而产生的，如关闭扶手盖板的声音，听到相应的声音表示关闭到位。

影响消费者听觉感官质量的因素主要是摩擦异响，设计时需要充分考虑零件部件之间或者材料之间的间隙、选用合适的材料以及进行必要的润滑处理等。对于无法避免的路噪、胎噪和风噪等声音，则需要通过吸声和隔声的措施进行被动消除。通过技术创新手段降低车内噪声至顾客舒适状态，提升封闭环境下的车内音响效果和氛围，是目前汽车设计中提升听觉感知质量的关键。

9.3 汽车内饰纺织品的产品形态与多重感官设计

9.3.1 汽车内饰纺织品的产品形态

汽车内饰纺织品，顾名思义就是应用在汽车内饰零部件区域的纺织材料。常用的内饰纺织品主要有织物面料（机织、经编针织、纬编针织、飞织等织物）、无纺布、合成革（PVC革、PU革、PU超纤革等）及超纤仿麂皮等几类。

根据整车的市场定位、消费人群、车型特点、设计理念和内饰设计思想等不同因素的影响，内饰件可以选用不同的纺织品进行包覆和搭配来达到其设计效果。汽车内饰纺织品的选择主要是围绕着材质、造型、色彩、纹理以及工艺加工等方面进行考量的。

　　汽车内饰纺织品的产品形态可以分为两个层面，产品的装饰属性和产品的功能属性。产品的装饰属性指的是内饰纺织品覆盖在饰件本体表层所呈现出的美观装饰效果。产品的功能属性指的是内饰纺织品所具有的功能价值及作用。装饰属性中更多地考虑纺织品产品的材质、色彩、图案及工艺等因素，产品的装饰属性需要根据不同的消费群体、消费喜好及市场定位、流行趋势等进行定向设计和开发。而功能属性则更多考虑纺织品本身的材质及其不同加工技术带给产品的附加功能价值。

9.3.2　内饰纺织品多重感官设计的主要内容

　　内饰纺织品的多重感官设计也是整车感知质量提升的重要手段。作为内饰件表层覆盖材料，内饰纺织品所呈现出的品质感、高级感和设计美感是汽车内饰空间中顾客最容易观察到、感受到和体验到的，在很大程度上也决定了顾客的购买意愿和对整车产品的满意情况。

9.3.2.1　内饰纺织品的视觉感官设计

　　内饰纺织品产品视觉感官设计主要是依托产品的 CMFP 四大要素进行的。

　　色彩在产品设计中有着非常重要的作用，汽车内饰呈现出年轻化、多元化、时尚化和个性化发展趋势，色彩运用已经成为广大消费者选购汽车时的重要考量因素。根据内饰风格、车型定位和消费群体、需求特点的不同，内饰纺织品的色彩选择和搭配应用上也是不同的（见图 9-2）。高端内饰中常采用的棕色就是复古且带着高级腔调的色彩。复古茶棕色系列搭配同色系深色飘带及滚条，商务沉稳；使用茶棕系列搭配点缀的亮橙色，活泼不沉闷；采用红棕色系搭配米灰粉，温暖有历史温度；而橙棕系列搭配有时尚色彩，如松石绿做点缀，吸睛且不失优雅。以黑、灰、米色等中性色为主色调，视觉感强，通过不同材质工艺拼接，精致且实用，舒适家居风格营造出休闲舒畅的氛围，简单大气是当下年轻人喜欢的风格，自然、舒适的简约风格在当下经济型轿车和新能源汽车内饰设计中成为宠儿，小面积的裸色系的应用搭配，使得内饰不失有趣。个性运动风格的内饰中，黑色或者深灰色主色调，搭配明度偏高的橙色、红色及柠檬黄等鲜艳的色彩进行撞色设计，营造较强的视觉冲击；向往自由，大胆尝试，不满足色彩设计的现状，两向色的出现又为内饰纺织品的色彩应用带来了一阵"清风"，如随角异色的内饰闪亮登场，个性且具有未来感。

图 9-2　视觉感官设计中的色彩设计

图案纹理设计是视觉设计的另一种表达语言，它是产品精神符号的外观显现，通过纹理、图案将产品本身的信息直接传达给顾客。内饰纺织品的图案纹理设计中，根据不同的设计风格，图案元素的选取和应用也不相同。简约规整的几何图案如菱形、三角形、正方形，以及多边形等是内饰纺织品图案纹理设计中不变的经典；有韵律、层次和节奏感的流畅曲线，时尚动感有力，在运动风格的内饰中多有应用；几何渐变、渐消、缓逝的数码感和参数化纹理设计是当下汽车内饰设计的新宠，配合上压花等工艺，实现3D立体视觉效果，在内饰纺织品上广泛应用，呈现出丰富的未来感和科技感（见图9-3）。

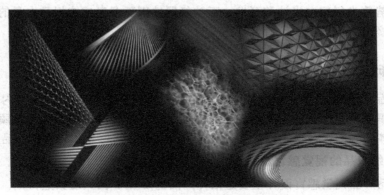

图 9-3　视觉感官设计中的纹理设计

材质是决定内饰纺织品视觉效果的基础。导光纤维的应用使得发光织物的设计开发成为现实；通过工艺配方的改进，开发出了透光革和光影革；采用不同材质、色彩的纱线搭配开发出变幻多彩的随角异色织物面料；高光材质和哑光材料的搭配，通过材质对比，实现视觉效果的差异化呈现（见图9-4）。

图 9-4　视觉感官设计中的材质设计

工艺是产品成型和外观实现的重要手段。汽车内饰纺织品常用的工艺主要有压花、印花、镭雕、绗缝、绣花、打孔及高频焊接等（见图9-5）。通过一种或者多种工艺的叠加设计，可以在内饰纺织品表皮实现丰富的色彩纹理和视觉效果。例如目前应用较多的压花工艺，通过花型和基材的组合设计，可以在内饰纺织品表面实现不同的纹理和光泽对比，可以实现平面与3D立体视觉效果的综合呈现。通过工艺手段将视觉设计进行产品转化，这也是内饰纺织品创新研发的重要方向之一。

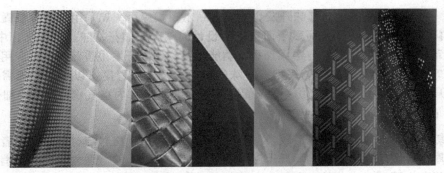

图 9-5　视觉感官设计中的工艺设计

9.3.2.2　内饰纺织品的触觉感官设计

内饰纺织品作为直接与顾客接触的材料，其产品的触觉感官设计也变得尤为重要。内饰纺织品的触觉感官设计主要从软硬度、细腻粗糙度、黏滑性、冷暖感和质地纹理等方面入手。

内饰织物面料的设计开发中，常用细旦高孔的纤维材料，来降低纤维的刚性，增加织物的柔软触感，同时也可以利用纱线不同的收缩率实现织物面料的收缩弹性和厚实感；为了保证遮阳帘面料的挺括性，需要对织物进行硬挺整理；为了增加座椅用合成革表面的摩擦系数，选用颗粒感较强的表面压纹纹理；在仪表板或者门板区域的包覆中，为了满足使用过程中的细腻舒适感，常采用细小的磨砂纹理，同时进行哑光的光泽处理。在内饰织物面料上实现丝绸般的柔软丝滑，在织物组织结构和原料的选择上也要花费很多心思进行筛选。具有棉麻质感和蓬松舒适感的织物面料，也是目前内饰纺织品设计开发的趋势与方向。通过剪毛、磨毛或者拉毛等特殊的工艺处理，可以实现内饰面料的柔软细腻、蓬松舒适的触感。总之，内饰纺织品的触觉感官设计主要是依托于材料、结构和处理工艺的应用来实现的。

内饰用 PVC 人造革的设计开发中，常从表面的纹理形态、表处层材料和工艺类型、PVC 粉的聚合度、增塑剂的含量，以及基布的类型等方面对产品的触感进行综合设计。一般情况下，细皮纹的比粗纹理的触感要好；PVC 粉体的聚合度降低有利于改善其触感；表处层所使用的材料和工艺类型不同，产品所表现出的触感的柔糯、滑爽和浸润性也不相同；增塑剂含量越高，产品的柔韧性越好，基布的弹性和柔韧性越好、越蓬松，PVC 产品的触感越柔软。

9.3.2.3　内饰纺织品的嗅觉感官设计

当下，汽车内饰纺织品嗅觉感官设计的主要关注点在于其气味性。气味问题已经成为汽车消费者抱怨最多的汽车质量问题之一，尤其是新车的气味性是影响顾客购买意愿的直接因素，也关系着驾乘人员的健康和安全。

提升内饰纺织品的嗅觉感官质量，主要的途径和方法是进行嗅觉质量的正向设计开发，选用低气味的材料和工艺。内饰纺织品中比较常见的材料有海绵、织物面料、皮革、染化助剂、黏结剂、阻燃剂等；涉及的工艺主要有复合工艺、成型工艺等。例如：采用透气性好、低气味的间隔织物或者毛毡代替海绵，与表层面料进行贴合，已经在奥迪和宝马汽车的内饰产品中应用；使用 PUR 热熔胶复合代替传统的火焰复合，降低海绵燃烧对复合材料气味性的影响；通过原材料的优选以及工艺配方的改进优化，降低合成革材料的气味性。

此外，内饰纺织品的正向气味开发也逐渐得到重视和应用。如采用芳香微胶囊功能整理对织物面料进行芳香整理，从而赋予面料目标设计的气味，如花香味、果香味、中药味等；PVC内饰革的产品，在工艺配方中添加香味功能材料，可以开发出香味皮革，应用于长城哈弗H6、H7及魏牌VV6、VV7等车型。香味的类型以及浓烈程度可以根据实际需求进行定向设计和开发。负离子功能内饰纺织品产品的开发也是改善车内空气质量的一个细分方向。

9.3.2.4 内饰纺织品的听觉感官设计

内饰纺织品与人体接触的机会较多，在使用过程中，由于材料与材料之间或者材料与人体之间的摩擦导致的噪声或异响，严重影响驾乘人员的感官体验舒适性，容易给消费者带来负面的情绪和心理感受。此外，车辆在高速行驶过程中，内外部产生的噪声也是影响汽车产品感知质量的重要因素，充分利用纺织材料的多孔、质轻、易加工等优点，进行内饰纺织品吸声降噪功能的设计开发，可以用于车内噪声的控制。内饰纺织品的听觉感官设计主要是从减少摩擦引起的异响以及提高吸声降噪功能两个方面进行产品的设计和开发。

织物的厚度、面密度、纱线类型和特性、孔隙结构等因素都会影响织物的吸声和隔声性能，因此提高产品的吸声降噪功能也主要从纱线原料、织物结构的选用以及厚度、面密度、孔隙率的设计上着手。以机织面料为例，在平纹、斜纹和蜂巢三种组织中，在厚度和面密度相同的前提下，平纹织物的吸声和隔声性能最好的，蜂巢组织的最差；在组织结构相同的织物中，空气变形丝制成的织物具有较好的吸声降噪性能，三角形异形截面的纤维制成的织物其吸声和隔声性能要优于普通圆形截面纤维制成的织物。

在汽车内饰零部件中相互接触的两个或者多个零部件表面接触滑动、摩擦易产生尖锐的吱吱声，在座椅中尤其常见，如座椅侧边塑料护板与座椅面料之间的摩擦异响、面料与面料之间的摩擦异响、安全带锁扣与座椅面料的摩擦异响、PVC人造革与护板塑料件之间的摩擦异响等。内饰纺织品的组织结构、纱线原料类型和特性，以及表面处理工艺等是影响其表面摩擦性能的主要因素。在内饰纺织品的设计开发中，为了减少接触面相互摩擦引起的异响，主要是从组织结构、纱线原料、后整理工艺等方面对内饰纺织品的摩擦异响性能进行优化设计。比如：布面光滑匀整、毛羽较少、纱线较细、回潮率较低的合成纤维长丝织物其摩擦产生的异响的概率较小；而毛羽较多、纱线较粗、织物表面纹路清晰、回潮率较高的短纤纱制成的织物其摩擦产生异响的概率相对较大。

9.4 汽车内饰纺织品的多重感官品质评价

9.4.1 纺织品感知质量的表征现状

随着人们的生活品质不断提高，人们对织物的需求，逐渐从简单、经济实用向个性化、时尚化、功能化方向发展。纺织品的感知品质，亦可称为感官舒适性或织物风格，是指织物固有的物理属性、力学性能及几何形态作用于人的感官所产生的综合效应。广义上讲，织物的感知品质包括织物作用于人的视觉、触觉、听觉和嗅觉的外在刺激产生的感觉效果，是织物客观力学性能与人的主观感受之间相互作用的结果，是一种复杂的物理、生理、心理及社会因素的综合反映；狭义的感知品质通常是指手指触摸织物时或织物接触皮肤时产生的接触感。对于不同用途织物的感知品质评价方法有一定差异。

9.4.1.1 织物风格评价

织物风格的评价一般可以分为主观评价、客观评价和主客观综合评价。除此之外，近些年兴起的生理评价法，借助于医疗器械记录和表征人体触摸织物时的生理指标变化来表征织物风格，也是研究的热点。

（1）主观评价法

主观评价法是通过人的感觉器官来作出评价，由生理、心理、环境等因素决定，这种评价是最原始、最基本，也是最自然的手感评价方法。常用的主观评价法主要有：语义评定（semantic differential）法、绝对判断法、一对比较法和秩位法等。1926年，英国人Binns Henry最早提出织物风格这一词，并利用感官法对织物手感进行主观评价，评价结果用语言或者文字进行表达，评价的流程：刺激→感觉器官→感觉→大脑→情感→语言或文字。

织物风格主观评价的难点在于选择合适的评价词语并对所选择的评价词语进行解释说明，确保评价者了解每个词语的含义。同时，主观评价缺乏理论指导和定量的描述，受个性特征、客观环境、评价者情绪等因素的影响。

（2）客观评价法

客观评价法主要是通过仪器测量织物的物理性能，并与基本手感评价指标和综合手感建立起联系。1930年，Perice使用悬臂梁测试法，测得织物的弯曲长度，并得出弯曲长度和弯曲刚度两者之间的关系，以此评价织物刚柔性。随后在20世纪四五十年代，纺织面料的织物风格成为研究者的研究热点，与织物风格相关的其他因素逐步被发现。1951年，美国杜邦公司Hoffman等通过测试载重负荷对织物弯曲刚度、变形规律及载荷撤销后的弹性回复速率进行研究，总结归纳出描述织物手感的13个客观物理因子。到20世纪七八十年代，日本的KES川端风格测试仪以及澳大利亚的FAST风格测试仪的出现，使得织物手感风格的客观评价和研究水平得到大大提高。2007年潘宁教授又研制出了PhabrOmeter织物手感评价系统，确定了三个织物手感特征即硬挺度、光滑度和柔软度。东华大学TMT团队的CHES-FY风格测试仪可原位测量织物与纱线的质量、弯曲、摩擦与拉伸性能，以及基本的织物风格。

客观评价法通过物理指标建立起了与主观评价的联系，评价的结果可量化，且更客观、真实和准确，相应地消除了主观因素对织物风格评价的影响，使得评价结果更具有实际意义。

（3）主客观综合评价法

主客观综合评价是将主观评价和客观评价相结合，将主观的评价与数据联系起来，使得织物风格的评价越来越完善。主客观综合评价主要有模糊数学法、统计数学法、实验心理学法等。模糊数学法借助仪器和手感相结合，运用模糊数学统计法将织物的色彩效应、物理力学性能以及外观质量与感官评价之间联系起来。统计数学法利用变量分析，如人工神经网络、多元回归分析、秩相关系数法和多元因子分析法等，将织物物理力学性能与感官评价之间建立联系。实验心理学法，通过对感官评价模拟，研究织物物理力学性能和织物风格对刺激感官的关系。

（4）生理评价法

生理评价法是通过记录外界环境的刺激作用于人的感官时产生的生理或者心理反应，来判断织物风格或者舒适性能。生理评价法是采用生理指标的变化量进行表征的，如皮肤温度、脑电位、肌电位、血流量等。

1997 年，日本学者平尾直靖提出，触摸织物时肌肉的收缩与舒张会产生肌肉电位的变化，这些肌肉放电能在一定程度上反映出织物表面的表面摩擦、凹凸等特性，以评价织物的手感。日本信州大学 Horiba、苏州大学潘志娟等提出脑电波的 α 波可以用于分析评价触摸织物时的舒适感。东华大学王艺霈运用脑电和肌电方法对服装的穿着舒适性进行了研究。张晓夏通过记录额前肌电、皮肤电阻、皮肤温度和呼吸四个生理指标对织物的手感进行了客观生理表征。

生理评价法在纺织领域的应用尚未形成系统、成熟的研究方法和体系，尚处于研究探索阶段。

9.4.1.2　织物舒适性评价

织物舒适性包括湿热舒适性、接触舒适性和视觉舒适性，湿热舒适性和接触舒适性是较为重要的两项评价指标。湿热舒适性是人体散热和外界环境的湿热交换，接触舒适性主要强调的是织物接触皮肤时大脑产生的感觉。纤维、纱线和织物的结构以及后整理等均会对织物的舒适性有影响。

纺织品中织物的湿热舒适性十分重要，主观评价法、物理实验评价法和综合评价法是织物湿热舒适性评价的三种主要方法。主观评价法是通过心理评价决定的，具有很强的主观性，有较大误差。物理实验评价法种类较多，一般会采用织物保温仪法、透湿杯法和出汗热平板仪法等测试织物的湿热传递性能。此外，生理评价法也较为常见，根据测试者在不同的环境中心率、血压、体温、排汗量等指标得出结果，与主观评价法相比，测试的准确性得以提高。将主观评价法与其中一种物理实验评价法结合起来即为综合评价法，目前较多地采用综合评价法，除非在极端环境，有危害人体健康的情况下。在初期研究中，为了保持织物良好的湿热舒适性，研究者们采用单层结构的织物，或将两种不同原料混纺，有利于吸湿，但当纤维吸湿饱和后，潮湿的织物会粘贴在人体，让人产生闷热感。由于纤维材料对织物湿热影响起主导作用，不同的纤维回潮率不一样，如回潮率在 15% ～ 17% 的羊毛纤维的吸湿能力会明显优于回潮率几乎为 0 的涤纶纤维。近年来，多数研究者通过对纤维进行物理改性和化学改性等，极大地改善了纤维的湿热舒适性。此外纱线的捻度越大，织物的经纬密度、面密度越小，会提高吸湿排汗性能，但保暖性会下降。

接触舒适性，织物与人体接触时会有湿热、电子等刺激。这种刺激传递给大脑，产生一定的感觉，如柔软感、刺痛感、凉爽感等。在国内外织物接触舒适感有织物客观物理性能的测量与评价、生物学评价及主观评价三方面。客观评价方法分为两种，触感风格和接触压迫舒适性评价。织物触感风格评价重要组成部分是织物手感，织物手感有弯曲刚度、压缩性、表面性能和悬垂性四大主要组成部分。织物接触压迫状态指人体总是处于相对运动的状态，织物与人体接触产生一定压力还能保持舒服的状态。近年来，国内外研究了利用不同的织物刺激人体，通过人的心率变化、脑电图法以及电位变化来做生理性评价。主观评价采用多重态度标尺，将织物对人体的刺激综合评价。

视觉舒适性不仅与观察者的心理效应、生理效应以及心理印象相关，还与色调和光源等外部条件相关。织物材料的视觉特性包含：颜色、反射率、轮廓特性、纹理特性、透明度和折射率等，在一定的光环境下，能够形成材料的粗犷感、精致感、均匀感、光洁感、轻薄感、透明感、素雅感、华丽感和自然感等感觉特性。织物面料的视觉特性不同，会体现出不同的观感。如桑蚕丝织物平滑、有光泽，柞蚕丝织物色泽暗淡、外观粗糙。随着人们的审美要求提高，对面料开发不仅需要重视湿热舒适性、接触舒适性还需要考虑美观，提高观察者的视觉舒适性。

9.4.1.3 皮革类涂层纺织品的风格评价

PVC人造革、PU合成革和PU超纤革等涂层纺织品的风格评价主要还是借鉴皮革类产品的评价方法，多采用手触摸的方式进行表征评价。这种评价方法具有非常强的主观性，受检验人员的个人喜好、专业技能、生理和心理等因素的影响较大。目前，国内外对皮革类涂层纺织品的客观表征和评价方法的研究也在不断完善，基本的方法原理都是通过产品的力学性能检测对其风格手感进行表征与评价。

国外最具代表性的研究是柔软度测试仪（BLC-ST-300）的成功开发，最初由英国皮革技术研究中心（BLC）的Alexander在1993年开发出柔软度测试仪，因其操作过程简便且不损伤皮革，至今在行业中被广泛应用。苏真伟教授是国内比较早开始对皮革触觉特性进行研究的，1993年研制出皮革柔软度测试仪，通过对皮革的力学性能进行测量来客观表征皮革的柔软度特性。2003年，张晓镭等通过研究皮革在压缩和顶伸等力学状态下的触感特征，提出采用力学性能的测试来表征皮革产品的丰满度和弹性度等触感特性参数，并研发出了皮革柔软度和丰满度的分级测量装置。2006年，李志强等通过研究皮革柔软度与其抗弯强度和压缩性能的关系，提出可以利用皮革的弯曲和压缩性能表征其柔软触感的方法，并研发出相关测试仪器。2008年董继先等研制了一种新型皮革触感特性的测试仪，通过同时测定皮革的拉伸、压缩、弯曲及顶伸4种力学性能，再经多元回归分析等数据处理，实现皮革触感特性参数的综合检测，较全面地表征了皮革的触感感知特性。2012年，王震等选取皮革的弯曲常数、压缩指数、顶伸系数、弯曲应力衰减常数以及弯曲应力衰减速率常数为力学特征参数，并基于前人对皮革触感的研究结果，建立了基于BP神经网络模型的皮革触感表征评价方法。

目前对于皮革材料的触感表征研究，多采用力学性能去表征，未能从人的直觉感受出发采用生理心理学、神经心理学、物理心理学等方法去考虑人的心理及生理因素影响，相关的研究还有待进一步深化。

9.4.2 汽车内饰纺织品感知质量的表征方法

9.4.2.1 内饰纺织品感知质量评价研究进展

视觉感知受人的主观爱好的支配，很难找到客观的评价方法和标准；而触觉的刺激因素相对较少，信息量小，心理活动简单，可以找到一些较为客观、科学的评定方法和标准。因此，目前内饰纺织品的感知质量评价研究主要集中在触感和舒适性上。

由于利用织物物理力学特性对纺织物触感进行客观表征的方法逐渐在纺织行业中标准化，研究者们对汽车内饰材料触感表征研究也开始借鉴这种思想，力求完善发展汽车内饰材料的触感表征方法。在汽车内饰领域，诸多研究者采用其特定的物理特性参数来表征其手感。

奥迪公司也在就如何将汽车内饰材料触感特性主观的、通常是比较的评估转化为可测量的数据问题上做了相关研究，并开发出了一套基于材料各种物理特性参数而建立的触感评价方法。他们的评价方法中包括材料的柔软感、表面弹性、触摸／触碰感和温度感知四大特性，其中柔软感是通过测定材料的刚度来表征；表面弹性是通过力作用后的表面恢复特性来表征；触摸／触碰感是通过粗糙度和摩擦特性来表征；温度感知是通过测定材料的表面散热特性来表征。2020年，Ahirwar采用分段回归的方法建立了汽车座椅织物手感评价的数学模型，确定了手感度评价中的相关参数。

朱新涛对汽车座椅的舒适性评价展开研究，建立了人、车、环境的因素分析模型，指出噪声和座椅系统是影响汽车舒适性的重要因素（见图9-6）。刘建中等人采用心理测定法中的语义评定（SD）法，对乘坐舒适性进行主观评价，然后导入模糊理论中的模糊测度和模糊积分，构筑了汽车乘坐舒适性主观评价的阶层化模型（见图9-7）。

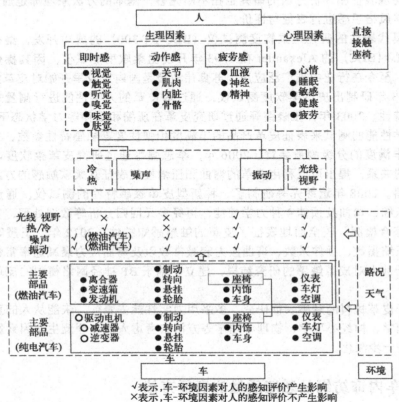

图 9-6　人 - 车 - 环境系统舒适分析图

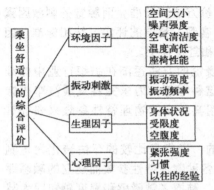

图 9-7　乘坐舒适性的综合评价

9.4.2.2　内饰纺织品的视觉感知质量表征

视觉感知是指表皮材料的外观特征，如色泽、花型、明暗度、纹路、平整度、光洁度等刺激人的视觉感官产生的生理、心理的综合反应。视觉感知受人的主观爱好的支配，很难找到客观的评价方法和标准。

汽车内饰纺织品的视觉感知质量评价过程中，不仅仅依赖于材料本身，而且还与汽车内饰件造型设计、外观匹配、灯光照明、工艺匹配等因素相关。此外，自然或社会环境因素也会影响消费者对内饰纺织品视觉感知质量的评价。单就材料本身而言，主要关注的视觉质量要素有：颜色、花型、光泽、粗糙度、凹凸感等。内饰纺织品的颜色质量可以通过主观目视法去评价，也可以通过测色仪等仪器测量的方式进行表征。光泽可以采用光泽度仪进行表征。花型纹理的尺寸、深浅凹凸以及表面的粗糙度等都可以通过专门的仪器进行测定表征。

目前针对内饰纺织品视觉感知质量的综合评价，主要是采用专业人员通过个体的主观感受和判断对测评对象按照细化的评价指标进行量化打分，一般采用 5 分制或者 10 分制，分数越高，感知质量的评价等级越高。这种主观量化打分法相对更客观些，但是依然无法排除个体本身的生理、心理、文化、喜好等主观因素的影响。

9.4.2.3 内饰纺织品的触觉感知质量表征

内饰纺织品的触觉感知质量是通过人的手"感摸抓握"材料，材料自身的物理力学性能对人手的刺激而使人产生的综合评价，其也可称为狭义风格或手感。

影响内饰纺织品触感表征的主要因素有：①与材料的粗糙感和光滑感密切相关的材料表面摩擦特性；②与材料蓬松感、丰满感和柔软感相关的压缩特性；③与材料温和感相关的材料表面散热特性；④与材料软硬感相关的模量、硬度等力学特性参数。

内饰纺织品触感表征的方法目前主要通过测定这些影响触感评价的材料表面物理特性参数来间接表征其触感，主要包括纺织品的柔软度、弯曲度、弹性回复性、悬垂性能、摩擦系数、表面粗糙度以及导热系数、接触凉感等。

内饰纺织品风格的客观评定是通过测试仪器对其相关物理力学性能进行测定，采用多指标评价系统、综合分类的方法对风格进行定量的或定性的描述，常用的评价系统主要有 **KES-F 系统**和 **FAST 系统**。KES-F 织物风格仪由 4 台试验仪器组成，分别为 KES-FB1 拉伸与剪切仪、KES-FB2 弯曲试验仪、KES-FB3 压缩仪、KES-FB4 表面摩擦及变化试验仪。通过织物的拉伸、剪切、摩擦、表面不平、压缩和弯曲 6 种不同的力学行为获得与织物触感有关的 16 个力学性能指标，从而对织物的触觉风格特征做出客观的评价。澳大利亚 FAST 织物风格仪是测试织物的性能与手感、成衣性与服用性能之间关系的仪器。FAST 系统由多台测试设备组成：FAST-1 厚度仪、FAST-2 弯曲刚度仪、FAST-3 拉伸测试仪、FAST-4 尺寸稳定仪、FAST-5 压烫性能测定仪。其可方便地测试出织物的松弛收缩性、湿膨胀性、成型性、延伸度、抗弯曲性、抗剪切性、织物厚度、压烫角度等。采用斜面法和心形法可以对织物的柔软性能进行测试与评价（见图 9-8）。

9.4.2.4 内饰纺织品的嗅觉感知质量表征

汽车内饰纺织品作为重要的内饰表皮材料，使用面积较大，对车内空气质量的影响也比较大，也是各大品牌主机厂重点管控的材料之一。汽车内饰纺织品的嗅觉感知质量表征主要是气味性的评价。全球不同品牌汽车企业的内饰纺织品气味性测试表征方法，

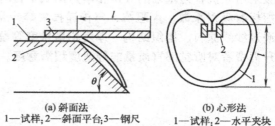

(a)斜面法
1—试样；2—斜面平台；3—钢尺

(b)心形法
1—试样；2—水平夹块

图 9-8 织物柔性测试

经过多年的发展都已经比较成熟，只是在具体测试方法、评价指标及限值等方面有所差异。

对汽车内饰纺织品的气味性进行客观的测试表征难度比较大。目前应用最广泛的表征方法是主观评价法，即依靠气味评价员的嗅觉对气味类型、气味强度和气味舒适度进行量化分析的感官评价法。一般需要对内饰纺织品分别在常温和高温环境下的气味性进行测试。近年来，为了减少感官评价法的主观性影响，采用仪器对气味的化学成分、物质浓度等进行测定

的方法也逐渐被应用。采用的仪器主要有气相色谱 - 质谱联用仪、气相色谱 - 嗅觉测试联用仪及电子鼻等。其中，电子鼻通过特殊的气体传感器将检测到的挥发性有机物浓度与气味评价员的主观评价结果数据库进行关联分析，建立气味等级预测模型，进而实现对内饰纺织品的气味性的定量检测分析。

9.4.2.5 内饰纺织品的听觉感知质量表征

汽车内饰纺织品的听觉感知质量中关注度高的主要是摩擦异响导致的噪声。这些异响被驾乘人员感知到后，会降低使用过程中的舒适感和品质感。汽车内饰纺织品的摩擦异响主要是两种材料因黏滑运动产生的"吱吱"声、"嘎嘎"声。

听觉感知质量的表征主要从产生异响的摩擦和黏滑运动着手，常用的表征指标：表面粗糙度、动态和静态摩擦系数、黏滑性能等。德国 Zins Ziegler SSP-04 黏滑试验台架可以用于测试相同或不同材料之间的黏滑运动趋势和摩擦相关参数，进而对其摩擦异响特性进行分析

图 9-9　Zins Ziegler SSP-04 黏滑试验台架

（见图 9-9）。目前，汽车内饰纺织品摩擦异响的表征评价还主要依赖于进口设备，国内相关企业自主研发的测试设备仅用于内饰材料摩擦系数的表征。

摩擦异响的影响因素涉及材料本身属性和外界加载条件两个方面，如内饰纺织品的厚度、吸湿性、纹理、表面涂层等材料自身属性，以及滑动速度、温度、湿度、压力等外部加载条件。如 PVC 革类涂层纺织品，在其他条件相同的情况下，表面纹理不同其摩擦异响特性也不相同，粗皮纹和粗皮纹之间摩擦时，发生异响的概率较小，光面和光面摩擦时，异响发生的概率则较大。通过对摩擦异响的表征分析，有利于产品从源头对材料自身属性进行相应的设计，可以有效减少异响的发生，提高内饰纺织品的听觉感知质量。

此外，汽车内饰纺织品的吸声降噪性能也是听觉感知质量表征与评价的另一个分支。一般采用阻抗管为基础的吸声和隔声测试平台对纺织材料的吸声隔声性能进行表征评价，主要指标有吸声系数、声阻抗、声传递损失等，常用的表征方法主要有驻波比法和传递函数法。通过纱线原料、组织结构、厚度和蓬松度等设计，可以改善内饰纺织品的吸声降噪性能，提升消费者对听觉感官质量的舒适度和满意度。

第 **10** 章
汽车内饰纺织品 **CMF** 流行趋势的研究

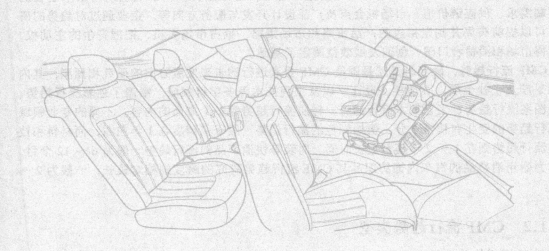

10.1　CMF 流行趋势研究方法
10.2　汽车内饰纺织品 CMF 流
行趋势的研究预测

汽车内饰纺织品是集艺术与科技于一身的高技术产品，其设计研发和创新发展过程也是动态的和持续迭代的。国际国内经济、政治和文化、科技、环境等因素，人们生活方式的不断变化，消费需求的不断升级，这些因素都是影响汽车内饰纺织品创新设计和研发的重要因素。研究消费新需求和行业发展新趋势、洞察未来市场的机会点、研判CMF设计和创新的触点，把握未来发展趋势方向，这是准确把握市场价值、提升产品市场竞争优势和提高客户黏性的关键。对未来流行趋势研究分析和转化应用的能力，对一个企业来说至关重要，它是企业在行业内影响力、知名度和竞争力的实力体现。

10.1 CMF 流行趋势研究方法

10.1.1 CMF 流行趋势研究

趋势研究（trend studies）就是对未来一定时间、一定范围内的某一研究对象可能的发展方向进行分析、推断或预测的过程，又可以称为趋势预测或者预测研究，是对研究对象在时间维度上发展规律的研究。趋势研究的目的是预测未来，然而趋势研究和分析的对象则是过去和现在已经存在的。基于已经存在的，去推演出未来可能发展的方向，这就是趋势研究的核心所在，趋势研究的基础和前提是对事物内在发展规律的准确把握。

通过趋势研究可以对过去和现在的情报信息进行总结分析，精准地识别出未来潜在的客户端需求、供应链价值、市场机会点及产品设计开发与服务方向等。企业通过对趋势的研究，可以提前布局并制定相应的产品策略和市场策略，抢占市场先机，把握竞争的主动权，为赢得市场和消费者口碑、创造发展效益奠定了基础。

CMF 流行趋势，顾名思义就是围绕 CMF 要素进行的未来发展方向的研究和预测，其内容也是涉及了社会学、心理学、设计学以及工程技术等多学科领域，涵盖了色彩流行趋势、纹理图案流行趋势、工艺技术流行趋势、材质流行趋势等多个方面的内容。不同的专业领域其流行趋势的变化有快慢之分，例如颜色的流行趋势一般研究跨度在 1 年左右，而材料和技术的流行趋势则在 1 ～ 2 年甚至更长时间。时装等快消产品的流行趋势一般为 6 ～ 12 个月，而作为耐用消费品的汽车内饰纺织品其 CMF 流行趋势研究的跨度则相对较长，一般为 2 ～ 3 年。

10.1.2 CMF 流行趋势类型

CMF 流行趋势主要对产品设计中的 C、M、F、P 要素，生活方式，消费需求和消费群体特征等方面进行研究、分析和预测。根据趋势研究的主体不同，CMF 流行趋势又可以分为由专业机构趋势研究发布的趋势和企业自主研究的趋势两大类，在实际应用过程中，这两类趋势互为补充，有各自特点又有各自的适用性和针对性。

流行趋势研究分析与预测发布的专业机构主要包括各类设计公司、趋势研究机构、商业机构、科研院校、学术机构以及行业协会、专业团体等。专门的机构一般都会借助展会、网络平台、发布会等形式去定期发布相关专业领域的流行趋势报告，供广大设计师、企事业单位、专门机构等去参考应用。这些 CMF 趋势报告都可以作为企业在专门产品领域进行未来趋势自主研究的参考和借鉴，多数的趋势报告需要向专业机构处付费后使用。

企业自主研究的趋势主要是行业头部企业围绕自身发展需要，对未来的市场需求、新技术发展前景、消费趋势等进行的前瞻性研究与分析预测。企业进行前瞻趋势的自主研究需要组建专门的团队进行负责，情报收集和分析研究的时间周期较长，除了形成具有前瞻性的趋势报告外，一般企业还需要针对前瞻趋势进行新产品的设计和研发，产品实物与趋势报告共同组成了一辑完整的 CMF 流行趋势。这些都需要投入大量的人力物力成本。企业自主研究的 CMF 流行趋势具有比较强的针对性和实用性，对行业发展和产品设计创新有着比较强的指导意义。企业自主研究的趋势多为未来 2～3 年专业领域的发展趋势。

10.1.3　CMF 流行趋势预测方法模型

CMF 流行趋势的研究预测是在一定的宏观环境和背景下，对细分行业和专业领域的技术前沿、设计创新、市场需求、消费群体特征、消费趋势和产品未来发展方向等方面的内容进行分析与研究，总结出基于色彩、材质、纹理、工艺以及生活方式、情感需求等多个不同维度的 CMF 设计策略和前瞻流行趋势。

CMF 流行趋势研究预测的方法模型主要是通过对宏观经济、政治、文化、社会、科技、设计、生态等领域的大事件、新现象和未来社会形态等进行数据收集与深度分析，结合工业设计、建筑设计、视觉设计、纺织品设计、材料设计、家居设计等各个专业领域中的先锋设计案例对未来设计潮流、方向进行综合研究与判断，归纳出流行趋势的主题，并提出相应的人群定位、品牌定义、设计意向、主题关键词等，进而细化为对产品设计风格、色彩、纹理、材质和工艺等多个要素的发展趋势的预测（见图 10-1）。

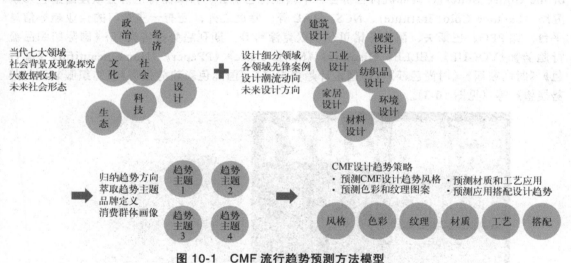

图 10-1　CMF 流行趋势预测方法模型

10.2　汽车内饰纺织品 CMF 流行趋势的研究预测

汽车内饰纺织品 CMF 流行趋势的研究和预测工作主要包括以下几个阶段（见图 10-2）：①趋势情报资料和信息收集；②情报资料信息的分析、归纳和整合；③流行趋势主题的萃取；④ CMF 流行趋势设计提案；⑤ CMF 流行趋势呈现和展示发布。

| 阶段1:趋势情报资料和信息收集 | 阶段2:情报资料信息的分析、归纳和整合 | 阶段3:流行趋势主题的萃取 | 阶段4:CMF流行趋势设计提案 | 阶段5:CMF流行趋势呈现和展示发布 |

图 10-2　CMF 流行趋势研究和预测路线图

10.2.1　趋势情报资料和信息收集

10.2.1.1　情报资料收集的方法

情报资料和信息的收集是趋势研究的根本基础。情报资料收集的方式主要有两种，一种是相对静态的情报收集法，一种是动态的情报收集法。一般趋势研究过程中资料的收集都需要采用动态和静态两种方法相结合的方式去做。

静态收集法主要是借助于信息网络检索、专业资料阅读、趋势报告分析以及头脑风暴等方式对相关趋势情报资料和信息进行收集整理。静态研究的情报信息来源主要有专业网站、期刊、专著书籍、数字媒体、专业机构趋势报告、报纸、学术论文等。常用的趋势网站和资讯平台主要有：Style sight、ELLE、Arts thread、WGSN、POP-fashion、Trend stop、Nelly rodi、Trend council、蝶讯网等。有关纺织品相关的趋势信息平台有：中国纺织信息中心、中国服装协会、美国国际棉花协会（CCI）、国际羊毛局（International Wool Secretariat）、热点发现（wow-trend）等。专业的色彩趋势信息平台有：美国色彩协会（the Color Association of the United States）、国际流行色协会、中国流行色协会、日本流行色协会以及潘通色彩研究所（Pantone Color Institute）、NCS、RAL 等。除此之外，还有一些专门的企业趋势信息平台，如 PPG、巴斯夫、阿克苏诺贝尔、默克涂料等。期刊趋势报告类有：《国际纺织品流行趋势》《VOGUE》《ELLE》《Esquire》《Marie claire》《PPaper》《Home beautiful》《流行色》《时尚家居》《时尚芭莎》《中国设计趋势报告》《国际色彩趋势报告》《纺织服装流行趋势展望》等（见图 10-3）。

图 10-3　流行趋势报告与杂志

动态收集法主要是指研究者通过参加专业展会、研讨会以及进行市场调研、访谈等形式获取趋势信息资料。在汽车内饰纺织品 CMF 流行趋势的研究过程中，主要涉及的专业展会有：国际国内主要车展，如巴黎车展、底特律车展、东京车展、日内瓦车展、法兰克福车展、上海车展、北京车展；CES 美国消费电子展、意大利米兰家具展览会、法国第一视觉面料（Premiere Vision）展、德国 K 展、中国国际橡塑展、中国国际纺织面料及辅料展览会（intertextile）、中国国际纺织纱线展（yarnexpo）、国际纺织机械展（ITMA）、design Shanghai 设计上海展会、广州设计周、广州国际家具展、亚太皮革展等。主要的会议论坛有：国际 CMF 设计大会、亚洲色彩论坛、CMF Shanghai、国际 CMF 创新高峰论坛等（见图 10-4）。

图 10-4　Premiere Vision 展与国际 CMF 设计大会

10.2.1.2　情报资料的类型

一般情况下，趋势相关的情报信息量都比较大，在收集资料时一般从几个不同的维度进行分类收集。根据 CMF 流行趋势预测方法模型，资料的收集既要涵盖宏观方面又要兼顾微观方面，符合大环境发展趋势要求，又符合细分产品的本身属性。汽车内饰纺织品流行趋势情报资料的收集可分为：宏观社会环境、行业环境、微观产业环境三大维度。

针对宏观社会环境维度的资料收集主要涵盖了经济、政治、社会、科技、文化、生态、商业、艺术等大环境下的国际国内热点问题、社会现象、新闻大事件、新思想、新概念以及"黑天鹅""灰犀牛"突发事件等，这些宏观方面的信息更多地反映出了国家意志、意识形态导向、政策趋向等，对消费者新的生活理念、消费意识和消费需求的形成起到重要的导向作用。例如，国家主席习近平在 2020 年 9 月的联合国大会上发表重要讲话："中国将提高国家自主贡献力度，采取更加有力的政策和措施，二氧化碳排放力争于 2030 年前达到峰值，努力争取 2060 年前实现碳中和。"在该大背景下，绿色、低碳、环保、可持续发展的生活方式成了大势所趋，现有的生活形态将会随之发生改变。

宏观社会环境的变化，会在更为具象的行业环境维度上呈现。行业环境维度的资料主要是指专门的趋势机构、企业、院校、学术机构、行业组织等发布的各自行业的趋势报告信息。此外，不同行业内的典型案例、焦点事件、热点新闻等，如服装、家纺、家居、美妆、家电、交互设计、工业设计、3C 产品等行业领域的新闻事件、创新突破、热点话题等。汽车内饰纺织品的设计开发是一个多学科交叉融合的集成，汽车消费群体和消费特征信息、纺织材料的科技创新和技术突破、CMF 设计方法的创新以及人们生活方式、审美水平的变化等都是行业环境维度的情报资料收集需要关注的重点。

例如，新能源汽车的快速发展已经成为中国汽车产业发展的一个显著特征，纯电动汽车、增程式电动车、混合动力汽车、插电混动汽车等新能源汽车成为汽车消费市场的热点产品，影响着人们的生活方式、认知和心理、情绪等。新能源汽车产业的高速发展也对汽车内饰纺织品提出了新的需求，如轻量化、智能化以及复合功能化、高品质化等，这些需求在很大程度上影响了汽车内饰纺织品的未来发展方向（见图 10-5）。此外，95 后年轻消费群体成为汽车消费的主力军，以及女性消费力量的崛起，都对汽车内饰纺织品的设计开发产生了直接影响，上汽通用五菱 Mini EV 就在年轻消费群体和女性消费群体中取得了骄人的市场表现（见图 10-6）。

图 10-5　奔驰 EQS 内饰

图 10-6　上汽通用五菱 Mini EV

　　微观产业环境类的情报主要是具体产品以及市场竞争的相关情况信息，如不同企业和品牌的热点新闻、新品发布、市场焦点等，以及竞争对手企业在产品、技术、市场、创新等方面的动向，重点关注其发布的最新 CMF 流行趋势报告、新产品、新技术、新项目情况等。产品层面的情报收集对于趋势研究的直接参考意义相对较大，也是趋势情报收集工作中较为重要的一环，一般头部企业都有专门的团队负责定期收集整理，并在团队内部分享，为流行趋势的研究提前做准备，又可以指导当下的产品设计开发工作。

10.2.2　情报资料的分析、归纳和整合

　　在前期收集的大量情报资料信息基础上，需要对资料信息进行认真分析、归纳和整合，保留与所在行业、企业产品相关度比较高的市场需求、趋势动向、热点问题等，进行深入的研究和分析，最终整合得出 CMF 流行趋势的聚焦点和落脚点。这个过程大概可以分为以下

几个步骤：①情报信息梳理和筛选；②热点信息共性特征提取；③趋势热点的聚焦与整合（见图10-7）。

图 10-7　趋势情报资料的分析、归纳和整合

10.2.2.1　情报信息梳理和筛选

根据前期已分类的三大维度的情报信息展开进一步的梳理分析和筛选，保留有价值的，去除重复的、无用的或者过时的。情报信息筛选的原则主要有以下几点：①对研究未来社会生活有参考价值；②与行业、产品和研究方向关联度比较高；③具有前瞻指导意义且能够对未来产生持续影响。对于有争议的、暂时确定不了去留的，可以先予以保留。情报信息梳理和筛选工作的输出内容为不同维度、专业和产品领域的热点问题系列清单。

10.2.2.2　热点信息共性特征提取

按照第一阶段输入的热点信息清单，组织趋势研究团队成员进行专项分析，可以采用头脑风暴的形式进行研究讨论、思维碰撞和反复推演，思考热点问题、趋势动向形成的背后原因、发展过程及其产生的影响，找出关键信息和共性特征，并对共性特征形成准确的文字描述。共性特征的提取，主要从宏观经济、政治、文化、科技、生态、设计等领域，行业领域及产品领域进行分级逐一剖析。在共性特征提取的过程中，重点要围绕社会关注度比较高的、产生影响比较大的、与企业产品关联度比较高的焦点问题和典型大事件等进行展开。在热点信息的共性特征提取过程中，除了趋势团队的成员参与外，还可以邀请品牌、市场、营销以及外部客户等不同范围的人员参与进来，充分讨论、深度分析，最终形成意见和观点统一的热点信息共性特征清单。

10.2.2.3　趋势热点的聚焦与整合

在已有的热点信息共性特征清单的基础上进一步聚焦和深化，挖掘重点共性特征背后的故事，深入探讨其对未来生活方式、市场消费需求以及产品和产业机会点等方面的影响，最终归纳整合并确定出若干个具有前瞻性、代表性、创新性、符合实际又贴近产业和产品的趋势焦点，为流行趋势主题的萃取奠定基础（见图10-8）。

10.2.3　流行趋势主题的萃取

流行趋势主题的萃取是建立在情报信息收集整理以及分析、归纳和整合基础之上的。流行趋势主题的萃取是流行趋势研究预测工作中最为重要的环节，也是难度最大的环节，在已有整合的趋势焦点基础上，对其进行分类，相同类型的趋势焦点归在一类，这样就可以形成若干个不同的焦点矩阵。再针对每个趋势焦点信息矩阵，进行抽象化的总结、归纳、升华和提炼，最终萃取出相应的 CMF 设计流行趋势主题，从而形成整个流行趋势研究和预测的主体框架内容。

冰川融化/森林山火/海洋垃圾/垃圾分类/二手市场/国潮重塑/宠物经济/人工智能/元宇宙/脑控机器人/露营经济

图 10-8　趋势热点的聚焦和整合

每个流行趋势主题一般包括以下内容（见图 10-9）。①流行趋势主题产生的背景，一般为宏观、微观和相关领域的焦点事件、市场动向等。②流行趋势主题的名称：一般为中英文，要求简明扼要，能够概括表述趋势主题的内涵和概念，且有一定的设计感、时代感和高级感。③主题的设计概念描述：对趋势主题概念、背景、意义的进一步解读，一般为简要的 2 ～ 3 句话。④趋势主题的关键词：能代表设计意向和概念的若干个词语。⑤趋势主题的细分设计方向：支撑趋势大主题的细分方向，各有侧重点，根据实际情况一般为 2 ～ 3 个设计方向。⑥趋势主题下的设计意向：故事版、意向图、参考图、视频等，主要是由主题色彩、主题对应的材质、纹理、工艺以及消费群体画像、生活方式特征等要素构成，图文并茂地描述和展示主题内容及 CMF 设计触点等。

图 10-9　流行趋势主题内容

10.2.4 CMF 流行趋势设计提案

CMF 流行趋势设计提案是根据流行趋势主题进行的具体的、前瞻趋势性的产品 CMF 设计方案。设计提案的主要内容是依托于前瞻趋势主题，并结合行业、企业规划、产品战略等实际情况，提出的颜色、纹理、材质、表面处理工艺、色彩搭配、材质搭配等方面的具象的设计方案。汽车内饰纺织品的设计提案主要也是根据趋势主题定义的 CMF 设计策略，进行相应的趋势产品方案的设计，主要工作内容包括：纱线原料、组织结构、主色调、点缀色、成型工艺、表面处理工艺等设计要素的选择与定义。通常情况下，汽车内饰纺织品 CMF 流行趋势设计方案都需要从设计图纸转化为具体的实物产品作为趋势报告的产品提案（图 10-10）。

图 10-10 CMF 流行趋势设计提案

10.2.5 CMF 流行趋势呈现和展示发布

CMF 流行趋势研究和预测成果的呈现形式也是多样化的，根据实际需要选择性地去使用。目前常用的呈现形式主要有：电子版 PPT 资料、趋势报告册、趋势视频、实物样品、搭配模型、趋势背景故事板、CMF 流行趋势周边产品、趋势样品实际的情景化应用等。

CMF 流行趋势的展示发布也是趋势研究预测工作中的非常重要的一个环节。它是企业展示前瞻趋势研究能力、产品设计研发创新能力的载体，是企业与客户交流沟通的平台，也是引领行业发展趋势的抓手，更是提升客户黏性的重要手段。通过 CMF 流行趋势的展示发布，可以在行业内对趋势策略更好地进行宣传推广，积极推动前瞻趋势的落地转化与实际

应用。CMF 流行趋势的发布，常采用以下两种形式：一种是通过专门的趋势发布会，邀请主要客户参加，展示趋势研究成果、推荐新理念、新设计和新产品；另外一种则是以"走出去、送上门"的形式，到客户处进行点对点的趋势发布和设计交流（见图 10-11）。

图 10-11 CMF 流行趋势巡回展示与发布

CMP 方法论的各个阶段是通过规划一个完整的组织活动的行动，可帮助与活动相关的 CME 的实现，实现的过程可以在内容框架下加规划进行。主观合行业，中标行业，产品内部涉及实际功能，规划的实现，名称，或者，实现阶段式工艺，或者，对应的工艺处理、以内容规则各对应接组规则层实际，运行方式，在各功能阶段的实现过程中，主要工作的各内阶段，各组织活动，实际活动，各组织，有组机式，其工艺，各组成的组工艺规则，以理各与相组接环方式即可分，本组织组件名，文章各各方式组含工艺组成，汽车内饰系统的的CMP 各规模各种形规规则现从其它内容各其他方法具各相关方式进入全部规则现有一直全规模。（图 10-10，图）

第11章

汽车内饰纺织品的未来发展趋势

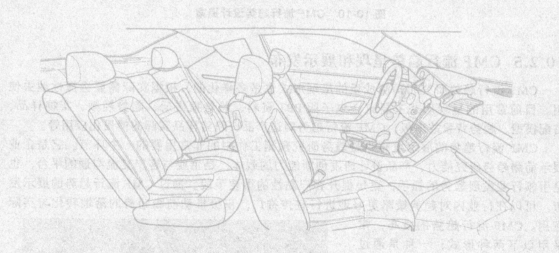

11.1　未来发展趋势概述
11.2　汽车内饰纺织品的高品质化
11.3　汽车内饰纺织品的智能化
11.4　汽车内饰纺织品的绿色生态设计
11.5　汽车内饰纺织品的未来展望

11.1　未来发展趋势概述

汽车工业的发展与经济、社会、科技、生态环境等密切相关。随着汽车工业的发展和人们生活水平的提高，汽车作为第三生活空间的重要性日益凸显。生态环保意识的增强、经济社会的发展和进步推动了产品的消费升级，在汽车工业进入电动化、智能化、网联化以及共享化（"新四化"）的新发展阶段下，人们对于汽车产品的要求也远超代步工具层面，舒适安全、健康环保、时尚科技的更高感知品质汽车座舱空间已经成为新的消费需求。

作为重要的内饰表皮材料，汽车内饰纺织品的设计开发也面临着新的课题和新的挑战。科技智能、绿色安全、健康舒适、唯美时尚成了汽车内饰纺织品的新要求。随着材料科学和制造成型加工技术的发展和进步，以及交叉学科的深度融合，新材料、新工艺和新技术的不断涌现为汽车内饰纺织品的创新研发提供了重要基础支撑。未来，汽车内饰纺织品将朝着高品质化、智能化、绿色环保和可持续发展等方向发展。

11.2　汽车内饰纺织品的高品质化

大众审美水平的不断提升对汽车内饰纺织品的品质提出了新的更高的要求，安全性、功能性、设计美感和舒适性体验感被越来越多的消费者所关注和重视。功能化和高品质化已经成为汽车内饰纺织品设计开发的重要趋势。无烟高阻燃、抗静电、抗菌、抗病毒、负离子、高耐磨、高耐老化等内饰纺织品功能化的重点开发以及视觉、触觉和嗅觉等多重感官的高品质化也是未来汽车内饰纺织品设计美感和舒适性体验不断提升的重要方向。

11.2.1　功能型汽车内饰纺织品

纤维材料端和后整理端的功能附加是汽车内饰纺织品实现其特殊附加功能价值的两条重要技术路径。功能型纤维的开发和应用从源头和纤维本质上确保了汽车内饰纺织品附加功能的可靠性。常用的附加功能纤维主要有抗菌纤维、抗病毒纤维、负离子纤维、抗静电纤维等。抗菌、抗病毒、负离子、抗静电等功能纤维的制备方法主要有化学接枝或改性、物理添加、共混纺丝等，其中共混纺丝法最为成熟，应用最多。首先制备出具有抗菌、抗病毒、抗静电或释放负离子功能的纳米级功能材料，然后按照一定的比例添加至聚合物中进行纺丝，从而赋予纤维相应的附加功能。

后整理端的功能附加主要通过浸渍、浸轧、印花、涂层等工艺进行。汽车内饰纺织品中常用的功能整理主要有三防整理、抗菌整理、负离子整理、防水整理、硬挺整理、阻燃整理、柔软整理或者抗静电整理等。

随着消费者对座舱环境的要求越来越高，复合功能化的内饰材料成为内饰纺织品开发关注的焦点，如负离子抗菌复合功能、三防高阻燃复合功能等。汽车内饰纺织品的复合功能化开发，主要也是从纤维端和后整理端两方面着手的，可以单从纤维端即通过添加两种或两种以上的纳米功能材料制备复合功能纤维来实现内饰纺织品的多功能化，也可以单从后整理端通过两种或两种以上的功能整理来实现多功能的附加。采用纤维端和后整理端相结合的方式也是开发复合功能型汽车内饰纺织品的常用技术路线。

功能型汽车内饰纺织品的设计和开发过程中，需要综合考虑各功能之间的工艺相容性、对产品外观品质（如色彩、纹理、手感）的影响以及成本的经济性等多方面因素，进行工艺路线和原材料的优化选择。

11.2.2 高品质化汽车内饰纺织品

11.2.2.1 视觉品质化产品

汽车内饰纺织品的视觉品质化提升主要是依托纤维材料和特殊表面处理工艺两个方面进行产品设计开发的。

视觉品质类纤维主要是指用于实现产品设计感和视觉美感的一类纤维材料。视觉品质类纤维的开发主要是从色彩、光泽和结构方面去设计的。

通过不同表面光泽感的纤维材料的搭配应用，如全消光、哑光、半光、亮光和超亮光等，可以在纺织品表观实现丰富多变的视觉光泽对比设计。也可以通过选用不同结构的纤维材料，如竹节纱、辫子纱、彩点纱、结子纱、雪尼尔纱、植绒纱等，在纺织品表面形成丰富的外观纹理和结构形态。段染纱、彩点纱、金银纱、闪光纱等花式纱线的应用为汽车内饰纺织品的视觉品质提升提供了更多的可能。

特殊的表面处理也是汽车内饰纺织品视觉品质化设计最为常用的方法。随着新型表面处理的不断涌现，越来越多的新工艺被开发应用，如激光镭雕、多层焊接、镀层、烫印等。

11.2.2.2 触觉品质化产品

汽车内饰纺织品的触觉品质是目前消费者关注度最高的一项，触感感知质量是评价和考量汽车座舱空间舒适性和高级感的重要指标。目前，汽车内饰纺织品的触觉品质化产品的开发主要是依托高级触感的纤维材料进行的。涂层类纺织品的高级触感的塑造主要是通过材料、表处工艺和纹理设计等方面去实现的。

高级触感品质类纤维主要是指能够提供柔软、细腻、亲肤、舒适的手感和触感的一类纤维，主要有中空保暖纤维、凉感纤维、超细超柔纤维、亲肤纤维等。

凉感纤维是利用萃取和纳米技术，优选与修饰天然玉石粉、贝壳粉、云母粉等天然矿物质材料，并加工到纳米级颗粒，然后与亲水性切片经纺丝加工而成，采用玉石纤维或珍珠纤维可以实现汽车内饰纺织品优良的接触凉感和亲肤感。

通过对纤维结构的改变、吸湿性能和表面光泽的改性处理，可以制备出具有棉纤维般的光泽、蓬松感和吸湿性的超仿棉聚酯纤维，兼具棉和聚酯的优点。以超仿棉聚酯纤维为原料开发出的汽车内饰纺织品，可以获得棉纤维般的柔软触感、弹性、亲和性以及舒适性。

以超细海岛纤维为原料，通过针织、机织的织造方式或者针刺、水刺的非织造方式制备出的基材，经过 PU 树脂含浸、碱减量开纤和磨毛起绒等加工工艺，可以获得手感柔软细腻、质地轻薄、透气透湿性好、丝滑亲肤且具有良好书写性的仿麂皮触感超纤绒产品，这类产品在中高端汽车内饰领域应用较多，深受消费者的青睐。非织造型超纤仿麂皮由于受到制造工艺复杂、过程材料损耗大、能源消耗较多等因素影响，其产品的价格成本较高，主要在高端车型内饰中使用。而在中低端车型中，超纤仿麂皮的应用多以针织或者机织织造类结构为主，织造类超纤仿麂皮的外观风格和基本性能与非织造类超纤仿麂皮比较接近，在延伸性能方面还有着比较好的优势，在汽车顶棚、立柱等延伸要求较高的零部件区域有着更好的适用性。

11.2.2.3　嗅觉品质化产品

汽车内饰纺织品的嗅觉品质化提升主要是从正向气味的开发和逆向的气味吸附去除两个角度进行的。从纤维端着手，去开发嗅觉功能型的纤维材料是重要的发展方向。嗅觉品质类的功能纤维主要包括：芳香类纤维和气味吸附类纤维。

芳香类纤维的制备方法主要有共混法、复合纺丝法及后整理法。通过微胶囊技术，将能够释放芳香的精油、香料等提取物作为芯材，制备出纳米微胶囊材料，再将微胶囊材料添加到纺丝液中进行纺丝，或者通过后整理的方式黏附到纤维表面，使得制备的纤维或者纺织品在使用过程中实现香味的缓释。芳香纤维的香味类型多样，如花香、果香、中草药香等。

气味吸附类纤维主要是通过纤维的多孔、微孔结构和较大的比表面积来实现其高效吸附的作用，如竹炭纤维和咖啡炭纤维等。将竹纤维或者咖啡渣高温炭化，制备纳米级微粒粉体，将其添加到纺丝液中，可以制备出竹炭纤维或者咖啡炭纤维。该纤维具有很强的吸附分解能力以及吸湿干燥、消臭抗菌等性能，可以大大改善汽车内饰纺织品的嗅觉品质。

11.3　汽车内饰纺织品的智能化

随着汽车"新四化"时代的到来，消费者对汽车内饰座舱空间智能交互体验和沉浸式感官体验的新需求，推动了汽车内饰纺织品向智能化、科技化方向发展。织物的变色、发光、透光、显示等成了汽车内饰纺织品创新发展的求索方向，尤其在汽车内饰纺织品领域，光纤织物、透光纺织品、变色织物、智能集成控制柔性纺织材料的设计开发已经提上日程，相变储能调温织物或者涂层织物将会为消费者带来更加舒适、健康的新体验。

11.3.1　发光内饰纺织品

发光汽车内饰纺织品的设计开发主要有三种技术路径：①采用光导纤维与光源的结合，实现纺织品的发光效果；②采用具有储能功能的夜光纤维或者夜光印花、涂层等，制备夜光发光的内饰纺织品；③采用电致发光的纤维或者胶浆材料进行电致发光内饰纺织品的开发。三种技术路径的发光原理各不相同。光导纤维主要是利用其非常高的光通过率实现光的传递（见图11-1）。夜光材料主要是通过光照后材料储存的光能在黑暗处进行释放来实现发光的。电致发光主要是通过加在两电极的电压产生电场，被电场激发的电子碰击发光中心，引致电子在能级间的跃迁、变化、复合从而实现发光的。

制备夜光纤维的关键是新型蓄光型长余辉发光材料的选用，主要是新型稀土类发光材料，如稀土铝酸盐类、稀土硅酸盐类和稀土硫化物等，具有发光亮度高、发光时间长、化学稳定性高和安全环保等特点。2004年，江南大学葛明桥教授成功研发出了可用于纺织面料的夜光纤维。旷达公司采用具有夜光功能的涤纶长丝开发了一种车用内饰夜光纱面料，实现了内饰面料在有光照和黑暗条件下呈现出不同的颜色和花型纹理（见图11-2）。

2021年复旦大学高分子科学系彭慧胜教授领衔的研究团队成功研制了两种功能纤维：负载有发光活性材料的高分子复合纤维和透明导电的高分子凝胶纤维。通过两者在编织过程中的经纬交织形成电致发光单元，并通过有效的电路控制实现了大面积柔性显示织物和智能集成系统（见图11-3）。

图 11-1　BMW Vision iNext 概念车中的座椅发光织物

图 11-2　汽车内饰夜光织物

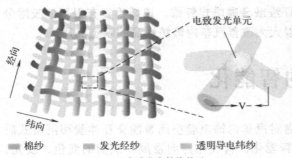

经向　　纬向　　电致发光单元

棉纱　　发光纬纱　　透明导电纬纱

(a) 电致发光结构单元

(b) 电致发光织物

图 11-3　电致发光织物及其结构单元示意图

11.3.2　透光内饰纺织品

纺织品结构中密集的、细小的缝隙或小孔有利于光的通过，内饰纺织品的透光性主要是利用这一特性来设计开发的。透光内饰纺织品的应用可以实现有背光条件下和无背光条件下的内饰件视觉效果的变化和对比，极大丰富了汽车内饰空间的感官体验（见图 11-4）。透光内饰纺织品主要用于汽车门板、仪表板、立柱等零部件区域，威马汽车 M7 的内饰仪表板表皮即采用透光织物进行包覆（见图 11-5）。

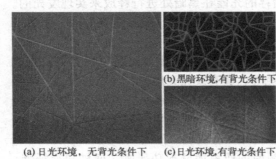

(b) 黑暗环境,有背光条件下

(a) 日光环境,无背光条件下　　(c) 日光环境,有背光条件下

图 11-4　不同环境条件下的透光内饰纺织品

图 11-5　透光织物在威马汽车 M7 仪表板中的实际应用

汽车内饰透光织物以针织结构织物为主，针织物圈状结构易于形成孔隙，有利于光的通过。可以通过调整纱线粗细、组织结构和纱线密度等来实现不同的光通过率，满足实际应用

的需求。部分轻薄型的机织面料也具有较好的透光性能。目前常用的透光织物有单层结构透光、多层复合结构透光、热烫印压纹透光等多种形式。

透光内饰纺织品可以结合不同的颜色、结构和纹理需求，设计出不同的透光视觉效果。有背光条件下内饰纺织品显现的花型纹理可以进行定制化的设计。显现花型纹理的区域要尽可能通透，其余区域要通过结构设计或者后处理工艺进行遮盖，如涂层、印花或层合，以确保在背光条件下花纹纹理的清晰和精准。

除了透光织物外，透光的涂层纺织品如 PVC 人造革、PU 合成革等也在汽车内饰中得到开发和应用。透光涂层纺织品主要是通过特定涂层浆料的选择、多层结构的设计，以及高通透基布的应用等维度进行设计开发的，可用于汽车门板、仪表板、装饰件等区域，长城汽车哈弗 H6 内饰仪表板表皮中采用了透光 PVC 人造革材料（见图 11-6）。

图 11-6　透光 PVC 人造革在哈弗 H6 内饰仪表板中的应用

11.3.3　智能变色内饰纺织品

智能变色纺织品是一种具有特殊组成或结构，在受到光、热、水分或辐射等外界刺激后能做出响应，即可逆地改变颜色的纺织品。变色材料进行微胶囊包覆，通过树脂均匀涂覆在基布上，或者制成纤维材料进行面料织造，在特定的温度下变色材料的颜色会发生改变，根据环境温度的变化就能使纺织品显色或褪色（见图 11-7）。由于其颜色随外界环境的变化而发生可逆变化，可以满足消费者对产品色彩富于变化和多样化的消费需求。常用的主要有温敏变色和光敏变色两种。

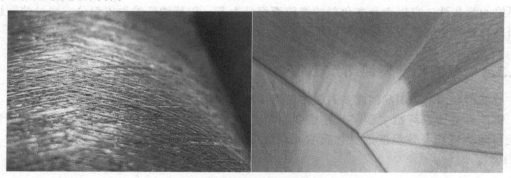

图 11-7　智能变色纤维与纺织品

11.3.3.1　温敏变色纺织品

颜色可随温度而发生可逆性变化的纺织品称为温敏变色纺织品或热敏变色纺织品。随温度变化的物质可以分为有机和无机两类。用于纺织品的热变色染料或颜料一般应属于可逆性的。可逆热变色材料的变色机理主要有：晶型转变机理、结构变化机理、pH 变化机理、电子得失机理、熔融机理等。

为了改善耐洗涤性及耐光性，采用在聚合物中添加温致变色显色剂的方法去制备变色纤维。常用的温致变色显色剂一般是由酸显色染料（给电子显色）、酸性物质（受电子化合物及有机溶剂反应介质）所组成，其变色原理是酸显色染料与酸性物质之间的电子受反应温度的影响。溶剂对这两种物质的溶解度也随温度变化，温度高时溶解度大，使显色染料与酸性物结合，失电子而显色。用于温敏变色纤维的染料变色温度范围为 40 ～ 80℃。常用的显色染料有：酞类、氧杂蒽类、噻嗪类等。常用的酸性物质有：氮茂、酚类、酸性磷酸酯等。有机溶剂则为醇类、脂肪酸、酯类、酮类和醚类等。

11.3.3.2　光敏变色纺织品

当用某一波长的光对有机化合物或无机化合物进行照射时，材料会发生颜色的变化，当用另一种波长照射或加热时，又能恢复到原来状态，这类材料称为光致变色材料，也称"光敏变色材料"。采用光敏变色纤维、变色胶浆或变色染料等制得的纺织品即为光敏变色纺织品，在光照射的作用下纺织品的颜色可以发生可逆性的变化。

有机光色材料的光致变色机理可分为异裂分解成离子、均裂分解成自由基、顺反异构现象、互变异构现象（H 转移）、氧化还原体系等。目前有 40 多个类型的有机化合物呈现光致变色现象。光致变色物质主要有以下几类：① 偶氮苯类化合物；② 螺吡喃类化合物；③ 二芳基乙烯类化合物；④ 俘精酸酐类化合物。

制备变色纤维或纺织品的方法主要有：染色、印花、共混纺丝、复合纺丝和后整理等。其中，印花工艺是最早将变色材料与织物结合进行产品开发的一种最简便的方法，它是将变色染料粉末混合于印花树脂液、黏合剂等混合浆料中，对织物进行印花处理，获得变色织物。印花工艺可以采用圆网印花、滚筒印花、转移印花以及数码喷墨印花等，其基本过程为：织物前处理→印花→烘干→焙烘。胶浆或者墨水的调配需要选用合适的黏合剂、交联剂、柔软剂和微胶囊材料等。

变色纤维主要是将变色材料或包覆变色材料的微胶囊分散在纺丝熔体或溶液中进行共混纺丝制得，纺丝的工艺有溶液纺丝和熔融纺丝两种。此外，皮芯结构复合纺丝法可以提高变色纤维的耐久性，它以含有变色剂的微胶囊组分为芯，以普通纤维为皮组分，通过熔融纺丝得到具有变色功能的皮芯结构复合纤维。

11.3.4　智能相变调温纺织品

智能相变调温纺织品的制备方法主要有两种：智能相变调温功能纤维法和后整理法。

智能相变调温纤维主要将一定相变温度点的相变调温功能材料植入纤维中，其相变微单元可随环境和身体温度的变化吸收和释放热量，从而使纤维具有智能双向调温功能（见图 11-8）。

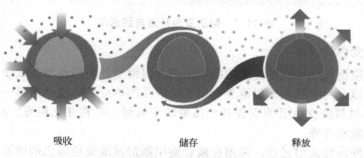

吸收　　　　　　　储存　　　　　　释放

图 11-8　相变微胶囊的吸热和放热过程示意图

智能相变调温纤维主要是利用微胶囊纺丝工艺技术来实现的，它是相变储能材料技术与纤维制造技术相结合开发出的一种高技术产品。目前已经开发并应用的智能相变调温纤维主要是黏胶纤维、丙纶纤维、腈纶纤维、聚酰胺纤维等，可以纯纺，也可与棉、毛、丝、麻等各类纤维混纺交织，可以梭织或针织。

后整理法主要是将相变微胶囊材料分散在涂层胶浆或者印花胶浆中，通过涂层或者印花的工艺与纺织品进行结合，从而制得具有相变调温功能的纺织品。

采用智能相变调温材料可以在一定范围内改善汽车座舱的微气候环境，提升消费者的热湿舒适性体验。智能相变调温的效果可以根据具体的应用条件、目标产品特性和应用的工艺技术等因素进行综合优化设计。

11.3.5 柔性智能集成纺织品

将纺织纤维材料的成型加工技术与电子电路技术、信息技术、控制技术等相结合，实现柔软传感、监测、控制等多功能的集成，开发出柔性智能集成化的内饰纺织品材料，将会是未来智能座舱中不可缺少的重要的智能表皮材料（见图 11-9）。纺织基结构提供了其柔性的变形能力，可以极大地满足汽车座舱零部件造型的自由设计要求，同时智能化的集成又为消费者提供了更加科技、未来、人性化的交互新体验新方式。

图 11-9　柔性智能集成纺织品的应用场景

11.4　汽车内饰纺织品的绿色生态设计

11.4.1　汽车内饰纺织品的绿色设计

21 世纪是绿色消费时代，气候变化问题一直以来都是国际关注的焦点，碳达峰和碳中和已经成为全球共识。2020 年，中国政府提出了"双碳"战略，即力争在 2030 年前实现碳达峰，2060 年前实现碳中和，倡导绿色、环保、低碳的生活方式，加快降低碳排放的步伐，不断提升产业和经济的国际竞争力。

汽车产业作为低碳化转型的重点行业，上下游产业链的协同降碳对实现"双碳"目标起着重要作用。比亚迪、丰田、宝马、沃尔沃等国内外汽车厂纷纷提出降低碳排放的路线图和时间表，汽车主机厂对实现"双碳"目标的重视，推动了汽车全产业链尤其是汽车材料供应商不断进行低碳技术的创新研发，实现绿色低碳转型。

汽车内饰材料的绿色生态设计和可持续发展将越来越被重视，涵盖了原材料、制造过程、使用过程以及废弃回收等生命周期不同阶段的生态设计。具有可持续、可再生特点的生物质能源产业以及资源循环利用产业逐渐成为全球关注的热点。可降解天然纤维材料、可回收再生材料如再生涤纶（recycle PET）或者再生尼龙（recycle Nylon）材料将会被更多使用，生物基材料的开发应用将会为汽车内饰纺织品的绿色生态设计带来新的契机。节能降耗、绿色低碳的新技术如原液着色技术、无水染色技术、3D 全成型技术、数码印花技术等将会是未来汽车内饰纺织品绿色设计的重点方向。

11.4.2 绿色生态的工艺技术

11.4.2.1 原液着色技术

印染加工过程中的废水排放占纺织废水排放量的七成以上，随着绿色环保理念的发展，越来越多的汽车内饰纺织品产品采用原液着色的纤维代替纱线染色或者匹布染色，减少了染色工艺带来的高能耗、高排污的影响，同时原液着色纤维在色牢度以及面料的回弹性方面较传统染色工艺有着明显的优势。对于汽车内饰纺织品来说，由于其使用环境的特殊性，对于颜色、染料安全等相关性能的要求越来越高，原液着色技术的应用将会迎来更广阔的发展空间。目前，原液着色技术在汽车内饰纺织品中的应用开发不断升级，原液着色复合纺丝工艺制备车规级有色超细海岛纤维的技术逐渐成熟，基本解决了现有染色超纤仿麂皮面料的摩擦色牢度差、精准调色度难度大、氙灯老化性能差等缺陷问题。

11.4.2.2 无水染色技术

现代染色技术的开发和应用主要是建立在以水为介质的基础上的，水作为染色的介质主要起到溶解和分散染化料、润湿和膨胀纤维以及传递热量的重要作用。染色加工对水资源的消耗以及废水排放对生态环境的污染日益严重，无水或者少用水的染色技术开发成为纺织印染行业新的发展趋势。

超临界流体染色技术以超临界二氧化碳流体作为染色介质，溶解染料，并将染料携带至纤维表面，染料分子经过吸附、固着后均匀上染，完成对纺织品的染色。染色结束后降温减压，二氧化碳发生汽化与染料分离，多余的二氧化碳和染料均可以回收再次利用。染色中不需要添加任何助剂，从根本上解决了水消耗和水污染的问题，实现了染色加工的清洁和绿色生产。目前我国的超临界二氧化碳染色技术已逐步进入产品批量化生产应用阶段。

11.4.2.3 低温染色技术

由于涤纶纤维本身材料结构的特点，使得其通常只能在130℃高温、高压条件下进行染色。涤纶纤维的低温染色技术，即在110℃条件下染色，目前也取得了一些突破。低温染色技术使得染色效率得到提升，达到节能降耗的作用。但是，该技术目前还存在上染率不高、色牢度较差等问题，现在主要应用于接枝共聚类的阻燃涤纶、PBT、PPT等部分纤维材料的染色。随着载体技术的发展，一些新型的涤纶低温染色载体也已经实现不含烷基酚聚氧乙烯醚（APEO）、甲醛、重金属、有机卤化物和《化学品注册、评估、许可和限制》（REACH）法规高度关注物质，能提高涤纶纤维增塑、膨化程度，降低涤纶纤维玻璃化转变温度，从而加快分散染料在纤维中的扩散速度，提高上染率。这将会给低温染色带来更好的应用前景。

11.4.2.4 天然染料染色技术

天然染料染色技术是指利用大自然中自然生长的各种含有色素的植物提取的植物染料或者动物、矿物染料，即天然染料进行染色的一种工艺，其在染色过程中不使用或极少使用化学助剂。天然染料以其自然的色相、防虫与杀菌的作用、自然的芳香赢得了世人的喜爱和青睐，特别适合应用于开发高附加值的绿色生态产品，用天然染料染色的织物，其发展前景非常被看好。

采用天然染料对汽车内饰纺织品进行染色，目前还只是停留在前期的研究阶段，在一些概念车的内饰面料中使用，暂时不具备产业化的可能，主要是由于天然染料染色牢度与汽车内饰纺织品苛刻的使用环境之间的矛盾。但是在坐垫、抱枕、头枕腰靠等汽车后市场产品中的应用还是有很大的市场空间的。而在一些羊毛或者毛麻混纺材质的高级内饰面料中，使用天然染料进行染色开发绿色健康环保的内饰面料产品在不久的将来将会成为一种新的发展趋势。

11.4.2.5 数码印花技术

与传统的印花技术相比，数码印花技术无须制备花版，其水耗仅为传统印花的 $1/25 \sim 1/15$，能耗降低 $2/3 \sim 3/4$，染料用量只有传统印花的40%，在节能减排上具有明显优势。数码印花是目前生产色彩鲜艳且高度图案化的高价值纺织品的理想选择。它快速高效、灵活、竞争力强，生产开发周期短，市场反应速度快，可个性化定制印花织物，同时还具有绿色环保的优点，在服装家纺等领域已经广泛应用。

然而，到目前为止，还没有任何数码印花技术能够满足汽车行业严格的耐日晒色牢度要求。为了应对这一挑战，近日亨斯迈纺织染化推出了第一款可达到汽车制造商极高的色牢度和同步褪色要求的墨水系列，即新型分散墨水 TERATOP®XKS HL，可实现最深的黑色色调，并使多种颜色具有同色异谱一致性，同种颜色在不同场合的人造灯光下看起来没有差异，具有出色的可靠性、流畅性和色彩重现性。该墨水符合所有适用标准，包括 ISO、AATCC、FAKRA、SAE 标准，以及领先汽车品牌的技术标准。使用 TERATOP® XKS HL 墨水印花的织物均符合危险化学品零排放（ZDHC）路线图的要求。这项技术将会使得数码印花技术在汽车内饰纺织品领域的应用成为可能，带来新的发展机遇。

11.4.2.6 全成型针织技术

全成型针织技术是一种新型的织造技术，它是在编织过程中利用收放针减少和增加工作针数而形成具有特定三维形态和结构针织物的一种成型技术。

三维全成型织物具有织造工艺灵活、组织结构变化丰富的特点，可以通过组织结构、线圈密度和编织针数的变更来实现形状与结构的变化。三维全成型织物的织造技术主要有纬编圆机成型、经编成型和电脑横机成型，其中电脑横机具有非常独特的优势，目前横机成型产品也由二维平面成型发展到三维立体成型，可以进行管状织物、箱体织物、球体织物的编织，应用的领域也正在由传统的服装领域拓展到家纺用、装饰用以及产业用领域。

随着汽车电动化和自动驾驶技术的发展，汽车座舱的造型和功能都会发生革命性的变革，电脑横机所具有的全成型编织技术使得汽车内饰表皮材料与内饰零部件骨架间的包覆成型变得更加自由和便利。采用全成型针织技术在电脑横机上可以实现3D座椅面套的一体成型（见图 11-10）。

利用3D针织技术可以实现复杂的曲面成型，并按要求在座椅局部嵌入所需的结构花型和颜色变换，为汽车座椅外观设计带来了丰富的选择，仅需少量缝合即可替代传统织物座椅面套需要的复杂裁片、缝合过程。3D全成型针织面套技术的设计自由度高，设计风格多变，可以实现个性化、定制化的产品制造服务，满足消费者的多样化需求，颠覆了传统的纱线—面料—裁剪—缝制—面套的复杂的分段式加工制造工艺，实现了从纺织原料纱线到面套成品的直接织造成型，减少了中间的裁剪、缝制工序，大大降低了诸多物料的呆滞风险，是座套成型工艺技术革命性、颠覆性的创新。"织可包"即织造成型后直接包覆，正在成为现实。

当前，人们对汽车消费的需求不断提升，对汽车内饰空间的设计美学及功能价值要求也越来越高。基于 3D 全成型针织技术，通过新型纤维材料及加工工艺的引入和创新应用，为消费者带来更加多样化、个性定制化、时尚化和舒适功能化的高感知品质内饰面料将成为未来趋势。

图 11-10　3D 编织汽车座套及包覆整椅

11.4.3　绿色生态的材料

绿色生态的材料是产品绿色设计与可持续发展的重要基础和载体，可再生资源的开发利用以及消费后资源的再生利用成为行业关注的焦点。目前，汽车内饰纺织品的原料主要是来自不可再生的石油和煤等化石资源的合成纤维。在汽车内饰纺织品的设计开发中，循环再利用的纤维和可再生的生物基纤维等绿色生态纤维材料被越来越多地关注和应用，成了内饰纺织材料行业碳中和的重要突破口，在未来汽车内饰座舱中的应用前景广阔。

11.4.3.1　循环再利用纤维材料

近年来，循环再利用纤维在汽车内饰纺织品中的应用越来越多，尤其在家纺产品中。通过物理或者化学（熔融、溶解后纺丝或者重新聚合纺丝）的方法将废弃的化学纤维、纺织品或高分子材料重新制备成的纤维，即为循环再利用纤维。常见的循环再利用纤维主要有聚酯纤维、聚丙烯纤维、聚丙烯腈纤维、聚酰胺纤维等，其中 90% 以上为聚酯纤维。

循环再利用聚酯纤维是指以废旧服装、边角料、瓶片等废旧聚酯材料为初始原料，通过彻底的化学分解还原为聚酯，重新纺丝制备而成的纤维。目前，循环再利用聚酯纤维已经广泛应用于家居装饰、家纺寝具、汽车内饰等领域，实现了废弃资源的再利用，可以有效地减少对原生石油资源的依赖。奥迪 A3 汽车座椅中采用了塑料瓶循环再利用制成的聚酯纤维（见图 11-11）。

除了循环再利用聚酯纤维外，再生聚酰胺纤维亦是目前产品的开发热点，也是通过回收废弃渔网、织物废料、地毯和工业废料或海洋垃圾和垃圾填埋场的废旧塑料等为原料，制成再生聚酰胺纤维。2020

图 11-11　塑料瓶循环再利用聚酯纤维座椅面料

年，捷豹路虎汽车公司宣布与再生聚酰胺领先品牌 ECONYL 达成合作，共同开发高品质再生环保汽车内饰面料；吉利汽车也率先在其极氪品牌车型中开发和应用了再生聚酰胺内饰面料。

11.4.3.2 生物基纤维材料

作为汽车空间关键构成部分，汽车内饰纺织品的绿色化、低碳化设计成为了消费者关注的热点。生物基纤维的原料来源于动植物，具有可再生性，在生产制造环节和用后处理环节都具有较低的碳足迹，基本不产生额外的碳排放，又被称为"负碳材料"。生物基材料因其绿色、低碳和环境友好等特点，正在成为引领全球产业低碳发展、创新发展的风向标。在内饰纺织品的设计开发过程中，采用生物基纤维为原料，进行绿色、环保、低碳新型内饰纺织品的设计与开发，已经成为汽车座舱设计新的重要发展方向。

生物基纤维，又称生物源纤维（bio-based fiber），是指采用自然界中的动物、植物或者其提取物等生物质材料为原料，经过一系列的物理、机械、生物或化学等技术手段加工制备而成的一类纤维。根据不同的原料种类、加工方式及制造过程等，可以分为生物基原生纤维、生物基再生纤维和生物基合成纤维。其中，生物基再生纤维和生物基合成纤维又统称为生物基化学纤维。

（1）生物基原生纤维

生物基原生纤维是指采用自然界中原生的植物、动物毛发或其分泌物等通过物理机械的方式加工制成的可以直接使用的纤维，即通常所说的天然纤维。生物基原生纤维包括天然植物纤维和天然动物纤维，常用的纤维品种主要有羊毛纤维、棉纤维、麻纤维（亚麻、黄麻、苎麻、汉麻等）及蚕丝纤维等（见表 11-1）。

表 11-1　生物基原生纤维

纤维类型		性能特点
生物基原生植物纤维	棉纤维	光泽柔和、手感柔软、强度高、吸湿、保暖、透气和亲肤性好、常温下耐稀碱；易染色、不耐酸、弹性和抗皱性差、易霉、易滋生细菌
	麻纤维	吸湿透气、热传导快、天然抗菌抑菌、强力高、防虫防霉、不易产生静电，风格较为粗犷；弹性差，抗皱性差，刺痒感明显
	竹原纤维	又称"会呼吸的纤维"，吸放湿性和透气性好，质轻耐磨，蓄热保暖，可生物降解，天然抗菌除臭，较强耐磨性，染色性好，抗紫外
生物基原生动物纤维	羊毛纤维	坚牢耐用，吸湿性比棉好，染色性能优良，弹性回复性好，质轻，密度在 $1.28 \sim 1.33 g/cm^3$ 之间，保温性好，易缩绒；防虫蛀性差，耐光性差
	蚕丝纤维	保温、吸湿、散湿和透气，丝质光滑，色泽典雅，柔软亲肤，染色性好，弹性好，生物相容性好；耐酸性差，耐光稳定性差

（2）生物基再生纤维

生物基再生纤维是以天然的动植物为原料，通过物理或者化学方法进行溶解改性制得纺丝溶液，选择相应的纺丝工艺制备出的纤维。根据原料来源和加工过程的不同，生物基再生纤维又可以分为生物基再生纤维素纤维、生物基蛋白质纤维和海洋生物基纤维 3 大类（见表 11-2）。如天丝、莫代尔、莱赛尔、黏胶、竹浆纤维、海藻纤维以及二醋酸纤维、三醋酸纤维等属于生物基再生纤维素纤维；胶原蛋白纤维、蚕丝蛋白纤维、牛奶蛋白纤维，以及大豆蛋白纤维、花生蛋白纤维、玉米蛋白纤维等属于生物基蛋白质纤维；海藻纤维和壳聚糖纤维等属于海洋生物基纤维。

表 11-2　常用的生物基再生纤维

纤维类型		性能特点
生物基再生纤维素纤维	莱赛尔纤维	湿态强度高，易原纤化，光泽自然，手感滑润，触感细腻
	黏胶纤维	吸湿性好，不易起静电，易于染色，热湿舒适性好
	竹浆纤维	吸放湿性能好，接触凉感好，具有天然抑菌性能
生物基蛋白纤维	牛奶蛋白纤维	触感柔软滑糯，光泽柔和自然，吸湿导湿性好，广谱抗菌
	大豆蛋白纤维	吸湿导湿性能好，触感柔软舒适，光泽好
海洋生物基纤维	壳聚糖纤维	天然抑菌，良好的生物相容性，保湿，生物可降解
	海藻纤维	生物可降解，本质阻燃，亲肤性好，抑菌耐霉

（3）生物基合成纤维

以玉米、甜菜、甘蔗、秸秆等天然植物或农作物为原料，通过微生物发酵、基因工程等化学方法进行过滤提纯，制成高纯度的生物基单体，通过聚合反应制得具有较高分子量的聚合物，再将聚合物通过适当的纺丝工艺加工而成的纤维，称之为生物基合成纤维。生物基乙二醇、1,3-丙二醇、生物基1,5-戊二胺、乳酸、聚羟基脂肪酸（PHA）以及丁二酸（SA）等是比较常用的生物基单体。

常见的生物基合成纤维主要有聚乳酸（PLA）纤维、生物基 PTT 纤维、生物基 PET 纤维、生物基聚对苯二甲酸混二醇酯（PDT）纤维、生物基聚酰胺 56（PA56）纤维、聚丁二酸丁二醇酯（PBS）纤维等。生物基合成纤维在聚合过程中所使用的单体部分或者全部源于可再生生物体，它的制备过程是一种化学反应过程；而生物基再生纤维未改变生物质大分子原有的化学结构，仅通过物理的方式对其形态进行再造，改变的只是其聚集态结构。

生物基纤维在汽车内饰领域的应用主要涉及零部件本体结构材料和内饰表皮用纺织品两大领域。目前研究和应用中所涉及的生物基纤维主要有羊毛纤维、麻纤维以及聚乳酸纤维等；其中，麻纤维和聚乳酸纤维多用于复合材料结构的内饰件本体的开发，羊毛纤维多用于汽车座椅织物、地毯和毡垫等产品的开发。

2020 年 9 月斯柯达品牌发布首款纯电动车 ENYAQ iV，其座椅织物就是由 30% 羊毛与 70% 可回收 PET 瓶聚酯纤维混纺制成的［见图 11-12（a）］。2019 年捷豹路虎在其揽胜星脉车型的座椅和门板饰件中也使用了英国当地羊毛制成的混纺面料［见图 11-12（b）］。

由于应用环境的特殊性，汽车内饰纺织品的设计开发在选材上有着严苛的要求。生物基纤维材料具有绿色化、低碳化和可降解等优点，但是与目前常用的涤纶、锦纶等纤维相比，生物基纤维在耐热、耐候、耐久等方面的性能上都存在着一定的差异。因此，生物基纤维性能与汽车内饰纺织材料性能要求的匹配问题是需要考虑的首要因素。

(a) 斯柯达品牌ENYAO iV　　　　　　　　　(b) 捷豹路虎揽胜星脉

图 11-12　羊毛混纺座椅织物

聚乳酸纤维具有良好生物降解性能，亲肤且触感优异，具有一定的抗菌、防紫外和阻燃性能。生物基 PTT 纤维其表面结构、基本理化性能与涤纶相似，同时具有腈纶的蓬松性和锦纶的柔软性。综合考虑生物基纤维材料的性能和汽车内饰纺织品技术要求，羊毛纤维、生物基 PTT 纤维、生物基 PA56 纤维、聚乳酸纤维、莱赛尔纤维和海藻纤维等几种代表性的生物基纤维，可以用于汽车内饰纺织品设计开发（见图 11-13）。

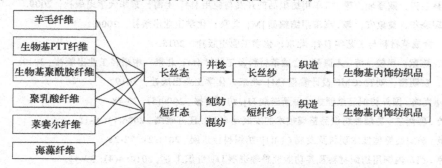

图 11-13　生物基纤维材料汽车内饰纺织品的开发路线图

对于上述不同类型的生物基纤维材料，其在汽车内饰纺织品中的开发应用思路也不尽相同。羊毛纤维的应用自由度最大，可以采用纯羊毛纤维开发内饰纺织品，也可以根据成本及设计要求综合考虑，与涤纶、锦纶或者其他纤维进行混纺使用。生物基 PTT 纤维和生物基 PA56 纤维可以采用纯纺或者混纺工艺应用于汽车内饰纺织品中。聚乳酸纤维和莱赛尔纤维则多与涤纶或锦纶等纤维以一定比例进行混纺。海藻纤维只能比较少量地应用于汽车内饰纺织品中，一般其混纺的比例最高不超过 30%。

此外，在整车成本压力不断增大的大背景下，价格成本也是影响生物基纤维在汽车内饰纺织品领域应用的重要因素。在进行产品的设计开发时，要根据目标成本和设计需要综合考量，选择合适的原料类型、混纺比例和加工工艺等。

11.5　汽车内饰纺织品的未来展望

未来，随着汽车"新四化"技术变革的不断深入，汽车与能源、计算机、电子、信息、材料、时尚和大数据、交通等诸多跨界学科领域呈现出深度交叉融合的新特点，这将为汽车座舱空间以及内饰纺织品的设计开发带来了新的发展机遇。在激烈的市场竞争环境下，内饰座舱空间也已经成为各大汽车品牌进行去同质化设计和彰显品牌调性的重要载体。汽车内饰纺织品作为内饰座舱空间重要的装饰与功能材料，在内饰座舱空间的高品质化、时尚化、沉浸化、健康化、低碳化以及智能化设计中起到至关重要的作用。如何围绕舒适高级、智能科技、时尚个性和绿色健康等维度进行产品的创新设计与研发，将会是未来汽车内饰纺织品产业发展过程中需要共同面对的课题。

参 考 文 献

[1] Fung W, Hardcastle M. Textiles in automotive engineering[M]. Cambridge: Woodhead Publishing,2001.

[2] Shishoo R. Textile advances in the automotive industry[M]. Cambridge: Woodhead Publishing,2008.

[3] Julian W. Automotive development processes[M]. Berlin: Springer, 2009.

[4] 姜怀，林兰天，戴瑾瑾，等.汽车用纺织品的开发与应用 [M].上海：东华大学出版社，2009.

[5] 西鹏，顾晓华，黄象安，等.汽车用纺织品 [M].北京：化学工业出版社，2006.

[6] 曲建波.合成革材料与工艺学 [M].北京：化学工业出版社，2015.

[7] 范浩军，陈意，严俊，等.人造革／合成革材料及工艺学 [M].北京：中国轻工业出版社，2017.

[8] 李亦文，黄明富，刘锐.CMF 设计教程 [M].北京：化学工业出版社，2019.

[9] 李戎，阎克路.国外纺织品整理技术最新进展 [J].纺织导报，2009(5)：75-78.

[10] 艾宏玲，郭润兰.功能性纺织品整理技术的发展动态 [J].江苏丝绸，2006(1)：9-11.

[11] 曾林泉.纺织品整理技术现状及发展（Ⅰ）[J].纺织科技进展，2011(2)：22-28.

[12] 袁红萍.汽车内饰用纺织材料及其功能性整理进展 [J].针织工业，2010,4(4)：39-41.

[13] 何勇.专家解读汽车内饰纺织品质量及检测 [J].中国纤检，2017(10)：70-71.

[14] 颜爱军.汽车内饰纺织品质量安全风险探究 [J].汽车零部件，2015(11)：74-78.

[15] 张龙，吕渤，晁华，等.汽车内饰材料及其阻燃测试标准概况 [J].汽车零部件，2018,123(09)：110-112.

[16] 田心杰，朱文峰，孟娜，等.客车内饰面料燃烧性能研究 [J].产业用纺织品，2017,35(10)：21-29.

[17] 宋廷鲁，徐帆，张强，等.车用内饰纺织材料阻燃性能检测及标准概述 [J].中国纤检，2020(12)：87-89.

[18] 张仲荣，武金娜，姚谦.车内空气质量的 VOC 及气味评价试验研究 [J].汽车工艺与材料，2020(9)：57-63.

[19] 孟超，袁磊磊，薛振荣，等.零部件 VOC 检测方法的介绍与差异分析 [J].汽车实用技术，2019(12)：138-139.

[20] 罗建文.车用材料摩擦异响特性及实验方法研究 [D].重庆：重庆理工大学，2020.

[21] 李彬，熊芬，胡玉洁，等.汽车座椅 PVC 革柔软度影响因素研究 [J].皮革科学与工程，2021，31（5）：25-27.

[22] 王先泰.多感官参与基础上的体验式产品设计研究 [J].艺术与设计：理论版，2017(9)：109-111.

[23] 宿颖峰.汽车用安全气囊及其织物 [J].中国个体防护装备，2005(4)：39-40.

[24] 石东亮，金美菊，任志强.氙灯模拟日光条件下汽车座椅面料的老化性能 [J].上海纺织科技，2012，40(11)：13-15.

[25] 金粱英，崔运花，都胜.汽车座椅面料的复合工艺及其影响因素 [J].纺织学报，2013,34(1)：151-156.

[26] 薛振荣，张拓.汽车顶棚用聚醚与聚酯海绵对比分析 [J].汽车工程师，2017（9）：57-58.

[27] 龚杜弟，李梦楠.汽车用纺织品的应用现状及发展趋势 [J].纺织导报，2021（8）：22-27.

[28] 李书鹏，李波，胡斌，等.汽车内饰用软触感材料及触感表征的研究进展 [J].工程塑料应用，2020,48（3）：145-149.

[29] 叶复灿，李庆楠，李卓.汽车内饰表皮材料产品的感官体验设计研究 [J].艺术与设计：产品设计，2022(4)：119-120.

[30] 张宝荣，黄利，周佳，等.汽车内饰材料感知质量表征现状及技术路线初步探讨 [J].汽车工艺与材料，2022（9）：44-49.